教科書ガイド	数研出版 版	高等学校 数学Ⅲ

本書は，数研出版が発行する教科書「高等学校数学Ⅲ［数Ⅲ/709］」に沿って編集された，教科書の**公式ガイドブック**です。教科書のすべての問題の解き方と答えに加え，例と例題の解説動画も付いていますので，教科書の内容がすべてわかります。また，巻末には，オリジナルの演習問題も掲載していますので，これらに取り組むことで，更に実力が高まります。

本書の特徴と構成要素

1 教科書の問題の解き方と答えがわかる。予習・復習にピッタリ！

2 オリジナル問題で演習もできる。定期試験対策もバッチリ！

3 例・例題の解説動画付き。教科書の理解はバンゼン！

まとめ	各項目の冒頭に，公式や解法の要領，注意事項をまとめてあります。
指針	問題の考え方，解法の手がかり，解答の進め方を説明しています。
解答	指針に基づいて，できるだけ詳しい解答を示しています。
別解	解答とは別の解き方がある場合は，必要に応じて示しています。
注意 など	問題の考え方，解法の手がかり，解答の進め方で，特に注意すべきことや参考事項などを，必要に応じて示しています。
演習編	巻末に，教科書の問題の類問を掲載しています。これらの問題に取り組むことで，教科書で学んだ内容がいっそう身につきます。また，章ごとにまとめの問題も取り上げていますので，定期試験対策などにご利用ください。
デジタルコンテンツ	2次元コードを利用して，教科書の例・例題の解説動画や，巻末の演習編の問題の詳しい解き方などを見ることができます。

目　次

第１章　関数

第２章　極限

第１節　数列の極限

第２節　関数の極限

第３章　微分法

第１節　導関数

第２節　いろいろな関数の導関数

第４章　微分法の応用

第１節　導関数の応用

第２節　いろいろな応用

第５章　積分法とその応用

第１節　不定積分

第２節　定積分

第３節　積分法の応用

ギリシャ文字の表

大文字	小文字	読み方	大文字	小文字	読み方	大文字	小文字	読み方
A	α	アルファ	I	ι	イオタ	P	ρ	ロー
B	β	ベータ	K	κ	カッパ	Σ	σ	シグマ
Γ	γ	ガンマ	Λ	λ	ラムダ	T	τ	タウ
Δ	δ	デルタ	M	μ	ミュー	Υ	υ	ユプシロン
E	ε	エプシロン	N	ν	ニュー	Φ	ϕ	ファイ
Z	ζ	ゼータ	Ξ	ξ	クシー	X	χ	カイ
H	η	エータ	O	o	オミクロン	Ψ	ψ	プサイ
Θ	θ	シータ	Π	π	パイ	Ω	ω	オメガ

〈デジタルコンテンツ〉

次のものを用意しております。

デジタルコンテンツ

①　教科書「高等学校数学Ⅲ[数Ⅲ/709]」の例・例題の解説動画

②　演習編の詳解

③　教科書「高等学校数学Ⅲ[数Ⅲ/709]」
　と青チャート，黄チャートの対応表

教科書 p.8

第1章 | 関数

1 分数関数

まとめ

1 分数関数

x の分数式で表される関数を，x の **分数関数** という。　　←$y=\frac{ax+b}{cx+d}$
定義域は，分母を0にする x の値を除く実数 x 全体である。

2 分数関数 $y=\frac{k}{x}$

分数関数 $y=\frac{k}{x}$ (k は0でない定数) の定義域は $x \neq 0$，値域は $y \neq 0$ で，そのグラフは図のようになる。x 軸と y 軸が漸近線である。

注意 「0を除く実数 x 全体」を「$x \neq 0$」と表している。

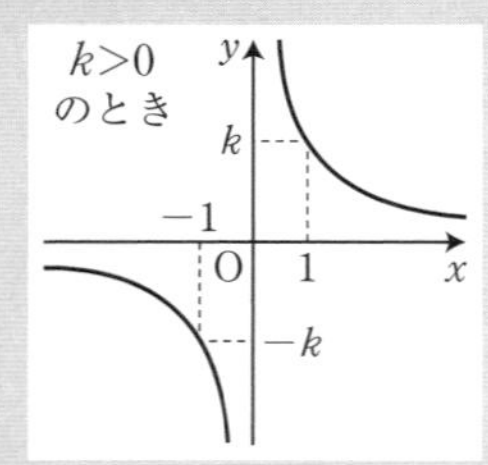

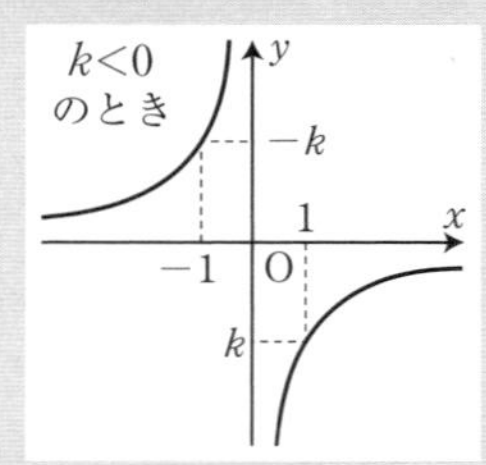

補足 上のグラフは原点Oに関して対称であり，x 軸，y 軸は漸近線である。
このように直交する2つの漸近線をもつ双曲線を **直角双曲線** という。

3 分数関数 $y=\frac{k}{x-p}+q$

1 グラフは，$y=\frac{k}{x}$ のグラフを x 軸方向に p，y 軸方向に q だけ平行移動した曲線で，漸近線は2直線 $x=p$，$y=q$ である。

2 定義域は $x \neq p$，値域は $y \neq q$ である。

注意 一般に，関数 $y=f(x-p)+q$ のグラフは，関数 $y=f(x)$ のグラフを，x 軸方向に p，y 軸方向に q だけ平行移動したものである。

4 分数関数 $y=\frac{ax+b}{cx+d}$

$c \neq 0$ のとき，分数関数 $y=\frac{ax+b}{cx+d}$ は $y=\frac{k}{x-p}+q$ の形に変形できる。

A 分数関数とそのグラフ

教 p.8

練習 1

次の関数のグラフをかけ。

(1) $y=\dfrac{1}{x}$　　(2) $y=\dfrac{2}{x}$　　(3) $y=-\dfrac{3}{x}$

指針 **分数関数 $y=\dfrac{k}{x}$ のグラフ**　グラフには代表的な点をいくつか記入しておく。

解答 (1)

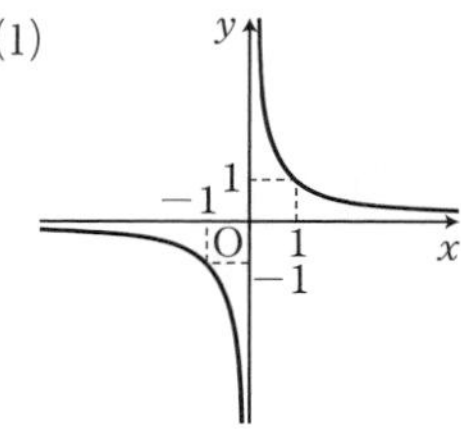

(2)

(3)

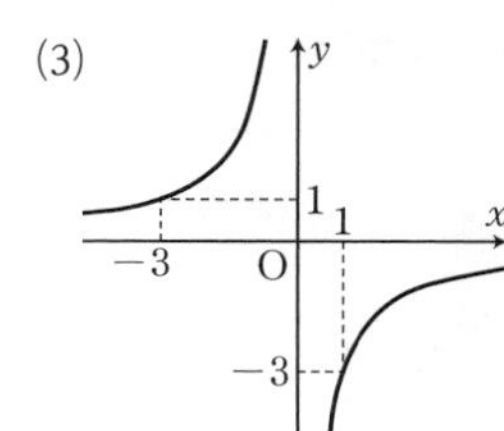

教 p.9

練習 2

次の関数のグラフをかけ。また，その定義域，値域を求めよ。

(1) $y=-\dfrac{2}{x}+1$　　(2) $y=\dfrac{1}{x-2}-1$　　(3) $y=\dfrac{2}{x+1}-3$

指針 **分数関数 $y=\dfrac{k}{x-p}+q$ のグラフ**　$y=\dfrac{k}{x-p}+q$ と与えられた関数を比べ，符号に注意して，k, p, q の値を確認する。まず 2 本の漸近線 $x=p$, $y=q$ をかき，平行移動した直角双曲線をかく。

解答 (1) $y=-\dfrac{2}{x}$ のグラフを，y 軸方向に 1 だけ平行移動したもので，図のようになる。

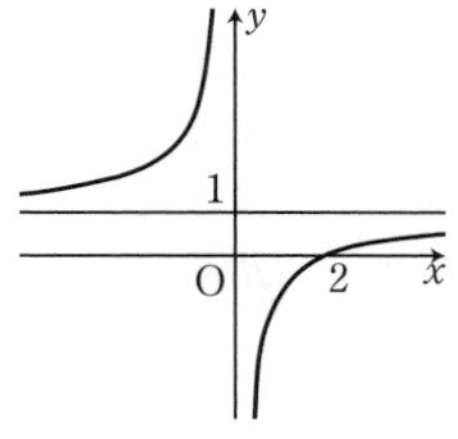

漸近線は　2 直線 $x=0$ (y 軸)，$y=1$

定義域は　$x \neq 0$，値域は　$y \neq 1$　答

(2) $y=\dfrac{1}{x}$ のグラフを，x 軸方向に 2，y 軸方向に -1 だけ平行移動したもので，図のようになる。

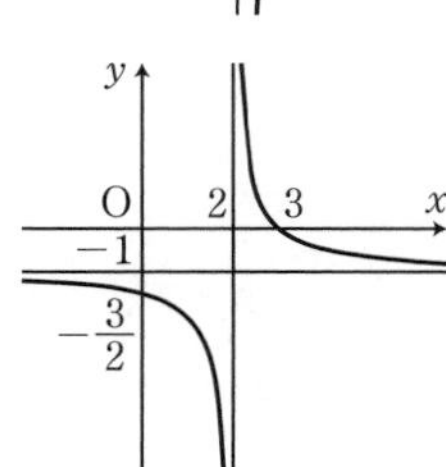

漸近線は　2 直線 $x=2$，$y=-1$

定義域は　$x \neq 2$，値域は　$y \neq -1$　答

(3) $y=\frac{2}{x}$ のグラフを，x 軸方向に -1，

y 軸方向に -3 だけ平行移動したもので，

図のようになる。

漸近線は　2 直線 $x=-1$，$y=-3$

定義域は　$x\neq-1$，値域は　$y\neq-3$ 答

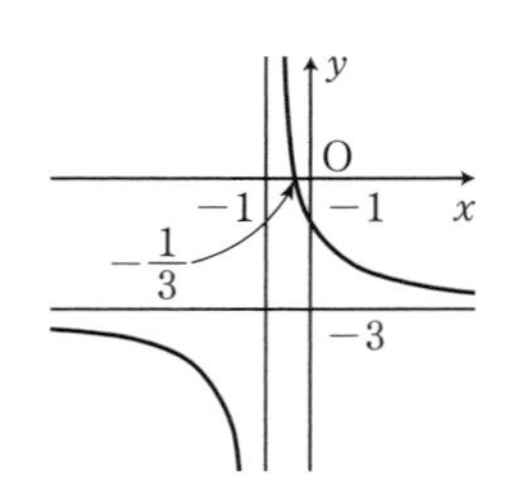

B 分数関数 $y=\frac{ax+b}{cx+d}$ のグラフ

教 p.10

練習 3

次の関数のグラフをかけ。また，その定義域，値域を求めよ。

(1) $y=\frac{x-1}{x-2}$　　(2) $y=\frac{-2x+5}{x-1}$　　(3) $y=\frac{4x+3}{2x+1}$

指針　**分数関数 $y=\frac{ax+b}{cx+d}$ のグラフ**　関数の式を $y=\frac{k}{x-p}+q$ の形に変形する。この形にすれば，定義域は $x\neq p$，値域は $y\neq q$ と判断できる。

解答 (1) $\frac{x-1}{x-2}=\frac{(x-2)+1}{x-2}$ であるから　$y=\frac{1}{x-2}+1$

よって，グラフは右の図のようになる。

漸近線は　2 直線 $x=2$，$y=1$

定義域は　$x\neq2$，値域は　$y\neq1$ 答

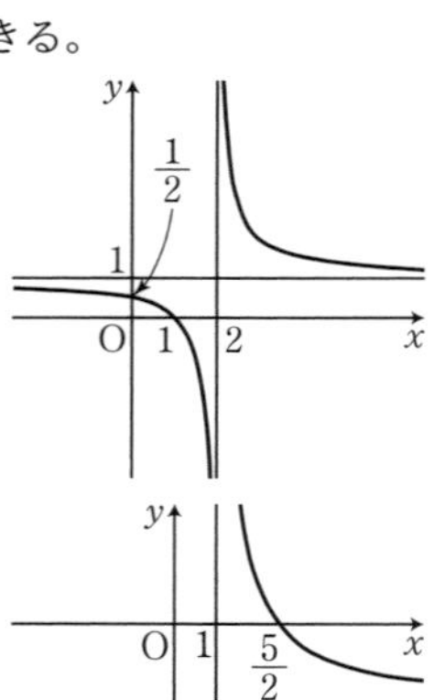

(2) $\frac{-2x+5}{x-1}=\frac{-2(x-1)+3}{x-1}$ であるから

$$y=\frac{3}{x-1}-2$$

よって，グラフは右の図のようになる。

漸近線は　2 直線 $x=1$，$y=-2$

定義域は　$x\neq1$，値域は　$y\neq-2$ 答

(3) $\frac{4x+3}{2x+1}=\frac{2(2x+1)+1}{2x+1}=\frac{1}{2x+1}+2$ であるから

$$y=\frac{\frac{1}{2}}{x+\frac{1}{2}}+2$$

よって，グラフは右の図のようになる。

漸近線は　2 直線 $x=-\frac{1}{2}$，$y=2$

定義域は　$x\neq-\frac{1}{2}$，値域は　$y\neq2$ 答

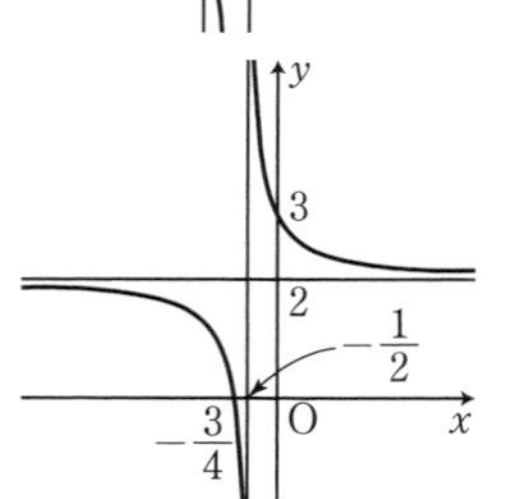

C 分数関数の応用

練習 4 教 p.11

関数 $y=\dfrac{3}{x+1}$ のグラフと次の直線の共有点の座標を求めよ。

(1) $y=x-1$　　(2) $y=\dfrac{1}{2}x$　　(3) $y=-3$

指針 **分数関数のグラフと直線の共有点**　他の関数の場合と同様，共有点の座標は，2つの式を連立方程式として解いたときの実数解の組として得られる。式の形から，y を消去して分母を払うことから始める。

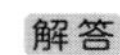

解答 (1) $y=\dfrac{3}{x+1}$ ……①

$y=x-1$ ……②

①，② から y を消去すると，

$\dfrac{3}{x+1}=x-1$ より

$3=(x-1)(x+1)$

すなわち　$x^2-4=0$

これを解いて　$x=\pm 2$

② より，$x=2$ のとき $y=1$，$x=-2$ のとき $y=-3$

よって，共有点の座標は　$(2,\ 1)$，$(-2,\ -3)$ 答

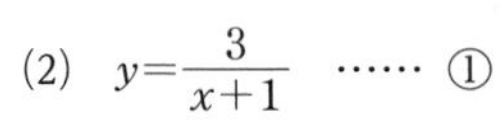

(2) $y=\dfrac{3}{x+1}$ ……①

$y=\dfrac{1}{2}x$ ……②

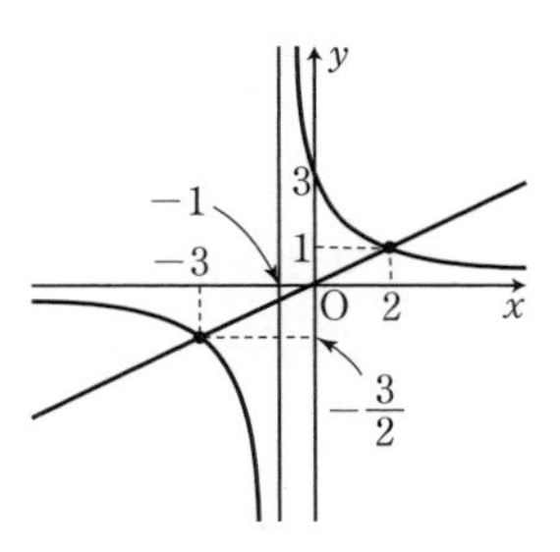

①，② から y を消去すると，

$\dfrac{3}{x+1}=\dfrac{1}{2}x$ より

$6=x(x+1)$

すなわち　$x^2+x-6=0$

これを解いて　$x=2,\ -3$　　← $(x-2)(x+3)=0$

② より，$x=2$ のとき $y=1$，$x=-3$ のとき $y=-\dfrac{3}{2}$

よって，共有点の座標は　$(2,\ 1)$，$\left(-3,\ -\dfrac{3}{2}\right)$ 答

(3) $y=\dfrac{3}{x+1}$ ……①

$y=-3$ ……②

①，② から y を消去すると，

$\dfrac{3}{x+1}=-3$ より　$3=-3(x+1)$

すなわち　$3x=-6$

これを解いて　$x=-2$

② より，$y=-3$ であるから，

共有点の座標は　$(\boldsymbol{-2},\ \boldsymbol{-3})$　答

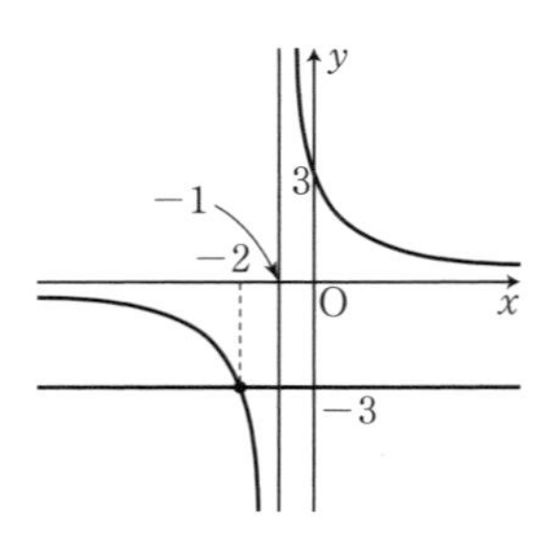

教 p.11

練習 5

次の方程式，不等式を解け。

(1) $\dfrac{2}{x+2}=x+3$　　(2) $\dfrac{2}{x+2}\leqq x+3$

指針 **分数式を含む方程式，不等式**

(1) 分母を払って，その 2 次方程式を解く。

(2) (1) の解を利用して，$y=\dfrac{2}{x+2}$ のグラフと $y=x+3$ のグラフの上下関係に注目して解く。一般に，不等式 $f(x)\leqq g(x)$ の解は，$y=f(x)$ のグラフが $y=g(x)$ のグラフより下側 (共有点を含む) にある x の値の範囲である。

解答 (1) $\dfrac{2}{x+2}=x+3$ より　$2=(x+3)(x+2)$

すなわち　$x^2+5x+4=0$

これを解くと　$\boldsymbol{x=-4,\ -1}$　答

(2) 求める不等式の解は，関数 $y=\dfrac{2}{x+2}$ のグラフが直線 $y=x+3$ より下側 (共有点を含む) にある x の値の範囲である。(1) より，共有点の x 座標は -4，-1 であり，共有点の座標は $(-4,\ -1)$，$(-1,\ 2)$ となるので右図のようになる。この図から，求める解は

$\boldsymbol{-4\leqq x<-2,\ -1\leqq x}$　答

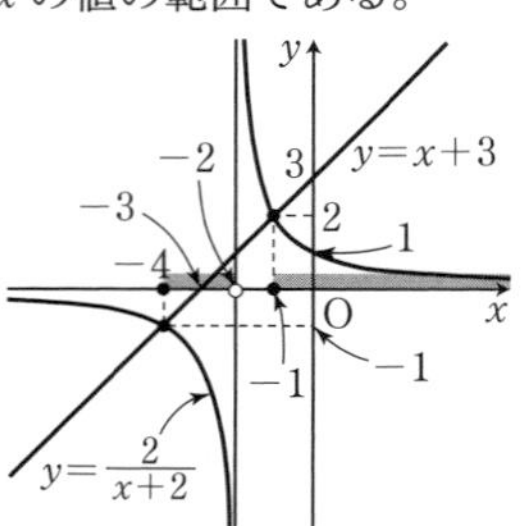

教科書 $p.12$〜13

2 無理関数

まとめ

1 無理関数

根号 $\sqrt{\ }$ の中に文字を含む式を **無理式** といい，x についての無理式で表された関数を，x の **無理関数** という。とくに断りがない場合，その定義域は，根号の中が 0 以上となる実数 x 全体である。

2 無理関数のグラフ

一般に，無理関数 $y=\sqrt{ax}$ のグラフは，次のようになる。

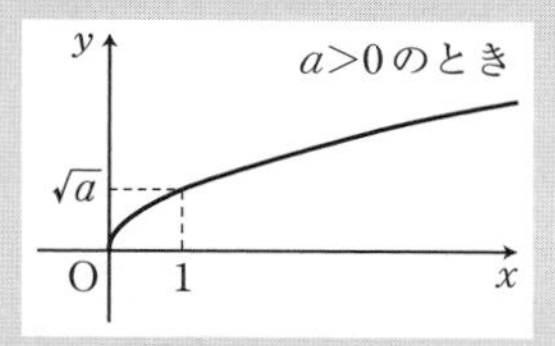

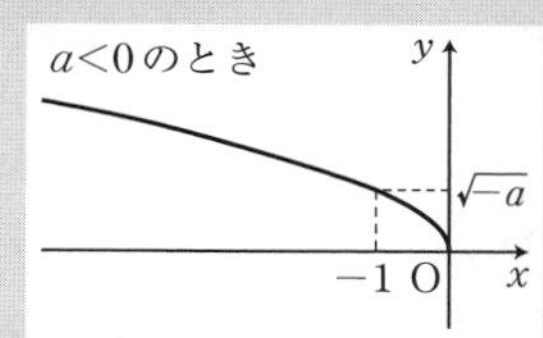

$a>0$ のとき，定義域は $x \geqq 0$，値域は $y \geqq 0$ で，増加関数である。
$a<0$ のとき，定義域は $x \leqq 0$，値域は $y \geqq 0$ で，減少関数である。

3 無理関数 $y=\sqrt{a(x-p)}$

[1] グラフは，$y=\sqrt{ax}$ のグラフを **x 軸方向に p だけ平行移動** した曲線である。

[2] $a>0$ のとき
定義域は $x \geqq p$，値域は $y \geqq 0$
$a<0$ のとき
定義域は $x \leqq p$，値域は $y \geqq 0$

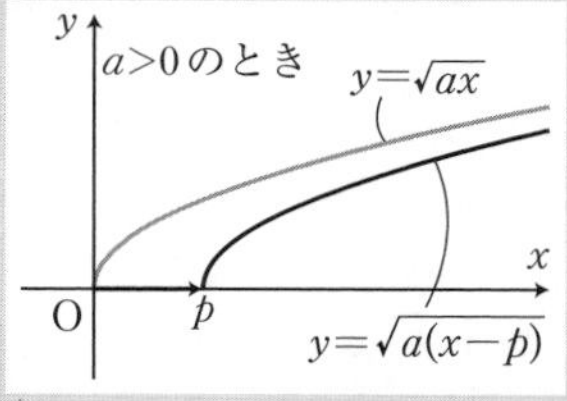

補足　定義域は，$a(x-p) \geqq 0$ を満たす実数 x 全体である。

A 無理関数とそのグラフ

教 p.13

練習 6 次の関数のグラフをかけ。また，その定義域，値域を求めよ。
(1) $y=\sqrt{2x}$　　(2) $y=-\sqrt{2x}$　　(3) $y=\sqrt{-2x}$

指針 **無理関数 $y=\sqrt{ax}$ のグラフ**
(1) 点 $(0,\ 0)$，$(1,\ \sqrt{2})$，$(2,\ 2)$，……をとって滑らかな曲線で結ぶ。
(2) は (1) と x 軸に関して対称，(3) は (1) と y 軸に関して対称である。この対称性を利用するとよい。

解答 (1) グラフは図のようになる。
定義域は $x \geqq 0$，値域は $y \geqq 0$ 答
(2) グラフは図のようになる。

定義域は　$x \geqq 0$，値域は　$y \leqq 0$　答

(3)　グラフは図のようになる。

定義域は　$x \leqq 0$，値域は　$y \geqq 0$　答

(1)

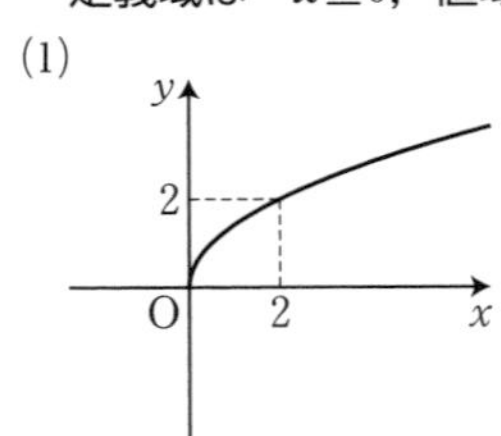

(2)

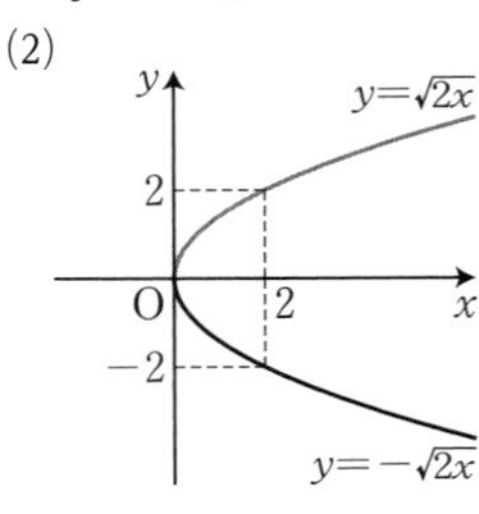

(3)

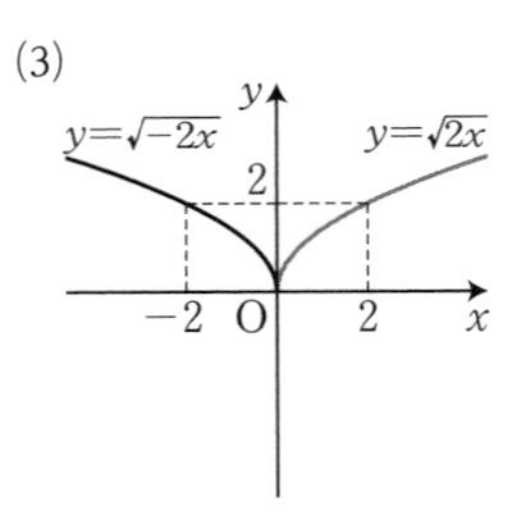

深める　教 p.13

関数 $y=-\sqrt{-x}$ のグラフをかいてみよう。関数 $y=\sqrt{x}$ のグラフとの位置関係はどのようになるだろうか。

指針　**無理関数 $y=-\sqrt{ax}$ のグラフ**　関数 $y=-\sqrt{ax}$ のグラフは，x 軸より下側(原点を含む)にあり，$y=\sqrt{ax}$ のグラフと x 軸に関して対称である。

解答　$y=-\sqrt{-x}$ のグラフは，右の図のようになる。

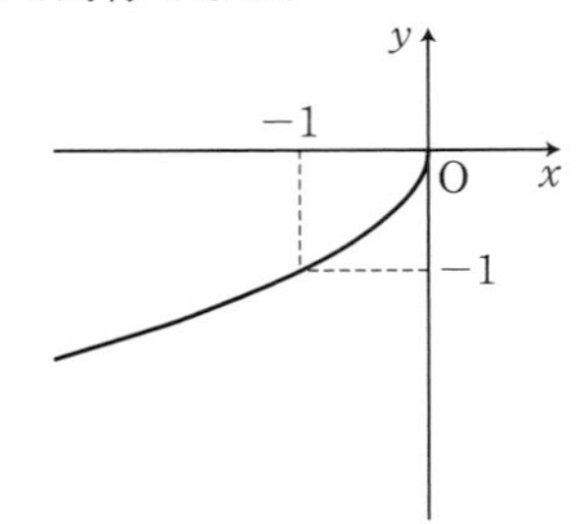

また，点 $(x,\ y)$ が関数 $y=\sqrt{x}$ のグラフ上にあるとき，点 $(-x,\ -y)$ は関数 $y=-\sqrt{-x}$ のグラフ上にある。

点 $(x,\ y)$ と点 $(-x,\ -y)$ は原点に関して対称であるから，関数 $y=-\sqrt{-x}$ のグラフは，関数 $y=\sqrt{x}$ のグラフと **原点に関して対称な位置にある。**　答

練習 7　教 p.14

次の関数のグラフをかけ。また，その定義域，値域を求めよ。

(1)　$y=\sqrt{x-1}$　　(2)　$y=\sqrt{-2x+4}$　　(3)　$y=-\sqrt{3x+3}$

指針　**無理関数 $y=\sqrt{ax+b}$ のグラフ**

(2), (3) は $y=\sqrt{a(x-p)}$ や $y=-\sqrt{a(x-p)}$ の形に変形し，$y=\sqrt{ax}$ や $y=-\sqrt{ax}$ のグラフを x 軸方向に p だけ平行移動する。

定義域は，根号の中が 0 以上となる実数 x 全体である。

解答　(1)　$y=\sqrt{x}$ のグラフを x 軸方向に 1 だけ平行移動したもので，図のようになる。

定義域は　$x \geqq 1$，値域は　$y \geqq 0$　答　　←$x-1 \geqq 0$

(2)　変形すると　　$y=\sqrt{-2(x-2)}$

$y=\sqrt{-2x}$ のグラフを x 軸方向に 2 だけ平行移動したもので，図のように

なる。

定義域は　$x \leqq 2$，値域は　$y \geqq 0$ 答　　　　$\leftarrow -2(x-2) \geqq 0$

(3)　変形すると　　$y=-\sqrt{3(x+1)}$

$y=-\sqrt{3x}$ のグラフを x 軸方向に -1 だけ平行移動したもので，図のようになる。

定義域は　$x \geqq -1$，値域は　$y \leqq 0$ 答　　　　$\leftarrow 3(x+1) \geqq 0$

(1)

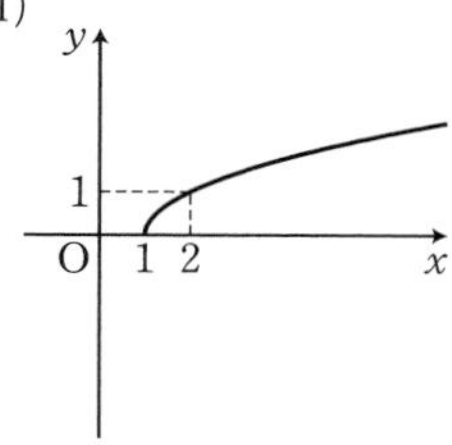

(2)

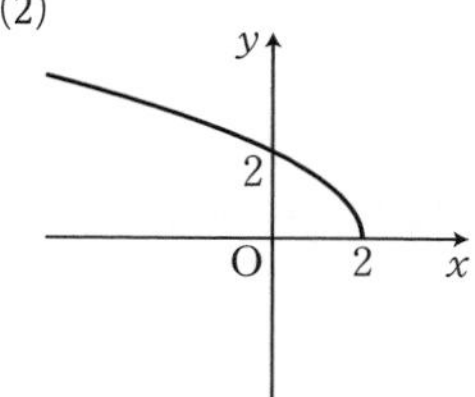

(3)

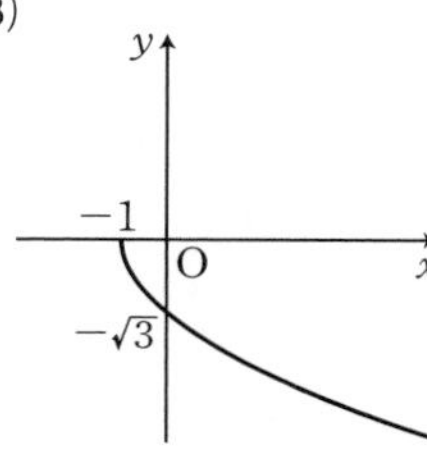

B 無理関数の応用

練習 8　教 p.15

次の 2 つの関数について，グラフの共有点の座標を求めよ。

(1)　$y=\sqrt{2x+2}$，$y=x-3$　　　　(2)　$y=-\sqrt{x+1}$，$y=x-1$

指針　**無理関数のグラフと直線の共有点**　ここでも共有点の座標は，2 つの式を連立方程式として解いたときの実数解の組として得られる。

(1)　y を消去すると　$\sqrt{2x+2}=x-3$ …… Ⓐ

両辺を 2 乗すると　　$2x+2=(x-3)^2$

ただし，この方程式の解のすべてがもとの方程式 Ⓐ の解とは限らない。得られた x の値が Ⓐ を満たすかどうか調べて，解を決定する。

グラフを利用して視覚的にとらえることにより誤りを防ぐ。

解答　(1)　　$y=\sqrt{2x+2}$　　…… ①

$y=x-3$　　…… ②

①，② から y を消去すると

$\sqrt{2x+2}=x-3$　　…… ③

両辺を 2 乗して　　$2x+2=(x-3)^2$

整理すると　　$x^2-8x+7=0$

これを解いて　　$x=1$，7

このうち，③ を満たすのは $x=7$ で，このとき ③ の両辺の値は 4 である。

よって，共有点の座標は　$(7,\ 4)$　答

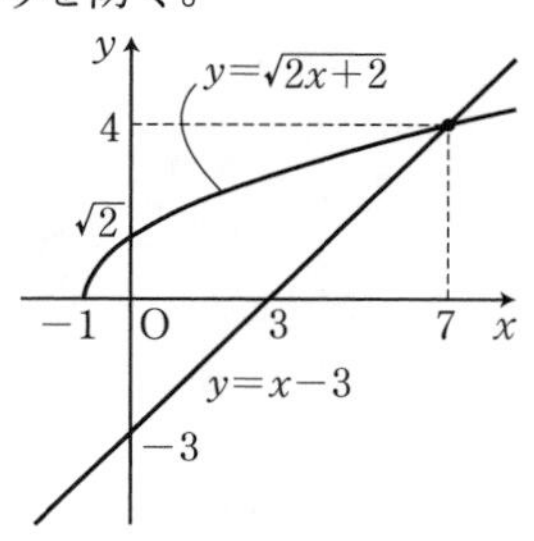

(2) $y=-\sqrt{x+1}$ …… ①

$y=x-1$ …… ②

①, ② から y を消去すると

$-\sqrt{x+1}=x-1$ …… ③

両辺を 2 乗して $x+1=(x-1)^2$

整理すると $x^2-3x=0$

これを解いて $x=0,\ 3$

このうち, ③ を満たすのは $x=0$ で, このとき ③ の両辺の値は -1 である。

よって, 共有点の座標は **(0, −1)** 答

注意 (1) $x=1$ は関数 $y=-\sqrt{2x+2}$ のグラフと直線 $y=x-3$ の共有点の x 座標であり, 方程式 $-\sqrt{2x+2}=x-3$ の解である。

参考 一般に,「$\sqrt{A}=B \Longrightarrow A=B^2$」は正しいが,

「$A=B^2 \Longrightarrow \sqrt{A}=B$」は正しくない。

$A=B^2$ から導かれるのは, $\sqrt{A}=B$ または $-\sqrt{A}=B$ である。

同値な変形は「$\sqrt{A}=B \iff B\geqq 0$ かつ $A=B^2$」となる。

練習 9

次の方程式, 不等式を解け。

(1) $\sqrt{x-1}=-x+3$　　(2) $\sqrt{x-1}\leqq -x+3$

指針 **無理式を含む方程式, 不等式**

(1) 練習 8 と同様に, 方程式 $\sqrt{x-1}=-x+3$ …… Ⓐ を解いて, Ⓐ を満たすものを解とする。

(2) (1) の解を利用して, グラフの上下関係に注目して解く。

解答 (1) $\sqrt{x-1}=-x+3$ …… ①

両辺を 2 乗して整理すると

$x^2-7x+10=0$

これを解くと $x=2,\ 5$

このうち, ① を満たすのは **$x=2$** 答

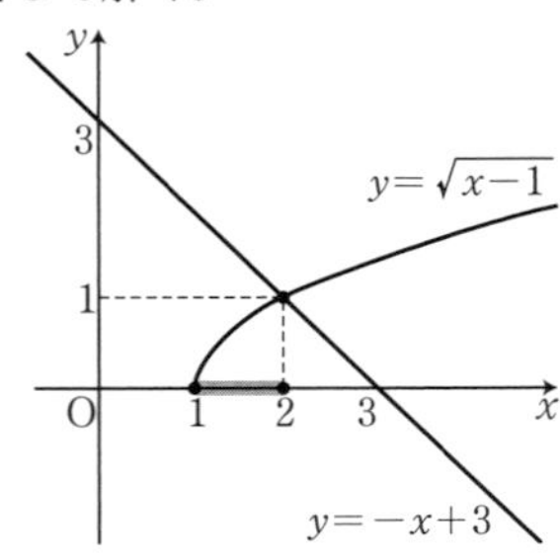

(2) 求める不等式の解は, 関数 $y=\sqrt{x-1}$ のグラフが直線 $y=-x-3$ より下側 (共有点を含む) にある x の値の範囲である。

(1) より, 共有点の x 座標は 2 で, 共有点の座標は (2, 1) であるから, 図のようになる。この図から, 求める解は **$1\leqq x\leqq 2$** 答

参考 無理式を含む不等式の同値関係は次のようになる。

$\sqrt{A}<B \iff A\geqq 0$ かつ $B>0$ かつ $A<B^2$

$\sqrt{A}>B \iff B<0$ かつ $A\geqq 0$ または $B\geqq 0$ かつ $A>B^2$

3 逆関数と合成関数

まとめ

1 逆関数

一般に，関数 $y=f(x)$ が増加関数または減少関数のとき，値域内の y の値を定めると，それに対応して x の値がただ1つ定まる。すなわち，x は y の関数である。この関数を $x=g(y)$ とする。

このとき，変数 y を x に書き直した関数 $g(x)$ を，もとの関数 $f(x)$ の **逆関数** といい，$f^{-1}(x)$ で表す。

関数とその逆関数では，定義域と値域が入れかわる。

2 $f(x)$ の逆関数 $g(x)$ の求め方

1. $y=f(x)$ を x について解き，$x=g(y)$ の形にする。
2. x と y を入れかえて，$y=g(x)$ とする。
   逆関数 $g(x)$ の定義域は，もとの関数 $f(x)$ の値域と同じ。

3 逆関数の性質

関数 $f(x)$ が逆関数 $f^{-1}(x)$ をもつとき

$$b=f(a) \iff a=f^{-1}(b)$$

4 逆関数とグラフ

関数 $y=f(x)$ のグラフとその逆関数 $y=f^{-1}(x)$ のグラフは，直線 $y=x$ に関して対称である。

5 合成関数

2つの関数 $f(x)$，$g(x)$ について，$f(x)$ の値域が $g(x)$ の定義域に含まれているとき，新しい関数 $g(f(x))$ が考えられる。この関数を，$f(x)$ と $g(x)$ の **合成関数** という。$g(f(x))$ を $(g\circ f)(x)$ とも書く。

注意 一般に，$(g\circ f)(x)$ と $(f\circ g)(x)$ は同じ関数ではない。
また，関数 $f(x)$ の逆関数が $g(x)$ であるとき，$(f\circ g)(x)$，$(g\circ f)(x)$ はそれぞれの定義域において $(f\circ g)(x)=x$，$(g\circ f)(x)=x$ となる。

A 逆関数

練習 10 教 p.17

次の関数の逆関数を求めよ。

(1) $y=3x-1 \quad (0\leqq x\leqq 2)$　　(2) $y=-\sqrt{x}$

(3) $y=3^x$　　(4) $y=\log_4 x$

指針 **逆関数の求め方**　まず，もとの関数の値域 (求める逆関数の定義域となる) を確認してから，まとめの**2**の手順に従う。

(3)，(4)　一般に，$a>0$ かつ $a\neq 1$ のとき，実数 x と正の数 y について

教科書 p.17

$$y=a^x \iff x=\log_a y$$

したがって，指数関数 $y=a^x$ と対数関数 $y=\log_a x$ は，互いに他の逆関数である。

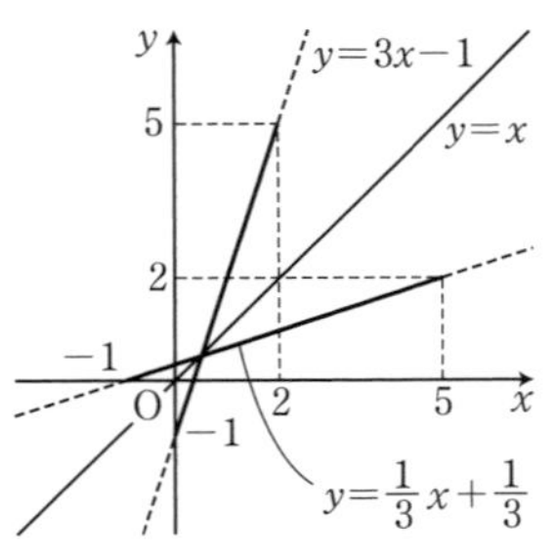

解答 (1) 関数 $y=3x-1$ は増加関数であり，

$x=0$ のとき　$y=-1$

$x=2$ のとき　$y=5$

であるから，値域は　$-1\leqq y\leqq 5$

$y=3x-1$ を x について解くと

$$x=\frac{1}{3}y+\frac{1}{3}\quad(-1\leqq y\leqq 5)$$

よって，求める逆関数は，x と y を入れかえて

$$\boldsymbol{y=\frac{1}{3}x+\frac{1}{3}\quad(-1\leqq x\leqq 5)}$$ 答

(2) 関数 $y=-\sqrt{x}$ の値域は　$y\leqq 0$

$y=-\sqrt{x}$ を x について解くと

$$x=y^2\quad(y\leqq 0)$$

よって，求める逆関数は，x と y を入れかえて

$$\boldsymbol{y=x^2\quad(x\leqq 0)}$$ 答

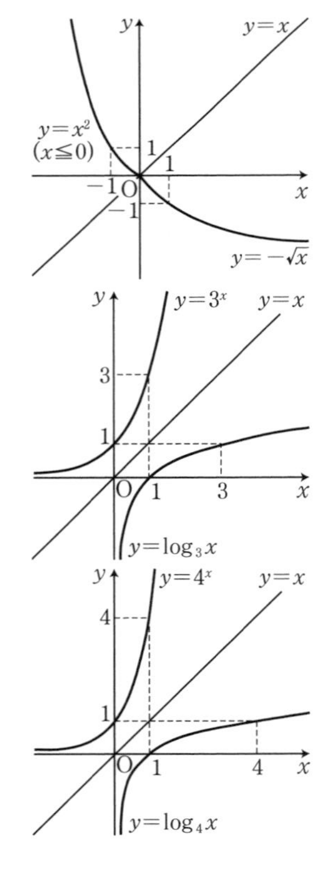

(3) 関数 $y=3^x$ の値域は　$y>0$

$y=3^x$ を x について解くと

$$x=\log_3 y\quad(y>0)$$

よって，求める逆関数は，x と y を入れかえて

$$\boldsymbol{y=\log_3 x}$$ 答

(4) 関数 $y=\log_4 x$ の値域は実数全体である。

$y=\log_4 x$ を x について解くと

$$x=4^y$$

よって，求める逆関数は，x と y を入れかえて

$$\boldsymbol{y=4^x}$$ 答

注意 (3) 関数 $y=\log_a x$ については，定義域 $x>0$ の表示は省略することが多い。

練習 11 教 p.18

次の関数の逆関数を求めよ。

(1) $y=\dfrac{2x+3}{x-1}$　　(2) $y=\dfrac{-x+2}{x+3}$

指針 **分数関数の逆関数**　関数の式を $y=\dfrac{k}{x-p}+q$ の形に変形し，値域が $y\neq q$ であることを確認してから，x について解く。

解答 (1) $\dfrac{2x+3}{x-1}=\dfrac{2(x-1)+5}{x-1}=\dfrac{5}{x-1}+2$

であるから，関数 $y=\dfrac{2x+3}{x-1}$ の値域は　$y\neq 2$

x について解くと，$y(x-1)=2x+3$ より

$(y-2)x=y+3$

$y\neq 2$ であるから　$x=\dfrac{y+3}{y-2}$

よって，求める逆関数は　$\boldsymbol{y=\dfrac{x+3}{x-2}}$ 答

(2) $\dfrac{-x+2}{x+3}=\dfrac{-(x+3)+5}{x+3}=\dfrac{5}{x+3}-1$

であるから，関数 $y=\dfrac{-x+2}{x+3}$ の値域は　$y\neq -1$

x について解くと，$y(x+3)=-x+2$ より

$(y+1)x=-3y+2$

$y\neq -1$ であるから　$x=\dfrac{-3y+2}{y+1}$

よって，求める逆関数は　$\boldsymbol{y=\dfrac{-3x+2}{x+1}}$ 答

練習 12 教 p.18

次の関数の逆関数を求めよ。

(1) $y=x^2+2$　$(x\geqq 0)$　　(2) $y=-x^2$　$(x\leqq 0)$

指針 **2 次関数の逆関数**　関数の定義域を単調に増加または減少する区間に制限すれば，その関数は逆関数をもつ。

定義域の制約に注意して，関数の式を x について解く。

解答 (1) $y=x^2+2$ を x について解くと　$x=\pm\sqrt{y-2}$

$x\geqq 0$ であるから　$x=\sqrt{y-2}$

よって，求める逆関数は　$\boldsymbol{y=\sqrt{x-2}}$ 答

(2) $y=-x^2$ を x について解くと　$x=\pm\sqrt{-y}$

$x \leqq 0$ であるから　　$x=-\sqrt{-y}$

よって，求める逆関数は　$\boldsymbol{y=-\sqrt{-x}}$　答

B 逆関数の性質

教 p.19

練習 13

$a \neq 0$ とする。関数 $f(x)=ax+b$ とその逆関数 $f^{-1}(x)$ について，$f(2)=4$，$f^{-1}(1)=-4$ であるとき，定数 a，b の値を求めよ。

指針　**逆関数の性質**　逆関数の性質「$b=f(a) \iff a=f^{-1}(b)$」を利用すると，逆関数 $f^{-1}(x)$ を求めなくても解決する。

$f(2)=4$ と，「$f^{-1}(1)=-4 \iff f(-4)=1$」から a，b についての連立方程式が得られる。

解答　$f(2)=4$ より　　$2a+b=4$　…… ①

$f^{-1}(1)=-4$　すなわち　$f(-4)=1$ より　　$-4a+b=1$　…… ②

①，② を解くと　$\boldsymbol{a=\frac{1}{2}}$，$\boldsymbol{b=3}$　答

教 p.19

練習 14

次の関数のグラフおよびその逆関数のグラフを同じ図中にかけ。

(1)　$y=\sqrt{-x}$　　　　(2)　$y=\log_{\frac{1}{2}} x$

指針　**逆関数とグラフ**　もとの関数のグラフをかき，これと直線 $y=x$ に関して対称な曲線をかくと，それが，逆関数のグラフとなる。対称であることを示す代表的な何組かの点の座標を記入しておく。

ここでは，逆関数の式も書き添えておく。

解答　(1)　値域は $y \geqq 0$ であり，$y=\sqrt{-x}$ を x について解くと　　$x=-y^2$

よって，逆関数は　　$y=-x^2$　$(x \geqq 0)$

グラフは図のようになる。

(2)　$y=\log_{\frac{1}{2}} x$ を x について解くと　　$x=\left(\frac{1}{2}\right)^y$

よって，逆関数は　　$y=\left(\frac{1}{2}\right)^x$

グラフは図のようになる。

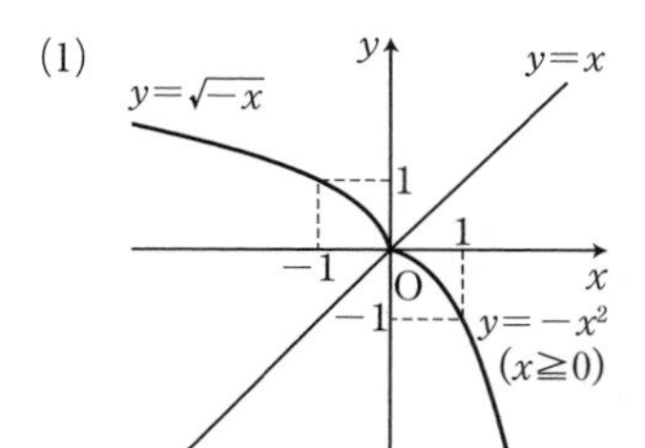

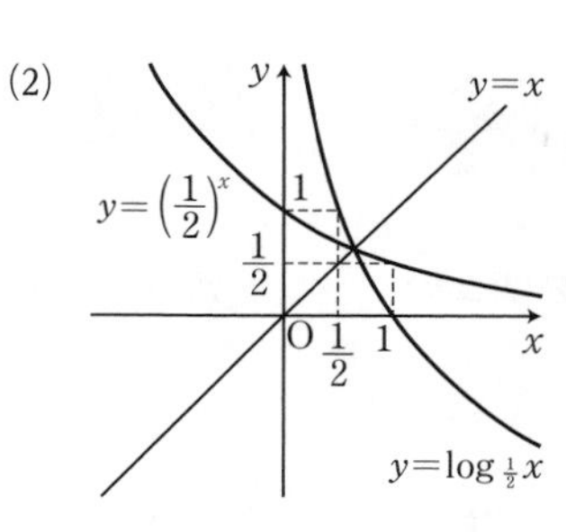

C 合成関数

練習 15 教 p.20

$f(x)=x^2$, $g(x)=\log_2(x+1)$, $h(x)=2^x-1$ について，次の合成関数を求めよ。

(1) $(g\circ f)(x)$　　(2) $(f\circ g)(x)$　　(3) $(g\circ h)(x)$

指針 **合成関数**　$(g\circ f)(x)$ は合成関数 $g(f(x))$ を表している。$g(x)$ の x に $f(x)$ を代入して得られる。

解答 (1) $f(x)\geqq 0$ であるから，$f(x)$ の値域は $g(x)$ の定義域 $x>-1$ に含まれる。

$(\boldsymbol{g\circ f})(\boldsymbol{x})=g(f(x))=g(x^2)=\mathbf{log_2(x^2+1)}$ 答

(2) $g(x)$ の値域と $f(x)$ の定義域はともに実数全体で一致する。

$(\boldsymbol{f\circ g})(\boldsymbol{x})=f(g(x))=f(\log_2(x+1))=\{\mathbf{log_2(x+1)}\}^2$ 答

(3) $h(x)>-1$ であるから，$h(x)$ の値域は $g(x)$ の定義域 $x>-1$ と一致する。

$(\boldsymbol{g\circ h})(\boldsymbol{x})=g(h(x))=g(2^x-1)=\log_2 2^x=\boldsymbol{x}$ 答

参考 (3) の結果から，関数 $g(x)$ と $h(x)$ は互いに他の逆関数であることがわかる。

$(g\circ f)(x)=g(f(x))$ は，g と f の順番が同じと覚えよう。

第1章 問題

教 p.21

1 次の関数のグラフをかけ。また，その定義域，値域を求めよ。

(1) $y=\dfrac{2x-3}{x-1}$　　(2) $y=\dfrac{4x}{2x-1}$

指針 **分数関数 $y=\dfrac{ax+b}{cx+d}$ のグラフ**　まず関数の式を $y=\dfrac{k}{x-p}+q$ の形に変形し，もとになるグラフをどのように平行移動したものであるかを調べる。

解答 (1) $\dfrac{2x-3}{x-1}=\dfrac{2(x-1)-1}{x-1}=-\dfrac{1}{x-1}+2$

よって　$y=-\dfrac{1}{x-1}+2$

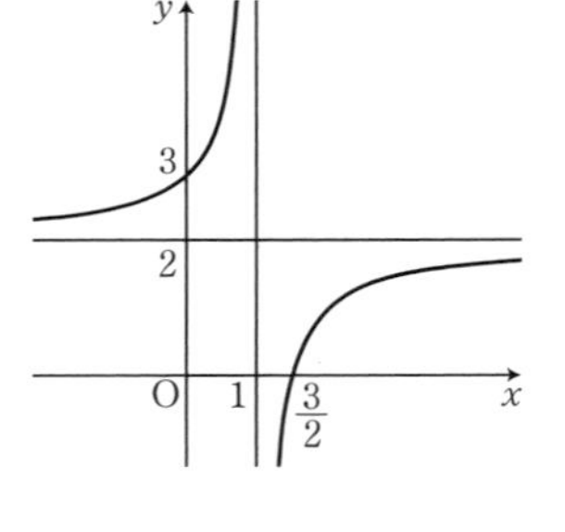

グラフは $y=-\dfrac{1}{x}$ のグラフを x 軸方向に 1，y 軸方向に 2 だけ平行移動したもので，図のようになる。

漸近線は 2 直線 $x=1$，$y=2$

定義域は　$x \neq 1$，値域は　$y \neq 2$ 答

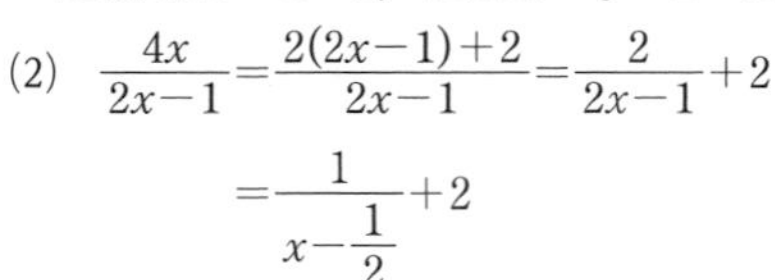

(2) $\dfrac{4x}{2x-1}=\dfrac{2(2x-1)+2}{2x-1}=\dfrac{2}{2x-1}+2$

$=\dfrac{1}{x-\frac{1}{2}}+2$

よって　$y=\dfrac{1}{x-\frac{1}{2}}+2$

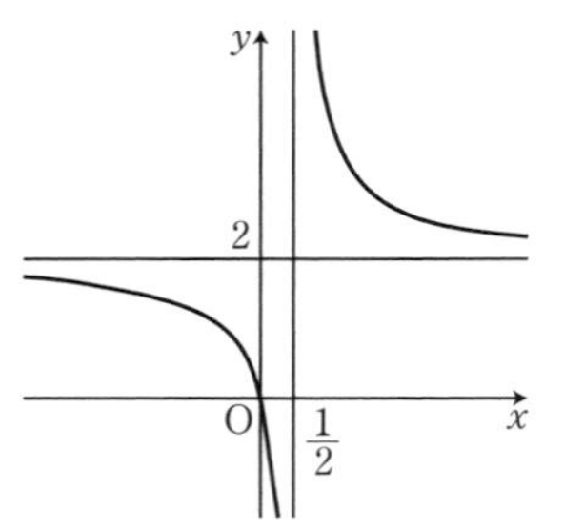

グラフは $y=\dfrac{1}{x}$ のグラフを x 軸方向に $\dfrac{1}{2}$，y 軸方向に 2 だけ平行移動したもので，図のようになる。

漸近線は 2 直線 $x=\dfrac{1}{2}$，$y=2$

定義域は　$x \neq \dfrac{1}{2}$，値域は　$y \neq 2$ 答

教 p.21

2 次の関数のグラフをかけ。また，その定義域，値域を求めよ。

(1) $y=\sqrt{2-x}$　　(2) $y=-\sqrt{2x+1}$

指針 **無理関数 $y=\sqrt{ax+b}$ のグラフ**　$y=\sqrt{a(x-p)}$ の形に変形し，$y=\sqrt{ax}$ のグラ

フを x 軸方向に p だけ平行移動する。定義域は，根号の中が 0 以上となる実数 x 全体である。なお，$y=-\sqrt{ax+b}$ のグラフは，$y=\sqrt{ax+b}$ のグラフと x 軸に関して対称である。

解答 (1) 変形すると

$$y=\sqrt{-(x-2)}$$

グラフは，$y=\sqrt{-x}$ のグラフを x 軸方向に 2 だけ平行移動したもので，図のようになる。

定義域は　$x\leqq 2$，値域は　$y\geqq 0$ 答

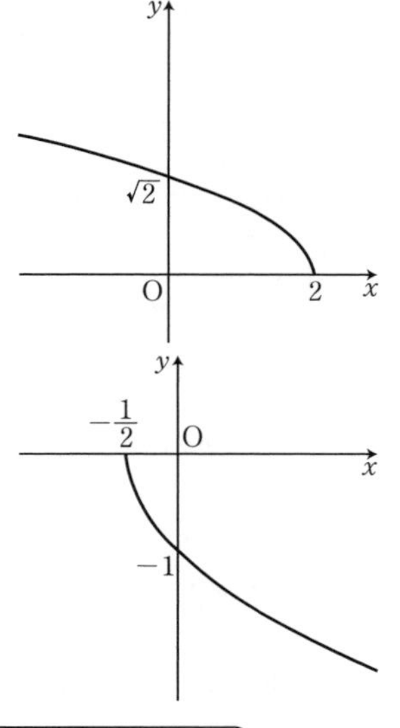

(2) 変形すると

$$y=-\sqrt{2\left(x+\frac{1}{2}\right)}$$

グラフは，$y=-\sqrt{2x}$ のグラフを x 軸方向に $-\frac{1}{2}$ だけ平行移動したもので，図のようになる。

定義域は　$x\geqq -\frac{1}{2}$，値域は　$y\leqq 0$ 答

グラフをかかなくても，$\sqrt{}$ が 0 以上となることから値域を求められるね。

教 p.21

3 次の方程式，不等式を解け。

(1) $\dfrac{2x-4}{x-1}=x-2$　　(2) $\dfrac{2x-4}{x-1}\leqq x-2$

(3) $\sqrt{x-1}=7-x$　　(4) $\sqrt{x-1}\leqq 7-x$

指針 **分数式，無理式を含む方程式，不等式**

(1) 分母を払って得られる 2 次方程式を解く。

(3) 両辺を 2 乗して得られる 2 次方程式を解く。ただし，2 乗して得られた方程式のすべての解がもとの方程式の解とは限らない。得られた x の値がもとの方程式を満たすかどうかを調べる。

(2), (4) 左辺，右辺それぞれの関数のグラフをかき，共有点の x 座標とグラフの上下関係から，不等式を満たす x の値の範囲を求める。なお，共有点の x 座標は，それぞれ(1)，(3)で求めた方程式の解である。

解答 (1) $\dfrac{2x-4}{x-1}=x-2$ より

$$2(x-2)=(x-2)(x-1)$$

整理すると　$(x-2)(x-3)=0$

これを解くと　$\boldsymbol{x=2,\ 3}$　答

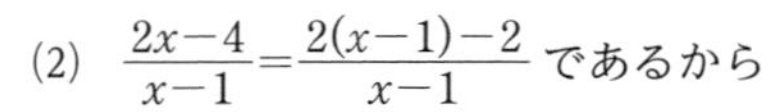

(2) $\dfrac{2x-4}{x-1}=\dfrac{2(x-1)-2}{x-1}$ であるから

$y=-\dfrac{2}{x-1}+2$　…… ①　　$y=x-2$　…… ②

とおく。

不等式の解は，関数 ① のグラフが直線 ② より下側 (共有点を含む) にある x の値の範囲である。

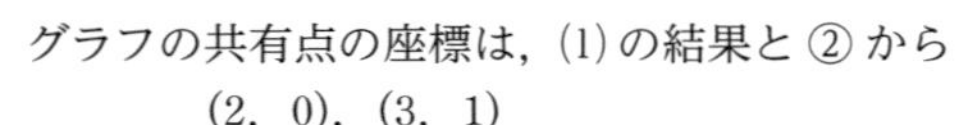

グラフの共有点の座標は，(1) の結果と ② から

$(2,\ 0)$，$(3,\ 1)$

よって，① と ② のグラフは右図のようになるから，求める解は

$\boldsymbol{1<x\leqq 2,\ 3\leqq x}$　答

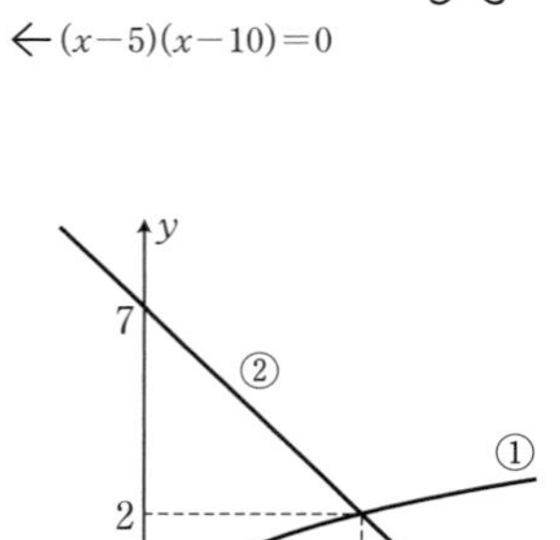

$\sqrt{x-1}=7-x$ より，左辺は
0 以上だから，右辺も 0 以上
で，$x\leqq 7$ の範囲に解があるよ。

(3) $\sqrt{x-1}=7-x$　…… ①

の両辺を 2 乗すると　$x-1=(7-x)^2$

整理すると　$x^2-15x+50=0$　←$(x-5)(x-10)=0$

これを解くと　$x=5,\ 10$

このうち，① を満たすのは　$\boldsymbol{x=5}$　答

(4) $y=\sqrt{x-1}$　…… ①

$y=7-x$　…… ②

とおく。

不等式の解は，関数 ① のグラフが直線 ② より下側 (共有点を含む) にある x の値の範囲である。

グラフの共有点の座標は，(3) の結果と ② から

$(5,\ 2)$

よって，① と ② のグラフは右図のようになるから，求める解は

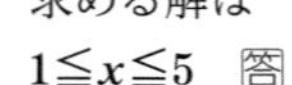

$\boldsymbol{1\leqq x\leqq 5}$　答

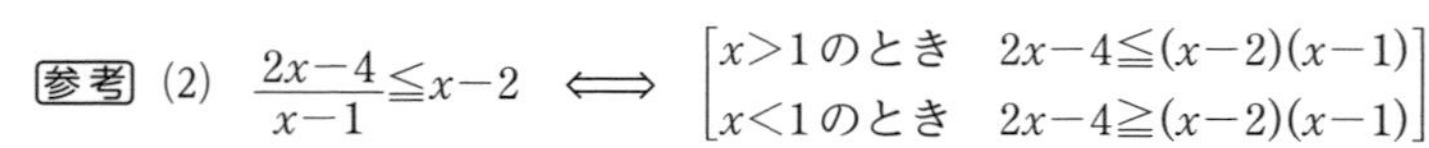

参考 (2) $\dfrac{2x-4}{x-1}\leqq x-2 \iff \begin{bmatrix} x>1 \text{ のとき}\quad 2x-4\leqq(x-2)(x-1) \\ x<1 \text{ のとき}\quad 2x-4\geqq(x-2)(x-1) \end{bmatrix}$

(4) $\sqrt{x-1}\leqq 7-x \iff [x-1\geqq 0$ かつ $7-x\geqq 0$ かつ $x-1\leqq(7-x)^2]$

教 p.21

4　次の関数のグラフ上に点 $(2,\ -a)$ があるように，定数 a の値を定めよ。

(1)　$y=\dfrac{3x-a}{x-a}$　　　(2)　$y=\sqrt{3x-a}$

指針　**点がグラフ上にあるための条件**　点 $(2,\ -a)$ がグラフ上にあるから，$x=2$，$y=-a$ のとき関数の式は成り立つ。(1)，(2) のそれぞれの式に代入し，a についての方程式を導く。

解答　(1)　グラフ上に点 $(2,\ -a)$ があるから

$$-a=\frac{6-a}{2-a}\quad \text{すなわち}\quad a^2-a-6=0$$　←$(a+2)(a-3)=0$

これを解くと　　$\boldsymbol{a=-2,\ 3}$　答

(2)　グラフ上に点 $(2,\ -a)$ があるから　$-a=\sqrt{6-a}$　…… ①

両辺を 2 乗して整理すると　$a^2+a-6=0$　←$(a-2)(a+3)=0$

これを解くと　$a=2,\ -3$

このうち，① を満たすのは　$\boldsymbol{a=-3}$　答

注意　(2)　①　$\Longleftrightarrow$　「$-a\geqq 0$ かつ $(-a)^2=6-a$」

教 p.21

5　次の関数の逆関数を求めよ。

(1)　$y=\dfrac{x}{x-1}\quad (x>1)$　　　(2)　$y=\sqrt{1-x}$

指針　**分数関数，無理関数の逆関数**　$f(x)$ の逆関数 $g(x)$ の求め方

1　$y=f(x)$ を x について解き，$x=g(y)$ の形にする。

2　x と y を入れかえて，$y=g(x)$ とする。

逆関数の定義域は，もとの関数の値域と同じ。

解答　(1)　$\dfrac{x}{x-1}=\dfrac{(x-1)+1}{x-1}=\dfrac{1}{x-1}+1$

であるから，関数 $y=\dfrac{x}{x-1}$　$(x>1)$ の値域は　$y>1$

x について解くと，$y(x-1)=x$ より

$$(y-1)x=y$$

$y\neq 1$ であるから　　$x=\dfrac{y}{y-1}$　$(y>1)$

よって，求める逆関数は

$$\boldsymbol{y=\frac{x}{x-1}\quad (x>1)}$$　答

もとの関数の値域は，
グラフを考えて求めよう。

(2)　関数 $y=\sqrt{1-x}$ の値域は　　$y\geqq 0$

x について解くと，$y^2=1-x$ より

$$x=1-y^2 \quad (y\geqq 0)$$

よって，求める逆関数は

$$\boldsymbol{y=1-x^2 \quad (x\geqq 0)}$$ 答

教 p.21

6　関数 $f(x)=4^x$，$g(x)=\log_2 x$ について，次の合成関数を求めよ。

(1)　$(g\circ f)(x)$　　　(2)　$(f\circ g)(x)$

指針　**合成関数**　$f(x)$ の値域が $g(x)$ の定義域に含まれるとき，$(g\circ f)(x)$ が考えられる。

解答　(1)　$f(x)>0$ であるから，$f(x)$ の値域は $g(x)$ の定義域 $x>0$ と一致する。

$$\boldsymbol{(g\circ f)(x)}=g(f(x))=g(4^x)$$
$$=\log_2 4^x=\log_2 2^{2x}=\boldsymbol{2x}$$ 答

(2)　$g(x)$ の値域と $f(x)$ の定義域はともに実数全体で一致する。また，$g(x)$ の定義域が $x>0$ であることに注意して

$$\boldsymbol{(f\circ g)(x)}=f(g(x))=f(\log_2 x)$$
$$=4^{\log_2 x}=2^{2\log_2 x}=2^{\log_2 x^2}=\boldsymbol{x^2 \quad (x>0)}$$ 答

補足　(2)　$a^{\log_a p}$ において，$a^{\log_a p}=X$ とおけば，対数の定義より，$\log_a X=\log_a p$ であるから，$X=p$ すなわち $a^{\log_a p}=p$ となる。

教 p.21

7　関数 $y=3$ が，逆関数をもてばそれを求め，逆関数をもたなければその理由を説明せよ。

指針　**逆関数**　関数 $y=f(x)$ が逆関数をもつのは，値域内の y の値を定めると，それに対応して x の値がただ1つ定まるときである。

解答　**逆関数をもたない**

(理由)　$y=3$ に対応する x の値は無数に存在し，1つには定まらないから。

終

第1章　章末問題A

教 p.22

1. 関数 $y=\dfrac{3x+4}{x+2}$ のグラフは，関数 $y=\dfrac{x+3}{x+5}$ のグラフを，どのように平行移動したものか。

指針 **分数関数のグラフの平行移動**　まず，$y=\dfrac{k}{x-p}+q$ の形に変形して，それぞれの漸近線を求める。これらの漸近線の位置関係を利用して，どのように平行移動したのか考える。

解答 $\dfrac{3x+4}{x+2}=\dfrac{3(x+2)-2}{x+2}=-\dfrac{2}{x+2}+3$ であるから，

関数 $y=\dfrac{3x+4}{x+2}$ …… ① のグラフの漸近線は　2 直線 $x=-2$，$y=3$

$\dfrac{x+3}{x+5}=\dfrac{(x+5)-2}{x+5}=-\dfrac{2}{x+5}+1$ であるから，関数 $y=\dfrac{x+3}{x+5}$ …… ② のグラフの漸近線は　2 直線 $x=-5$，$y=1$

関数 ② のグラフの 2 本の漸近線を，x 軸方向に $-2-(-5)=3$，y 軸方向に $3-1=2$ だけ平行移動すると，関数 ① のグラフの 2 本の漸近線に重なる。

2 本の漸近線がそれぞれどれだけ平行移動したかを考えよう。

よって，関数 ① のグラフは，関数 ② のグラフを，
x 軸方向に 3，y 軸方向に 2 だけ平行移動したもの である。　答

教 p.22

2. 次の関数のグラフをかけ。また，その値域を求めよ。

(1)　$y=\dfrac{3+x}{3-x}$　$(0\leqq x\leqq 2)$　　(2)　$y=-\sqrt{2x+6}$　$(-1\leqq x\leqq 5)$

指針 **分数関数・無理関数のグラフ**　$y=\dfrac{k}{x-p}+q$，$y=-\sqrt{a(x-p)}$ の形に変形し，それぞれもとになるグラフをどのように平行移動したものであるかを調べ，グラフの概形をつかむ。
定義域に制限があるから，値域に注意する。

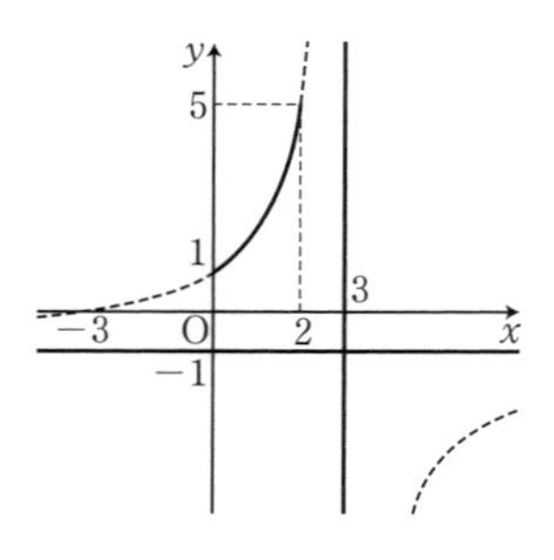

解答 (1) $\dfrac{3+x}{3-x}=-\dfrac{x+3}{x-3}=-\dfrac{(x-3)+6}{x-3}$

であるから　$y=-\dfrac{6}{x-3}-1$

これは $y=-\dfrac{6}{x}$ のグラフを x 軸方向に 3，y 軸方向に -1 だけ平行移動したものである。

定義域は $0\leqq x\leqq 2$ であり

$x=0$ のとき　　$y=1$

$x=2$ のとき　　$y=5$

グラフは図のようになる。

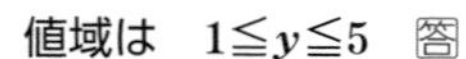

値域は　$1\leqq y\leqq 5$　答

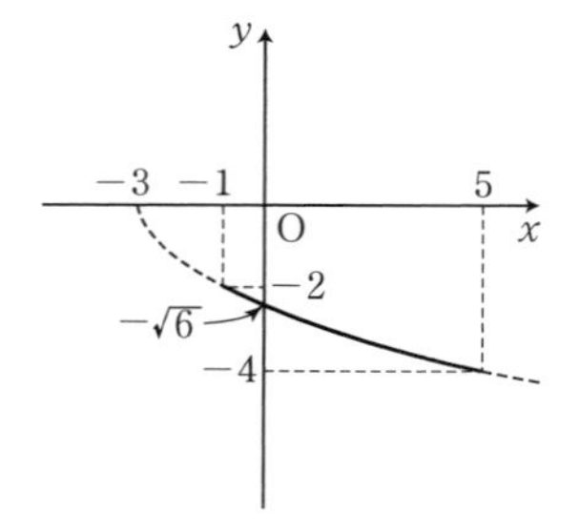

(2) 与式を変形すると　$y=-\sqrt{2(x+3)}$

これは $y=-\sqrt{2x}$ のグラフを x 軸方向に -3 だけ平行移動したものである。定義域は $-1\leqq x\leqq 5$ であり

$x=-1$ のとき　　$y=-2$

$x=5$　のとき　　$y=-4$

グラフは図のようになる。

値域は　$-4\leqq y\leqq -2$　答

教 p.22

3. $k\neq 0$ とする。関数 $f(x)=kx+k^2$ とその逆関数 $f^{-1}(x)$ について，$f(1)=6$，$f^{-1}(2)=-1$ であるとき，定数 k の値を求めよ。

指針 **逆関数の性質**　「$b=f(a) \iff a=f^{-1}(b)$」を利用すると，逆関数 $f^{-1}(x)$ を求めなくても解決する。

2 つの条件を同時に満たす k の値を求める。

解答 $f(1)=6$ より　　$k+k^2=6$　…… ①

$f^{-1}(2)=-1$　　すなわち　$2=f(-1)$ より

$2=-k+k^2$　…… ②

① を解くと，$k^2+k-6=0$ より　　$k=2,\ -3$

② を解くと，$k^2-k-2=0$ より　　$k=2,\ -1$

よって，①，② を同時に満たす k の値は $k=2$ でこれは $k\neq 0$ も満たす。

したがって　　$\boldsymbol{k=2}$　答

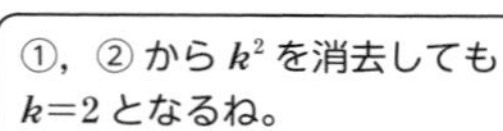

①，② から k^2 を消去しても
$k=2$ となるね。

第1章　章末問題B

教 p.22

4. 次の方程式，不等式を解け。

(1) $\sqrt{3x-5}=x-1$　　(2) $\sqrt{3x-5}<x-1$

(3) $\sqrt{1-2x}=-x+1$　　(4) $\sqrt{1-2x} \geqq -x+1$

指針　**無理式を含む方程式，不等式**

(1), (3)　両辺を2乗して得られる2次方程式を解く。ただし，得られた x の値がもとの方程式を満たすかどうか調べる。

(2), (4)　左辺，右辺それぞれの関数のグラフの共有点の x 座標とグラフの上下関係により不等式の解を求める。共有点の x 座標は，それぞれ (1), (3) で求めた方程式の解である。

解答　(1) $\sqrt{3x-5}=x-1$ …… ①

両辺を2乗すると　$3x-5=(x-1)^2$

整理すると　$x^2-5x+6=0$　← $(x-2)(x-3)=0$

これを解くと　$x=2,\ 3$

これらは ① を満たすから

$\boldsymbol{x=2,\ 3}$　答

(2) $y=\sqrt{3x-5}$ より　$y=\sqrt{3\left(x-\dfrac{5}{3}\right)}$ …… ①

$y=x-1$ …… ②

不等式の解は，関数 ① のグラフが直線 ② より下側にある x の値の範囲である。

グラフの共有点の座標は，(1) の結果と ② から

$(2,\ 1),\ (3,\ 2)$

よって，① と ② のグラフは右の図のようになるから，求める解は　$\boldsymbol{\dfrac{5}{3} \leqq x<2,\ 3<x}$　答

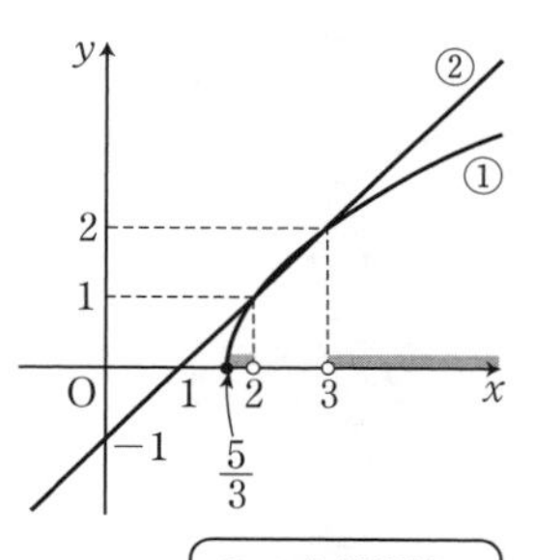

① の定義域外は
不等式の解とな
らないよ。

(3) $\sqrt{1-2x}=-x+1$ …… ①

両辺を2乗すると　$1-2x=(-x+1)^2$

整理すると　$x^2=0$　よって　$x=0$

これは ① を満たすから　$\boldsymbol{x=0}$　答

(4) $y=\sqrt{1-2x}$ より $\sqrt{-2\left(x-\dfrac{1}{2}\right)}$ ...... ①

$y=-x+1$ ...... ②

不等式の解は，関数 ① のグラフが直線 ② より上側（共有点を含む）にある x の値の範囲である。

グラフの共有点の座標は，(3) の結果と ② から (0, 1)

よって，① と ② のグラフは右の図のようになるから，求める解は $\boldsymbol{x=0}$ 答

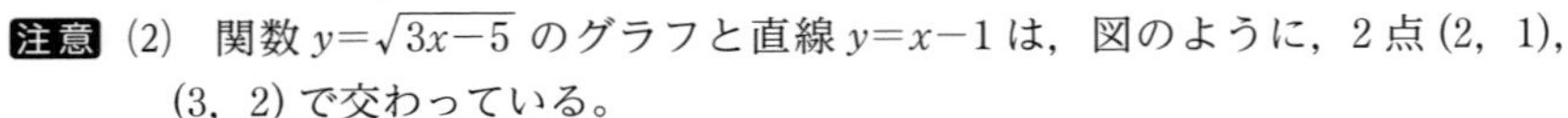

注意 (2) 関数 $y=\sqrt{3x-5}$ のグラフと直線 $y=x-1$ は，図のように，2 点 (2, 1), (3, 2) で交わっている。

(4) 関数 $y=\sqrt{1-2x}$ のグラフと直線 $y=-x+1$ は，図のように，点 (0, 1) で接している。

教 p.22

5. 関数 $f(x)=\dfrac{x+1}{x-a}$ について，$f^{-1}(x)=f(x)$ が成り立つように，定数 a の値を定めよ。

指針 **逆関数** $y=f(x)$ として，逆関数 $f^{-1}(x)$ を求める。$f^{-1}(x)=f(x)$ より，恒等式の性質を使って a の値を定める。

解答 $a=-1$ のとき，$f(x)=1$ $(x\neq -1)$ となるが，これは逆関数をもたない。

$a\neq -1$ として，$y=\dfrac{x+1}{x-a}$ ...... ① とする。

$\dfrac{x+1}{x-a}=\dfrac{(x-a)+a+1}{x-a}=\dfrac{a+1}{x-a}+1$ であるから，関数 ① の値域は $y\neq 1$

① より $y(x-a)=x+1$

よって $(y-1)x=ay+1$

$y\neq 1$ であるから $x=\dfrac{ay+1}{y-1}$

ゆえに，関数 ① の逆関数は

$$y=\frac{ax+1}{x-1} \quad \text{よって} \quad f^{-1}(x)=\frac{ax+1}{x-1} \quad \cdots\cdots ②$$

$f^{-1}(x)=f(x)$ であるから $\dfrac{ax+1}{x-1}=\dfrac{x+1}{x-a}$

分母を払って $(ax+1)(x-a)=(x+1)(x-1)$

各辺を整理すると $ax^2-(a^2-1)x-a=x^2-1$

これは x についての恒等式であるから，係数を比較して

$$a=1,\ a^2-1=0,\ -a=-1 \quad \text{よって} \quad a=1$$

これは $a \neq -1$ を満たすから　　$\boldsymbol{a=1}$ 答

教 p.22

6. 2つの関数 $f(x)=\dfrac{1}{1-x}$，$g(x)=\dfrac{x}{x-1}$ について，次の合成関数を求めよ。

(1) $f(g(x))$　　　(2) $g(g(x))$

指針 **合成関数** $f(g(x))$ は，$f(x)=\dfrac{1}{1-x}$ の x を $g(x)$ の式でおき換えて計算する。$g(g(x))$ についても同様である。なお，$x-1 \neq 0$ から求める合成関数の定義域は，ともに1以外の実数全体である。

解答 (1) $g(x)=\dfrac{(x-1)+1}{x-1}=\dfrac{1}{x-1}+1$ より，$g(x)$ の値域は1以外の実数全体で，$f(x)$ の定義域と同じである。また，$g(x)$ の定義域は1以外の実数全体である。

よって　$\boldsymbol{f(g(x))}=f\left(\dfrac{x}{x-1}\right)=\dfrac{1}{1-\dfrac{x}{x-1}}$

$=\dfrac{x-1}{(x-1)-x}=\boldsymbol{1-x \quad (x \neq 1)}$ 答

(2) $g(x)$ の値域，定義域はともに1以外の実数全体である。

よって　$\boldsymbol{g(g(x))}=g\left(\dfrac{x}{x-1}\right)=\dfrac{\dfrac{x}{x-1}}{\dfrac{x}{x-1}-1}$

$=\dfrac{x}{x-(x-1)}=\boldsymbol{x \quad (x \neq 1)}$ 答

教科書 p.24

第2章 | 極限

第1節 数列の極限

1 数列の極限

まとめ

1 無限数列

項が限りなく続く数列を **無限数列** という。

数列 a_1, a_2, a_3, ……, a_n, ……を記号で $\{a_n\}$ と書くこともある。

a_1 が初項, a_n が第 n 項である。

2 収束, 極限, 極限値

一般に, 数列 $\{a_n\}$ において, n を限りなく大きくするとき, a_n がある値 α に限りなく近づくならば, $\{a_n\}$ は α に **収束** する, または, $\{a_n\}$ の **極限** は α であるという。また, 値 α を $\{a_n\}$ の **極限値** ともいう。

このことを, 次のように書き表す。

$$\lim_{n\to\infty} a_n = \alpha \quad \text{または} \quad n \longrightarrow \infty \text{ のとき } a_n \longrightarrow \alpha$$

例 数列 $\left\{\dfrac{1}{n}\right\}$ について, $\displaystyle\lim_{n\to\infty}\frac{1}{n}=0$ $\left(n \longrightarrow \infty \text{ のとき } \dfrac{1}{n} \longrightarrow 0\right)$

注意 記号 ∞ は「無限大」と読む。∞ は, 値すなわち数を表すものではない。

3 発散

数列 $\{a_n\}$ が収束しないとき, $\{a_n\}$ は **発散** するという。

次のように3つの場合がある。n を限りなく大きくするとき

[1] a_n の値が限りなく大きくなる場合, 数列 $\{a_n\}$ は **正の無限大に発散** する, または $\{a_n\}$ の **極限は正の無限大** であるという。

$\displaystyle\lim_{n\to\infty} a_n = \infty$ または $n \longrightarrow \infty$ のとき $a_n \longrightarrow \infty$ と書き表す。

[2] a_n の値が負で, その絶対値が限りなく大きくなる場合, 数列 $\{a_n\}$ は **負の無限大に発散** する, または $\{a_n\}$ の **極限は負の無限大** であるという。

$\displaystyle\lim_{n\to\infty} a_n = -\infty$ または $n \longrightarrow \infty$ のとき $a_n \longrightarrow -\infty$ と書き表す。

[3] 発散する数列が, 正の無限大にも負の無限大にも発散しない場合, 数列は **振動** するという。

4 数列の極限の性質(1)

数列 $\{a_n\}$ と $\{b_n\}$ が収束して, $\displaystyle\lim_{n\to\infty} a_n=\alpha$, $\displaystyle\lim_{n\to\infty} b_n=\beta$ とする。

1 $\displaystyle\lim_{n\to\infty} ka_n = k\alpha$ ただし, k は定数

2 $\lim_{n\to\infty}(a_n+b_n)=\alpha+\beta$,　$\lim_{n\to\infty}(a_n-b_n)=\alpha-\beta$

3 $\lim_{n\to\infty}a_nb_n=\alpha\beta$

4 $\lim_{n\to\infty}\dfrac{a_n}{b_n}=\dfrac{\alpha}{\beta}$　　ただし，$\beta\neq 0$

注意 性質1〜4は収束する数列について成り立つものである。

数列 $\{a_n\}$，$\{b_n\}$ について，$\lim_{n\to\infty}a_n=\infty$，$\lim_{n\to\infty}b_n=\infty$ であるとき

$$\lim_{n\to\infty}(a_n+b_n)=\infty,\quad \lim_{n\to\infty}a_nb_n=\infty,\quad \lim_{n\to\infty}\frac{1}{a_n}=0$$

数列 $\{a_n-b_n\}$，$\left\{\dfrac{a_n}{b_n}\right\}$ は発散することも収束することもある。

5　数列の極限の性質(2)

数列 $\{a_n\}$ と $\{b_n\}$ が収束して，$\lim_{n\to\infty}a_n=\alpha$，$\lim_{n\to\infty}b_n=\beta$ とする。

5 すべての n について $a_n\leqq b_n$ ならば　$\alpha\leqq\beta$

6 すべての n について $a_n\leqq c_n\leqq b_n$ かつ $\alpha=\beta$ ならば　$\lim_{n\to\infty}c_n=\alpha$

また，次のことも成り立つ。

7 すべての n について $a_n\leqq b_n$ のとき

$\lim_{n\to\infty}a_n=\infty$ ならば　$\lim_{n\to\infty}b_n=\infty$

補足 性質5において，常に $a_n<b_n$ でも，$\alpha=\beta$ の場合がある。

たとえば，$a_n=1-\dfrac{1}{n}$，$b_n=1+\dfrac{1}{n}$ では常に $a_n<b_n$ であるが，

$\lim_{n\to\infty}a_n=\lim_{n\to\infty}b_n=1$ である。

性質6を「はさみうちの原理」ということがある。

A 数列と極限

教 p.25

練習 1

次の数列の極限値をいえ。

(1) $\dfrac{2}{1}$，$\dfrac{3}{2}$，$\dfrac{4}{3}$，……，$\dfrac{n+1}{n}$，……

(2) -1，$\dfrac{1}{2}$，$-\dfrac{1}{3}$，……，$\dfrac{(-1)^n}{n}$，……

(3) $\cos\pi$，$\cos 3\pi$，$\cos 5\pi$，……，$\cos(2n-1)\pi$，……

指針 **数列の極限値**　第 n 項を手がかりにする。(2) は，各項の符号が負，正，負，……と交互に変わりながら収束する。(1)，(2) は，$\lim_{n\to\infty}\dfrac{1}{n}=0$ であることを使う。

解答 (1) $\dfrac{n+1}{n}=1+\dfrac{1}{n}$ と表される。

$\lim_{n\to\infty}\dfrac{1}{n}=0$ より　$\lim_{n\to\infty}\left(1+\dfrac{1}{n}\right)=1$　答

(2)　n が奇数のとき $-\dfrac{1}{n}$，n が偶数のとき $\dfrac{1}{n}$

$n \longrightarrow \infty$ のとき，ともに 0 に収束するから　$\displaystyle\lim_{n\to\infty}\frac{(-1)^n}{n}=\mathbf{0}$　答

(3)　$\cos(2n-1)\pi=\cos(-\pi)=-1$

よって，数列 $\{\cos(2n-1)\pi\}$ は -1 が無限に続く数列である。

したがって　$\displaystyle\lim_{n\to\infty}\cos(2n-1)\pi=\mathbf{-1}$　答

注意 (1)～(3)は，それぞれ次のように表してもよい。

$$\frac{n+1}{n}\longrightarrow 1,\quad \frac{(-1)^n}{n}\longrightarrow 0,\quad \cos(2n-1)\pi\longrightarrow -1$$

(3)　1 つの数 c が無限に続く数列 c，c，c，……，c，……は c に収束し，その極限値は c である。

B 収束しない数列

教 p.26

練習 2

第 n 項が次の式で表される数列の極限を調べよ。

(1)　$2n$　　(2)　$-\dfrac{1}{n}$　　(3)　$-n^2$　　(4)　$1+(-1)^n$

指針 **数列の収束・発散**　収束，発散をまとめると，次のようになる。

収束	値 α に収束	$\displaystyle\lim_{n\to\infty}a_n=\alpha$	…… 極限は	α
発散（収束しない）	正の無限大に発散	$\displaystyle\lim_{n\to\infty}a_n=\infty$	…… 極限は	∞
	負の無限大に発散	$\displaystyle\lim_{n\to\infty}a_n=-\infty$	…… 極限は	$-\infty$
	振動		…… 極限は	ない

(2)　分子は一定で，分母は限りなく大きくなる。

(3)　負の値をとり，絶対値は限りなく大きくなる。

(4)　$(-1)^n$ の部分は振動する。

解答 (1)　n を限りなく大きくすると，$2n$ は限りなく大きくなるから　$\displaystyle\lim_{n\to\infty}2n=\infty$

よって，正の無限大に発散し，極限は ∞　答

(2)　n を限りなく大きくすると，$-\dfrac{1}{n}$ は 0 に限りなく近づくから

$$\lim_{n\to\infty}\left(-\frac{1}{n}\right)=0$$

よって，0 に収束し，極限は $\mathbf{0}$　答

(3)　n を限りなく大きくすると，$-n^2$ は負でその絶対値は限りなく大きくなるから　$\displaystyle\lim_{n\to\infty}(-n^2)=-\infty$

よって，負の無限大に発散し，極限は $-\infty$　答

(4)　この数列は交互に 0，2，0，2，……となる。

よって，振動し，極限は **ない。** 答

注意 極限が ∞ または $-\infty$ の場合，これらを数列の極限値とはいわない。

C 数列の極限の性質(1)

練習 3 教 p.27

$\lim_{n\to\infty} a_n=1$，$\lim_{n\to\infty} b_n=-2$ のとき，次の極限を求めよ。

(1) $\lim_{n\to\infty}(a_n-b_n)$ (2) $\lim_{n\to\infty}(3a_n+2b_n)$ (3) $\lim_{n\to\infty}(a_n-1)$

(4) $\lim_{n\to\infty} a_nb_n$ (5) $\lim_{n\to\infty}\dfrac{b_n+5}{2a_n-1}$ (6) $\lim_{n\to\infty}\dfrac{a_n-b_n}{a_n+b_n}$

指針 **数列の極限の性質** まとめの **4** の性質[1]〜[4]を使って極限を求める。

(2) 性質[1]より，$\{3a_n\}$，$\{2b_n\}$ とも収束するから，性質[2]が使える。

(3) $\{a_n\}$ と $\{1\}$ の差の極限と考える。数列 $\{1\}$ の極限値は 1 である。

(5) 分母，分子とも (3) と同様に収束するから，性質[4]が使える。

解答 (1) $\lim_{n\to\infty}(a_n-b_n)=\lim_{n\to\infty}a_n-\lim_{n\to\infty}b_n=1-(-2)=\mathbf{3}$ 答

(2) $\lim_{n\to\infty}(3a_n+2b_n)=3\lim_{n\to\infty}a_n+2\lim_{n\to\infty}b_n=3\cdot1+2\cdot(-2)=\mathbf{-1}$ 答

(3) $\lim_{n\to\infty}(a_n-1)=\lim_{n\to\infty}a_n-\lim_{n\to\infty}1=1-1=\mathbf{0}$ 答

(4) $\lim_{n\to\infty}a_nb_n=\lim_{n\to\infty}a_n\cdot\lim_{n\to\infty}b_n=1\cdot(-2)=\mathbf{-2}$ 答

(5) $\lim_{n\to\infty}\dfrac{b_n+5}{2a_n-1}=\dfrac{\lim_{n\to\infty}(b_n+5)}{\lim_{n\to\infty}(2a_n-1)}=\dfrac{-2+5}{2\cdot1-1}=\mathbf{3}$ 答

(6) $\lim_{n\to\infty}\dfrac{a_n-b_n}{a_n+b_n}=\dfrac{\lim_{n\to\infty}(a_n-b_n)}{\lim_{n\to\infty}(a_n+b_n)}=\dfrac{1-(-2)}{1+(-2)}=\mathbf{-3}$ 答

練習 4 教 p.28

次の極限を求めよ。

(1) $\lim_{n\to\infty}(2n^3-n^2)$ (2) $\lim_{n\to\infty}(n-3n^2)$ (3) $\lim_{n\to\infty}(2n-n^3)$

(4) $\lim_{n\to\infty}\dfrac{2n+1}{3n-2}$ (5) $\lim_{n\to\infty}\dfrac{4n-1}{n^2+3}$ (6) $\lim_{n\to\infty}\dfrac{n^2-2n}{2n+1}$

指針 **数列の極限の計算** 数列 $\{a_n\}$，$\{b_n\}$ がともに発散するとき，$\lim_{n\to\infty}(a_n-b_n)$，$\lim_{n\to\infty}\dfrac{a_n}{b_n}$ はいろいろな場合がある。

(1)〜(3) は次数の最も高い項をくくり出し，積の形にして極限を調べる。(4)〜(6) の極限を調べるには，分母，分子を分母の最高次の項で割り，分母がある値に収束する形を作る。

解答 (1) $\lim_{n\to\infty}(2n^3-n^2)=\lim_{n\to\infty}n^3\left(2-\dfrac{1}{n}\right)=\infty$ 答 ← $\begin{cases}\lim_{n\to\infty}n^3=\infty\\ \lim_{n\to\infty}\left(2-\dfrac{1}{n}\right)=2\end{cases}$

(2) $\lim_{n\to\infty}(n-3n^2)=\lim_{n\to\infty}n^2\left(\frac{1}{n}-3\right)=-\infty$ 答 　← $\begin{cases}\lim_{n\to\infty}n^2=\infty\\ \lim_{n\to\infty}\left(\frac{1}{n}-3\right)=-3\end{cases}$

(3) $\lim_{n\to\infty}(2n-n^3)=\lim_{n\to\infty}n^3\left(\frac{2}{n^2}-1\right)=-\infty$ 答 　← $\begin{cases}\lim_{n\to\infty}n^3=\infty\\ \lim_{n\to\infty}\left(\frac{2}{n^2}-1\right)=-1\end{cases}$

(4) $\lim_{n\to\infty}\frac{2n+1}{3n-2}=\lim_{n\to\infty}\frac{2+\frac{1}{n}}{3-\frac{2}{n}}=\frac{2}{3}$ 答 　← $\lim_{n\to\infty}\frac{1}{n}=0$

(5) $\lim_{n\to\infty}\frac{4n-1}{n^2+3}=\lim_{n\to\infty}\frac{\frac{4}{n}-\frac{1}{n^2}}{1+\frac{3}{n^2}}=0$ 答 　← 分母 ⟶ 1，分子 ⟶ 0

(6) $\lim_{n\to\infty}\frac{n^2-2n}{2n+1}=\lim_{n\to\infty}\frac{n-2}{2+\frac{1}{n}}=\infty$ 答 　← 分母 ⟶ 2，分子 ⟶ ∞

注意 ∞ を安易に考えてはならない。$\frac{\infty}{\infty}$ になるから 1，$\infty-\infty$ であるから 0 とするのは誤りである。

深める 　教 p.28

p を整数とするとき，数列 $\left\{\frac{n^3+2n}{n^p}\right\}$ の極限が p の値によってどのように変化するか調べてみよう。

指針 **数列の極限の計算** 　数列の一般項の分子が 3 次式であるから，$p=3$ を境にして場合分けする。

解答 $p\geqq 4$ のとき 　$\lim_{n\to\infty}\frac{n^3+2n}{n^p}=\lim_{n\to\infty}\left(\frac{1}{n^{p-3}}+\frac{2}{n^{p-1}}\right)=0$

$p=3$ のとき 　$\lim_{n\to\infty}\frac{n^3+2n}{n^p}=\lim_{n\to\infty}\frac{n^3+2n}{n^3}$

$=\lim_{n\to\infty}\left(1+\frac{2}{n^2}\right)=1$

$p\leqq 2$ のとき 　$\lim_{n\to\infty}\frac{n^3+2n}{n^p}=\lim_{n\to\infty}(n^{3-p}+2n^{1-p})=\lim_{n\to\infty}n^{3-p}(1+2n^{-2})$

$=\lim_{n\to\infty}n^{3-p}\left(1+\frac{2}{n^2}\right)=\infty$

よって，この数列の極限は，**$p\geqq 4$ のとき 0，$p=3$ のとき 1，$p\leqq 2$ のとき ∞** である。 答

教 p.29

練習 5

次の極限を求めよ。

(1) $\lim_{n\to\infty}(\sqrt{n+2}-\sqrt{n})$ (2) $\lim_{n\to\infty}(\sqrt{n^2-n}-n)$

指針 **数列の極限の計算** 数列 $\{a_n\}$, $\{b_n\}$ がともに発散する場合でも，数列 $\{a_n-b_n\}$ は収束することがあるという例である。

第 n 項が $\sqrt{\quad}-\sqrt{\quad}$ の形で表されているとき，分母を1とした分数と考え，分母，分子に $\sqrt{\quad}+\sqrt{\quad}$ を掛けて，分子を有理化する。

これで，(1) は分子が定数になる。(2) はさらに n で約分すると分子が定数になる。あとは分母の極限を考えればよい。

解答 (1) $\lim_{n\to\infty}(\sqrt{n+2}-\sqrt{n})=\lim_{n\to\infty}\dfrac{(\sqrt{n+2}-\sqrt{n})(\sqrt{n+2}+\sqrt{n})}{\sqrt{n+2}+\sqrt{n}}$

$=\lim_{n\to\infty}\dfrac{(n+2)-n}{\sqrt{n+2}+\sqrt{n}}=\lim_{n\to\infty}\dfrac{2}{\sqrt{n+2}+\sqrt{n}}=\mathbf{0}$ 答 ←分子 2，分母 $\longrightarrow\infty$

(2) $\lim_{n\to\infty}(\sqrt{n^2-n}-n)=\lim_{n\to\infty}\dfrac{(\sqrt{n^2-n}-n)(\sqrt{n^2-n}+n)}{\sqrt{n^2-n}+n}$

$=\lim_{n\to\infty}\dfrac{(n^2-n)-n^2}{\sqrt{n^2-n}+n}=\lim_{n\to\infty}\dfrac{-n}{\sqrt{n^2-n}+n}$

$=\lim_{n\to\infty}\dfrac{-n}{n\sqrt{1-\dfrac{1}{n}}+n}=\lim_{n\to\infty}\dfrac{-1}{\sqrt{1-\dfrac{1}{n}}+1}=-\dfrac{\mathbf{1}}{\mathbf{2}}$ 答 ←分子 -1，分母 $\longrightarrow 2$

注意 (2) $n\geqq1$ としてよいから

$$\sqrt{n^2-n}=\sqrt{n^2\left(1-\frac{1}{n}\right)}=n\sqrt{1-\frac{1}{n}}$$

$A=\dfrac{A}{1}$ と考えて分子を有理化すればいいんだね。

D 数列の極限の性質(2)

教 p.30

練習 6

θ を定数とするとき，次の極限を求めよ。

$$\lim_{n\to\infty}\frac{1}{n}\cos\frac{n\theta}{6}$$

指針 **はさみうちの原理** $\cos\dfrac{n\theta}{6}$ の値は周期的に変わるが，値域は -1 以上 1 以下であるから，はさみうちの原理が利用できる。

解答　$-1 \leqq \cos\frac{n\theta}{6} \leqq 1$ より

$$-\frac{1}{n} \leqq \frac{1}{n}\cos\frac{n\theta}{6} \leqq \frac{1}{n}$$

ここで，$\lim_{n\to\infty}\left(-\frac{1}{n}\right)=0$，$\lim_{n\to\infty}\frac{1}{n}=0$ であるから

$$\lim_{n\to\infty}\frac{1}{n}\cos\frac{n\theta}{6}=0$$ 答

教 p.30

深める

$\lim_{n\to\infty}|a_n|=0$ ならば $\lim_{n\to\infty}a_n=0$ であることを，$-|a_n| \leqq a_n \leqq |a_n|$ が成り立つことを利用して示してみよう。

指針　**数列の極限と絶対値**　はさみうちの原理を利用する。

解答　$-|a_n| \leqq a_n \leqq |a_n|$ であり，$\lim_{n\to\infty}(-|a_n|)=0$，$\lim_{n\to\infty}|a_n|=0$

であるから　$\lim_{n\to\infty}a_n=0$ 終

2 無限等比数列

まとめ

1　無限等比数列

項が無限に続く等比数列を **無限等比数列** という。

2　数列 $\{r^n\}$ の極限

初項 r，公比 r の無限等比数列 $\{r^n\}$ の極限

$r>1$ のとき　$\lim_{n\to\infty} r^n=\infty$

$r=1$ のとき　$\lim_{n\to\infty} r^n=1$　}収束する

$|r|<1$ のとき　$\lim_{n\to\infty} r^n=0$　}収束する

$r \leqq -1$ のとき　振動する　……　極限はない

3　数列 $\{r^n\}$ の極限の応用

数列 $\{r^n\}$ が収束するための必要十分条件は，$-1<r \leqq 1$ である。

注意　$-1<r<1$ のとき　$\lim_{n\to\infty} r^n=0$，$r=1$ のとき　$\lim_{n\to\infty} r^n=1$

4　漸化式で表された数列の極限

$p \neq 0$，1 のとき，漸化式 $a_{n+1}=pa_n+q$ は $\alpha=p\alpha+q$ を満たす α を用いて，$a_{n+1}-\alpha=p(a_n-\alpha)$ の形に変形できる。数列 $\{a_n-\alpha\}$ が等比数列であることから一般項 a_n を n の式で表し，上の **2** を用いると $\lim_{n\to\infty}a_n$ が求められる。

A 数列 $\{r^n\}$ の極限

教 p.32

練習 7

第 n 項が次の式で表される数列の極限を調べよ。

(1) $(\sqrt{3})^n$　(2) $\left(\dfrac{2}{3}\right)^n$　(3) $\left(-\dfrac{4}{3}\right)^n$　(4) $2\left(\dfrac{1}{\sqrt{2}}\right)^{n-1}$

指針 **数列 $\{r^n\}$ の極限**　まとめの **2** を用いて，r の値によって極限を判断する。

解答 (1) $\sqrt{3}>1$ であるから　$\displaystyle\lim_{n\to\infty}(\sqrt{3})^n=\infty$ 答

(2) $\left|\dfrac{2}{3}\right|<1$ であるから　$\displaystyle\lim_{n\to\infty}\left(\dfrac{2}{3}\right)^n=\mathbf{0}$ 答

(3) $-\dfrac{4}{3}<-1$ であるから　**極限はない（振動する）** 答

(4) $2\left(\dfrac{1}{\sqrt{2}}\right)^{n-1}=2\sqrt{2}\left(\dfrac{1}{\sqrt{2}}\right)^n$　$\left|\dfrac{1}{\sqrt{2}}\right|<1$ であるから

$\displaystyle\lim_{n\to\infty}2\sqrt{2}\left(\dfrac{1}{\sqrt{2}}\right)^n=0$　すなわち　$\displaystyle\lim_{n\to\infty}2\left(\dfrac{1}{\sqrt{2}}\right)^{n-1}=\mathbf{0}$ 答

B 数列 $\{r^n\}$ の極限の応用

教 p.32

練習 8

数列 $\{(x-1)^n\}$ が収束するような x の値の範囲を求めよ。また，そのときの極限値を求めよ。

指針 **無限等比数列 $\{r^n\}$ の収束条件**　数列 $\{r^n\}$ の収束条件は $-1<r\leqq 1$ でよいが，さらに極限値を求めるには，$-1<r<1$，$r=1$ の 2 つの場合に分けて調べる必要がある。本問では，$r=x-1$ である。

解答 数列 $\{(x-1)^n\}$ が収束するための必要十分条件は

$-1<x-1\leqq 1$　すなわち　$\mathbf{0<x\leqq 2}$ 答

また，**極限値は，$0<x<2$ のとき**　$\displaystyle\lim_{n\to\infty}(x-1)^n=\mathbf{0}$　← $-1<x-1<1$

$x=2$　**のとき**　$\displaystyle\lim_{n\to\infty}(x-1)^n=\mathbf{1}$ 答　← $x-1=1$

教 p.33

練習 9

次の極限を求めよ。

(1) $\displaystyle\lim_{n\to\infty}\frac{5^n-2^n}{5^n+2^n}$　(2) $\displaystyle\lim_{n\to\infty}\frac{4^n-2^n}{3^n}$　(3) $\displaystyle\lim_{n\to\infty}\frac{2^{n+1}}{3^n-2^n}$

指針 **数列の極限の計算**　分母，分子はそれぞれ発散するが，分数式としては収束することがある。手順は，練習 4 の (4)〜(6) と同様で，分母にある項のうち底の絶対値が最大である項で分母と分子を割り，分母が収束する形を作る。いくつか r^n の形ができるが，それぞれの収束，発散を r の値で判断する。

(1) は分母と分子を 5^n で割り，(2)，(3) は 3^n で割る。

解答 (1) $\displaystyle\lim_{n\to\infty}\frac{5^n-2^n}{5^n+2^n}=\lim_{n\to\infty}\frac{1-\left(\frac{2}{5}\right)^n}{1+\left(\frac{2}{5}\right)^n}=\mathbf{1}$ 答　　← $\begin{cases}分子\longrightarrow 1\\ 分母\longrightarrow 1\end{cases}$

(2) $\displaystyle\lim_{n\to\infty}\frac{4^n-2^n}{3^n}=\lim_{n\to\infty}\left\{\left(\frac{4}{3}\right)^n-\left(\frac{2}{3}\right)^n\right\}=\infty$ 答　　← $\begin{cases}\left(\frac{4}{3}\right)^n\longrightarrow\infty\\ \left(\frac{2}{3}\right)^n\longrightarrow 0\end{cases}$

(3) $\displaystyle\lim_{n\to\infty}\frac{2^{n+1}}{3^n-2^n}=\lim_{n\to\infty}\frac{2\cdot\left(\frac{2}{3}\right)^n}{1-\left(\frac{2}{3}\right)^n}=\mathbf{0}$ 答　　← $\begin{cases}分子\longrightarrow 0\\ 分母\longrightarrow 1\end{cases}$

練習 10　教 p.33

数列 $\left\{\dfrac{1-r^n}{1+r^n}\right\}$ の極限を，次の各場合について求めよ。

(1) $r>1$　(2) $r=1$　(3) $|r|<1$　(4) $r<-1$

指針 **r^n を含む数列の極限**

(2) $r=1$，(3) $|r|<1$ のとき，分母，分子はともに収束する。

(1) $r>1$，(4) $r<-1$ のとき，分母，分子はともに収束しない。練習 9 と同様に考え，まず分母と分子を r^n で割り，分母が収束する形を作る。

解答 (1) $r>1$ のとき，$\left|\dfrac{1}{r}\right|<1$ より $\displaystyle\lim_{n\to\infty}\left(\frac{1}{r}\right)^n=0$ であるから

$$\lim_{n\to\infty}\frac{1-r^n}{1+r^n}=\lim_{n\to\infty}\frac{\left(\frac{1}{r}\right)^n-1}{\left(\frac{1}{r}\right)^n+1}=\frac{0-1}{0+1}=\mathbf{-1}\quad 答$$

(2) $r=1$ のとき，$r^n=1$ であるから

$$\lim_{n\to\infty}\frac{1-r^n}{1+r^n}=\frac{1-1}{1+1}=\mathbf{0}\quad 答$$

(3) $|r|<1$ のとき，$\displaystyle\lim_{n\to\infty}r^n=0$ であるから　$\displaystyle\lim_{n\to\infty}\frac{1-r^n}{1+r^n}=\frac{1-0}{1+0}=\mathbf{1}$ 答

(4) $r<-1$ のとき，$\left|\dfrac{1}{r}\right|<1$ より $\displaystyle\lim_{n\to\infty}\left(\frac{1}{r}\right)^n=0$ であるから，(1) と同様にして

$$\lim_{n\to\infty}\frac{1-r^n}{1+r^n}=\mathbf{-1}\quad 答$$

教科書 p.34

C 漸化式で表された数列の極限

教 p.34

練習 11 次の条件によって定められる数列 $\{a_n\}$ の極限を求めよ。

$$a_1=1,\ a_{n+1}=-\frac{1}{3}a_n+1\quad(n=1,\ 2,\ 3,\ \cdots\cdots)$$

指針 **漸化式で表された数列の極限** 漸化式 $a_{n+1}=pa_n+q$ $(p\neq 0,\ 1)$ は $\alpha=p\alpha+q$ を満たす α を用いて，$a_{n+1}-\alpha=p(a_n-\alpha)$ の形に変形する。次に，数列 $\{a_n-\alpha\}$ が等比数列であることを利用して，一般項 a_n を求める。

解答 与えられた漸化式を変形すると

$$a_{n+1}-\frac{3}{4}=-\frac{1}{3}\left(a_n-\frac{3}{4}\right)$$

←$\alpha=-\frac{1}{3}\alpha+1$ を解くと $\alpha=\frac{3}{4}$

よって，数列 $\left\{a_n-\frac{3}{4}\right\}$ は公比 $-\frac{1}{3}$ の等比数列である。

その初項は，$a_1-\frac{3}{4}=1-\frac{3}{4}=\frac{1}{4}$ であるから　$a_n-\frac{3}{4}=\frac{1}{4}\cdot\left(-\frac{1}{3}\right)^{n-1}$

すなわち　$a_n=\frac{1}{4}\cdot\left(-\frac{1}{3}\right)^{n-1}+\frac{3}{4}$

$\lim_{n\to\infty}\left(-\frac{1}{3}\right)^{n-1}=0$ であるから　$\lim_{n\to\infty}a_n=\frac{3}{4}$ 答

←$|r|<1$

参考 もし，極限値の存在が保証されているならば，漸化式から極限値を求めることもできる。たとえば，本問の場合，極限値が存在するとして，それを α とおけば，$\lim_{n\to\infty}a_{n+1}=\lim_{n\to\infty}a_n=\alpha$ より，$\alpha=-\frac{1}{3}\alpha+1$ が成り立ち，$\alpha=\frac{3}{4}$ が求まる。

3 無限級数

まとめ

1 無限級数

無限数列 a_1, a_2, a_3, ……, a_n, ……の各項を順に＋の記号で結んだ式

$$a_1+a_2+a_3+\cdots\cdots+a_n+\cdots\cdots \quad ①$$

を **無限級数** という。この式を $\sum_{n=1}^{\infty} a_n$ と書き表すこともある。

a_1 をその **初項**, a_n を **第 n 項** という。

2 部分和

無限数列 $\{a_n\}$ の初項から第 n 項までの和を S_n で表す。

$$S_n=a_1+a_2+a_3+\cdots\cdots+a_n$$

この S_n を無限級数 ① の第 n 項までの **部分和** という。

3 無限級数の収束

部分和 S_n を第 n 項として，新たに無限数列 S_1, S_2, S_3, ……, S_n, ……を作る。無限数列 $\{S_n\}$ が収束してその極限値が S のとき，すなわち

$\lim_{n\to\infty} S_n=\lim_{n\to\infty}\sum_{k=1}^{n} a_k=S$ となるとき，無限級数 ① は S に **収束** する，または無限級数 ① の **和** は S であるという。

この和 S も $\sum_{n=1}^{\infty} a_n$ で書き表すことがある。

4 無限級数の和

無限級数 $a_1+a_2+a_3+\cdots\cdots+a_n+\cdots\cdots$ の第 n 項までの部分和 S_n から作られる無限数列 $\{S_n\}$ が S に収束するとき，この無限級数の和は S である。

5 無限級数の発散

無限数列 $\{S_n\}$ が発散するとき，無限級数 ① は **発散** するという。

6 無限等比級数

初項が a, 公比が r の無限等比数列から作られる無限級数

$$a+ar+ar^2+\cdots\cdots+ar^{n-1}+\cdots\cdots \quad ②$$

を，初項 a, 公比 r の **無限等比級数** という。

7 無限等比級数の収束・発散

無限等比級数 ② において

$a\neq 0$ のとき　$|r|<1$ ならば収束し，その和は $\dfrac{a}{1-r}$ である。

　　　　　　　$|r|\geqq 1$ ならば発散する。

$a=0$ のとき　収束し，その和は 0 である。

8 循環小数と無限等比級数

無限等比級数の考えを用いることで，循環小数を分数に直すことができる。

9 無限級数の性質

無限級数 $\sum_{n=1}^{\infty} a_n$ と $\sum_{n=1}^{\infty} b_n$ が収束して，$\sum_{n=1}^{\infty} a_n=S$，$\sum_{n=1}^{\infty} b_n=T$ とする。

1 $\sum_{n=1}^{\infty} ka_n=kS$　　ただし，k は定数

2 $\sum_{n=1}^{\infty}(a_n+b_n)=S+T$，　$\sum_{n=1}^{\infty}(a_n-b_n)=S-T$

10 無限級数の収束・発散と項の極限

1 無限級数 $\sum_{n=1}^{\infty} a_n$ が収束する $\Longrightarrow$ $\lim_{n\to\infty} a_n=0$

2 数列 $\{a_n\}$ が 0 に収束しない $\Longrightarrow$ 無限級数 $\sum_{n=1}^{\infty} a_n$ は発散する

注意 1，2の逆は成り立たない。たとえば，教科書 p.36 例題 5 の無限級数について，$\lim_{n\to\infty}\frac{1}{\sqrt{n+1}+\sqrt{n}}=0$ であるが，無限級数は発散する。

A 無限級数の収束・発散

教 p.36

練習 12 次の無限級数の収束，発散を調べ，収束するときはその和を求めよ。

(1) $\frac{1}{1\cdot 3}+\frac{1}{3\cdot 5}+\cdots\cdots+\frac{1}{(2n-1)(2n+1)}+\cdots\cdots$

(2) $\frac{1}{\sqrt{3}+1}+\frac{1}{\sqrt{5}+\sqrt{3}}+\cdots\cdots+\frac{1}{\sqrt{2n+1}+\sqrt{2n-1}}+\cdots\cdots$

指針 **無限級数の収束・和，発散**　無限級数の収束・発散は次の手順で調べる。

① 初項から第 n 項までの部分和 S_n を n の式で表す。

② 無限数列 $\{S_n\}$ の収束，発散を調べる。

ここで，$\lim_{n\to\infty} S_n$ が収束して極限値 S をもてば，もとの無限級数は収束し，その和は S である。また発散すれば，無限級数も発散する。

(1) S_n を求めるには，各項を分数の差に分解して計算する。

一般に，$k\neq 0$ のとき　$\frac{1}{n(n+k)}=\frac{1}{k}\left(\frac{1}{n}-\frac{1}{n+k}\right)$

この n を $2n-1$，k を 2 としたものがこの問題である。

(2) S_n を求めるには，各項の分母を有理化してから計算する。

$$\frac{1}{\sqrt{2n+1}+\sqrt{2n-1}}=\frac{\sqrt{2n+1}-\sqrt{2n-1}}{(\sqrt{2n+1}+\sqrt{2n-1})(\sqrt{2n+1}-\sqrt{2n-1})}$$
$$=\frac{1}{2}(\sqrt{2n+1}-\sqrt{2n-1})$$

解答 (1) 一般に，$\dfrac{1}{x(x+2)}=\dfrac{1}{2}\left(\dfrac{1}{x}-\dfrac{1}{x+2}\right)$ が成り立つ。

この式において，$x=2n-1$ とすると

$$\frac{1}{(2n-1)(2n+1)}=\frac{1}{2}\left(\frac{1}{2n-1}-\frac{1}{2n+1}\right)$$

第 n 項までの部分和を S_n とすると

$$S_n=\frac{1}{1\cdot3}+\frac{1}{3\cdot5}+\cdots\cdots+\frac{1}{(2n-1)(2n+1)}$$
$$=\frac{1}{2}\left\{\left(\frac{1}{1}-\frac{1}{3}\right)+\left(\frac{1}{3}-\frac{1}{5}\right)+\cdots\cdots+\left(\frac{1}{2n-1}-\frac{1}{2n+1}\right)\right\}$$
$$=\frac{1}{2}\left(1-\frac{1}{2n+1}\right)$$

よって　$\displaystyle\lim_{n\to\infty}S_n=\lim_{n\to\infty}\frac{1}{2}\left(1-\frac{1}{2n+1}\right)=\frac{1}{2}\cdot1=\frac{1}{2}$

したがって，この無限級数は **収束** する。 答

その **和は $\dfrac{1}{2}$** 答

(2) $$\frac{1}{\sqrt{2n+1}+\sqrt{2n-1}}=\frac{\sqrt{2n+1}-\sqrt{2n-1}}{(\sqrt{2n+1}+\sqrt{2n-1})(\sqrt{2n+1}-\sqrt{2n-1})}$$
$$=\frac{1}{2}(\sqrt{2n+1}-\sqrt{2n-1})$$

第 n 項までの部分和を S_n とすると

$$S_n=\frac{1}{\sqrt{3}+1}+\frac{1}{\sqrt{5}+\sqrt{3}}+\cdots\cdots+\frac{1}{\sqrt{2n+1}+\sqrt{2n-1}}$$
$$=\frac{1}{2}\{(\sqrt{3}-1)+(\sqrt{5}-\sqrt{3})+\cdots\cdots+(\sqrt{2n+1}-\sqrt{2n-1})\}$$
$$=\frac{1}{2}(\sqrt{2n+1}-1)$$

よって　$\displaystyle\lim_{n\to\infty}S_n=\lim_{n\to\infty}\frac{1}{2}(\sqrt{2n+1}-1)=\infty$

したがって，この無限級数は **発散** する。 答

注意 無限級数の和は，部分和の数列 $\{S_n\}$ の極限値として定義される。S_n を求めることを怠ってはならない。上の S_n の計算で，(　) をはずして交換法則，結合法則が利用できるのも有限個の和だからである。
たとえば，無限級数 $1-1+1-1+\cdots\cdots$ は，数列 $\{S_n\}$ の項に 1 と 0 が交互に現れるから発散 (振動) する。これを $(1-1)+(1-1)+\cdots\cdots=0$ としては誤りである。

B 無限等比級数

教 p.38

練習 13

次のような無限等比級数の収束，発散を調べ，収束するときはその和を求めよ。

(1) 初項 1，公比 $\frac{1}{2}$　(2) 初項 $\sqrt{2}$，公比 $-\sqrt{2}$

(3) $1-\frac{1}{3}+\frac{1}{9}-\cdots\cdots$　(4) $(\sqrt{2}+1)+1+(\sqrt{2}-1)+\cdots\cdots$

指針 **無限等比級数の収束・発散**　無限級数であるから，本来ならば部分和の数列 $\{S_n\}$ を作って収束，発散を調べなければならない。しかし，無限等比級数の場合，その初項 a と公比 r の値により簡便に判断できる。また，収束するときの和も簡単な公式で求められる。$a \neq 0$ のとき $|r|<1$ ならば収束し，その和は $\frac{a}{1-r}$，$|r| \geqq 1$ ならば発散する。

解答 (1) 初項が 1，公比について $\left|\frac{1}{2}\right|<1$ であるから **収束** する。 答

その **和は** $\frac{1}{1-\frac{1}{2}}=2$ 答　←$\frac{a}{1-r}$

(2) 初項が $\sqrt{2}$，公比について $|-\sqrt{2}|>1$ であるから **発散** する。 答

(3) 初項が 1，公比について $\left|-\frac{1}{3}\right|<1$ であるから **収束** する。 答

その **和は** $\frac{1}{1-\left(-\frac{1}{3}\right)}=\frac{3}{4}$ 答

(4) 初項が $\sqrt{2}+1$，公比について $|\sqrt{2}-1|<1$ であるから **収束** する。 答

その **和は** $\frac{\sqrt{2}+1}{1-(\sqrt{2}-1)}=\frac{\sqrt{2}+1}{2-\sqrt{2}}=\frac{4+3\sqrt{2}}{2}$ 答

教 p.38

練習 14

次の無限等比級数が収束するような x の値の範囲を求めよ。

(1) $1+(2-x)+(2-x)^2+\cdots\cdots$

(2) $x+x(2-x)+x(2-x)^2+\cdots\cdots$

指針 **無限等比級数の収束条件**　初項 a，公比 r の無限等比級数が収束するための必要十分条件は

$$a=0 \quad \text{または} \quad |r|<1$$

である。(1) は，初項 $\neq 0$ であるから公比のみの条件で済むが，(2) については，初項と公比の両方について調べなければならない。

解答 (1) 初項 1，公比が $2-x$ であるから，この無限等比級数が収束するための必

要十分条件は　$|2-x|<1$

よって　$-1<2-x<1$　すなわち　$\mathbf{1<x<3}$ 答

(2) 初項が x，公比が $2-x$ であるから，この無限等比級数が収束するための必要十分条件は　$x=0$　または　$|2-x|<1$

$|2-x|<1$ のとき　$-1<2-x<1$　すなわち　$1<x<3$

よって，求める x の値の範囲は　$\mathbf{x=0,\ 1<x<3}$ 答

注意 数列 $\{r^n\}$ が収束するための必要十分条件は　$-1<r\leqq 1$

無限等比級数 $a+ar+ar^2+\cdots\cdots+ar^{n-1}+\cdots\cdots$ が収束するための必要十分条件は　$a=0$　または　$|r|<1$

$a\neq 0$ かつ $|r|\geqq 1$ では発散する。

C 点の運動と無限等比級数

教 p.39

練習 15

数直線上で，点Pが原点Oから正の向きに1だけ進み，そこから負の向きに $\frac{1}{2^2}$，そこから正の向きに $\frac{1}{2^4}$，そこから負の向きに $\frac{1}{2^6}$ と進む。以下，このような運動を限りなく続けるとき，点Pが近づいていく点の座標を求めよ。

指針 **点の運動と無限等比級数**　点Pの座標を順に表していくと，点Pが近づいていく点の座標は無限等比級数で表されることがわかる。

解答 点Pの座標は，順に次のようになる。

$$1,\quad 1-\frac{1}{2^2},\quad 1-\frac{1}{2^2}+\frac{1}{2^4},\quad 1-\frac{1}{2^2}+\frac{1}{2^4}-\frac{1}{2^6},\quad \cdots\cdots$$

よって，点Pが近づいていく点の座標は，初項1，公比 $-\frac{1}{2^2}$ の無限等比級数で表される。

公比について $\left|-\frac{1}{2^2}\right|<1$ であるから，この無限等比級数は収束して，

その和は　$$\frac{1}{1-\left(-\frac{1}{2^2}\right)}=\frac{4}{5}$$　$\leftarrow \frac{a}{1-r}$

したがって，点Pが近づいていく点の座標は　$\frac{4}{5}$ 答

D 循環小数と無限等比級数

教 p.40

練習 16

次の循環小数を分数で表せ。

(1) $0.\dot{6}$　　(2) $0.2\dot{3}\dot{4}$　　(3) $0.\dot{4}70\dot{2}$

指針 **循環小数と無限等比級数** 無限等比級数の考えを用いることで，循環小数を分数に直すことができる。

解答 (1) $0.\dot{6}=0.6+0.06+0.006+\cdots\cdots$

これは，初項 0.6，公比 0.1 の無限等比級数で，$|0.1|<1$ であるから，収束して

$$0.\dot{6}=\frac{0.6}{1-0.1}=\frac{0.6}{0.9}=\mathbf{\frac{2}{3}}$$ 答

(2) $0.2\dot{3}\dot{4}=0.2+0.034+0.00034+0.0000034+\cdots\cdots$

第 2 項以下は，初項 0.034，公比 0.01 の無限等比級数で，$|0.01|<1$ であるから，収束して

$$0.2\dot{3}\dot{4}=0.2+\frac{0.034}{1-0.01}=\frac{2}{10}+\frac{0.034}{0.99}$$

$$=\frac{2}{10}+\frac{34}{990}=\frac{1}{5}+\frac{17}{495}=\mathbf{\frac{116}{495}}$$ 答

(3) $0.\dot{4}70\dot{2}=0.4+0.0702+0.0000702+\cdots\cdots$

第 2 項以下は，初項 0.0702，公比 0.001 の無限等比級数で，$|0.001|<1$ であるから，収束して

$$0.4\dot{7}0\dot{2}=0.4+\frac{0.0702}{1-0.001}=\frac{4}{10}+\frac{0.0702}{0.999}=\frac{4}{10}+\frac{702}{9990}$$

$$=\frac{2}{5}+\frac{13}{185}=\mathbf{\frac{87}{185}}$$ 答

コラム 0.9999……＝1

教 p.40

練習

無限等比級数を利用して，0.9999……＝1 であることを確かめよう。

指針 **無限等比級数の利用** $0.9999\cdots\cdots=0.9+0.09+0.009+0.0009+\cdots\cdots$ であることを利用する。

解答 $0.9999\cdots\cdots=0.9+0.09+0.009+0.0009+\cdots\cdots$

右辺は，初項 0.9，公比 0.1 の無限等比級数となる。

公比について，$|0.1|<1$ であるから，この無限等比級数は収束して

$$0.9999\cdots\cdots=\frac{0.9}{1-0.1}=1$$ 終

E 無限級数の性質

教 p.41

練習 17 次の無限級数の和を求めよ。

(1) $\displaystyle\sum_{n=1}^{\infty}\left(\frac{1}{4^n}+\frac{2}{3^n}\right)$　　(2) $\displaystyle\sum_{n=1}^{\infty}\frac{2^n-3^n}{4^n}$

指針 **無限級数の性質**　(1) は $\displaystyle\sum_{n=1}^{\infty}(a_n+kb_n)$ の形，(2) は $\displaystyle\sum_{n=1}^{\infty}(a_n-b_n)$ の形になる。

まとめの **9** の性質 [1]，[2] は無限級数 $\displaystyle\sum_{n=1}^{\infty}a_n$，$\displaystyle\sum_{n=1}^{\infty}b_n$ がともに収束するならば，それぞれ

$$\sum_{n=1}^{\infty}(a_n+kb_n)=\sum_{n=1}^{\infty}a_n+k\sum_{n=1}^{\infty}b_n,\quad \sum_{n=1}^{\infty}(a_n-b_n)=\sum_{n=1}^{\infty}a_n-\sum_{n=1}^{\infty}b_n$$

として計算してよいことを示している。
本問では，右辺の無限級数はいずれも無限等比級数となるから，収束するかどうかは |公比|<1 を確かめればよく，それぞれの和も公式を使って簡単に求めることができる。

解答 (1) $\displaystyle\sum_{n=1}^{\infty}\frac{1}{4^n}$ は，初項 $\dfrac{1}{4}$，公比 $\dfrac{1}{4}$ の無限等比級数であり，

$\displaystyle\sum_{n=1}^{\infty}\frac{2}{3^n}$ は，初項 $\dfrac{2}{3}$，公比 $\dfrac{1}{3}$ の無限等比級数である。

公比について，$\left|\dfrac{1}{4}\right|<1$，$\left|\dfrac{1}{3}\right|<1$ であるから，これらの無限等比級数はともに収束して，それぞれの和は　← $|r|<1$

$$\sum_{n=1}^{\infty}\frac{1}{4^n}=\frac{\frac{1}{4}}{1-\frac{1}{4}}=\frac{1}{3},\quad \sum_{n=1}^{\infty}\frac{2}{3^n}=\frac{\frac{2}{3}}{1-\frac{1}{3}}=1$$　← $\dfrac{a}{1-r}$

よって　$\displaystyle\sum_{n=1}^{\infty}\left(\frac{1}{4^n}+\frac{2}{3^n}\right)=\frac{1}{3}+1=\frac{\mathbf{4}}{\mathbf{3}}$　答　← 無限級数の性質

(2) $\dfrac{2^n-3^n}{4^n}=\dfrac{2^n}{4^n}-\dfrac{3^n}{4^n}=\left(\dfrac{1}{2}\right)^n-\left(\dfrac{3}{4}\right)^n$

$\displaystyle\sum_{n=1}^{\infty}\left(\frac{1}{2}\right)^n$ は，初項 $\dfrac{1}{2}$，公比 $\dfrac{1}{2}$ の無限等比級数であり，

$\displaystyle\sum_{n=1}^{\infty}\left(\frac{3}{4}\right)^n$ は，初項 $\dfrac{3}{4}$，公比 $\dfrac{3}{4}$ の無限等比級数である。

公比について，$\left|\dfrac{1}{2}\right|<1$，$\left|\dfrac{3}{4}\right|<1$ であるから，これらの無限等比級数はともに収束して，それぞれの和は　← $|r|<1$

$$\sum_{n=1}^{\infty}\left(\frac{1}{2}\right)^n=\frac{\frac{1}{2}}{1-\frac{1}{2}}=1,\quad \sum_{n=1}^{\infty}\left(\frac{3}{4}\right)^n=\frac{\frac{3}{4}}{1-\frac{3}{4}}=3$$

← $\frac{a}{1-r}$

よって $\displaystyle\sum_{n=1}^{\infty}\frac{2^n-3^n}{4^n}=\sum_{n=1}^{\infty}\left\{\left(\frac{1}{2}\right)^n-\left(\frac{3}{4}\right)^n\right\}$

$=1-3=\mathbf{-2}$ 答

← 無限級数の性質

F 無限級数の収束・発散と項の極限

練習 18 教 p.42

無限級数 $\displaystyle\sum_{n=1}^{\infty}(-1)^{n-1}\cdot(2n-1)$ は発散することを示せ。

指針 **無限級数の発散** 第 n 項 a_n を $a_n=(-1)^{n-1}\cdot(2n-1)$ とする。
$\displaystyle\lim_{n\to\infty}a_n\neq 0$ を示して，まとめの **10** の 2 を利用する。

解答 第 n 項を a_n とすると　$a_n=(-1)^{n-1}\cdot(2n-1)$

$n\longrightarrow\infty$ のとき数列 $\{a_n\}$ は発散するから，無限級数 $\displaystyle\sum_{n=1}^{\infty}(-1)^{n-1}\cdot(2n-1)$ は発散する。 終

第2章 第1節 問題

教 p.43

1 次の極限を求めよ。

(1) $\displaystyle\lim_{n\to\infty}(\sqrt{n^2+n}-\sqrt{n^2-n})$　　(2) $\displaystyle\lim_{n\to\infty}\frac{1}{\sqrt{n^2-n}-n}$

(3) $\displaystyle\lim_{n\to\infty}\frac{3^n+4^{n+1}}{2^{2n}-3^n}$　　(4) $\displaystyle\lim_{n\to\infty}\frac{3^{n-1}-2^n}{3^n+(-2)^n}$

指針 **数列の極限**　一般項が発散する数列を組み合わせた形になっている数列について，収束，発散を調べる。

(1) 分母を1とした分数と考えて，分子を有理化する。

(2) 分母を有理化する。

(3), (4) 分母が収束する形を作る。(3)は 2^{2n}，(4)は 3^n（分母で，底の絶対値が大きい方の項）で割る。

解答 (1) $\displaystyle\lim_{n\to\infty}(\sqrt{n^2+n}-\sqrt{n^2-n})$

$$=\lim_{n\to\infty}\frac{(\sqrt{n^2+n}-\sqrt{n^2-n})(\sqrt{n^2+n}+\sqrt{n^2-n})}{\sqrt{n^2+n}+\sqrt{n^2-n}}$$

$$=\lim_{n\to\infty}\frac{(n^2+n)-(n^2-n)}{\sqrt{n^2+n}+\sqrt{n^2-n}}=\lim_{n\to\infty}\frac{2n}{\sqrt{n^2+n}+\sqrt{n^2-n}}$$

$$=\lim_{n\to\infty}\frac{2}{\sqrt{1+\frac{1}{n}}+\sqrt{1-\frac{1}{n}}}=\mathbf{1}$$ 答

← $\displaystyle\lim_{n\to\infty}\frac{1}{n}=0$

(2) $$\lim_{n\to\infty}\frac{1}{\sqrt{n^2-n}-n}=\lim_{n\to\infty}\frac{\sqrt{n^2-n}+n}{(\sqrt{n^2-n}-n)(\sqrt{n^2-n}+n)}$$

$$=\lim_{n\to\infty}\frac{\sqrt{n^2-n}+n}{(n^2-n)-n^2}=\lim_{n\to\infty}\frac{\sqrt{n^2-n}+n}{-n}$$

$$=\lim_{n\to\infty}\frac{\sqrt{1-\frac{1}{n}}+1}{-1}=\mathbf{-2}$$ 答

← $\displaystyle\lim_{n\to\infty}\frac{1}{n}=0$

(3) $$\lim_{n\to\infty}\frac{3^n+4^{n+1}}{2^{2n}-3^n}=\lim_{n\to\infty}\frac{\left(\frac{3}{2^2}\right)^n+4\cdot\left(\frac{4}{2^2}\right)^n}{1-\left(\frac{3}{2^2}\right)^n}$$

$$=\lim_{n\to\infty}\frac{\left(\frac{3}{4}\right)^n+4}{1-\left(\frac{3}{4}\right)^n}=\mathbf{4}$$ 答

← 分子 $\longrightarrow 4$，分母 $\longrightarrow 1$

(4) $$\lim_{n\to\infty}\frac{3^{n-1}-2^n}{3^n+(-2)^n}=\lim_{n\to\infty}\frac{\frac{1}{3}-\left(\frac{2}{3}\right)^n}{1+\left(-\frac{2}{3}\right)^n}=\mathbf{\frac{1}{3}}$$ 答

← 分子 $\longrightarrow \frac{1}{3}$，分母 $\longrightarrow 1$

教 p.43

2 数列 $\left\{\dfrac{r^{2n}-1}{r^{2n}+1}\right\}$ の極限を，次の各場合について求めよ。

(1) $|r|<1$　　(2) $|r|=1$　　(3) $|r|>1$

指針 **r^{2n} を含む数列の極限**

(1), (2) 分母，分子はともに収束する。

(3) 分母，分子を r^{2n} で割り，分母が収束する形を作る。

解答 (1) $|r|<1$ のとき，$0 \leqq r^2<1$ であるから　$\lim_{n\to\infty} r^{2n}=\lim_{n\to\infty}(r^2)^n=0$

よって　$\lim_{n\to\infty}\dfrac{r^{2n}-1}{r^{2n}+1}=\dfrac{0-1}{0+1}=\mathbf{-1}$ 答

(2) $|r|=1$ のとき，$r^2=1$ であるから　$\lim_{n\to\infty} r^{2n}=\lim_{n\to\infty}(r^2)^n=1$

よって　$\lim_{n\to\infty}\dfrac{r^{2n}-1}{r^{2n}+1}=\dfrac{1-1}{1+1}=\mathbf{0}$ 答

(3) $|r|>1$ のとき，$0<\dfrac{1}{r^2}<1$ であるから

$$\lim_{n\to\infty}\frac{1}{r^{2n}}=\lim_{n\to\infty}\left(\frac{1}{r^2}\right)^n=0$$

よって　$\lim_{n\to\infty}\dfrac{r^{2n}-1}{r^{2n}+1}=\lim_{n\to\infty}\dfrac{1-\dfrac{1}{r^{2n}}}{1+\dfrac{1}{r^{2n}}}=\dfrac{1-0}{1+0}=\mathbf{1}$ 答

教 p.43

3 次の条件によって定められる数列 $\{a_n\}$ の極限を求めよ。

$a_1=1,\ a_{n+1}=2a_n+1\quad(n=1,\ 2,\ 3,\ \cdots\cdots)$

指針 **数列の漸化式と極限**　まず，漸化式から一般項 a_n を求める。

一般に，$a_{n+1}=pa_n+q$ $(p\neq 0,\ 1)$ は方程式 $x=px+q$ の解を $x=\alpha$ とすると $a_{n+1}-\alpha=p(a_n-\alpha)$ と変形できる。

$x=2x+1$ の解は $x=-1$ であるから，$a_{n+1}-(-1)=2\{a_n-(-1)\}$ と変形できる。

解答 与えられた漸化式を変形すると

$$a_{n+1}+1=2(a_n+1)$$

よって，数列 $\{a_n+1\}$ は公比 2 の等比数列である。

その初項は，$a_1+1=1+1=2$ であるから

$$a_n+1=2\cdot 2^{n-1}=2^n \quad すなわち \quad a_n=2^n-1$$

$\lim_{n\to\infty} 2^n=\infty$ であるから　$\lim_{n\to\infty} a_n=\infty$ 答

教 p.43

4　次の無限等比級数が収束するような x の値の範囲を求めよ。また，そのときの和を求めよ。

$$x+x(1-x)^2+x(1-x)^4+x(1-x)^6+\cdots\cdots$$

指針　**無限等比級数の収束条件**　初項が x であるから，$x=0$ と $x\neq0$ で場合分けをする。$x\neq0$ のとき，公比 r を求めて，$|r|<1$ を満たす x の値の範囲を不等式を解いて求める。

解答　初項は x，公比は $(1-x)^2$ である。

[1]　$x=0$ のとき，この無限等比級数は収束する。

[2]　$x\neq0$ のとき，収束するための条件は　　$(1-x)^2<1$

整理すると　　$x(x-2)<0$　　ゆえに　　$0<x<2$

[1]，[2] より，求める **x の値の範囲は**

$0\leqq x<2$　答

この無限等比級数が収束するとき，その和を S とすると

[1]のとき　　$S=0$

[2]のとき　　$S=\dfrac{x}{1-(1-x)^2}=\dfrac{x}{2x-x^2}=\dfrac{1}{2-x}$

よって，和は　　**$x=0$ のとき 0，$0<x<2$ のとき $\dfrac{1}{2-x}$**　答

教 p.43

5　面積 a の△ABC がある。右の図のように，その各辺の中点を結んで△$A_1B_1C_1$ を作り，次に△$A_1B_1C_1$ の各辺の中点を結んで△$A_2B_2C_2$ を作る。このようにして無数の三角形△$A_1B_1C_1$，△$A_2B_2C_2$，△$A_3B_3C_3$，……，△$A_nB_nC_n$，……を作るとき，これらの面積の和 S を求めよ。

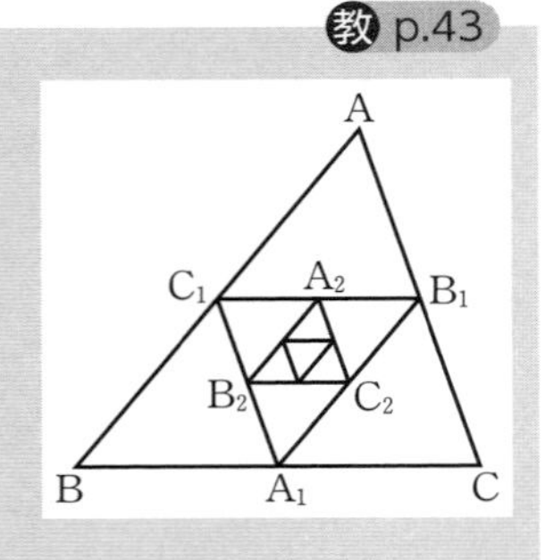

指針　**相似な図形と無限等比級数**　もとの三角形の中点を結ぶと，中点連結定理により $B_1C_1=\dfrac{1}{2}BC$，$C_1A_1=\dfrac{1}{2}CA$，$A_1B_1=\dfrac{1}{2}AB$ である。

したがって，新しく作られる△$A_1B_1C_1$ は△ABC と相似で，相似比は 1：2 である。同様にして，順次，相似比 1：2 の新しい三角形ができていく。

解答　△$A_1B_1C_1$ と△ABC は相似で，相似比は 1：2 である。同様にして，△$A_{n+1}B_{n+1}C_{n+1}$ と△$A_nB_nC_n$ は相似で，相似比は 1：2 である。相似比が 1：2 のとき，面積の比は $1^2:2^2=1:4$ であるから，△$A_nB_nC_n$ の面積を S_n とすると

$S_1=\frac{1}{4}a,\quad S_2=\frac{1}{4}S_1,\quad S_3=\frac{1}{4}S_2,\quad \cdots\cdots$

よって，$S_1+S_2+S_3+\cdots\cdots+S_n+\cdots\cdots$ は，初項 $\frac{1}{4}a$，公比 $\frac{1}{4}$ の無限等比級数である。

公比について $\left|\frac{1}{4}\right|<1$ であるから，この無限等比級数は収束する。

したがって，求める和 S は　$S=\dfrac{\frac{1}{4}a}{1-\frac{1}{4}}=\boldsymbol{\frac{1}{3}a}$ 答　　$\leftarrow \frac{a}{1-r}$

教 p.43

6　数列 $\{a_n\}$，$\{b_n\}$ について，次の命題の真偽を調べ，真である場合には証明し，偽である場合には反例をあげよ。ただし，α は定数とする。

(1)　$\lim_{n\to\infty}a_n=\infty$，$\lim_{n\to\infty}b_n=0$ ならば，$\lim_{n\to\infty}a_nb_n=0$ である。

(2)　$\lim_{n\to\infty}(a_n-b_n)=0$，$\lim_{n\to\infty}a_n=\alpha$ ならば，$\lim_{n\to\infty}b_n=\alpha$ である。

指針　**数列の極限の性質**

(1)　a_nb_n が定数となるときや a_nb_n が n の1次式になるときがある。

(2)　$b_n=a_n-(a_n-b_n)$ として考える。

解答　(1)　**偽**

（反例）　$a_n=n$，$b_n=\frac{1}{n}$ とすると，$\lim_{n\to\infty}a_n=\infty$，$\lim_{n\to\infty}b_n=0$ であるが

$\lim_{n\to\infty}a_nb_n=\lim_{n\to\infty}1=1$　終

(2)　**真**

（証明）　$\lim_{n\to\infty}b_n=\lim_{n\to\infty}\{a_n-(a_n-b_n)\}$

$=\lim_{n\to\infty}a_n-\lim_{n\to\infty}(a_n-b_n)=\alpha-0=\alpha$　終

コラム フラクタル図形

教 p.44

練習 1辺の長さが1の正三角形に，教科書44ページの操作（＊）を n 回繰り返したときに得られる図形を A_n とします。$n \longrightarrow \infty$ のとき，図形 A_n の面積は収束するが周の長さは発散する，すなわち，面積は有限であるにもかかわらず，周の長さは無限大であるという，不思議な性質があることが知られています。このことを確かめてみよう。

指針 **フラクタル図形の面積と周の長さ**　図形 A_n の辺の数を求め，それをもとにして面積と周の長さを求める。

解答 図形 A_n の辺の数を E_n，面積を S_n，周の長さを L_n とする。
n を0以上の整数とする。図形 A_0 を1辺の長さが1の正三角形とすると

$$E_0=3,\ S_0=\frac{1}{2}\cdot1\cdot1\cdot\sin\frac{\pi}{3}=\frac{\sqrt{3}}{4},\ L_0=3$$

操作（＊）を1回行うと，辺の長さは $\frac{1}{3}$ 倍になり，辺の数は4倍になるから，
$n \geqq 1$ のとき操作（＊）を n 回繰り返してできる図形 A_n の1辺の長さは

$$1\cdot\left(\frac{1}{3}\right)^n=\left(\frac{1}{3}\right)^n$$

また，辺の数 E_n は　　$E_n=E_0\cdot4^n=3\cdot4^n$
これらは $n=0$ のときも成り立つ。
よって，図形 A_n から図形 A_{n+1} を作るときに加わる正三角形の面積の和は

$$\frac{1}{2}\times\left(\frac{1}{3}\right)^{n+1}\times\left(\frac{1}{3}\right)^{n+1}\times\sin\frac{\pi}{3}\times E_n=\frac{1}{2}\cdot\left(\frac{1}{9}\right)^{n+1}\cdot\frac{\sqrt{3}}{2}\cdot3\cdot4^n=\frac{\sqrt{3}}{12}\cdot\left(\frac{4}{9}\right)^n$$

よって　　$S_{n+1}=S_n+\frac{\sqrt{3}}{12}\cdot\left(\frac{4}{9}\right)^n$

ゆえに，$n \geqq 1$ のとき

$$S_n=S_0+\frac{\sqrt{3}}{12}\sum_{k=0}^{n-1}\left(\frac{4}{9}\right)^k=\frac{\sqrt{3}}{4}+\frac{\sqrt{3}}{12}\cdot\frac{1-\left(\frac{4}{9}\right)^n}{1-\frac{4}{9}}=\frac{\sqrt{3}}{4}+\frac{3\sqrt{3}}{20}\left\{1-\left(\frac{4}{9}\right)^n\right\}$$

したがって　　$\lim_{n\to\infty}S_n=\frac{\sqrt{3}}{4}+\frac{3\sqrt{3}}{20}=\frac{2\sqrt{3}}{5}$

一方，$L_n=\left(\frac{1}{3}\right)^n\cdot E_n=3\cdot\left(\frac{4}{3}\right)^n$ であるから　　$\lim_{n\to\infty}L_n=\infty$

以上より，図形 A_n の面積は収束するが，周の長さは発散する。 終

第2節　関数の極限

4 関数の極限(1)

まとめ

1　関数の極限

関数 $f(x)$ において，x が a と異なる値をとりながら a に限りなく近づくとき，$f(x)$ の値が一定の値 α に限りなく近づくならば，この値 α を $x \longrightarrow a$ のときの $f(x)$ の **極限値** または **極限** という。また，$x \longrightarrow a$ のとき $f(x)$ は α に **収束** するともいい，次のように書き表す。

$\lim_{x \to a} f(x)=\alpha$　　または　　$x \longrightarrow a$ のとき　$f(x) \longrightarrow \alpha$

2　関数の極限の性質(1)

$\lim_{x \to a} f(x)=\alpha$，$\lim_{x \to a} g(x)=\beta$ とする。

1　$\lim_{x \to a} kf(x)=k\alpha$　　ただし，k は定数

2　$\lim_{x \to a}\{f(x)+g(x)\}=\alpha+\beta$，　$\lim_{x \to a}\{f(x)-g(x)\}=\alpha-\beta$

3　$\lim_{x \to a} f(x)g(x)=\alpha\beta$

4　$\lim_{x \to a} \dfrac{f(x)}{g(x)}=\dfrac{\alpha}{\beta}$　　ただし，$\beta \fallingdotseq 0$

注意　x の多項式で表される関数や分数関数，無理関数，三角関数，指数関数，対数関数などについては，a が関数 $f(x)$ の定義域内の値であれば，等式 $\lim_{x \to a} f(x)=f(a)$ が成り立つ。

3　正の無限大に発散，負の無限大に発散

関数 $f(x)$ において，x が a と異なる値をとりながら a に限りなく近づくとき，$f(x)$ の値が限りなく大きくなるならば，

$x \longrightarrow a$ のとき $f(x)$ は **正の無限大に発散** する

または　$x \longrightarrow a$ のときの $f(x)$ の **極限は ∞** であるといい，

$\lim_{x \to a} f(x)=\infty$　または　$x \longrightarrow a$ のとき $f(x) \longrightarrow \infty$ と書き表す。

また，$f(x)$ の値が負で，その絶対値が限りなく大きくなるならば，

$x \longrightarrow a$ のとき $f(x)$ は **負の無限大に発散** する

または　$x \longrightarrow a$ のときの $f(x)$ の **極限は $-\infty$** であるといい，

$\lim_{x \to a} f(x)=-\infty$ または $x \longrightarrow a$ のとき $f(x) \longrightarrow -\infty$ と書き表す。

注意　極限が ∞ または $-\infty$ の場合，これらを関数の極限値とはいわない。

4　右側極限と左側極限

$x>a$ の範囲で x が a に限りなく近づくとき，$f(x)$ の値が一定の値 α に限りなく近づくならば，α を x が a に近づくときの $f(x)$ の **右側極限** といい，$\lim_{x\to a+0} f(x)=\alpha$ と書き表す。

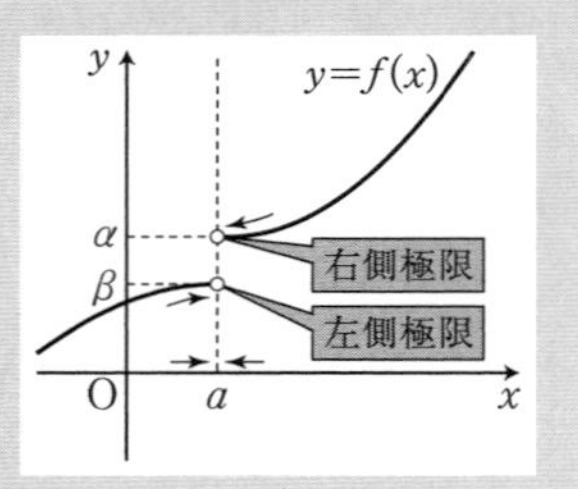

$x<a$ の範囲で x が a に限りなく近づくときの **左側極限** も同様に定義され，その極限値が β のとき，$\lim_{x\to a-0} f(x)=\beta$ と書き表す。

注意 [1]　$a=0$ のときは，$x \longrightarrow a+0$，$x \longrightarrow a-0$ をそれぞれ $x \longrightarrow +0$，$x \longrightarrow -0$ と書く。

[2]　$\lim_{x\to a+0} f(x)=\lim_{x\to a-0} f(x)=\alpha \iff \lim_{x\to a} f(x)=\alpha$

[3]　$\lim_{x\to a+0} f(x)$ と $\lim_{x\to a-0} f(x)$ がともに存在してもそれらが一致しないとき，$x \longrightarrow a$ のときの $f(x)$ の極限はない。

5　右側極限と左側極限（∞ または $-\infty$ の場合）

右側極限，左側極限が ∞ または $-\infty$ になる場合は，たとえば，$\lim_{x\to a+0} f(x)=\infty$，$\lim_{x\to a-0} f(x)=-\infty$ のように書き表す。

A　関数の極限とその性質

教 p.46

練習 19

次の極限を求めよ。

(1) $\lim_{x\to 1}(2x^2-3x-1)$　　(2) $\lim_{x\to -2}(x-3)(x+2)$

(3) $\lim_{x\to 0}\dfrac{x+1}{2x-3}$　　(4) $\lim_{x\to -1}\sqrt{1-x}$

指針　**関数の極限**　(1)，(2) は x の多項式で表される関数，(3) は分数関数，(4) は無理関数で，x が限りなく近づく値はそれぞれの関数の定義域に含まれているから，等式 $\lim_{x\to a} f(x)=f(a)$ が利用できる。

解答　(1) $\lim_{x\to 1}(2x^2-3x-1)=2\cdot1^2-3\cdot1-1=\mathbf{-2}$　答

(2) $\lim_{x\to -2}(x-3)(x+2)=(-2-3)(-2+2)=\mathbf{0}$　答

(3) $\lim_{x\to 0}\dfrac{x+1}{2x-3}=\dfrac{0+1}{2\cdot0-3}=\mathbf{-\dfrac{1}{3}}$　答

(4) $\lim_{x\to -1}\sqrt{1-x}=\sqrt{1-(-1)}=\mathbf{\sqrt{2}}$　答

B 極限の計算

教 p.47

練習 20

次の極限を求めよ。ただし，(3)の a は0でない定数とする。

(1) $\displaystyle\lim_{x\to-3}\frac{x^2-9}{x+3}$　(2) $\displaystyle\lim_{x\to1}\frac{x^3-1}{x^2-3x+2}$　(3) $\displaystyle\lim_{x\to0}\frac{1}{x}\left(\frac{1}{a}-\frac{1}{a+x}\right)$

指針　**極限の計算**　関数 $f(x)$ が $x=a$ で定義されていなくても，$x\longrightarrow a$ のときの極限値が存在することがある。

たとえば，(1)の関数 $f(x)=\dfrac{x^2-9}{x+3}$ は，$x=-3$ で定義されていない。

しかし，$x\neq-3$ であれば，$f(x)=\dfrac{(x+3)(x-3)}{x+3}=x-3$ となる。

したがって，$x\longrightarrow-3$ のとき，すなわち x が -3 と異なる値をとりながら -3 に限りなく近づくときは，上のような変形ができる。
よって，極限値は存在し，$\displaystyle\lim_{x\to-3}(x-3)$ の値に等しい。

解答　(1) $\displaystyle\lim_{x\to-3}\frac{x^2-9}{x+3}=\lim_{x\to-3}\frac{(x+3)(x-3)}{x+3}$　←因数分解 ⟶ 約分

$\displaystyle=\lim_{x\to-3}(x-3)=\boldsymbol{-6}$　答

(2) $\displaystyle\lim_{x\to1}\frac{x^3-1}{x^2-3x+2}=\lim_{x\to1}\frac{(x-1)(x^2+x+1)}{(x-1)(x-2)}$　←$a^3-b^3=(a-b)(a^2+ab+b^2)$

$\displaystyle=\lim_{x\to1}\frac{x^2+x+1}{x-2}=\boldsymbol{-3}$　答

(3) $\displaystyle\lim_{x\to0}\frac{1}{x}\left(\frac{1}{a}-\frac{1}{a+x}\right)=\lim_{x\to0}\frac{1}{x}\cdot\frac{a+x-a}{a(a+x)}=\lim_{x\to0}\frac{1}{x}\cdot\frac{x}{a(a+x)}$

$\displaystyle=\lim_{x\to0}\frac{1}{a(a+x)}=\boldsymbol{\frac{1}{a^2}}$　答

教 p.47

練習 21

次の極限を求めよ。

(1) $\displaystyle\lim_{x\to1}\frac{\sqrt{x+3}-2}{x-1}$　(2) $\displaystyle\lim_{x\to4}\frac{x-4}{\sqrt{x}-2}$

指針　**極限の計算（無理式を含む関数）**　分母 ⟶ 0，分子 ⟶ 0 となるが，分子または分母を有理化すると，前問と同様に約分できて，極限値が求められる。

解答　(1) $\displaystyle\lim_{x\to1}\frac{\sqrt{x+3}-2}{x-1}=\lim_{x\to1}\frac{(\sqrt{x+3}-2)(\sqrt{x+3}+2)}{(x-1)(\sqrt{x+3}+2)}$　←分子の有理化

$\displaystyle=\lim_{x\to1}\frac{(x+3)-2^2}{(x-1)(\sqrt{x+3}+2)}=\lim_{x\to1}\frac{x-1}{(x-1)(\sqrt{x+3}+2)}$

$\displaystyle=\lim_{x\to1}\frac{1}{\sqrt{x+3}+2}=\boldsymbol{\frac{1}{4}}$　答

(2) $\lim_{x\to 4}\frac{x-4}{\sqrt{x}-2}=\lim_{x\to 4}\frac{(x-4)(\sqrt{x}+2)}{(\sqrt{x}-2)(\sqrt{x}+2)}$ ← 分母の有理化

$=\lim_{x\to 4}\frac{(x-4)(\sqrt{x}+2)}{x-4}=\lim_{x\to 4}(\sqrt{x}+2)=4$ 答

教 p.48

練習 22

次の等式が成り立つように，定数 a，b の値を定めよ。

(1) $\lim_{x\to 2}\frac{a\sqrt{x}+b}{x-2}=-1$　　(2) $\lim_{x\to 0}\frac{a\sqrt{x+4}+b}{x}=1$

指針 **極限値から定数の決定**

関数 $f(x)$，$g(x)$ と一定の値 α について，$\lim_{x\to a}\frac{f(x)}{g(x)}=\alpha$ であるとき

$\lim_{x\to a}g(x)=0$ ならば　$\lim_{x\to a}f(x)=0$

解答 (1) $\lim_{x\to 2}\frac{a\sqrt{x}+b}{x-2}=-1$ …… ①

が成り立つとする。

$\lim_{x\to 2}(x-2)=0$ であるから

$\lim_{x\to 2}(a\sqrt{x}+b)=0$

よって，$\sqrt{2}a+b=0$ となり

$b=-\sqrt{2}a$ …… ②

このとき $\lim_{x\to 2}\frac{a\sqrt{x}+b}{x-2}=\lim_{x\to 2}\frac{a(\sqrt{x}-\sqrt{2})}{x-2}$

$=\lim_{x\to 2}\frac{a(\sqrt{x}-\sqrt{2})(\sqrt{x}+\sqrt{2})}{(x-2)(\sqrt{x}+\sqrt{2})}$

$=\lim_{x\to 2}\frac{a}{\sqrt{x}+\sqrt{2}}=\frac{a}{2\sqrt{2}}$

$\frac{a}{2\sqrt{2}}=-1$ のとき ① が成り立つから　$a=-2\sqrt{2}$

このとき，② から　$b=4$　　答 $\boldsymbol{a=-2\sqrt{2}}$，$\boldsymbol{b=4}$

(2) $\lim_{x\to 0}\frac{a\sqrt{x+4}+b}{x}=1$ …… ①

が成り立つとする。

$\lim_{x\to 0}x=0$ であるから　$\lim_{x\to 0}(a\sqrt{x+4}+b)=0$

よって，$2a+b=0$ となり　$b=-2a$ …… ②

このとき $\lim_{x\to 0}\frac{a\sqrt{x+4}+b}{x}=\lim_{x\to 0}\frac{a(\sqrt{x+4}-2)}{x}$

$=\lim_{x\to 0}\frac{a(\sqrt{x+4}-2)(\sqrt{x+4}+2)}{x(\sqrt{x+4}+2)}$

$=\lim_{x\to 0}\frac{a}{\sqrt{x+4}+2}=\frac{a}{4}$

$\frac{a}{4}=1$ のとき ① が成り立つから　$a=4$

このとき，② から　$b=-8$　　答　$\boldsymbol{a=4,\ b=-8}$

$\lim\limits_{x\to a}\frac{f(x)}{g(x)}=\alpha$ かつ $\lim\limits_{x\to a}g(x)=0$ のとき，

$\lim\limits_{x\to a}f(x)=\lim\limits_{x\to a}\frac{f(x)}{g(x)}\cdot g(x)=\alpha\cdot 0=0$ だね。

C 極限が有限な値でない場合

練習 23 教 p.49

次の極限を求めよ。

(1) $\lim\limits_{x\to 2}\frac{1}{(x-2)^2}$　　(2) $\lim\limits_{x\to -1}\left\{-\frac{1}{(x+1)^2}\right\}$

指針 **関数の極限**　分子は定数で分母は限りなく 0 に近づくから

(1) 関数の値は限りなく大きくなる。

(2) 関数の値は負で，絶対値は限りなく大きくなる。

解答 (1) $\frac{1}{(x-2)^2}>0$ より　$\lim\limits_{x\to 2}\frac{1}{(x-2)^2}=\infty$　答

(2) $-\frac{1}{(x+1)^2}<0$ より　$\lim\limits_{x\to -1}\left\{-\frac{1}{(x+1)^2}\right\}=-\infty$　答

(1)

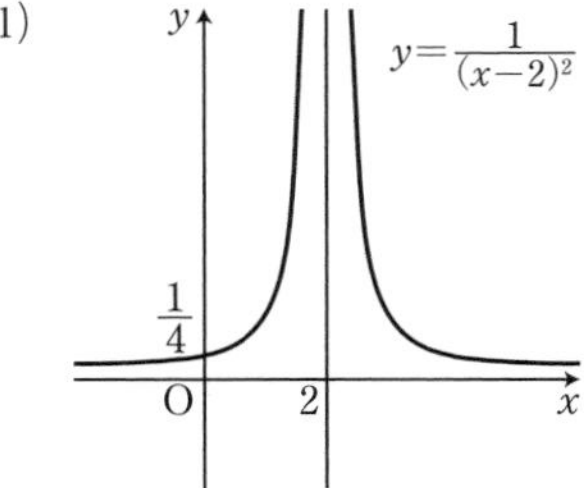

(2)

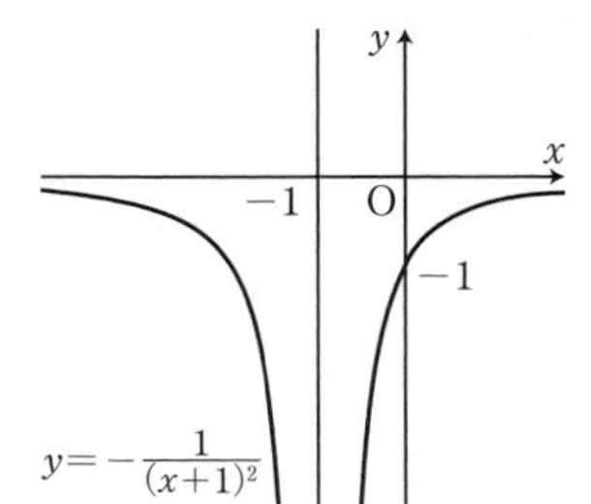

D 片側からの極限

練習 24 教 p.51

次の極限を求めよ。

(1) $\lim\limits_{x\to +0}\frac{|x|}{x}$　(2) $\lim\limits_{x\to -0}\frac{|x|}{x}$　(3) $\lim\limits_{x\to 1+0}\frac{x^2-1}{|x-1|}$　(4) $\lim\limits_{x\to 1-0}\frac{x^2-1}{|x-1|}$

指針 **片側からの極限**　(1)，(2) は関数 $f(x)=\frac{|x|}{x}$，(3)，(4) は関数 $f(x)=\frac{x^2-1}{|x-1|}$ の片側からの極限を求める。(1) は右側極限で $x>0$ の範囲，(2) は左側極限で $x<0$ の範囲で上の関数の極限を調べればよい。(3) は $x>1$，(4) は $x<1$ で調べる。

解答 (1) $\displaystyle\lim_{x\to+0}\frac{|x|}{x}=\lim_{x\to+0}\frac{x}{x}=\lim_{x\to+0}1=\mathbf{1}$ 答

(2) $\displaystyle\lim_{x\to-0}\frac{|x|}{x}=\lim_{x\to-0}\frac{-x}{x}=\lim_{x\to-0}(-1)=\mathbf{-1}$ 答

(3) $\displaystyle\lim_{x\to1+0}\frac{x^2-1}{|x-1|}=\lim_{x\to1+0}\frac{(x+1)(x-1)}{x-1}=\lim_{x\to1+0}(x+1)=\mathbf{2}$ 答

(4) $\displaystyle\lim_{x\to1-0}\frac{x^2-1}{|x-1|}=\lim_{x\to1-0}\frac{(x+1)(x-1)}{-(x-1)}=\lim_{x\to1-0}\{-(x+1)\}=\mathbf{-2}$ 答

(1), (2)

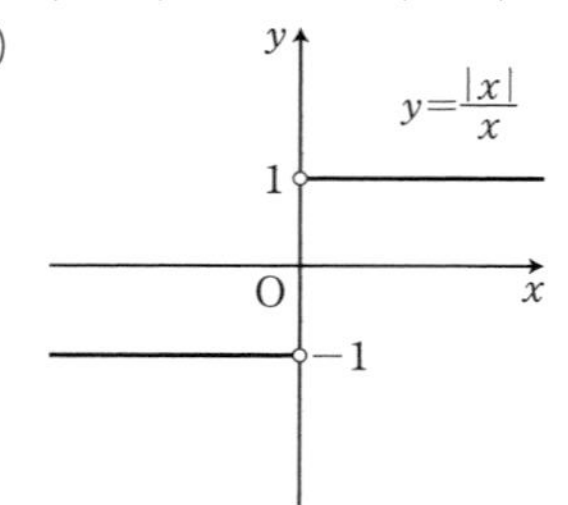

(3), (4)

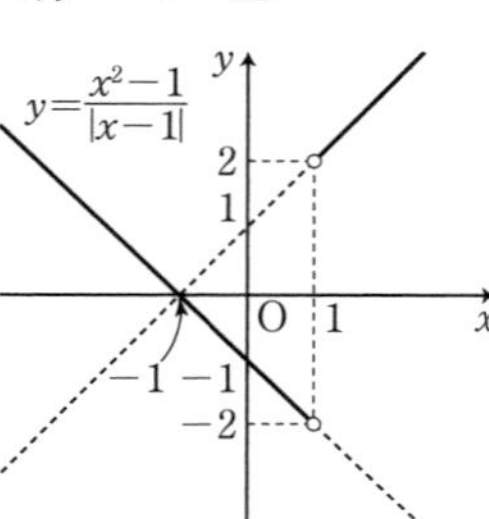

練習 25　教 p.51

次の極限を求めよ。

(1) $\displaystyle\lim_{x\to1+0}\frac{1}{x-1}$　　(2) $\displaystyle\lim_{x\to1-0}\frac{1}{x-1}$

指針 **片側からの極限 (∞ や $-\infty$)**

関数 $y=\dfrac{1}{x-1}$ のグラフは図のようになる。

(1) は $x>1$, (2) は $x<1$ の範囲で極限を調べる。

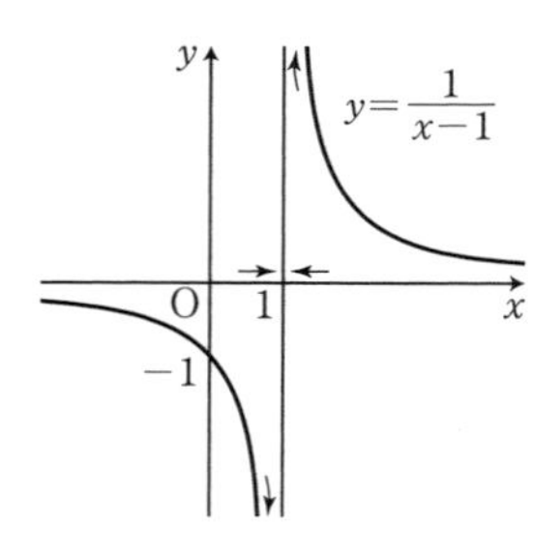

解答 (1) $\displaystyle\lim_{x\to1+0}\frac{1}{x-1}=\infty$ 答

(2) $\displaystyle\lim_{x\to1-0}\frac{1}{x-1}=-\infty$ 答

5 関数の極限(2)

まとめ

1　$x \longrightarrow \infty$, $x \longrightarrow -\infty$

変数 x が限りなく大きくなることを，$x \longrightarrow \infty$ で書き表す。また，x が負で，その絶対値が限りなく大きくなることを，$x \longrightarrow -\infty$ で書き表す。

2　$x \longrightarrow \infty$, $x \longrightarrow -\infty$ のときの極限

関数 $f(x)$ において，$x \longrightarrow \infty$ のとき $f(x)$ の値が一定の値 α に限りなく近づくならば，この値 α を $x \longrightarrow \infty$ のときの $f(x)$ の **極限値** または **極限** といい，$\lim_{x\to\infty} f(x)=\alpha$　と書き表す。$x \longrightarrow -\infty$ のときも同様に考える。

注意　関数 $f(x)$ の極限が ∞ または $-\infty$ になる意味も，$x \longrightarrow a$ のときと同様に考える。

3　指数関数の極限

$a>1$　　のとき　$\lim_{x\to\infty} a^x=\infty$,　　$\lim_{x\to-\infty} a^x=0$

$0<a<1$ のとき　$\lim_{x\to\infty} a^x=0$,　　$\lim_{x\to-\infty} a^x=\infty$

4　対数関数の極限

$a>1$　　のとき　$\lim_{x\to\infty} \log_a x=\infty$,　　$\lim_{x\to+0} \log_a x=-\infty$

$0<a<1$ のとき　$\lim_{x\to\infty} \log_a x=-\infty$,　　$\lim_{x\to+0} \log_a x=\infty$

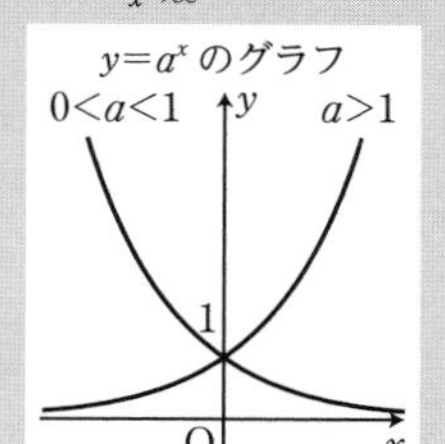

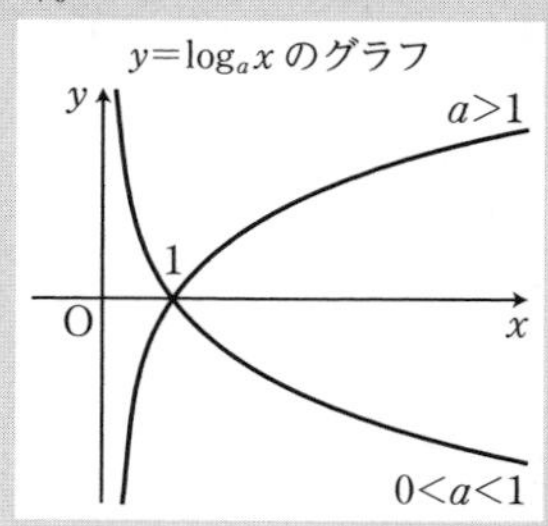

A　$x \longrightarrow \infty$, $x \longrightarrow -\infty$ のときの極限

教 p.53

練習 26

次の極限を求めよ。

(1) $\lim_{x\to-\infty} \frac{1}{x^2}$　　(2) $\lim_{x\to\infty} \frac{1}{1-x^2}$

(3) $\lim_{x\to\infty} (x^2-2x)$　　(4) $\lim_{x\to-\infty} (x^2+3x)$

指針　**$x \longrightarrow \infty$, $x \longrightarrow -\infty$ のときの極限**

(1), (2)　分子が定数で分母の絶対値が限りなく大きくなる形である。

(3), (4)　x の多項式の最高次の項をくくり出し，$\infty\times$(定数) の形を作る。

解答 (1)　$\displaystyle\lim_{x\to-\infty}\frac{1}{x^2}=0$　答　　←→ $\frac{1}{\infty}$

(2)　$\displaystyle\lim_{x\to\infty}\frac{1}{1-x^2}=0$　答　　←→ $\frac{1}{-\infty}$

(3)　$\displaystyle\lim_{x\to\infty}(x^2-2x)=\lim_{x\to\infty}x^2\left(1-\frac{2}{x}\right)=\infty$　答　　←→ $\infty\times1$

(4)　$\displaystyle\lim_{x\to-\infty}(x^2+3x)=\lim_{x\to-\infty}x^2\left(1+\frac{3}{x}\right)=\infty$　答　　←→ $\infty\times1$

練習 27　教 p.53

次の極限を求めよ。

(1)　$\displaystyle\lim_{x\to\infty}\frac{2x-1}{4x+3}$　　(2)　$\displaystyle\lim_{x\to-\infty}\frac{5x^2+4}{2x^2-3x}$

(3)　$\displaystyle\lim_{x\to\infty}\frac{4-x^2}{3x+2}$　　(4)　$\displaystyle\lim_{x\to-\infty}\frac{3-2x}{x^2-4x+1}$

指針　**分数関数の極限**　数列の極限の場合と同様に，分母と分子を分母の最高次の項で割り，分母の極限が定数となる形を作る。

(1), (3) は分母と分子を x で割り，(2), (4) は分母と分子を x^2 で割る。

解答 (1)　$\displaystyle\lim_{x\to\infty}\frac{2x-1}{4x+3}=\lim_{x\to\infty}\frac{2-\frac{1}{x}}{4+\frac{3}{x}}=\frac{2}{4}=\mathbf{\frac{1}{2}}$　答

(2)　$\displaystyle\lim_{x\to-\infty}\frac{5x^2+4}{2x^2-3x}=\lim_{x\to-\infty}\frac{5+\frac{4}{x^2}}{2-\frac{3}{x}}=\mathbf{\frac{5}{2}}$　答

(3)　$\displaystyle\lim_{x\to\infty}\frac{4-x^2}{3x+2}=\lim_{x\to\infty}\frac{\frac{4}{x}-x}{3+\frac{2}{x}}=-\infty$　答

(4)　$\displaystyle\lim_{x\to-\infty}\frac{3-2x}{x^2-4x+1}=\lim_{x\to-\infty}\frac{\frac{3}{x^2}-\frac{2}{x}}{1-\frac{4}{x}+\frac{1}{x^2}}=0$　答

練習 28　教 p.54

次の極限を求めよ。

(1)　$\displaystyle\lim_{x\to\infty}(\sqrt{x^2+2x}-x)$　　(2)　$\displaystyle\lim_{x\to-\infty}(\sqrt{4x^2+2x}+2x)$

指針　**無理関数の極限**　数列について同様の形の極限を考えた (教科書 $p.29$ の例題 1 や練習 5)。ここでも「分子の有理化」から始める。さらに，分子を定数にするために，分母と分子を x で割る。

(2)　$x \longrightarrow -\infty$ の場合は，$x=-t$ とおいて，$x \longrightarrow -\infty$ を $t \longrightarrow \infty$ に変えてから極限を求めるとよい。

解答　(1)　$\displaystyle\lim_{x\to\infty}(\sqrt{x^2+2x}-x)=\lim_{x\to\infty}\frac{(\sqrt{x^2+2x}-x)(\sqrt{x^2+2x}+x)}{\sqrt{x^2+2x}+x}$

$\displaystyle=\lim_{x\to\infty}\frac{(x^2+2x)-x^2}{\sqrt{x^2+2x}+x}=\lim_{x\to\infty}\frac{2x}{\sqrt{x^2+2x}+x}$

$\displaystyle=\lim_{x\to\infty}\frac{2x}{x\sqrt{1+\frac{2}{x}}+x}=\lim_{x\to\infty}\frac{2}{\sqrt{1+\frac{2}{x}}+1}=\mathbf{1}$　答

(2)　$x=-t$ とおくと，$x \longrightarrow -\infty$ のとき $t \longrightarrow \infty$ であるから

$\displaystyle\lim_{x\to-\infty}(\sqrt{4x^2+2x}+2x)=\lim_{t\to\infty}(\sqrt{4t^2-2t}-2t)$

$\displaystyle=\lim_{t\to\infty}\frac{(\sqrt{4t^2-2t}-2t)(\sqrt{4t^2-2t}+2t)}{\sqrt{4t^2-2t}+2t}$

$\displaystyle=\lim_{t\to\infty}\frac{(4t^2-2t)-(2t)^2}{\sqrt{4t^2-2t}+2t}$

$\displaystyle=\lim_{t\to\infty}\frac{-2t}{\sqrt{4t^2-2t}+2t}$

$\displaystyle=\lim_{t\to\infty}\frac{-2}{\sqrt{4-\frac{2}{t}}+2}=-\frac{\mathbf{1}}{\mathbf{2}}$　答

深める　教 p.54

$x<0$ のとき $\sqrt{x^2}=-x$ であることを利用して，おき換えを利用せずに，教科書の応用例題 5 (2) を解いてみよう。

解答　$\displaystyle\lim_{x\to-\infty}(\sqrt{x^2+x}+x)=\lim_{x\to-\infty}\frac{(\sqrt{x^2+x}+x)(\sqrt{x^2+x}-x)}{\sqrt{x^2+x}-x}$

$\displaystyle=\lim_{x\to-\infty}\frac{(x^2+x)-x^2}{\sqrt{x^2+x}-x}=\lim_{x\to-\infty}\frac{x}{\sqrt{x^2+x}-x}$

$\displaystyle=\lim_{x\to-\infty}\frac{x}{-x\sqrt{1+\frac{1}{x}}-x}$

$\displaystyle=\lim_{x\to-\infty}\frac{1}{-\sqrt{1+\frac{1}{x}}-1}$

$\displaystyle=-\frac{\mathbf{1}}{\mathbf{2}}$　答

注意　$x<0$ のとき，$\sqrt{x^2}=-x$ であるから，x の絶対値が十分大きいとき

$\displaystyle\sqrt{x^2+x}=\sqrt{x^2\left(1+\frac{1}{x}\right)}=\sqrt{x^2}\sqrt{1+\frac{1}{x}}=-x\sqrt{1+\frac{1}{x}}$ となることに注意する。

B 指数関数，対数関数の極限

教 p.55

練習 29

次の極限を求めよ。

(1) $\lim_{x \to -\infty} 2^x$ (2) $\lim_{x \to \infty} \left(\frac{1}{3}\right)^x$ (3) $\lim_{x \to \infty} \log_2 x$ (4) $\lim_{x \to +0} \log_{0.5} x$

指針 **指数関数・対数関数の極限** 底の値と $x \longrightarrow \infty$ または $x \longrightarrow -\infty$ の組み合わせで極限が異なる。簡単なグラフをかいて判断するとよい。

解答 (1) 底について，$2>1$ であるから

$$\lim_{x \to -\infty} 2^x = \mathbf{0} \quad \text{答}$$

← $y=a^x$ $(a>1)$

(2) 底について，$0<\frac{1}{3}<1$ であるから

$$\lim_{x \to \infty} \left(\frac{1}{3}\right)^x = \mathbf{0} \quad \text{答}$$

← $y=a^x$ $(0<a<1)$

(3) 底について，$2>1$ であるから

$$\lim_{x \to \infty} \log_2 x = \infty \quad \text{答}$$

← $y=\log_a x$ $(a>1)$

(4) 底について，$0<0.5<1$ であるから

$$\lim_{x \to +0} \log_{0.5} x = \infty \quad \text{答}$$

← $y=\log_a x$ $(0<a<1)$

教 p.55

練習 30

次の極限を求めよ。

(1) $\lim_{x \to \infty} 2^{-3x}$ (2) $\lim_{x \to -\infty} 2^{-2x}$ (3) $\lim_{x \to \infty} \log_2 \frac{4x-1}{x+2}$

指針 **指数関数・対数関数の極限**

(1) $2^{-3x}=\left(\frac{1}{2^3}\right)^x$ と変形して考えてもよいが，$x \longrightarrow \infty$ のとき $-3x \longrightarrow -\infty$ であることを使えば，もとの形のまま極限を調べることができる。

(3) まず真数部分の分数関数の極限を求める。

解答 (1) $-3x=t$ とおくと，$x \longrightarrow \infty$ のとき $t \longrightarrow -\infty$ であるから

$$\lim_{x \to \infty} 2^{-3x} = \lim_{t \to -\infty} 2^t = \mathbf{0} \quad \text{答}$$

(2) $-2x=t$ とおくと，$x \longrightarrow -\infty$ のとき $t \longrightarrow \infty$ であるから

$$\lim_{x \to -\infty} 2^{-2x} = \lim_{t \to \infty} 2^t = \infty \quad \text{答}$$

(3) $\frac{4x-1}{x+2}=\frac{4-\frac{1}{x}}{1+\frac{2}{x}}$ であるから，$x \longrightarrow \infty$ のとき

$$\frac{4x-1}{x+2} \longrightarrow 4$$

よって　$\displaystyle\lim_{x\to\infty}\log_2\frac{4x-1}{x+2}=\log_2 4=2$　答

別解 (3)　$\dfrac{4x-1}{x+2}=\dfrac{4(x+2)-9}{x+2}=4-\dfrac{9}{x+2}$ であるから

$x \longrightarrow \infty$ のとき　$\dfrac{4x-1}{x+2} \longrightarrow 4$

よって　$\displaystyle\lim_{x\to\infty}\log_2\frac{4x-1}{x+2}=\log_2 4=2$　答

6 三角関数と極限

まとめ

1　$\sin x$, $\cos x$ の極限

三角関数 $\sin x$, $\cos x$ は周期関数であり，2π ごとに同じ値を繰り返すから，$x \longrightarrow \infty$ のときの $\sin x$, $\cos x$ の極限はない。

2　$\tan x$ の極限

周期関数であり　$\displaystyle\lim_{x\to\frac{\pi}{2}+0}\tan x=-\infty$, $\displaystyle\lim_{x\to\frac{\pi}{2}-0}\tan x=\infty$

注意　$x \longrightarrow \dfrac{\pi}{2}$ のときの $\tan x$ の極限はない。

3　関数の極限の性質(2)

$\displaystyle\lim_{x\to a}f(x)=\alpha$, $\displaystyle\lim_{x\to a}g(x)=\beta$ とする。

5　$x=a$ の近くで常に $f(x) \leqq g(x)$ ならば　$\alpha \leqq \beta$

6　$x=a$ の近くで常に $f(x) \leqq h(x) \leqq g(x)$ かつ $\alpha=\beta$ ならば

$$\lim_{x\to a}h(x)=\alpha$$

注意 (1)　性質 6 を「はさみうちの原理」ということがある。

(2)　性質 5, 6 は $x \longrightarrow a+0$ または $x \longrightarrow a-0$ のときや，$x \longrightarrow \infty$, $x \longrightarrow -\infty$ のときにも成り立つ。

補足　十分大きい x で常に $f(x) \leqq g(x)$ であり，かつ $\displaystyle\lim_{x\to\infty}f(x)=\infty$ ならば

$$\lim_{x\to\infty}g(x)=\infty$$

4　$\dfrac{\sin x}{x}$ の極限

$$\lim_{x\to 0}\frac{\sin x}{x}=1$$

A 三角関数の極限

教 p.56

練習 31

次の極限を求めよ。

(1) $\displaystyle\lim_{x\to-\infty}\sin\frac{1}{x}$　(2) $\displaystyle\lim_{x\to-\infty}\cos\frac{1}{x}$　(3) $\displaystyle\lim_{x\to\pi}\tan x$

指針 **三角関数の極限** (1), (2) $x\longrightarrow-\infty$ のとき $\dfrac{1}{x}\longrightarrow-0$ であるから，それぞれ $\sin 0$，$\cos 0$ の値に限りなく近づく。

(3) π は $\tan x$ の定義域内の値であるから $\displaystyle\lim_{x\to\pi}\tan x=\tan\pi$

解答 (1) $\displaystyle\lim_{x\to-\infty}\sin\frac{1}{x}=\mathbf{0}$ 答

(2) $\displaystyle\lim_{x\to-\infty}\cos\frac{1}{x}=\mathbf{1}$ 答

(3) $\displaystyle\lim_{x\to\pi}\tan x=\tan\pi=\mathbf{0}$ 答

教 p.57

練習 32

次の極限を求めよ。

(1) $\displaystyle\lim_{x\to0}x\cos\frac{1}{x}$　(2) $\displaystyle\lim_{x\to\infty}\frac{\sin x}{x}$　(3) $\displaystyle\lim_{x\to-\infty}\frac{\cos x}{x}$

指針 **関数の極限の性質 (2)** 常に $0\leqq|\sin x|\leqq1$，$0\leqq|\cos x|\leqq1$ が成り立つ。これと関数の極限の性質 6 (はさみうちの原理) を利用する。

解答 (1) $0\leqq\left|\cos\dfrac{1}{x}\right|\leqq1$ より

$$0\leqq\left|x\cos\frac{1}{x}\right|=|x|\left|\cos\frac{1}{x}\right|\leqq|x|$$

ここで，$\displaystyle\lim_{x\to0}|x|=0$ であるから

$$\lim_{x\to0}\left|x\cos\frac{1}{x}\right|=0$$ ←はさみうちの原理

よって $\displaystyle\lim_{x\to0}x\cos\frac{1}{x}=\mathbf{0}$ 答

(2) $0\leqq|\sin x|\leqq1$ より

$$0\leqq\left|\frac{\sin x}{x}\right|=\frac{1}{|x|}|\sin x|\leqq\frac{1}{|x|}$$

ここで，$\displaystyle\lim_{x\to\infty}\frac{1}{|x|}=0$ であるから

$$\lim_{x\to\infty}\left|\frac{\sin x}{x}\right|=0$$ ←はさみうちの原理

よって $\displaystyle\lim_{x\to\infty}\frac{\sin x}{x}=\mathbf{0}$ 答

(3) $0 \leqq |\cos x| \leqq 1$ より

$$0 \leqq \left|\frac{\cos x}{x}\right| = \frac{1}{|x|}|\cos x| \leqq \frac{1}{|x|}$$

ここで，$\displaystyle\lim_{x \to -\infty} \frac{1}{|x|} = 0$ であるから

$$\lim_{x \to -\infty} \left|\frac{\cos x}{x}\right| = 0$$

←はさみうちの原理

よって $\displaystyle\lim_{x \to -\infty} \frac{\cos x}{x} = \mathbf{0}$ 答

$|A| \longrightarrow 0$ のとき，A は正の数でも負の数でも 0 に限りなく近づくよ。

B $\dfrac{\sin x}{x}$ の極限

練習 33 教 p.59

次の極限を求めよ。

(1) $\displaystyle\lim_{x \to 0} \frac{\sin 2x}{3x}$　(2) $\displaystyle\lim_{x \to 0} \frac{\tan x}{x}$　(3) $\displaystyle\lim_{x \to 0} \frac{\sin 3x}{\sin 5x}$

指針 **$\dfrac{\sin x}{x}$ の極限の利用**　$\displaystyle\lim_{x \to 0} \frac{\sin x}{x} = 1$ は重要な公式で，三角関数に関する極限を求める問題の多くは，この公式に帰着させることが解決のポイントとなる。
また，k を定数 $(k \neq 0)$ とすると，$x \longrightarrow 0$ のとき $kx \longrightarrow 0$ であるから，次のように，x の係数をそろえて広く応用される。

$$\lim_{x \to 0} \frac{\sin 2x}{2x} = 1, \quad \lim_{x \to 0} \frac{\sin 3x}{3x} = 1, \quad \cdots\cdots, \quad \lim_{x \to 0} \frac{\sin kx}{kx} = 1$$

解答 (1) $\displaystyle\lim_{x \to 0} \frac{\sin 2x}{3x} = \lim_{x \to 0} \left(\frac{2}{3} \cdot \frac{\sin 2x}{2x}\right)$

$$= \frac{2}{3} \cdot 1 = \mathbf{\frac{2}{3}} \quad 答$$

←$2x$ にそろえる。$x \longrightarrow 0$ のとき $2x \longrightarrow 0$

(2) $\displaystyle\lim_{x \to 0} \frac{\tan x}{x} = \lim_{x \to 0} \left(\frac{1}{x} \cdot \frac{\sin x}{\cos x}\right)$

←$\tan x = \dfrac{\sin x}{\cos x}$

$$= \lim_{x \to 0} \left(\frac{1}{\cos x} \cdot \frac{\sin x}{x}\right)$$

$$= \frac{1}{1} \cdot 1 = \mathbf{1} \quad 答$$

←$x \longrightarrow 0$ のとき $\cos x \longrightarrow 1$

(3) $\displaystyle\lim_{x \to 0} \frac{\sin 3x}{\sin 5x} = \lim_{x \to 0} \left(\frac{3}{5} \cdot \frac{5x}{\sin 5x} \cdot \frac{\sin 3x}{3x}\right)$

←$5x$，$3x$ を作る。

$$= \lim_{x \to 0} \left(\frac{3}{5} \cdot \frac{1}{\dfrac{\sin 5x}{5x}} \cdot \frac{\sin 3x}{3x}\right)$$

$$=\frac{3}{5}\cdot\frac{1}{1}\cdot 1=\frac{3}{5}\quad 答$$

注意 $\displaystyle\lim_{x\to 0}\frac{\tan x}{x}=1$, $\displaystyle\lim_{x\to 0}\frac{x}{\sin x}=1$ は，公式に準ずるものとして覚えておくとよい。

$\displaystyle\leftarrow \frac{x}{\sin x}=\frac{1}{\frac{\sin x}{x}}$

$\displaystyle\longrightarrow \frac{1}{1}=1$

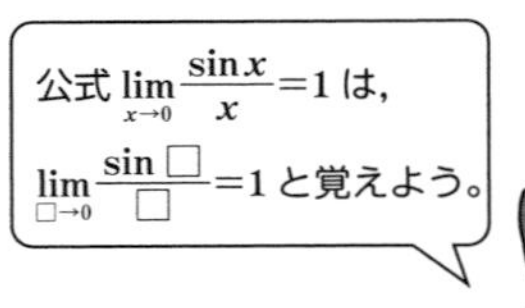
公式 $\displaystyle\lim_{x\to 0}\frac{\sin x}{x}=1$ は，
$\displaystyle\lim_{\square\to 0}\frac{\sin\square}{\square}=1$ と覚えよう。

練習 34 教 p.59

次の極限を求めよ。

(1) $\displaystyle\lim_{x\to 0}\frac{1-\cos x}{x^2}$ (2) $\displaystyle\lim_{x\to 0}\frac{x\sin x}{\cos x-1}$

指針 **三角関数の極限** $x\longrightarrow 0$ のとき，分母 $\longrightarrow 0$，分子 $\longrightarrow 0$ となり，このままでは極限を調べることができない。

そこで，公式 $\displaystyle\lim_{x\to 0}\frac{\sin x}{x}=1$ を利用できるようにするために，$\dfrac{\sin x}{x}$ や $\dfrac{x}{\sin x}$ が現れるような式に変形する。

$(1-\cos x)(1+\cos x)=1-\cos^2 x=\sin^2 x$ であるから，

(1) は $1+\cos x$，(2) は $\cos x+1$ を分母・分子に掛けて式を変形する。

解答 (1) $\displaystyle\lim_{x\to 0}\frac{1-\cos x}{x^2}=\lim_{x\to 0}\frac{(1-\cos x)(1+\cos x)}{x^2(1+\cos x)}=\lim_{x\to 0}\frac{1-\cos^2 x}{x^2(1+\cos x)}$

$\displaystyle=\lim_{x\to 0}\frac{\sin^2 x}{x^2(1+\cos x)}=\lim_{x\to 0}\left(\frac{\sin x}{x}\right)^2\cdot\frac{1}{1+\cos x}$

$\displaystyle=1^2\cdot\frac{1}{1+1}=\frac{1}{2}$ 答

(2) $\displaystyle\lim_{x\to 0}\frac{x\sin x}{\cos x-1}=\lim_{x\to 0}\frac{x\sin x(\cos x+1)}{(\cos x-1)(\cos x+1)}$

$\displaystyle=\lim_{x\to 0}\frac{x\sin x(\cos x+1)}{\cos^2 x-1}=\lim_{x\to 0}\frac{x\sin x(\cos x+1)}{-\sin^2 x}$

$\displaystyle=\lim_{x\to 0}\frac{x(\cos x+1)}{-\sin x}=\lim_{x\to 0}\left(-\frac{x}{\sin x}\right)(\cos x+1)$

$=(-1)\cdot(1+1)=-2$ 答

C 三角関数の極限の応用

教 p.60

練習 35 教科書の応用例題 8 において，弧 AB の長さを $\overset{\frown}{\mathrm{AB}}$ で表すとき，極限 $\displaystyle\lim_{\theta\to+0}\frac{\mathrm{CD}}{\overset{\frown}{\mathrm{AB}}^2}$ を求めよ。

指針 **図形に関する極限**　半径 r，中心角 θ の扇形の弧の長さを l とすると $l=r\theta$ で与えられる。半径 1 の扇形 OAB の中心角は 2θ であるから，$\overset{\frown}{\mathrm{AB}}=1\cdot2\theta=2\theta$ と表される。

また，$\mathrm{CD}=\mathrm{OC}-\mathrm{OD}=1-\cos\theta$ であるから，本問は，極限 $\displaystyle\lim_{\theta\to+0}\frac{1-\cos\theta}{(2\theta)^2}$ を求める問題となる。

解答 $\mathrm{AB}\perp\mathrm{OD}$ で，OD は $\angle\mathrm{AOB}$ の二等分線であるから

$$\angle\mathrm{AOD}=\theta$$

よって　$\mathrm{CD}=\mathrm{OC}-\mathrm{OD}=1-\cos\theta$

また，$\overset{\frown}{\mathrm{AB}}$ は半径 1，中心角 2θ の扇形の弧の長さであるから

$$\overset{\frown}{\mathrm{AB}}=1\cdot2\theta=2\theta$$

したがって，求める極限は

$$\lim_{\theta\to+0}\frac{\mathrm{CD}}{\overset{\frown}{\mathrm{AB}}^2}=\lim_{\theta\to+0}\frac{1-\cos\theta}{(2\theta)^2}=\lim_{\theta\to+0}\frac{(1-\cos\theta)(1+\cos\theta)}{4\theta^2(1+\cos\theta)}$$

$$=\lim_{\theta\to+0}\frac{1-\cos^2\theta}{4\theta^2(1+\cos\theta)}=\lim_{\theta\to+0}\frac{\sin^2\theta}{4\theta^2(1+\cos\theta)}$$

$$=\lim_{\theta\to+0}\left\{\frac{1}{4}\cdot\left(\frac{\sin\theta}{\theta}\right)^2\cdot\frac{1}{1+\cos\theta}\right\}$$

$$=\frac{1}{4}\cdot1^2\cdot\frac{1}{1+1}=\frac{1}{8}$$ 答

教 p.60

深める 教科書の応用例題 8 において，直線 OC と円 O の交点のうち，C でない方の点を E とする。このとき，$\dfrac{\mathrm{CD}}{\mathrm{AB}^2}=\dfrac{1}{4\mathrm{DE}}$ が成り立つことを示してみよう。応用例題 8 の極限値についてどのような考察ができるだろうか。

指針 **図形に関する極限**　方べきの定理を利用する。

解答 方べきの定理により　$\mathrm{DE}\cdot\mathrm{DC}=\mathrm{DB}\cdot\mathrm{DA}$

$\mathrm{DB}=\mathrm{DA}=\dfrac{1}{2}\mathrm{AB}$ であるから　$\mathrm{DE}\cdot\mathrm{DC}=\dfrac{1}{4}\mathrm{AB}^2$

よって　$\dfrac{\mathrm{CD}}{\mathrm{AB}^2}=\dfrac{1}{4\mathrm{DE}}$ 終

$\theta>0$ の範囲で θ が 0 に限りなく近づくとき，DE は CE，すなわち円 O の直径に限りなく近づくと考えられる。このように考えると

$$\lim_{\theta\to+0}\frac{\mathrm{CD}}{\mathrm{AB}^2}=\lim_{\theta\to+0}\frac{1}{4\mathrm{DE}}=\frac{1}{4\mathrm{CE}}=\frac{1}{4\cdot2}=\frac{1}{8}$$ 終

7 関数の連続性

まとめ

1 関数の連続

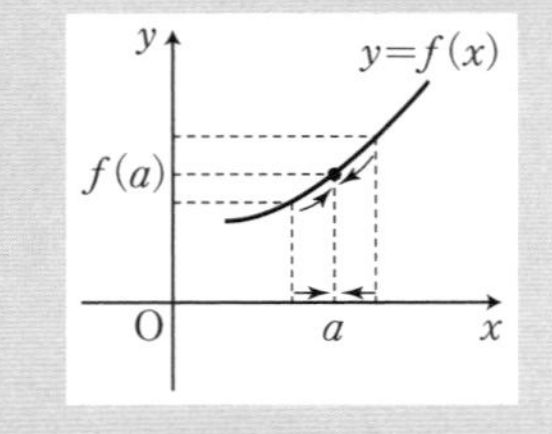

関数 $f(x)$ において，その定義域内の x の値 a に対して，極限値 $\lim_{x\to a}f(x)$ が存在し，かつ $\lim_{x\to a}f(x)=f(a)$ が成り立つとき，$f(x)$ は $x=a$ で **連続** であるという。

このとき，$y=f(x)$ のグラフは $x=a$ でつながっている。

注意 値 a が関数 $f(x)$ の定義域の左端または右端であるときは，それぞれ $\lim_{x\to a+0}f(x)=f(a)$ または $\lim_{x\to a-0}f(x)=f(a)$ が成り立つならば，$f(x)$ は $x=a$ で連続であるという。

2 ガウス記号

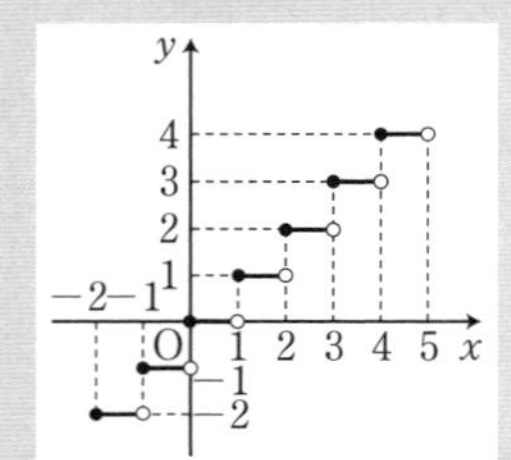

x を超えない最大の整数を $[x]$ で表す。記号 [ ] を **ガウス記号** という。

関数 $y=[x]$ のグラフは図のようになり，x が整数の値をとるところで切れている。

3 関数の不連続

関数 $f(x)$ が $x=a$ で連続でないとき，$x=a$ で **不連続** であるという。このとき，そのグラフは $x=a$ で切れている。

4 関数の連続性の性質

関数 $f(x)$，$g(x)$ がともに $x=a$ で連続ならば，次の関数はいずれも $x=a$ で連続である。

$$kf(x),\ f(x)+g(x),\ f(x)-g(x),\ f(x)g(x),\ \frac{f(x)}{g(x)}$$

ただし，k は定数であり，$\dfrac{f(x)}{g(x)}$ においては $g(a)\neq0$ とする。

教科書 p.61

5　区間

不等式 $a<x<b$，$a \leqq x \leqq b$，$a \leqq x$，$x<b$ などを満たす実数 x 全体の集合を **区間** といい，それぞれ $(a,\ b)$，$[a,\ b]$，$[a,\ \infty)$，$(-\infty,\ b)$ のように書き表す。

実数全体の集合は，$(-\infty,\ \infty)$ で表す。

また，区間 $(a,\ b)$ を **開区間** といい，区間 $[a,\ b]$ を **閉区間** という。

6　区間で連続

関数 $f(x)$ が，ある区間のすべての x の値で連続であるとき，$f(x)$ はその **区間で連続** であるという。

7　連続関数

定義域内のすべての x の値で連続な関数を **連続関数** という。

関数 $f(x)$ と $g(x)$ が区間 I でともに連続ならば，次の関数はいずれも区間 I で連続である。ただし，k は定数とする。

$$kf(x),\ f(x)+g(x),\ f(x)-g(x),\ f(x)g(x)$$

また，関数 $\dfrac{f(x)}{g(x)}$ は区間 I から $g(x)=0$ となる x の値を除いたそれぞれの区間で定義され，それらの各区間で連続である。

8　連続関数の性質

閉区間で連続な関数は，その区間で最大値および最小値をもつ。

9　中間値の定理

関数 $f(x)$ が閉区間 $[a,\ b]$ で連続で，$f(a) \neq f(b)$ ならば，$f(a)$ と $f(b)$ の間の任意の値 k に対して $f(c)=k$，$a<c<b$ を満たす実数 c が少なくとも1つある。

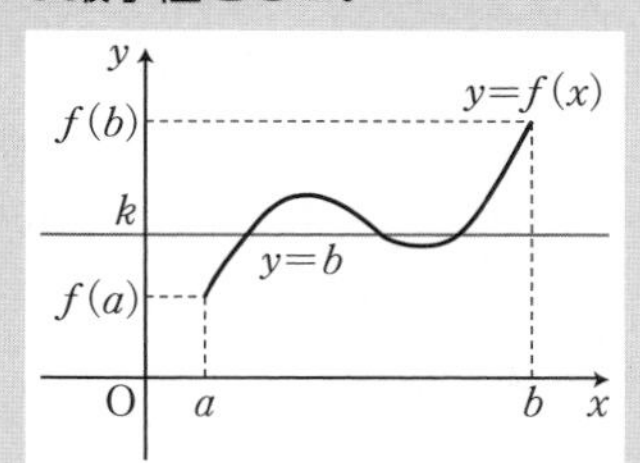

10　方程式の実数解（中間値の定理の応用）

関数 $f(x)$ が閉区間 $[a,\ b]$ で連続で，$f(a)$ と $f(b)$ の符号が異なれば，方程式 $f(x)=0$ は $a<x<b$ の範囲に少なくとも1つの実数解をもつ。

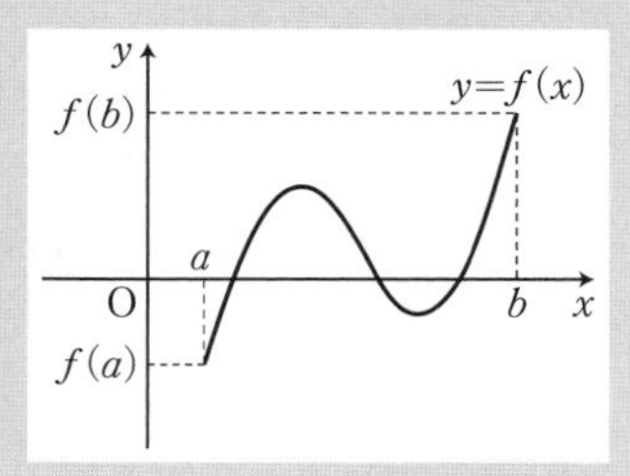

A 関数の連続性

教 p.63

練習 36
次の関数 $f(x)$ が，$x=0$ で連続であるか不連続であるかを調べよ。
(1) $f(x)=x[x]$　　(2) $f(x)=(x+1)[x]$　　(3) $f(x)=\sqrt{x}$

指針　関数の連続・不連続

(1)，(2)　$x=0$ での連続，不連続を調べるから，[極限値 $\lim_{x\to 0} f(x)$ が存在して，かつ $\lim_{x\to 0} f(x)=f(0)$] ならば連続であり，それ以外の場合は不連続である。
本問では関数に $[x]$ が含まれるから，右側極限 $\lim_{x\to +0} f(x)$，左側極限 $\lim_{x\to -0} f(x)$ から調べなければならない。次のことに注意する。
$0\leqq x<1$ のとき $[x]=0$，$-1\leqq x<0$ のとき $[x]=-1$

(3)　$x=0$ は関数 $f(x)=\sqrt{x}$ の定義域の左端であるから，右側極限だけ調べればよい。$\lim_{x\to +0} f(x)=f(0)$ が成り立てば連続である。

解答　(1)　$0\leqq x<1$ のとき　　$f(x)=x\cdot 0=0$
$-1\leqq x<0$ のとき　　$f(x)=x\cdot(-1)=-x$
よって　　$\lim_{x\to +0} f(x)=0$
　　　　　$\lim_{x\to -0} f(x)=\lim_{x\to -0}(-x)=0$
ゆえに　　$\lim_{x\to 0} f(x)=0$
また，$f(0)=0\cdot 0=0$ であるから
　　$\lim_{x\to 0} f(x)=f(0)$
したがって，$f(x)$ は $x=0$ で **連続** である。答

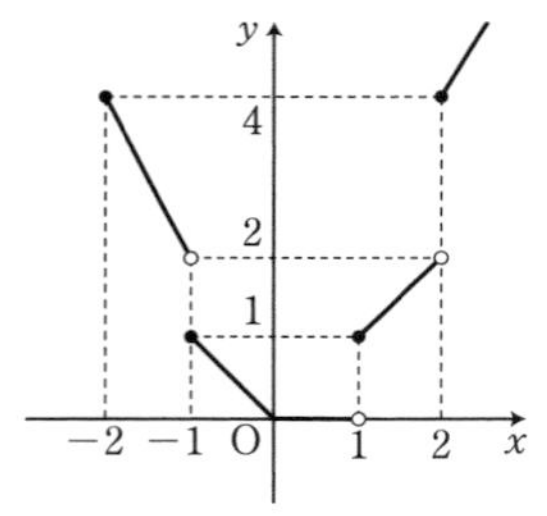

(2)　$0\leqq x<1$ のとき
　　$f(x)=(x+1)\cdot 0=0$
$-1\leqq x<0$ のとき
　　$f(x)=(x+1)\cdot(-1)=-x-1$
よって　　$\lim_{x\to +0} f(x)=0$
　　　　　$\lim_{x\to -0} f(x)=\lim_{x\to -0}(-x-1)=-1$

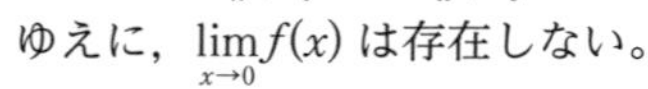
ゆえに，$\lim_{x\to 0} f(x)$ は存在しない。
したがって，$f(x)$ は $x=0$ で **不連続** である。答

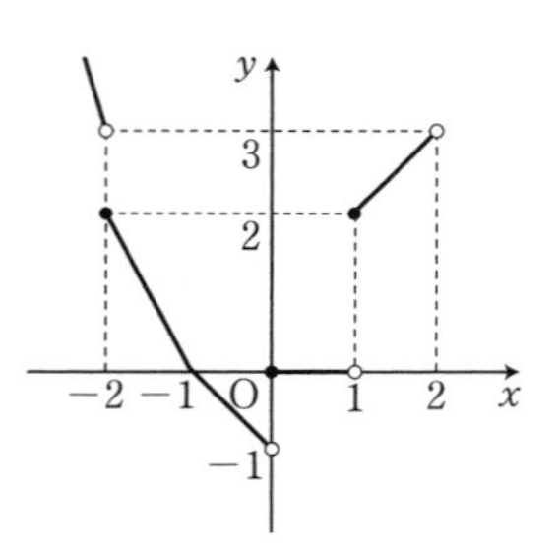

(3)　$f(x)=\sqrt{x}$ の定義域は $x\geqq 0$ である。
$\lim_{x\to +0} f(x)=\lim_{x\to +0}\sqrt{x}=0$，$f(0)=0$ であるから
　　$\lim_{x\to +0} f(x)=f(0)$
よって，$f(x)$ は $x=0$ で **連続** である。答

B 区間における連続

教 p.64

練習 37

次の関数が連続である区間を求めよ。

(1) $f(x)=\sqrt{1-x}$　　(2) $f(x)=\dfrac{x+1}{x^2-3x+2}$

指針 **区間における連続**　無理関数，分数関数はその定義域で連続である。

解答 (1) 定義域は $x \leqq 1$ であるから，連続である区間は

$(-\infty,\ 1]$ 答

(2) $x^2-3x+2=(x-1)(x-2)$ より，定義域は

$x \neq 1,\ x \neq 2$

よって，連続である区間は

$(-\infty,\ 1),\ (1,\ 2),\ (2,\ \infty)$ 答

C 連続関数の性質

教 p.64

練習 38

次の区間における関数 $f(x)=\cos x$ の最大値，最小値について調べよ。

(1) $[0,\ \pi]$　　(2) $[-\pi,\ \pi]$

指針 **連続関数の性質**　関数 $y=\cos x$ のグラフは図のようになる。

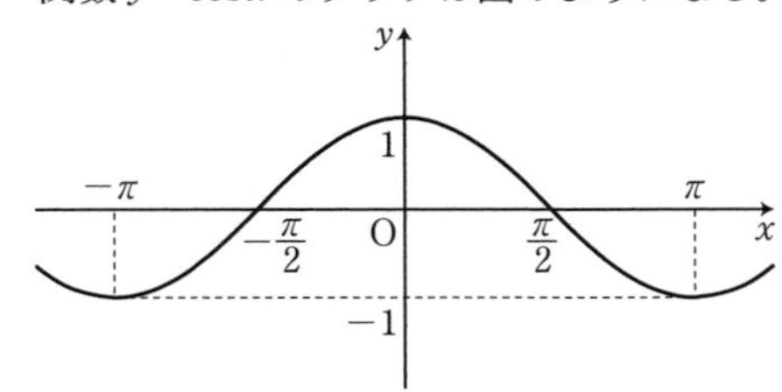

解答 (1) 関数 $f(x)=\cos x$ は，閉区間 $[0,\ \pi]$ で連続である。

この区間において，$f(x)$ は

$x=0$ で最大値 1，$x=\pi$ で最小値 −1 をとる。答

(2) 関数 $f(x)=\cos x$ は，閉区間 $[-\pi,\ \pi]$ で連続である。

この区間において，$f(x)$ は

$x=0$ で最大値 1，$x=-\pi,\ \pi$ で最小値 −1 をとる。答

教 p.65

練習 39

方程式 $2^x-3x=0$ は，$3<x<4$ の範囲に少なくとも 1 つの実数解をもつことを示せ。

指針 **方程式の実数解** $f(x)=2^x-3x$ とおくと，関数 $y=2^x$，$y=-3x$ はともに連続であるから，$f(x)$ は連続である。
あとは，$f(3)$ と $f(4)$ の符号が異なることを示せばよい。

解答 $f(x)=2^x-3x$ とおくと，$f(x)$ は閉区間 $[3,\ 4]$ で連続である。
また　$f(3)=2^3-3\cdot3=-1<0$
　　　$f(4)=2^4-3\cdot4=4>0$
であり，$f(3)$ と $f(4)$ は符号が異なる。
したがって，方程式 $f(x)=0$ すなわち $2^x-3x=0$ は，$3<x<4$ の範囲に少なくとも 1 つの実数解をもつ。 終

第2章 第2節　問　題

教 p.66

7　次の極限を求めよ。

(1) $\displaystyle\lim_{x\to1}\frac{x-1}{x^3-1}$　　(2) $\displaystyle\lim_{x\to2}\frac{x-2}{\sqrt{2x}-\sqrt{x+2}}$

指針　**関数の極限**

(1) $x\longrightarrow1$ のとき，分母 $\longrightarrow0$，分子 $\longrightarrow0$ であるから，分母と分子ともに $x-1$ を因数にもつことがわかる。分母を因数分解して約分する。

(2) 分母を有理化すると約分できて，極限が求められる。

解答　(1)

$$\lim_{x\to1}\frac{x-1}{x^3-1}=\lim_{x\to1}\frac{x-1}{(x-1)(x^2+x+1)}$$
$$=\lim_{x\to1}\frac{1}{x^2+x+1}$$
$$=\frac{1}{1^2+1+1}=\boldsymbol{\frac{1}{3}}\quad\text{答}$$

(2)

$$\lim_{x\to2}\frac{x-2}{\sqrt{2x}-\sqrt{x+2}}=\lim_{x\to2}\frac{(x-2)(\sqrt{2x}+\sqrt{x+2})}{(\sqrt{2x}-\sqrt{x+2})(\sqrt{2x}+\sqrt{x+2})}$$
$$=\lim_{x\to2}\frac{(x-2)(\sqrt{2x}+\sqrt{x+2})}{2x-(x+2)}$$
$$=\lim_{x\to2}\frac{(x-2)(\sqrt{2x}+\sqrt{x+2})}{x-2}$$
$$=\lim_{x\to2}(\sqrt{2x}+\sqrt{x+2})$$
$$=\sqrt{2\cdot2}+\sqrt{2+2}=\boldsymbol{4}\quad\text{答}$$

$\frac{0}{0}$ 形のときは，式を変形してみよう。

教 p.66

8　関数 $f(x)=\dfrac{x^2+a}{x-2}$ が $x\longrightarrow2$ のとき収束するように，定数 a の値を定め，極限値 $\displaystyle\lim_{x\to2}f(x)$ を求めよ。

指針　**極限値と係数の決定**　まず，$\displaystyle\lim_{x\to2}f(x)$ が極限値をもち，$x\longrightarrow2$ のとき，分母 $\longrightarrow0$ ならば分子 $\longrightarrow0$ であることを利用して a の値を求める。極限値は，約分してから求める。

解答　極限値を α とすると，$\displaystyle\lim_{x\to2}\frac{x^2+a}{x-2}=\alpha$ が成り立つとき，

$\lim_{x\to2}(x-2)=0$ であるから　$\lim_{x\to2}(x^2+a)=0$

よって　$4+a=0$　ゆえに　$\boldsymbol{a=-4}$　答

このとき　$\displaystyle\lim_{x\to2}\boldsymbol{f(x)}=\lim_{x\to2}\frac{x^2-4}{x-2}$

$$=\lim_{x\to2}\frac{(x+2)(x-2)}{x-2}=\lim_{x\to2}(x+2)=\boldsymbol{4}\quad 答$$

教 p.66

9　次の極限を求めよ。

(1)　$\displaystyle\lim_{x\to\infty}(\sqrt{x+1}-\sqrt{x})$　　(2)　$\displaystyle\lim_{x\to-\infty}(\sqrt{x^2+1}+x)$

指針　無理関数の極限

(1), (2)　分母が 1 の分数と考えて，分子を有理化する。(2)は $x\longrightarrow-\infty$ であるから，$x=-t$ とおいて，$t\longrightarrow\infty$ として極限を求めるとよい。

解答　(1)　$\displaystyle\lim_{x\to\infty}(\sqrt{x+1}-\sqrt{x})=\lim_{x\to\infty}\frac{(\sqrt{x+1}-\sqrt{x})(\sqrt{x+1}+\sqrt{x})}{\sqrt{x+1}+\sqrt{x}}$

$$=\lim_{x\to\infty}\frac{(x+1)-x}{\sqrt{x+1}+\sqrt{x}}$$

$$=\lim_{x\to\infty}\frac{1}{\sqrt{x+1}+\sqrt{x}}=\boldsymbol{0}\quad 答$$

(2)　$x=-t$ とおくと，$x\longrightarrow-\infty$ のとき $t\longrightarrow\infty$ であるから

$$\lim_{x\to-\infty}(\sqrt{x^2+1}+x)=\lim_{t\to\infty}(\sqrt{t^2+1}-t)$$

$$=\lim_{t\to\infty}\frac{(\sqrt{t^2+1}-t)(\sqrt{t^2+1}+t)}{\sqrt{t^2+1}+t}$$

$$=\lim_{t\to\infty}\frac{(t^2+1)-t^2}{\sqrt{t^2+1}+t}=\lim_{t\to\infty}\frac{1}{\sqrt{t^2+1}+t}=\boldsymbol{0}\quad 答$$

教 p.66

10　次の極限を求めよ。

(1)　$\displaystyle\lim_{x\to-\infty}\frac{2^x-2^{-x}}{2^x+2^{-x}}$　　(2)　$\displaystyle\lim_{x\to\infty}\{\log_2(x^2+4)-\log_2 2x^2\}$

指針　指数関数・対数関数の極限

(1)　$x\longrightarrow-\infty$ のとき，$2^x\longrightarrow0$，$2^{-x}\longrightarrow\infty$ となるから，分母と分子を ∞ に発散する 2^{-x} で割る。

(2)　対数を 1 つにまとめると，真数の部分が分数関数になる。

解答　(1)　分母，分子を 2^{-x} で割ると

$$\lim_{x\to-\infty}\frac{2^x-2^{-x}}{2^x+2^{-x}}=\lim_{x\to-\infty}\frac{2^{2x}-1}{2^{2x}+1}$$

←$2^x\div2^{-x}=2^{x-(-x)}=2^{2x}$

$$=\frac{0-1}{0+1}=\boldsymbol{-1}\quad 答$$

←$\displaystyle\lim_{x\to-\infty}2^{2x}=0$

(2) $\lim_{x\to\infty}\{\log_2(x^2+4)-\log_2 2x^2\}$

$=\lim_{x\to\infty}\log_2\frac{x^2+4}{2x^2}=\lim_{x\to\infty}\log_2\left(\frac{1}{2}+\frac{2}{x^2}\right)$

$=\log_2\frac{1}{2}=\log_2 2^{-1}=\mathbf{-1}$ 答

←$\log_a M-\log_a N=\log_a\frac{M}{N}$

$\frac{\infty}{\infty}$形のときは，式を変形してみよう。

教 p.66

11 次の極限を求めよ。

(1) $\lim_{x\to 0}\frac{\tan x}{\sin 3x}$ (2) $\lim_{x\to 0}\frac{x^2}{\cos 2x-1}$

指針 **三角関数の極限**

(1) $\tan x=\frac{\sin x}{\cos x}$ を使う。さらに，$\lim_{x\to 0}\frac{\sin kx}{kx}=1$（$k$ は定数）が利用できるように変形する。

(2) 2倍角の公式 $\cos 2x=1-2\sin^2 x$ を使って $\sin x$ で表すと，$\lim_{x\to 0}\frac{\sin x}{x}=1$ の公式が使える。

解答 (1) $\lim_{x\to 0}\frac{\tan x}{\sin 3x}=\lim_{x\to 0}\left(\frac{\sin x}{\cos x}\cdot\frac{1}{\sin 3x}\right)$ ←$\tan x=\frac{\sin x}{\cos x}$

$=\lim_{x\to 0}\left(\frac{1}{\cos x}\cdot\frac{1}{3}\cdot\frac{\sin x}{x}\cdot\frac{3x}{\sin 3x}\right)$ ←$\sin kx$ と kx が現れるように変形

$=\lim_{x\to 0}\left(\frac{1}{\cos x}\cdot\frac{1}{3}\cdot\frac{\sin x}{x}\cdot\frac{1}{\frac{\sin 3x}{3x}}\right)$ ←$\frac{3x}{\sin 3x}=\frac{1}{\frac{\sin 3x}{3x}}$

$=\frac{1}{1}\cdot\frac{1}{3}\cdot 1\cdot\frac{1}{1}=\mathbf{\frac{1}{3}}$ 答

(2) $\lim_{x\to 0}\frac{x^2}{\cos 2x-1}=\lim_{x\to 0}\frac{x^2}{(1-2\sin^2 x)-1}$ ←$\cos 2x=1-2\sin^2 x$

$=\lim_{x\to 0}\frac{x^2}{-2\sin^2 x}=\lim_{x\to 0}\left\{-\frac{1}{2}\left(\frac{x}{\sin x}\right)^2\right\}$

$=\lim_{x\to 0}\left\{-\frac{1}{2}\left(\frac{1}{\frac{\sin x}{x}}\right)^2\right\}$ ←$\frac{x}{\sin x}=\frac{1}{\frac{\sin x}{x}}$

$=-\frac{1}{2}\cdot\left(\frac{1}{1}\right)^2=\mathbf{-\frac{1}{2}}$ 答

別解 (1) $\lim_{x\to 0}\frac{\tan x}{x}=1$ を用いると

教科書 p.66

$$\lim_{x\to 0}\frac{\tan x}{\sin 3x}=\lim_{x\to 0}\left(\frac{1}{3}\cdot\frac{\tan x}{x}\cdot\frac{3x}{\sin 3x}\right)=\lim_{x\to 0}\left(\frac{1}{3}\cdot\frac{\tan x}{x}\cdot\frac{1}{\frac{\sin 3x}{3x}}\right)$$

$$=\frac{1}{3}\cdot 1\cdot\frac{1}{1}=\frac{1}{3}$$ 答

教 p.66

12 $x-\pi=\theta$ とおくことにより，極限 $\lim_{x\to\pi}\frac{1+\cos x}{(x-\pi)^2}$ を求めよ。

指針 **三角関数の極限** $x-\pi=\theta$ とおくと，$x\longrightarrow\pi$ のとき $\theta\longrightarrow 0$ となる。また，$\cos x=\cos(\pi+\theta)=-\cos\theta$ となり，分母，分子に $1+\cos\theta$ を掛けて，$\lim_{\theta\to 0}\frac{\sin\theta}{\theta}=1$ の公式が使える形を導く。

解答 $x-\pi=\theta$ とおくと，$x\longrightarrow\pi$ のとき $\theta\longrightarrow 0$ であるから

$$\lim_{x\to\pi}\frac{1+\cos x}{(x-\pi)^2}=\lim_{\theta\to 0}\frac{1+\cos(\pi+\theta)}{\theta^2}$$

← $\cos(\pi+\theta)=-\cos\theta$

$$=\lim_{\theta\to 0}\frac{1-\cos\theta}{\theta^2}=\lim_{\theta\to 0}\frac{(1-\cos\theta)(1+\cos\theta)}{\theta^2(1+\cos\theta)}$$

← 分母と分子に $1+\cos\theta$ を掛ける。

$$=\lim_{\theta\to 0}\frac{1-\cos^2\theta}{\theta^2(1+\cos\theta)}=\lim_{\theta\to 0}\frac{\sin^2\theta}{\theta^2(1+\cos\theta)}$$

$$=\lim_{\theta\to 0}\left(\frac{\sin\theta}{\theta}\right)^2\cdot\frac{1}{1+\cos\theta}$$

$$=1^2\cdot\frac{1}{1+1}=\frac{1}{2}$$ 答

教 p.66

13 次の関数 $f(x)$ が $x=0$ で連続であるように，定数 a の値を定めよ。

$$f(x)=\begin{cases}\dfrac{x^2+x}{x} & (x\neq 0)\\ a & (x=0)\end{cases}$$

指針 **関数の連続性** 関数 $f(x)$ が $x=0$ で連続であるためには，極限値 $\lim_{x\to 0}f(x)$ が存在し，かつ $\lim_{x\to 0}f(x)=f(0)$ が成り立てばよい。

解答 $\lim_{x\to 0}f(x)=\lim_{x\to 0}\frac{x^2+x}{x}=\lim_{x\to 0}\frac{x(x+1)}{x}=\lim_{x\to 0}(x+1)=1$ …… ①

また $f(0)=a$ …… ②

関数 $f(x)$ が $x=0$ で連続であるための条件は

$$\lim_{x\to 0}f(x)=f(0)$$

であるから，①，② より $a=1$ 答

教 p.66

14 方程式 $x^3-3x+1=0$ は負の解をもつことを示せ。

指針 **方程式の実数解** $f(x)=x^3-3x+1$ とすると，関数 $f(x)$ は実数全体で連続である。$f(x)=0$ が負の解をもつことを示すには，$f(0)=1>0$ であるから，適当な負の数 a で $f(a)<0$ となる値を見つけ，閉区間 $[a,\ 0]$ で調べればよい。

解答 $f(x)=x^3-3x+1$ とすると，$f(x)$ は閉区間 $[-2,\ 0]$ で連続である。

また　$f(-2)=(-2)^3-3\cdot(-2)+1=-1<0$

　　　$f(0)=1>0$

であり，$f(-2)$ と $f(0)$ は符号が異なる。

よって，方程式 $f(x)=0$ すなわち $x^3-3x+1=0$ は，$-2<x<0$ の範囲に少なくとも 1 つの実数解をもつ。

したがって，方程式 $x^3-3x+1=0$ は負の解をもつ。　終

教 p.66

15 半径 r の円に内接する正 n 角形の面積を S_n とする。

(1) S_n を n を用いて表せ。

(2) 半径 r の円の面積を S とする。$\lim_{n\to\infty} S_n=S$ であることを示せ。

指針 **図形に関する極限**

(1) 正 n 角形を合同な n 個の二等辺三角形に分けて考える。

(2) 公式 $\lim_{x\to 0}\dfrac{\sin x}{x}=1$ を利用する。

解答 (1) 正 n 角形の外接円の中心を O とする。

このとき，半径 r の円に内接する正 n 角形は右の図の△OAB と合同な n 個の二等辺三角形に分けることができる。よって

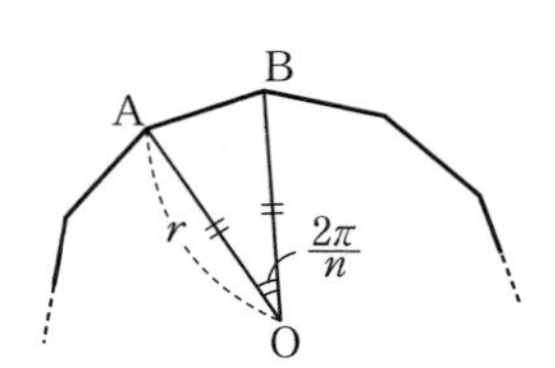

$$S_n=\frac{1}{2}r^2\sin\frac{2\pi}{n}\times n=\boldsymbol{\frac{r^2}{2}n\sin\frac{2\pi}{n}}$$　答

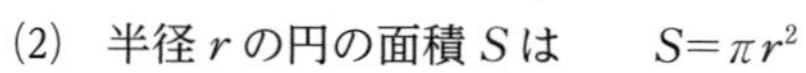

(2) 半径 r の円の面積 S は　　$S=\pi r^2$

また　$\displaystyle\lim_{n\to\infty}S_n=\lim_{n\to\infty}\frac{r^2}{2}n\sin\frac{2\pi}{n}$

$$=\lim_{n\to\infty}\left(\frac{r^2}{2}\cdot\frac{\sin\frac{2\pi}{n}}{\frac{2\pi}{n}}\cdot 2\pi\right)$$

ここで，$\dfrac{2\pi}{n}=x$ とおけば，$n\longrightarrow\infty$ のとき $x\longrightarrow +0$ であるから

$$\lim_{n\to\infty}S_n=\lim_{x\to+0}\left(\frac{r^2}{2}\cdot\frac{\sin x}{x}\cdot 2\pi\right)=\frac{r^2}{2}\cdot 1\cdot 2\pi=\pi r^2=S$$　終

第2章　章末問題A

教 p.67

1. 次の極限を求めよ。

(1) $\displaystyle\lim_{n\to\infty}\frac{1^2+2^2+3^2+\cdots\cdots+n^2}{(1+2+3+\cdots\cdots+n)^2}$　　(2) $\displaystyle\lim_{n\to\infty}\frac{1+3+3^2+\cdots\cdots+3^{n-1}}{1+2+2^2+\cdots\cdots+2^{n-1}}$

指針 **数列の極限**　まず分子，分母の数列の和を公式を用いて計算する。

(1)の分子は $\displaystyle\sum_{k=1}^{n}k^2$，分母は $\displaystyle\left(\sum_{k=1}^{n}k\right)^2$ であり，(2)はそれぞれ等比数列の和である。

極限は，分母が定数に収束する形を作って調べる。

解答 (1)　分子 $\displaystyle=\sum_{k=1}^{n}k^2=\frac{1}{6}n(n+1)(2n+1)=\frac{n(n+1)(2n+1)}{6}$

分母 $\displaystyle=\left(\sum_{k=1}^{n}k\right)^2=\left\{\frac{1}{2}n(n+1)\right\}^2=\frac{n^2(n+1)^2}{4}$

であるから

$$\lim_{n\to\infty}\frac{1^2+2^2+3^2+\cdots\cdots+n^2}{(1+2+3+\cdots\cdots+n)^2}$$

$$=\lim_{n\to\infty}\frac{4}{6}\cdot\frac{n(n+1)(2n+1)}{n^2(n+1)^2}$$

$$=\lim_{n\to\infty}\frac{2}{3}\cdot\frac{2n+1}{n^2+n}=\lim_{n\to\infty}\frac{2}{3}\cdot\frac{\frac{2}{n}+\frac{1}{n^2}}{1+\frac{1}{n}}$$

← 分母と分子を n^2 で割る。

$=0$ 答

(2)　分子 $\displaystyle=\frac{1\cdot(3^n-1)}{3-1}=\frac{3^n-1}{2}$

← 等比数列の和 $S_n=\dfrac{a(r^n-1)}{r-1}$

分母 $\displaystyle=\frac{1\cdot(2^n-1)}{2-1}=2^n-1$

であるから

$$\lim_{n\to\infty}\frac{1+3+3^2+\cdots\cdots+3^{n-1}}{1+2+2^2+\cdots\cdots+2^{n-1}}=\lim_{n\to\infty}\frac{1}{2}\cdot\frac{3^n-1}{2^n-1}$$

$$=\lim_{n\to\infty}\frac{1}{2}\cdot\frac{\left(\frac{3}{2}\right)^n-\frac{1}{2^n}}{1-\frac{1}{2^n}}=\infty$$ 答

← 分母と分子を 2^n で割る。

数学Bで習った数列の和の公式を思い出そう。

教 p.67

2. n を自然数とするとき，次の問いに答えよ。

(1) 不等式 $2^n \geqq 1+n+\dfrac{n(n-1)}{2}$ が成り立つことを示せ。

(2) (1) の不等式を用いて，極限 $\displaystyle\lim_{n\to\infty}\frac{n}{2^n}$ を求めよ。

指針 **数列の極限の性質**

(1) $n \geqq 2$ のとき，右辺の項が $1(={}_nC_0)$, $n(={}_nC_1)$, $\dfrac{n(n-1)}{2}(={}_nC_2)$ であることに着目して，二項定理を利用する。

$$(a+b)^n={}_nC_0a^n+{}_nC_1a^{n-1}b+{}_nC_2a^{n-2}b^2+\cdots\cdots+{}_nC_nb^n$$

において，$a=b=1$ として導く。なお，$n=1$ のときについては別途に扱う必要がある。

(2) (1) の不等式から「はさみうちの原理」が使える不等式を作って求める。

解答 (1) [1] $n=1$ のとき

左辺$=2^1=2$, 右辺$=1+1+0=2$

よって，与えられた不等式は成り立つ。

[2] $n \geqq 2$ のとき

二項定理により

$$2^n=(1+1)^n={}_nC_0+{}_nC_1+{}_nC_2+\cdots\cdots+{}_nC_n$$
$$\geqq {}_nC_0+{}_nC_1+{}_nC_2$$
$$=1+n+\frac{n(n-1)}{2}$$

← $(a+b)^n=\displaystyle\sum_{k=0}^{n}{}_nC_ka^{n-k}b^k$

よって $2^n \geqq 1+n+\dfrac{n(n-1)}{2}$ となるので，与えられた不等式は成り立つ。

[1], [2] より，すべての自然数 n について与えられた不等式は成り立つ。

終

(2) (1) の不等式から　$2^n \geqq 1+n+\dfrac{n(n-1)}{2}>\dfrac{n(n-1)}{2}$

よって，$n \geqq 2$ のとき，$\dfrac{1}{2^n}<\dfrac{2}{n(n-1)}$ であるから

$\dfrac{n}{2^n}<\dfrac{2n}{n(n-1)}=\dfrac{2}{n-1}$ より　$0<\dfrac{n}{2^n}<\dfrac{2}{n-1}$

← はさみうちの原理

$\displaystyle\lim_{n\to\infty}\frac{2}{n-1}=0$ であるから　$\displaystyle\lim_{n\to\infty}\frac{n}{2^n}=0$　答

二項定理は
数学Ⅱで習ったね。

注意 本問の (1) を二項定理を用いて証明する場合，少なくとも ${}_nC_0$，${}_nC_1$，${}_nC_2$ の 3 つを考える必要があるが，${}_nC_r$ が定義されるのは $n \geqq r$ のときであるから，$n \geqq 2$ でなければならず，$n=1$ の場合は別途に考えねばならない。したがって，[2] のみを記述するだけでは不完全な証明になってしまうから慎重に扱う必要がある。

教 p.67

3. 座標平面上で，点 P が原点 O から x 軸の正の向きに 1 だけ進み，次に y 軸の正の向きに $\frac{1}{2}$ だけ進み，次に x 軸の正の向きに $\frac{1}{2^2}$ だけ進み，次に y 軸の正の向きに $\frac{1}{2^3}$ だけ進む。以下，同様な運動を限りなく続けるとき，点 P が近づいていく点の座標を求めよ。

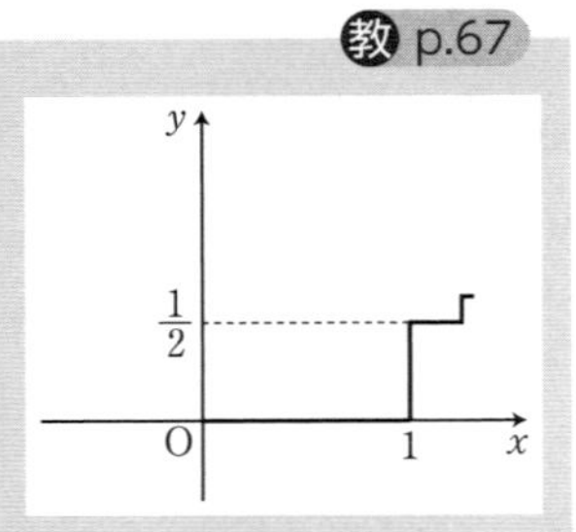

指針 **点の運動と無限等比級数** 点 P の座標を順に表していくと

$$(0,\ 0),\ (1,\ 0),\ \left(1,\ \frac{1}{2}\right),\ \left(1+\frac{1}{2^2},\ \frac{1}{2}\right),\ \left(1+\frac{1}{2^2},\ \frac{1}{2}+\frac{1}{2^3}\right),\ \cdots\cdots$$

x 座標，y 座標はそれぞれ無限等比級数で表される。

解答 求める点の座標を $(x,\ y)$ とすると

$$x=1+\frac{1}{2^2}+\frac{1}{2^4}+\cdots\cdots,\qquad y=\frac{1}{2}+\frac{1}{2^3}+\frac{1}{2^5}+\cdots\cdots$$

それぞれ初項が 1，$\frac{1}{2}$ で，公比が $\frac{1}{2^2}$ の無限等比級数で表される。

公比について $\left|\frac{1}{2^2}\right|<1$ であるから収束して　　← $|r|<1$

$$x=\frac{1}{1-\frac{1}{2^2}}=\frac{4}{3},\qquad y=\frac{\frac{1}{2}}{1-\frac{1}{2^2}}=\frac{2}{3}$$　　← $\frac{a}{1-r}$

よって，求める点の座標は $\left(\frac{4}{3},\ \frac{2}{3}\right)$ 答

教 p.67

4. 次の極限を求めよ。ただし，(4)の a は 1 でない正の定数とする。

(1) $\displaystyle\lim_{x\to 1}\frac{\sqrt{x+1}-\sqrt{3x-1}}{x-1}$　　(2) $\displaystyle\lim_{x\to -\infty}\frac{\sqrt{1+x^2}-1}{x}$

(3) $\displaystyle\lim_{x\to -0}2^{\frac{1}{x}}$　　(4) $\displaystyle\lim_{x\to \infty}\{\log_a(ax^2+1)-\log_a x^2\}$

指針 **関数の極限** (1) 分子を有理化する。

(2) $x=-t$ とおく。$x \longrightarrow -\infty$ のとき　$t \longrightarrow \infty$

(3) $\dfrac{1}{x}=t$ とおく。$x \longrightarrow -0$ のとき　$t \longrightarrow -\infty$

(4) 対数関数を1つにまとめる。真数部分は分数関数となる。

解答 (1) $\displaystyle\lim_{x\to1}\frac{\sqrt{x+1}-\sqrt{3x-1}}{x-1}$

$$=\lim_{x\to1}\frac{(\sqrt{x+1}-\sqrt{3x-1})(\sqrt{x+1}+\sqrt{3x-1})}{(x-1)(\sqrt{x+1}+\sqrt{3x-1})}$$

$$=\lim_{x\to1}\frac{x+1-(3x-1)}{(x-1)(\sqrt{x+1}+\sqrt{3x-1})}=\lim_{x\to1}\frac{-2(x-1)}{(x-1)(\sqrt{x+1}+\sqrt{3x-1})}$$

$$=\lim_{x\to1}\frac{-2}{\sqrt{x+1}+\sqrt{3x-1}}=\frac{-2}{\sqrt{2}+\sqrt{2}}=-\frac{\mathbf{1}}{\sqrt{\mathbf{2}}}$$ 答

(2) $x=-t$ とおくと，$x \longrightarrow -\infty$ のとき $t \longrightarrow \infty$ であるから

$$\lim_{x\to-\infty}\frac{\sqrt{1+x^2}-1}{x}=\lim_{t\to\infty}\frac{\sqrt{1+t^2}-1}{-t}$$

$$=\lim_{t\to\infty}\left\{-\frac{1}{t}\left(t\sqrt{\frac{1}{t^2}+1}-1\right)\right\}=\lim_{t\to\infty}\left(-\sqrt{\frac{1}{t^2}+1}+\frac{1}{t}\right)=\mathbf{-1}$$ 答

(3) $\dfrac{1}{x}=t$ とおくと，$x \longrightarrow -0$ のとき $t \longrightarrow -\infty$ であるから

$$\lim_{x\to-0}2^{\frac{1}{x}}=\lim_{t\to-\infty}2^t=\mathbf{0}$$ 答

(4) $\displaystyle\lim_{x\to\infty}\{\log_a(ax^2+1)-\log_a x^2\}$

$$=\lim_{x\to\infty}\log_a\frac{ax^2+1}{x^2}=\lim_{x\to\infty}\log_a\left(a+\frac{1}{x^2}\right)=\log_a a=\mathbf{1}$$ 答

教 p.67

5. 次の極限を求めよ。

(1) $\displaystyle\lim_{x\to0}\frac{1-\cos2x}{x\tan x}$　　　(2) $\displaystyle\lim_{x\to0}\frac{\tan x-\sin x}{x^3}$

指針 **三角関数の極限**　公式 $\displaystyle\lim_{x\to0}\frac{\sin x}{x}=1$ の利用を考えて変形する。

また，$\displaystyle\lim_{x\to0}\cos x=1$ も使う。

(1) 分母と分子に $1+\cos2x$ を掛ける。

(2) 変形の途中で分母と分子に $1+\cos x$ を掛ける。

解答 (1) $\displaystyle\lim_{x\to0}\frac{1-\cos2x}{x\tan x}$

$$=\lim_{x\to0}\frac{(1-\cos2x)(1+\cos2x)}{x\tan x(1+\cos2x)}$$

← 分母と分子に $1+\cos2x$ を掛ける。

$$=\lim_{x\to0}\frac{\sin^2 2x}{x\cdot\dfrac{\sin x}{\cos x}\cdot(1+\cos2x)}$$

$$=\lim_{x\to 0}\left\{\left(\frac{\sin 2x}{2x}\right)^2\cdot\frac{4x}{\frac{\sin x}{\cos x}}\cdot\frac{1}{1+\cos 2x}\right\}$$

$$=\lim_{x\to 0}\left\{\left(\frac{\sin 2x}{2x}\right)^2\cdot\frac{x}{\sin x}\cdot\frac{4\cos x}{1+\cos 2x}\right\}=1^2\cdot 1\cdot\frac{4}{1+1}=\mathbf{2}$$ 答

(2) $\displaystyle\lim_{x\to 0}\frac{\tan x-\sin x}{x^3}=\lim_{x\to 0}\frac{1}{x^3}\left(\frac{\sin x}{\cos x}-\sin x\right)$

$$=\lim_{x\to 0}\frac{\sin x(1-\cos x)}{x^3\cos x}$$

$$=\lim_{x\to 0}\frac{\sin x(1-\cos x)(1+\cos x)}{x^3\cos x(1+\cos x)}$$

←分母と分子に $1+\cos x$ を掛ける。

$$=\lim_{x\to 0}\left\{\left(\frac{\sin x}{x}\right)^3\cdot\frac{1}{\cos x(1+\cos x)}\right\}=1^3\cdot\frac{1}{1\cdot(1+1)}=\mathbf{\frac{1}{2}}$$ 答

別解 (1) $\sin^2 x=\dfrac{1-\cos 2x}{2}$ より

$$\lim_{x\to 0}\frac{1-\cos 2x}{x\tan x}=\lim_{x\to 0}\frac{2\sin^2 x}{x\cdot\frac{\sin x}{\cos x}}=\lim_{x\to 0}\left(2\cdot\frac{\sin x}{x}\cdot\cos x\right)=2\cdot 1\cdot 1=2$$ 答

教 p.67

6. 方程式 $\log_2 x+\dfrac{1}{2}x=1$ は，$1<x<2$ の範囲に少なくとも 1 つの実数解をもつことを示せ。

指針 **方程式の実数解** $f(x)=\log_2 x+\dfrac{1}{2}x-1$ とおき，関数 $f(x)$ が閉区間 $[1,\ 2]$ で連続であることをいい，$f(1)$ と $f(2)$ の符号が異なることを示す。

解答 $f(x)=\log_2 x+\dfrac{1}{2}x-1$ とおくと $f(x)$ は閉区間 $[1,\ 2]$ で連続である。

また　$f(1)=\log_2 1+\dfrac{1}{2}\cdot 1-1=-\dfrac{1}{2}<0$

$f(2)=\log_2 2+\dfrac{1}{2}\cdot 2-1=1>0$

であり，$f(1)$ と $f(2)$ は符号が異なる。

したがって，方程式 $f(x)=0$ すなわち $\log_2 x+\dfrac{1}{2}x=1$ は，$1<x<2$ の範囲に少なくとも 1 つの実数解をもつ。 終

注意 $\log_2 x$ の定義域は $x>0$ であるから，解答 の関数 $f(x)$ は区間 $(0,\ \infty)$ で連続である。

第2章　章末問題B

教 p.68

7. 次の条件によって定められる数列 $\{a_n\}$ について，以下の問いに答えよ。

$$a_1=\frac{3}{2},\ a_{n+1}=\frac{2}{3-a_n}\quad (n=1,\ 2,\ 3,\ \cdots\cdots)$$

(1) $a_n=\dfrac{2^{n-1}+2}{2^{n-1}+1}$ を示せ。　　(2) 数列 $\{a_n\}$ の極限を求めよ。

指針 **漸化式で表された数列の極限**

(1) 証明は数学的帰納法を用いる。まず，$n=1$ のとき成り立つことを示す。次に，$a_k=\dfrac{2^{k-1}+2}{2^{k-1}+1}$ を仮定して，$a_{k+1}=\dfrac{2^k+2}{2^k+1}$ を導く。

(2) a_n の分母と分子を 2^{n-1} で割り，分母が収束する形を作る。

解答 (1) $a_n=\dfrac{2^{n-1}+2}{2^{n-1}+1}$ を(A)とする。

[1] $n=1$ のとき　右辺は $\dfrac{2^{1-1}+2}{2^{1-1}+1}=\dfrac{3}{2}$

$a_1=\dfrac{3}{2}$ であるから，$n=1$ のとき，(A)が成り立つ。

[2] $n=k$ のとき(A)が成り立つ，すなわち $a_k=\dfrac{2^{k-1}+2}{2^{k-1}+1}$ が成り立つと仮定すると

$$a_{k+1}=\frac{2}{3-a_k}=\frac{2}{3-\dfrac{2^{k-1}+2}{2^{k-1}+1}}=\frac{2(2^{k-1}+1)}{3(2^{k-1}+1)-(2^{k-1}+2)}$$

$$=\frac{2\cdot 2^{k-1}+2}{2\cdot 2^{k-1}+1}=\frac{2^k+2}{2^k+1}=\frac{2^{(k+1)-1}+2}{2^{(k+1)-1}+1}$$

よって，$n=k+1$ のときも(A)が成り立つ。

[1]，[2]から，すべての自然数 n について(A)が成り立つ。　終

(2) $\displaystyle\lim_{n\to\infty}a_n=\lim_{n\to\infty}\frac{2^{n-1}+2}{2^{n-1}+1}=\lim_{n\to\infty}\frac{1+\left(\frac{1}{2}\right)^{n-2}}{1+\left(\frac{1}{2}\right)^{n-1}}=\mathbf{1}$　答

教 p.68

8. 和が1の無限等比級数がある。この各項を2乗して得られる無限等比級数の和は2である。もとの無限等比級数の初項と公比を求めよ。

指針 **無限等比級数の和**　求める初項を a，公比を r とすると，各項を2乗して得られる無限等比級数の初項は a^2，公比は r^2 と表される。
それぞれの級数の和を a と r を使って表す。

解答 もとの無限等比級数の初項を a，公比を r とすると，$a \neq 0$，$|r|<1$ で

$$\frac{a}{1-r}=1 \quad \cdots\cdots ①, \qquad \frac{a^2}{1-r^2}=2 \quad \cdots\cdots ②$$

① より　$a=1-r$　…… ③

② より　$\dfrac{a}{1+r}\cdot\dfrac{a}{1-r}=2$

① を代入して　$\dfrac{a}{1+r}\cdot 1=2$

よって　$a=2+2r$　…… ④

③，④ を解くと　$a=\dfrac{4}{3}$，$r=-\dfrac{1}{3}$

これは $a \neq 0$，$|r|<1$ を満たす。

したがって，もとの無限等比級数の

初項は $\dfrac{4}{3}$，公比は $-\dfrac{1}{3}$ 答

教 p.68

9. 次の 2 つの条件[1]，[2]をともに満たす 2 次関数 $f(x)$ を求めよ。

[1] $\displaystyle\lim_{x\to\infty}\frac{f(x)}{x^2-1}=2$　　　[2] $\displaystyle\lim_{x\to 1}\frac{f(x)}{x^2-1}=-1$

指針 **極限値から係数の決定**　$f(x)=ax^2+bx+c$ とおく。条件[1]で a の値が求められる。条件[2]から，$x \longrightarrow 1$ のとき，分母 $\longrightarrow 0$ であるから，極限値が存在するためには，分子 $\longrightarrow 0$ でなければならない。

解答 $f(x)=ax^2+bx+c$ $(a \neq 0)$ とおくと

$$\lim_{x\to\infty}\frac{f(x)}{x^2-1}=\lim_{x\to\infty}\frac{ax^2+bx+c}{x^2-1}=\lim_{x\to\infty}\frac{a+\dfrac{b}{x}+\dfrac{c}{x^2}}{1-\dfrac{1}{x^2}}=a$$

であるから，条件[1]より　$a=2$　…… ①

また，条件[2]において，$\displaystyle\lim_{x\to 1}(x^2-1)=0$ であるから　　← 分母 $\longrightarrow 0$

$\displaystyle\lim_{x\to 1}f(x)=0$　すなわち　$f(1)=0$　　← 分子 $\longrightarrow 0$

よって　$a+b+c=0$　　① から　$c=-b-2$　…… ②

このとき　$\displaystyle\lim_{x\to 1}\frac{f(x)}{x^2-1}=\lim_{x\to 1}\frac{2x^2+bx-b-2}{x^2-1}=\lim_{x\to 1}\frac{2(x^2-1)+b(x-1)}{(x+1)(x-1)}$

$\displaystyle=\lim_{x\to 1}\frac{(x-1)(2x+b+2)}{(x+1)(x-1)}=\lim_{x\to 1}\frac{2x+b+2}{x+1}=\frac{b+4}{2}$

ゆえに，条件[2]から　$\dfrac{b+4}{2}=-1$

よって　$b=-6$　　また，② から　$c=-(-6)-2=4$

したがって，求める 2 次関数は　$\boldsymbol{f(x)=2x^2-6x+4}$ 答

注意 $\lim_{x\to1}\dfrac{f(x)}{x^2-1}=-1$ と $\lim_{x\to1}(x^2-1)=0$ から

$$\lim_{x\to1}f(x)=\lim_{x\to1}\left\{\frac{f(x)}{x^2-1}\cdot(x^2-1)\right\}=(-1)\cdot0=0$$

よって，$\lim_{x\to1}f(x)=0$ であることは必要条件であるが，これから，例えば c を b で表して，等式を満たす b，c の値を求め，関数 $f(x)$ の存在を確認することによって十分性が示されているとみることができる。

教 p.68

10. 放物線 $y=x^2$ 上の点Pに対して，x 軸上の正の部分に OP=OQ である点Qをとり，直線PQが y 軸と交わる点をRとする。Pが第1象限にあって原点Oに限りなく近づくとき，Rが近づいていく点の座標を求めよ。

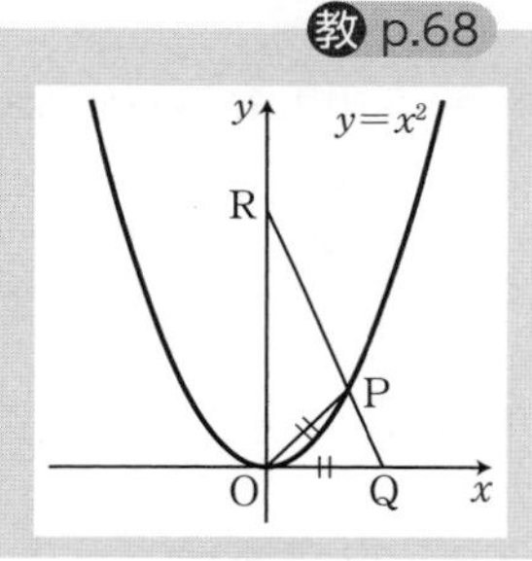

指針 **点の極限の位置の座標**　点Pの座標を $(t,\ t^2)$ として点Qの座標を t で表す。さらに，直線PQの方程式から点Rの座標を t で表し，$t\longrightarrow+0$ として極限を求める。

解答 点Pの x 座標を t とすると，点Pの座標は $(t,\ t^2)$ とおける。ただし，点Pは第1象限にあるから　　$t>0$

$$\text{OQ}=\text{OP}=\sqrt{t^2+(t^2)^2}$$
$$=t\sqrt{1+t^2}$$

であるから，点Qの座標は

$$(t\sqrt{1+t^2},\ 0)$$

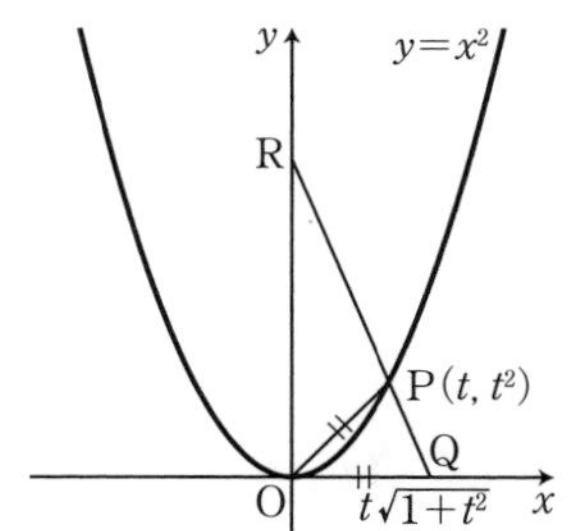

直線PQの方程式は

$$y-t^2=\frac{0-t^2}{t\sqrt{1+t^2}-t}(x-t)$$

$x=0$ とすると

$$y=\frac{t^3}{t\sqrt{1+t^2}-t}+t^2=\frac{t^2}{\sqrt{1+t^2}-1}+t^2$$
$$=\frac{t^2(\sqrt{1+t^2}+1)}{(\sqrt{1+t^2}-1)(\sqrt{1+t^2}+1)}+t^2=1+t^2+\sqrt{1+t^2}$$

よって，点Rの座標は　　$(0,\ 1+t^2+\sqrt{1+t^2})$

ここで，$\lim_{t\to+0}(1+t^2+\sqrt{1+t^2})=1+1=2$

であるから，Rが近づいていく点の座標は　**(0，2)**　答

教 p.68

11. x を実数とするとき，次の問いに答えよ。

(1) 無限等比級数 $x^2+\dfrac{x^2}{x^2+1}+\dfrac{x^2}{(x^2+1)^2}+\cdots\cdots+\dfrac{x^2}{(x^2+1)^{n-1}}+\cdots\cdots$ は収束することを示せ。

(2) (1)の無限級数の和を $f(x)$ とするとき，関数 $y=f(x)$ のグラフをかけ。

(3) (2)の関数 $f(x)$ が不連続となる x の値を求めよ。

指針 **無限等比級数と関数の連続性**　与えられた級数は，初項が x^2 で公比が $\dfrac{1}{x^2+1}$ の無限等比級数である。無限等比級数は，初項 $=0$ のとき，または，初項 $\neq 0$ で $|$公比$|<1$ のとき収束して和をもつ。
したがって，$x=0$ と $x\neq 0$ の場合に分けて調べる。

解答 (1) $x^2+\dfrac{x^2}{x^2+1}+\dfrac{x^2}{(x^2+1)^2}+\cdots\cdots+\dfrac{x^2}{(x^2+1)^{n-1}}+\cdots\cdots$　①

① は，初項が x^2，公比が $\dfrac{1}{x^2+1}$ の無限等比級数である。

$x=0$ のとき，① は収束する。

$x\neq 0$ のとき，x は実数より $0<\dfrac{1}{x^2+1}<1$ であるから，① は収束する。

よって，無限等比級数 ① は収束する。　終

(2) $x=0$ のとき　$f(x)=0$

$x\neq 0$ のとき

$$f(x)=\frac{x^2}{1-\dfrac{1}{x^2+1}}=\frac{x^2(x^2+1)}{(x^2+1)-1}=x^2+1$$

$\leftarrow \dfrac{a}{1-r}$

以上から　$f(x)=\begin{cases} x^2+1 & (x\neq 0) \\ 0 & (x=0) \end{cases}$

よって，関数 $y=f(x)$ のグラフは図のようになる。

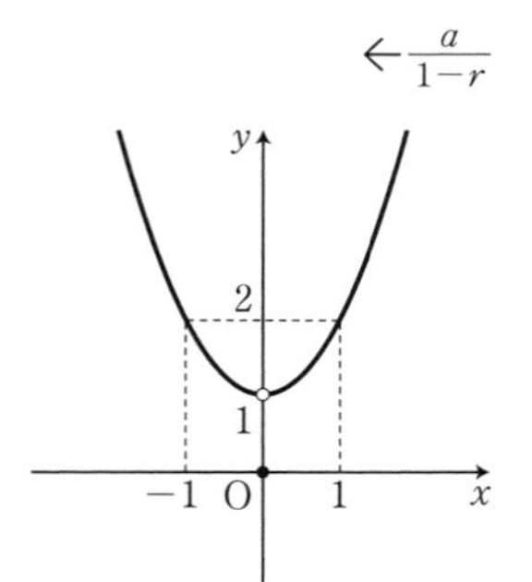

(3) $x\neq 0$ のとき，$f(x)=x^2+1$ であり，これは $x\neq 0$ において連続である。また，
$\displaystyle\lim_{x\to 0}f(x)=\lim_{x\to 0}(x^2+1)=1$，$f(0)=0$ より，
$\displaystyle\lim_{x\to 0}f(x)\neq f(0)$ である。よって，関数 $f(x)$ が不連続となる x の値は　$\boldsymbol{x=0}$　答

教科書 p.70

第3章 微分法

第1節 導関数

1 微分係数と導関数

まとめ

1 微分可能

関数 $f(x)$ について，極限値 $\displaystyle\lim_{h\to 0}\frac{f(a+h)-f(a)}{h}$ が存在するとき，$f(x)$ は $x=a$ で **微分可能** であるという。また，この値を関数 $f(x)$ の $x=a$ における **微分係数** または変化率といい，$f'(a)$ で表す。

2 微分係数

$$f'(a)=\lim_{h\to 0}\frac{f(a+h)-f(a)}{h}=\lim_{x\to a}\frac{f(x)-f(a)}{x-a}$$

注意 $a+h=x$ とおくと $h=x-a$ であり，$h\longrightarrow 0$ のとき $x\longrightarrow a$ となる。

3 接線の傾き

関数 $f(x)$ が $x=a$ で微分可能であるとき，微分係数 $f'(a)$ は曲線 $y=f(x)$ 上の点 $\mathrm{A}(a,\ f(a))$ における接線の傾きを表す。

注意 連続な関数 $f(x)$ が $x=a$ で微分可能でないとき，曲線 $y=f(x)$ 上の点 $\mathrm{A}(a,\ f(a))$ における接線が存在しないか，または接線が x 軸に垂直である。

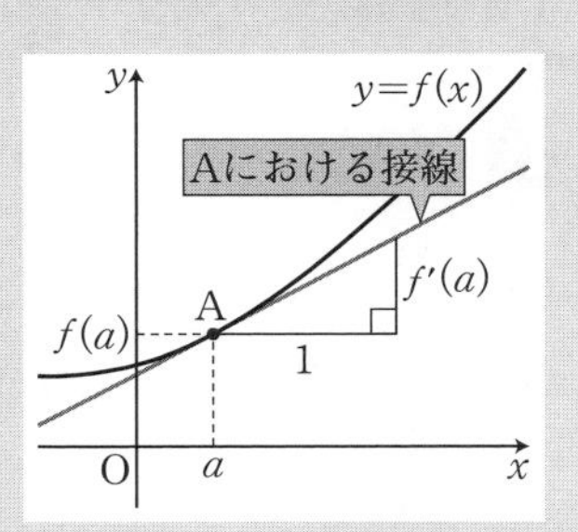

4 微分可能と連続

関数 $f(x)$ が $x=a$ で微分可能ならば，$x=a$ で連続である。ただし,この逆は成り立たない。すなわち，関数 $f(x)$ が $x=a$ で連続であっても，$x=a$ で微分可能であるとは限らない。

すなわち，グラフが $x=a$ でつながっていても，その点における接線が存在しないような関数 $f(x)$ がある。

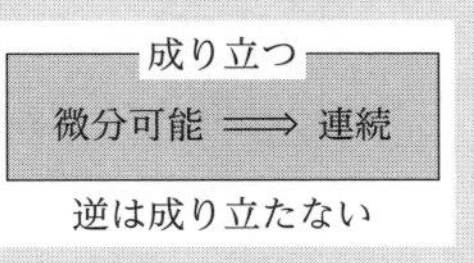

5 区間で微分可能

関数 $f(x)$ が，ある区間のすべての x の値で微分可能であるとき，$f(x)$ はその **区間で微分可能** であるという。

6　導関数

関数 $f(x)$ が，ある区間で微分可能であるとき，その区間の各値 a に微分係数 $f'(a)$ を対応させると，1つの新しい関数が得られる。この関数を，$f(x)$ の **導関数** といい，記号 $\boldsymbol{f'(x)}$ で表す。

7　$f(x)$ の導関数

$$f'(x)=\lim_{h\to 0}\frac{f(x+h)-f(x)}{h}$$

8　導関数を表す記号

関数 $y=f(x)$ の導関数を $\boldsymbol{y'}$，$\boldsymbol{\frac{dy}{dx}}$，$\boldsymbol{\frac{d}{dx}f(x)}$ などの記号でも表す。

9　増分 Δx，Δy

関数 $y=f(x)$ において，x の増分を表すのに，h の代わりに Δx を用いることがある。

Δx に対応する y の増分 $f(x+\Delta x)-f(x)$ は Δy で表す。

このとき，関数 $f(x)$ の導関数 $f'(x)$ は

$$f'(x)=\lim_{\Delta x\to 0}\frac{f(x+\Delta x)-f(x)}{\Delta x}=\lim_{\Delta x\to 0}\frac{\Delta y}{\Delta x}$$

A 微分係数

教 p.70

関数 $f(x)=\frac{1}{x}$ について，$x=1$ における微分係数を定義に従って求めよ。

指針　**微分係数**　定義の式 $f'(a)=\lim_{h\to 0}\frac{f(a+h)-f(a)}{h}$ を用いる。

解答　$f'(1)=\lim_{h\to 0}\frac{f(1+h)-f(1)}{h}=\lim_{h\to 0}\frac{\frac{1}{1+h}-\frac{1}{1}}{h}=\lim_{h\to 0}\frac{1-(1+h)}{h(1+h)}$

$=\lim_{h\to 0}\frac{-1}{1+h}=\boldsymbol{-1}$　答

B 微分可能と連続

教 p.72

関数 $f(x)=|x^2-1|$ は $x=1$ で微分可能でないことを示せ。

指針　**微分可能でないことの証明**　関数 $f(x)$ が $x=1$ で微分可能でないことを示すには，極限値 $\lim_{h\to 0}\frac{f(1+h)-f(1)}{h}$ すなわち微分係数 $f'(1)$ が存在しないことをいえばよい。右側極限と左側極限を調べる。

教科書 p.72

解答 関数 $f(x)=|x^2-1|$ について，

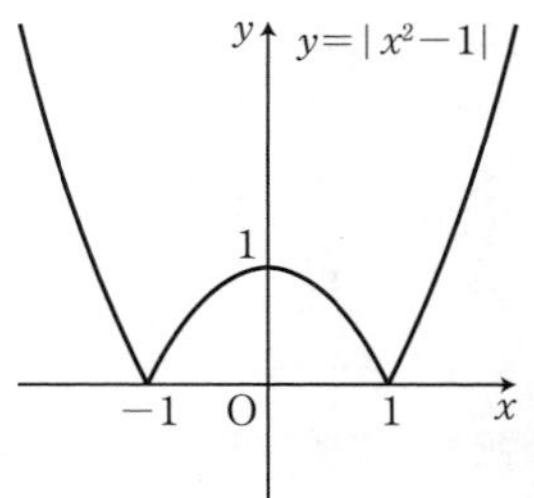

$$\frac{f(1+h)-f(1)}{h}$$

$$=\frac{|(1+h)^2-1|-|1^2-1|}{h}$$

$$=\frac{|2h+h^2|}{h}=\frac{|h(h+2)|}{h} \quad \cdots\cdots ①$$

である。ここで

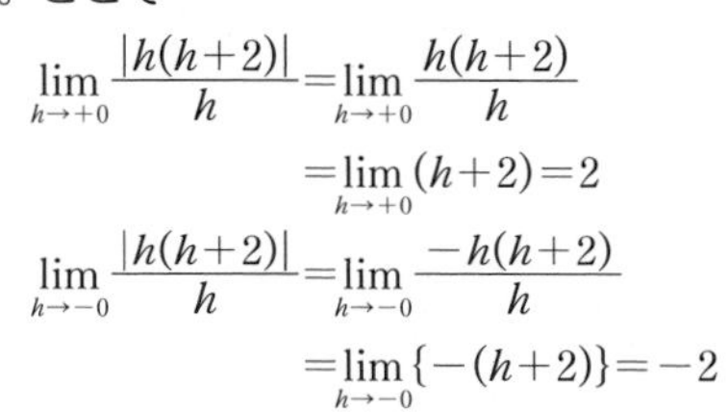

$$\lim_{h\to+0}\frac{|h(h+2)|}{h}=\lim_{h\to+0}\frac{h(h+2)}{h}$$

$$=\lim_{h\to+0}(h+2)=2$$

$$\lim_{h\to-0}\frac{|h(h+2)|}{h}=\lim_{h\to-0}\frac{-h(h+2)}{h}$$

$$=\lim_{h\to-0}\{-(h+2)\}=-2$$

← $h\to+0$ のとき $|h(h+2)|=h(h+2)$

← $h\to-0$ のとき $|h(h+2)|=-h(h+2)$

であるから，$h\longrightarrow0$ のときの ① の極限はない。

したがって，関数 $f(x)=|x^2-1|$ は $x=1$ で微分可能でない。 終

補足 関数 $y=|x^2-1|$ のグラフでは，点 $(1,\ 0)$ における接線が存在しない。

深める 教 p.72

関数 $f(x)=|x^2-1|$ は $x=1$ 以外にも微分可能でない x の値が存在する。このことを確かめよう。

指針 **微分可能でない x の値**　関数 $y=|x^2-1|$ のグラフから，点 $(1,\ 0)$ と同様に，点 $(-1,\ 0)$ においても接線が存在しないことがわかる。

解答 関数 $f(x)=|x^2-1|$ について，

$$\frac{f(-1+h)-f(-1)}{h}=\frac{|(-1+h)^2-1|-|(-1)^2-1|}{h}$$

$$=\frac{|-2h+h^2|}{h}=\frac{|h(h-2)|}{h} \quad \cdots\cdots ①$$

である。ここで

$$\lim_{h\to+0}\frac{|h(h-2)|}{h}=\lim_{h\to+0}\frac{-h(h-2)}{h}$$

$$=\lim_{h\to+0}\{-(h-2)\}=2$$

$$\lim_{h\to-0}\frac{|h(h-2)|}{h}=\lim_{h\to-0}\frac{h(h-2)}{h}$$

$$=\lim_{h\to-0}(h-2)=-2$$

であるから，$h\longrightarrow0$ のときの ① の極限はない。

よって，関数 $f(x)=|x^2-1|$ は $x=-1$ で微分可能でない。 終

C 導関数

教 p.73

練習 3 導関数の定義に従って，次の関数の導関数を求めよ。

(1) $f(x)=\dfrac{1}{2x}$　　(2) $f(x)=\sqrt{x}$

指針 **導関数の定義**　定義の式は　$f'(x)=\lim\limits_{h\to 0}\dfrac{f(x+h)-f(x)}{h}$

解答 (1) $f'(x)=\lim\limits_{h\to 0}\dfrac{1}{h}\left\{\dfrac{1}{2(x+h)}-\dfrac{1}{2x}\right\}=\lim\limits_{h\to 0}\dfrac{1}{h}\left\{\dfrac{x-(x+h)}{2(x+h)x}\right\}$

$=\lim\limits_{h\to 0}\dfrac{-1}{2(x+h)x}=-\dfrac{1}{2x^2}$　答

(2) $f'(x)=\lim\limits_{h\to 0}\dfrac{\sqrt{x+h}-\sqrt{x}}{h}=\lim\limits_{h\to 0}\dfrac{(\sqrt{x+h}-\sqrt{x})(\sqrt{x+h}+\sqrt{x})}{h(\sqrt{x+h}+\sqrt{x})}$

$=\lim\limits_{h\to 0}\dfrac{(x+h)-x}{h(\sqrt{x+h}+\sqrt{x})}=\lim\limits_{h\to 0}\dfrac{1}{\sqrt{x+h}+\sqrt{x}}=\dfrac{1}{2\sqrt{x}}$　答

2 導関数の計算

まとめ

1　微分する

関数 $f(x)$ から導関数 $f'(x)$ を求めることを，$f(x)$ を x で微分する または単に 微分する という。

2　導関数の公式

関数 $f(x)$，$g(x)$ がともに微分可能であるとき

1 $\{kf(x)\}'=kf'(x)$　　ただし，k は定数

2 $\{f(x)+g(x)\}'=f'(x)+g'(x)$

3 $\{f(x)-g(x)\}'=f'(x)-g'(x)$

4 $\{f(x)g(x)\}'=f'(x)g(x)+f(x)g'(x)$

3　x^n の導関数（n は自然数）

n が自然数のとき　　$(x^n)'=nx^{n-1}$

4　商の導関数

関数 $f(x)$，$g(x)$ がともに微分可能であるとき

5 $\left\{\dfrac{1}{g(x)}\right\}'=-\dfrac{g'(x)}{\{g(x)\}^2}$

6 $\left\{\dfrac{f(x)}{g(x)}\right\}'=\dfrac{f'(x)g(x)-f(x)g'(x)}{\{g(x)\}^2}$

教科書 $p.74$

5　x^n の導関数（n は整数）

n が整数のとき　　$(x^n)'=nx^{n-1}$

注意　$n>0$ の場合は，数学Ⅱで学習済み。

$n=0$ の場合は，$x^0=1$ であることから成り立つ。

$n<0$ の場合は，$n=-m$ とおくと，m は正の整数であるから，公式5より次のように示せる。

$$(x^n)'=\left(\frac{1}{x^m}\right)'=-\frac{(x^m)'}{(x^m)^2}=-\frac{mx^{m-1}}{x^{2m}}$$

$$=-mx^{-m-1}=nx^{n-1}$$

6　合成関数の微分法(1)

$y=f(u)$ が u の関数として微分可能，$u=g(x)$ が x の関数として微分可能であるとする。

このとき，合成関数 $y=f(g(x))$ は x の関数として微分可能で

$$\frac{dy}{dx}=\frac{dy}{du}\cdot\frac{du}{dx}$$

7　合成関数の微分法(2)

公式 $\dfrac{dy}{dx}=\dfrac{dy}{du}\cdot\dfrac{du}{dx}$ において

$$\frac{dy}{dx}=\{f(g(x))\}',\quad \frac{dy}{du}=f'(u)=f'(g(x)),\quad \frac{du}{dx}=g'(x)$$

と表すと

$$\{f(g(x))\}'=f'(g(x))g'(x)$$

8　逆関数の微分法

$$\frac{dy}{dx}=\frac{1}{\dfrac{dx}{dy}}$$

注意　$\dfrac{dy}{dx}$ は1つの記号であり，決して分数ではないが，合成関数の微分法やこの逆関数の微分法のように，形式的に分数のように扱える利点がある。

9　x^p の導関数（p は有理数）

p が有理数のとき　　$(x^p)'=px^{p-1}$

注意　これで，$(x^n)'=nx^{n-1}$ の形の公式で，指数が自然数から整数，有理数へと拡張できた。

3章 微分法

A 導関数の性質

教 p.75

練習 4 教科書 74 ページの公式 **4** の証明にならって，公式 **2** を証明せよ。

指針 **$\{f(x)+g(x)\}'=f'(x)+g'(x)$ の証明**　導関数の定義に従って，公式 **4** の証明と同様に導く。

解答 $\{f(x)+g(x)\}'=\displaystyle\lim_{h\to0}\frac{\{f(x+h)+g(x+h)\}-\{f(x)+g(x)\}}{h}$

$$=\lim_{h\to0}\frac{\{f(x+h)-f(x)\}+\{g(x+h)-g(x)\}}{h}$$

$$=\lim_{h\to0}\left\{\frac{f(x+h)-f(x)}{h}+\frac{g(x+h)-g(x)}{h}\right\}$$

ここで，$f(x)$，$g(x)$ はともに微分可能であるから

$$\lim_{h\to0}\frac{f(x+h)-f(x)}{h}=f'(x)$$

$$\lim_{h\to0}\frac{g(x+h)-g(x)}{h}=g'(x)$$

よって　$\{f(x)+g(x)\}'=f'(x)+g'(x)$　終

教 p.75

練習 5 次の関数を微分せよ。

(1)　$y=x^5+2x^4$　　(2)　$y=3x^6-4x^3$

(3)　$y=(x+1)(x^3-4x)$　　(4)　$y=(3x^2-2)(x^2+x+1)$

指針 **導関数の計算（公式利用）**

(1), (2)　$(x^n)'=nx^{n-1}$ と教科書の導関数の公式 **1**，**2**，**3** を組み合わせて使う。

(3), (4)　まず導関数の公式 **4**（積の導関数）を使う。

解答 (1)　$y'=(x^5)'+2(x^4)'=5x^4+2\cdot4x^3=\boldsymbol{5x^4+8x^3}$　答

(2)　$y'=3(x^6)'-4(x^3)'=3\cdot6x^5-4\cdot3x^2=\boldsymbol{18x^5-12x^2}$　答

(3)　$y'=(x+1)'(x^3-4x)+(x+1)(x^3-4x)'$　← 公式 **4**

$=1\cdot(x^3-4x)+(x+1)(3x^2-4)$

$=x^3-4x+3x^3-4x+3x^2-4=\boldsymbol{4x^3+3x^2-8x-4}$　答

(4)　$y'=(3x^2-2)'(x^2+x+1)+(3x^2-2)(x^2+x+1)'$　← 公式 **4**

$=6x(x^2+x+1)+(3x^2-2)(2x+1)$

$=6x^3+6x^2+6x+6x^3+3x^2-4x-2=\boldsymbol{12x^3+9x^2+2x-2}$　答

別解 (3), (4) は展開してから微分してもよい。

(3)　$y=x^4+x^3-4x^2-4x$ から　$\boldsymbol{y'=4x^3+3x^2-8x-4}$　答

(4)　$y=3x^4+3x^3+x^2-2x-2$ から　$\boldsymbol{y'=12x^3+9x^2+2x-2}$　答

B 商の導関数

教 p.76

練習 6

$\dfrac{f(x)}{g(x)}=f(x)\cdot\dfrac{1}{g(x)}$ と教科書の公式 **4**，**5** を用いて公式 **6** を証明せよ。

指針 **商の導関数の公式の証明**　問題文には書いていないが，関数 $f(x)$，$g(x)$ はともに微分可能である。まず，$\dfrac{f(x)}{g(x)}$ を問題文のように $f(x)$ と $\dfrac{1}{g(x)}$ の積の形とみて導関数の公式 **4** を用いる。

解答 関数 $f(x)$，$g(x)$ がともに微分可能であるとき

$$\left\{\frac{f(x)}{g(x)}\right\}'=\left\{f(x)\cdot\frac{1}{g(x)}\right\}'=f'(x)\cdot\frac{1}{g(x)}+f(x)\left\{\frac{1}{g(x)}\right\}' \quad \leftarrow \text{公式 4}$$

$$=\frac{f'(x)}{g(x)}+f(x)\cdot\left\{-\frac{g'(x)}{\{g(x)\}^2}\right\} \quad \leftarrow \text{公式 5}$$

$$=\frac{f'(x)}{g(x)}-\frac{f(x)g'(x)}{\{g(x)\}^2}=\frac{f'(x)g(x)-f(x)g'(x)}{\{g(x)\}^2}$$ 終

教 p.77

練習 7

次の関数を微分せよ。

(1) $y=\dfrac{1}{2x-3}$　　(2) $y=\dfrac{x}{x^2-2}$　　(3) $y=\dfrac{2x-1}{x^2+1}$

指針 **商の導関数**

$$\left\{\frac{1}{g(x)}\right\}'=-\frac{g'(x)}{\{g(x)\}^2},\qquad \left\{\frac{f(x)}{g(x)}\right\}'=\frac{f'(x)g(x)-f(x)g'(x)}{\{g(x)\}^2}$$

解答 (1) $y'=-\dfrac{(2x-3)'}{(2x-3)^2}=-\dfrac{2}{(2x-3)^2}$ 答

(2) $y'=\dfrac{(x)'(x^2-2)-x(x^2-2)'}{(x^2-2)^2}$

$=\dfrac{1\cdot(x^2-2)-x\cdot 2x}{(x^2-2)^2}$

$=-\dfrac{x^2+2}{(x^2-2)^2}$ 答

(3) $y'=\dfrac{(2x-1)'(x^2+1)-(2x-1)(x^2+1)'}{(x^2+1)^2}$

$=\dfrac{2(x^2+1)-(2x-1)\cdot 2x}{(x^2+1)^2}$

$=\dfrac{-2x^2+2x+2}{(x^2+1)^2}$ 答

教 p.77

練習 8

次の関数を微分せよ。

(1) $y=\dfrac{1}{x}$　(2) $y=-\dfrac{4}{x^2}$　(3) $y=\dfrac{1}{3x^3}$

指針 **x^n の導関数**　まず，$\dfrac{1}{x^\alpha}=x^{-\alpha}$ とする。$(x^n)'=nx^{n-1}$ は，n が負の整数のときも成り立つ。

解答 (1) $\boldsymbol{y'}=(x^{-1})'=-x^{-1-1}=-x^{-2}=\boldsymbol{-\dfrac{1}{x^2}}$ 答

(2) $\boldsymbol{y'}=-4(x^{-2})'=-4(-2x^{-2-1})=8x^{-3}=\boldsymbol{\dfrac{8}{x^3}}$ 答

(3) $\boldsymbol{y'}=\dfrac{1}{3}(x^{-3})'=\dfrac{1}{3}\cdot(-3x^{-3-1})=-x^{-4}=\boldsymbol{-\dfrac{1}{x^4}}$ 答

C 合成関数の微分法

教 p.79

練習 9

次の関数を微分せよ。

(1) $y=(3x+1)^4$　(2) $y=\dfrac{1}{(4x+3)^2}$

指針 **合成関数の微分法**

(1) y を 2 つの関数 $y=u^4$，$u=3x+1$ の合成関数とみて，導関数は公式 $\dfrac{dy}{dx}=\dfrac{dy}{du}\cdot\dfrac{du}{dx}$ を使って求める。

解答 (1) $u=3x+1$ とすると $y=u^4$ であり

$$\frac{dy}{du}=4u^3,\quad \frac{du}{dx}=3$$

よって $\boldsymbol{\dfrac{dy}{dx}}=\dfrac{dy}{du}\cdot\dfrac{du}{dx}$

$=4u^3\cdot 3=\boldsymbol{12(3x+1)^3}$ 答

(2) $u=4x+3$ とすると $y=u^{-2}$ であり

$$\frac{dy}{du}=-2u^{-3},\quad \frac{du}{dx}=4$$

よって $\boldsymbol{\dfrac{dy}{dx}}=\dfrac{dy}{du}\cdot\dfrac{du}{dx}$

$=-2u^{-3}\cdot 4$

$=\boldsymbol{-\dfrac{8}{(4x+3)^3}}$ 答

合成関数の微分法を使えば
式を展開しなくても微分で
きるんだね。

練習 10 教 p.79

関数 $f(x)$, $g(x)$ とその導関数 $f'(x)$, $g'(x)$ について，次のことを示せ。ただし，a，b は定数，n は整数とする。

(1) $\dfrac{d}{dx}f(ax+b)=af'(ax+b)$　　(2) $\dfrac{d}{dx}\{g(x)\}^n=n\{g(x)\}^{n-1}g'(x)$

指針 **$f(ax+b)$, $\{g(x)\}^n$ の導関数**　(1) $y=f(u)$, $u=ax+b$

(2) $y=u^n$, $u=g(x)$ として，合成関数の微分法の公式を利用する。

解答 (1) $y=f(u)$, $u=ax+b$ とする。

$\dfrac{dy}{du}=f'(u)$, $\dfrac{du}{dx}=a$ であるから

$$\frac{dy}{dx}=\frac{dy}{du}\cdot\frac{du}{dx}=f'(u)\cdot a=af'(ax+b)$$

よって　$\dfrac{d}{dx}f(ax+b)=af'(ax+b)$　終

(2) $y=u^n$, $u=g(x)$ とする。

$\dfrac{dy}{du}=nu^{n-1}$, $\dfrac{du}{dx}=g'(x)$ であるから

$$\frac{dy}{dx}=\frac{dy}{du}\cdot\frac{du}{dx}=nu^{n-1}\cdot g'(x)=n\{g(x)\}^{n-1}g'(x)$$

よって　$\dfrac{d}{dx}\{g(x)\}^n=n\{g(x)\}^{n-1}g'(x)$　終

別解 公式 $\{f(g(x))\}'=f'(g(x))g'(x)$ を使うと，次のようになる。

(1) $\{f(ax+b)\}'=f'(ax+b)\cdot(ax+b)'$
$=af'(ax+b)$　終

(2) $[\{g(x)\}^n]'=n\{g(x)\}^{n-1}\cdot g'(x)$
$=n\{g(x)\}^{n-1}g'(x)$　終

練習 11 教 p.79

次の関数を微分せよ。

(1) $y=(2x^2+5)^4$　　(2) $y=(1-2x^2)^3$　　(3) $y=\dfrac{1}{(x^2+1)^3}$

指針 **合成関数の微分法**　本問では，公式 $\{f(g(x))\}'=f'(g(x))g'(x)$ を使って微分する。

解答 (1) $y'=4(2x^2+5)^3\cdot(2x^2+5)'$
$=4(2x^2+5)^3\cdot 4x$
$\boldsymbol{=16x(2x^2+5)^3}$　答

(2) $y'=3(1-2x^2)^2\cdot(1-2x^2)'$
$=3(1-2x^2)^2\cdot(-4x)$
$\boldsymbol{=-12x(1-2x^2)^2}$　答

(3) $\boldsymbol{y'}=\{(x^2+1)^{-3}\}'=-3(x^2+1)^{-4}\cdot(x^2+1)'$

$=-3(x^2+1)^{-4}\cdot 2x$

$=-\dfrac{\boldsymbol{6x}}{\boldsymbol{(x^2+1)^4}}$ 答

D 逆関数の微分法

教 p.81

練習 12 逆関数の微分法を用いて，関数 $y=\sqrt[6]{x}$ を微分せよ。

指針 **逆関数の微分法** 関数を指数を使って表すと，$y=x^{\frac{1}{6}}$ となる。ただし，公式 $(x^n)'=nx^{n-1}$ は現段階では n が整数の範囲でしか利用できない。
そこで，$y=\sqrt[6]{x}$ を x について解き，逆関数の微分法の公式を使うことを考える。

解答 $y=\sqrt[6]{x}$ を x について解くと

$x=y^6$

よって $\dfrac{\boldsymbol{dy}}{\boldsymbol{dx}}=\dfrac{1}{\dfrac{dx}{dy}}=\dfrac{1}{6y^5}=\dfrac{1}{6(\sqrt[6]{x})^5}$ ← $(y^6)'=6y^5$

$=\dfrac{\boldsymbol{1}}{\boldsymbol{6\sqrt[6]{x^5}}}$ 答

E x^p の導関数

教 p.82

練習 13 次の関数を微分せよ。

(1) $y=\sqrt{x}$　(2) $y=\sqrt[3]{x^2}$　(3) $y=\dfrac{1}{\sqrt{x}}$

指針 **x^p の導関数** $y=x^p$ の形で表し，$(x^p)'=px^{p-1}$ を使う。p が有理数 (分数) であっても成り立つ公式である。

解答 (1) $y=x^{\frac{1}{2}}$ から $\boldsymbol{y'}=\dfrac{1}{2}x^{\frac{1}{2}-1}=\dfrac{1}{2}x^{-\frac{1}{2}}=\dfrac{\boldsymbol{1}}{\boldsymbol{2\sqrt{x}}}$ 答

(2) $y=x^{\frac{2}{3}}$ から $\boldsymbol{y'}=\dfrac{2}{3}x^{\frac{2}{3}-1}=\dfrac{2}{3}x^{-\frac{1}{3}}=\dfrac{\boldsymbol{2}}{\boldsymbol{3\sqrt[3]{x}}}$ 答

(3) $y=x^{-\frac{1}{2}}$ から $\boldsymbol{y'}=-\dfrac{1}{2}x^{-\frac{1}{2}-1}=-\dfrac{1}{2}x^{-\frac{3}{2}}=-\dfrac{\boldsymbol{1}}{\boldsymbol{2x\sqrt{x}}}$ 答

教科書 p.82

練習 14 教 p.82

次の関数を微分せよ。

(1)　$y=\sqrt[3]{(x+1)^2}$　　(2)　$y=\sqrt{4-x^2}$

指針　**x^p の導関数（合成関数の微分）**　(1)　$y=(x+1)^{\frac{2}{3}}$　(2)　$y=(4-x^2)^{\frac{1}{2}}$ として，合成関数の微分法を用いる。

解答　(1)　$\boldsymbol{y'}=\left\{(x+1)^{\frac{2}{3}}\right\}'=\dfrac{2}{3}(x+1)^{\frac{2}{3}-1}\cdot(x+1)'=\dfrac{2}{3}(x+1)^{-\frac{1}{3}}\cdot 1$

$=\dfrac{\boldsymbol{2}}{\boldsymbol{3\sqrt[3]{x+1}}}$　答

(2)　$\boldsymbol{y'}=\left\{(4-x^2)^{\frac{1}{2}}\right\}'=\dfrac{1}{2}(4-x^2)^{\frac{1}{2}-1}\cdot(4-x^2)'=\dfrac{1}{2}(4-x^2)^{-\frac{1}{2}}\cdot(-2x)$

$=-\dfrac{\boldsymbol{x}}{\boldsymbol{\sqrt{4-x^2}}}$　答

3章 微分法

第3章 第1節　問題

教 p.83

1　導関数の定義に従って，次の関数の導関数を求めよ。

$$y=\sqrt{x+1}$$

指針　**導関数の定義**　定義の式は　$f'(x)=\lim_{h\to 0}\dfrac{f(x+h)-f(x)}{h}$

解答　$y'=\lim_{h\to 0}\dfrac{\sqrt{(x+h)+1}-\sqrt{x+1}}{h}$

$=\lim_{h\to 0}\dfrac{(\sqrt{x+h+1}-\sqrt{x+1})(\sqrt{x+h+1}+\sqrt{x+1})}{h(\sqrt{x+h+1}+\sqrt{x+1})}$

$=\lim_{h\to 0}\dfrac{(x+h+1)-(x+1)}{h(\sqrt{x+h+1}+\sqrt{x+1})}$

$=\lim_{h\to 0}\dfrac{1}{\sqrt{x+h+1}+\sqrt{x+1}}$

$=\boldsymbol{\dfrac{1}{2\sqrt{x+1}}}$　答

教 p.83

2　次の関数を微分せよ。

(1)　$y=(1-x^2)(2x^3+5)$　　(2)　$y=(2x+1)(3x^4-x^3+2)$

指針　**積の導関数**　公式 $\{f(x)g(x)\}'=f'(x)g(x)+f(x)g'(x)$ にあてはめて計算する。

解答　(1)　$y'=(1-x^2)'(2x^3+5)+(1-x^2)(2x^3+5)'$

$=-2x(2x^3+5)+(1-x^2)\cdot 6x^2$

$=-4x^4-10x+6x^2-6x^4$

$\boldsymbol{=-10x^4+6x^2-10x}$　答

(2)　$y'=(2x+1)'(3x^4-x^3+2)+(2x+1)(3x^4-x^3+2)'$

$=2(3x^4-x^3+2)+(2x+1)(12x^3-3x^2)$

$=6x^4-2x^3+4+24x^4-6x^3+12x^3-3x^2$

$\boldsymbol{=30x^4+4x^3-3x^2+4}$　答

教 p.83

3　関数 $f(x)$，$g(x)$，$h(x)$ がいずれも微分可能であるとき，
関数 $y=f(x)g(x)h(x)$ の導関数は

$$y'=f'(x)g(x)h(x)+f(x)g'(x)h(x)+f(x)g(x)h'(x)$$

であることを示せ。また，これを用いて，次の関数を微分せよ。

$$y=(x^2+1)(x+2)(3x-4)$$

教科書 $p.83$

指針 **積の導関数**　$y=f(x)g(x)\cdot h(x)$ と分けて，まず，$f(x)g(x)$ と $h(x)$ の2つの関数の積として導関数を考える。

解答

$$\begin{aligned} y' &= \{f(x)g(x)\cdot h(x)\}' \\ &= \{f(x)g(x)\}'\cdot h(x)+\{f(x)g(x)\}h'(x) \\ &= \{f'(x)g(x)+f(x)g'(x)\}\cdot h(x)+f(x)g(x)h'(x) \\ &= f'(x)g(x)h(x)+f(x)g'(x)h(x)+f(x)g(x)h'(x) \end{aligned}$$ 終

また，$y=(x^2+1)(x+2)(3x-4)$ について

$$\begin{aligned} \boldsymbol{y'} &= (x^2+1)'(x+2)(3x-4)+(x^2+1)(x+2)'(3x-4)+(x^2+1)(x+2)(3x-4)' \\ &= 2x(x+2)(3x-4)+(x^2+1)(3x-4)+(x^2+1)(x+2)\cdot 3 \\ &= 6x^3+4x^2-16x+3x^3-4x^2+3x-4+3x^3+6x^2+3x+6 \\ &= \boldsymbol{12x^3+6x^2-10x+2} \end{aligned}$$ 答

$y=f(x)\cdot g(x)h(x)$ と分けても同じ結果になるよ。

教 p.83

4　次の関数を微分せよ。

(1)　$y=\dfrac{1}{x^2-1}$　　(2)　$y=\dfrac{x^2-5x+6}{x+1}$

指針 **商の導関数**　公式 $\left\{\dfrac{1}{g(x)}\right\}'=-\dfrac{g'(x)}{\{g(x)\}^2}$，$\left\{\dfrac{f(x)}{g(x)}\right\}'=\dfrac{f'(x)g(x)-f(x)g'(x)}{\{g(x)\}^2}$ にあてはめて計算する。

解答 (1)　$\boldsymbol{y'}=-\dfrac{(x^2-1)'}{(x^2-1)^2}=-\boldsymbol{\dfrac{2x}{(x^2-1)^2}}$ 答

(2)　$$\begin{aligned} \boldsymbol{y'} &= \frac{(x^2-5x+6)'(x+1)-(x^2-5x+6)(x+1)'}{(x+1)^2} \\ &= \frac{(2x-5)(x+1)-(x^2-5x+6)\cdot 1}{(x+1)^2}=\frac{2x^2-3x-5-x^2+5x-6}{(x+1)^2} \\ &= \boldsymbol{\frac{x^2+2x-11}{(x+1)^2}} \end{aligned}$$ 答

教 p.83

5　次の関数を微分せよ。

(1)　$y=\left(1+\dfrac{1}{x}\right)^2$　　(2)　$y=\left(x-\dfrac{1}{x}\right)^3$

(3)　$y=(x+2)^3(2x-1)^4$　　(4)　$y=\dfrac{x^2-2x}{(x-1)^2}$

指針 **合成関数の微分法**　本問では，公式 $\{f(g(x))\}'=f'(g(x))g'(x)$ を使って微分する。

解答 (1) $y'=\left\{\left(1+\frac{1}{x}\right)^2\right\}'$

$=2\left(1+\frac{1}{x}\right)\cdot\left(1+\frac{1}{x}\right)'$

$=2\left(1+\frac{1}{x}\right)\cdot\left(-\frac{1}{x^2}\right)$

$=-\frac{2}{x^2}\left(1+\frac{1}{x}\right)$ 答

← $\left(\frac{1}{x}\right)'=(x^{-1})'$
$=-x^{-2}=-\frac{1}{x^2}$

(2) $y'=\left\{\left(x-\frac{1}{x}\right)^3\right\}'$

$=3\left(x-\frac{1}{x}\right)^2\cdot\left(x-\frac{1}{x}\right)'$

$=3\left(x-\frac{1}{x}\right)^2\left(1+\frac{1}{x^2}\right)$ 答

(3) $y'=\{(x+2)^3\}'(2x-1)^4+(x+2)^3\{(2x-1)^4\}'$

$=3(x+2)^2(x+2)'(2x-1)^4+(x+2)^3\cdot4(2x-1)^3\cdot(2x-1)'$

$=3(x+2)^2(2x-1)^4+8(x+2)^3(2x-1)^3$

$=(x+2)^2(2x-1)^3\{3(2x-1)+8(x+2)\}$

$=(x+2)^2(2x-1)^3(14x+13)$ 答

(4) $y'=\frac{(x^2-2x)'(x-1)^2-(x^2-2x)\{(x-1)^2\}'}{(x-1)^4}$

$=\frac{(2x-2)(x-1)^2-(x^2-2x)\cdot2(x-1)}{(x-1)^4}$

$=\frac{2(x-1)\{(x-1)^2-(x^2-2x)\}}{(x-1)^4}$

$=\frac{2(x-1)}{(x-1)^4}=\frac{2}{(x-1)^3}$ 答

教 p.83

6 次の関数を微分せよ。

(1) $y=\sqrt[3]{x^2+x+1}$　　(2) $y=\frac{1}{\sqrt{1-x^2}}$

指針 **x^p の導関数 (合成関数の微分)**

(1) $y=(x^2+x+1)^{\frac{1}{3}}$ として，合成関数の微分法を用いる。

(2) $y=(1-x^2)^{-\frac{1}{2}}$ として，合成関数の微分法を用いる。

解答 (1) $y'=\left\{(x^2+x+1)^{\frac{1}{3}}\right\}'$

$=\frac{1}{3}(x^2+x+1)^{-\frac{2}{3}}\cdot(x^2+x+1)'$

← $\left(u^{\frac{1}{3}}\right)'=\frac{1}{3}u^{\frac{1}{3}-1}$

$=\frac{2x+1}{3\sqrt[3]{(x^2+x+1)^2}}$ 答

(2) $\boldsymbol{y'}=\left\{(1-x^2)^{-\frac{1}{2}}\right\}'$

$=-\frac{1}{2}(1-x^2)^{-\frac{3}{2}}(1-x^2)'$ 　　←$\left(u^{-\frac{1}{2}}\right)'=-\frac{1}{2}u^{-\frac{1}{2}-1}$

$=-\frac{1}{2}\cdot\frac{1}{(1-x^2)\sqrt{1-x^2}}\cdot(-2x)$

$=\boldsymbol{\frac{x}{(1-x^2)\sqrt{1-x^2}}}$ 答

教 p.83

7 多項式 $f(x)$ を x の 2 次式 $(x-a)^2$ で割った商を $Q(x)$，余りを $bx+c$ とすると，次の等式が成り立つ。

$$f(x)=(x-a)^2Q(x)+bx+c$$

この両辺を x の関数とみて微分することにより，b，c をそれぞれ a，$f(a)$，$f'(a)$ を用いて表せ。

指針 **多項式を $(x-a)^2$ で割った余り** $f(a)$，$f'(a)$ を計算することにより，余りの式の係数 b，c を a，$f(a)$，$f'(a)$ で表すことができる。

解答 $f(x)=(x-a)^2Q(x)+bx+c$ より

$$f(a)=ab+c$$

また，$f(x)=(x-a)^2Q(x)+bx+c$ の両辺を x の関数とみて微分すると

$$f'(x)=2(x-a)Q(x)+(x-a)^2Q'(x)+b$$

よって　$f'(a)=b$

したがって

$\boldsymbol{b=f'(a)}$,

$c=f(a)-ab=\boldsymbol{f(a)-af'(a)}$ 答

教科書 p.84

第2節 いろいろな関数の導関数

3 いろいろな関数の導関数

まとめ

1 三角関数の導関数

$$(\sin x)'=\cos x \qquad (\cos x)'=-\sin x \qquad (\tan x)'=\frac{1}{\cos^2 x}$$

2 無理数 e

$k \longrightarrow 0$ のとき $(1+k)^{\frac{1}{k}}$ は一定の値に限りなく近づくことが知られている。この極限値を e で表す。

$$e=\lim_{k\to 0}(1+k)^{\frac{1}{k}}$$

注意 $e=\lim_{n\to\infty}\left(1+\frac{1}{n}\right)^n$ でも表される。

e は次のような数で，無理数であることが知られている。

$$e=2.71828182845\cdots\cdots$$

3 自然対数

e を底とする対数を **自然対数** という。

微分法や積分法では $\log_e x$ の底 e を省略して，$\log x$ と書くことが多く，自然対数を単に対数ということもある。

4 対数関数の導関数

$a>0$，$a \neq 1$ とする。

[1] $(\log x)'=\dfrac{1}{x}$ [2] $(\log_a x)'=\dfrac{1}{x\log a}$

注意 一般に，次のことが成り立つ。

$$\{\log f(x)\}'=\frac{f'(x)}{f(x)}$$

5 絶対値を含む対数関数の導関数

$a>0$，$a \neq 1$ とする。

[3] $(\log|x|)'=\dfrac{1}{x}$ [4] $(\log_a|x|)'=\dfrac{1}{x\log a}$

注意 一般に，次のことが成り立つ。

$$\{\log|f(x)|\}'=\frac{f'(x)}{f(x)}$$

6 x^α の導関数

α が実数のとき $(x^\alpha)'=\alpha x^{\alpha-1}$ $(x>0)$

7　指数関数の導関数

$a>0$, $a \neq 1$ とする。

1　$(e^x)'=e^x$　　　2　$(a^x)'=a^x \log a$

A 三角関数の導関数

教 p.84

練習 15

関数 $\cos x$ の導関数が，次のようになることを示せ。

$$(\cos x)'=-\sin x$$

指針　**$\cos x$ の導関数**　導関数の定義に従い

$$(\cos x)'=\lim_{h\to 0}\frac{\cos(x+h)-\cos x}{h}$$

として求める。$\cos(x+h)$ には加法定理を使う。

解答　$(\cos x)'=\lim_{h\to 0}\frac{\cos(x+h)-\cos x}{h}$ において

$$\begin{aligned}\cos(x+h)-\cos x&=\cos x\cos h-\sin x\sin h-\cos x\\&=(\cos h-1)\cos x-\sin x\sin h\end{aligned}$$

であるから　　$(\cos x)'=\lim_{h\to 0}\left(\frac{\cos h-1}{h}\cos x-\frac{\sin h}{h}\sin x\right)$

ここで，$\lim_{h\to 0}\frac{\sin h}{h}=1$

$$\begin{aligned}\lim_{h\to 0}\frac{\cos h-1}{h}&=\lim_{h\to 0}\frac{\cos^2 h-1}{h(\cos h+1)}=\lim_{h\to 0}\frac{-\sin^2 h}{h(\cos h+1)}\\&=\lim_{h\to 0}\left(-\frac{\sin h}{h}\cdot\frac{\sin h}{\cos h+1}\right)=-1\cdot\frac{0}{1+1}=0\end{aligned}$$

よって　　$(\cos x)'=-\sin x$　終

別解　$(\sin x)'=\cos x$ と合成関数の微分法を用いると

$$(\cos x)'=\left\{\sin\left(x+\frac{\pi}{2}\right)\right\}'=\cos\left(x+\frac{\pi}{2}\right)\cdot\left(x+\frac{\pi}{2}\right)'=-\sin x$$　終

教 p.85

練習 16

次の関数を微分せよ。

(1)　$y=\cos 2x$　　(2)　$y=\sqrt{2}\sin\left(3x+\frac{\pi}{4}\right)$

(3)　$y=\sin^2 x$　　(4)　$y=\tan^2 x$

(5)　$y=\frac{1}{\sin x}$　　(6)　$y=\cos^2 3x$

指針　**三角関数の導関数**　合成関数の微分法を利用する。(5) は商の導関数を考える。

$(\sin x)'=\cos x$, $(\cos x)'=-\sin x$, $(\tan x)'=\dfrac{1}{\cos^2 x}$ を使う。

三角関数では導関数の表し方は必ずしも1通りでない。最も簡単な形がよいが，導関数の利用方法などによって使い分ける。

解答 (1) $\boldsymbol{y'}=-\sin 2x\cdot(2x)'=\boldsymbol{-2\sin 2x}$ 答　　←$y=\cos u$, $u=2x$

(2) $\boldsymbol{y'}=\sqrt{2}\cos\left(3x+\dfrac{\pi}{4}\right)\cdot\left(3x+\dfrac{\pi}{4}\right)'$　　←$\begin{cases} y=\sqrt{2}\sin u \\ u=3x+\dfrac{\pi}{4}\end{cases}$

$=\boldsymbol{3\sqrt{2}\cos\left(3x+\dfrac{\pi}{4}\right)}$ 答

(3) $\boldsymbol{y'}=2\sin x\cdot(\sin x)'=2\sin x\cos x$　　←$y=u^2$, $u=\sin x$

$=\boldsymbol{\sin 2x}$ 答　　←2倍角の公式

(4) $\boldsymbol{y'}=2\tan x\cdot(\tan x)'=\boldsymbol{\dfrac{2\tan x}{\cos^2 x}}$ 答　　←$y=u^2$, $u=\tan x$

(5) $\boldsymbol{y'}=-\dfrac{(\sin x)'}{\sin^2 x}=\boldsymbol{-\dfrac{\cos x}{\sin^2 x}}$ 答　　←$\left\{\dfrac{1}{g(x)}\right\}'=-\dfrac{g'(x)}{\{g(x)\}^2}$

(6) $\boldsymbol{y'}=2\cos 3x\cdot(\cos 3x)'$　　←$y=u^2$, $u=\cos 3x$

$=2\cos 3x\cdot\{-\sin 3x\cdot(3x)'\}$　　←$\cos 3x$ に合成関数の微分法を利用する。

$=-6\cos 3x\sin 3x$

$=\boldsymbol{-3\sin 6x}$ 答　　←2倍角の公式

注意 (2) $y=\sqrt{2}\left(\sin 3x\cos\dfrac{\pi}{4}+\cos 3x\sin\dfrac{\pi}{4}\right)=\sin 3x+\cos 3x$ とも表されるから

$y'=3\cos 3x-3\sin 3x$

(4) $\tan x=\dfrac{\sin x}{\cos x}$ を使うと　　$y'=\dfrac{2\sin x}{\cos^3 x}$

また，相互関係 $1+\tan^2 x=\dfrac{1}{\cos^2 x}$ を使うと　　$y'=2\tan x(1+\tan^2 x)$

(5) $\cos x$ だけで表すと　　$y'=-\dfrac{\cos x}{1-\cos^2 x}=\dfrac{\cos x}{\cos^2 x-1}$

練習 17　　教 p.85

次の関数を微分せよ。

(1) $y=x\sin x+\cos x$　　(2) $y=x\cos x-\sin x$

指針 **三角関数の導関数**　導関数の公式を使う。

$\{f(x)+g(x)\}'=f'(x)+g'(x)$　　$\{f(x)-g(x)\}'=f'(x)-g'(x)$

$\{f(x)g(x)\}'=f'(x)g(x)+f(x)g'(x)$

解答 (1) $\boldsymbol{y'}=(x\sin x)'+(\cos x)'=(x)'\sin x+x(\sin x)'-\sin x$

$=1\cdot\sin x+x\cos x-\sin x=\boldsymbol{x\cos x}$ 答

(2) $\boldsymbol{y'}=(x\cos x)'-(\sin x)'=(x)'\cos x+x(\cos x)'-\cos x$

$=1\cdot\cos x-x\sin x-\cos x=\boldsymbol{-x\sin x}$ 答

教 p.85

深める

教科書の例題 3 (2)を，$\cos^2 x=\dfrac{1+\cos 2x}{2}$ を利用して解いてみよう。

解答 $y'=(\cos^2 x)'=\left(\dfrac{1+\cos 2x}{2}\right)'=\dfrac{1}{2}\cdot(-\sin 2x)\cdot(2x)'=-\sin 2x$ 答

B 対数関数の導関数

教 p.87

練習 18

次の関数を微分せよ。

(1) $y=\log 3x$　(2) $y=\log_2(4x-1)$

(3) $y=\log(x^2+1)$　(4) $y=x\log x-x$

指針 **対数関数の導関数**

(1)〜(3) 真数を u とみて合成関数の微分法の公式を利用する。

$$\frac{d}{du}\log u=\frac{1}{u},\quad \frac{d}{du}\log_a u=\frac{1}{u\log a}$$

解答 (1) $y'=\dfrac{1}{3x}\cdot(3x)'=\dfrac{3}{3x}=\dfrac{1}{x}$ 答　← $\begin{cases} y=\log u \\ u=3x \end{cases}$

(2) $y'=\dfrac{1}{(4x-1)\log 2}\cdot(4x-1)'=\dfrac{4}{(4x-1)\log 2}$ 答　← $\begin{cases} y=\log_2 u \\ u=4x-1 \end{cases}$

(3) $y'=\dfrac{1}{x^2+1}\cdot(x^2+1)'=\dfrac{2x}{x^2+1}$ 答　← $\begin{cases} y=\log u \\ u=x^2+1 \end{cases}$

(4) $y'=(x\log x)'-(x)'=(x)'\log x+x(\log x)'-1$　←積の導関数

$=1\cdot\log x+x\cdot\dfrac{1}{x}-1=\log x$ 答

C 対数関数の導関数の応用

教 p.88

練習 19

$(\log_a|x|)'=\dfrac{1}{x\log a}$ であることを示せ。ただし，a は 1 でない正の定数とする。

指針 **$\log_a|x|$ の導関数（公式の証明）** 自然対数 $\log|x|$ の導関数についての教科書の公式 **3** の証明は教科書 $p.88$ にある。同様にして，公式 **2** を使って証明する。

解答 $x>0$ のとき　$(\log_a|x|)'=(\log_a x)'=\dfrac{1}{x\log a}$　←公式 **2**

$x<0$ のとき　$(\log_a|x|)'=\{\log_a(-x)\}'=\dfrac{(-x)'}{-x\log a}$　←合成関数の微分法

$$=\frac{-1}{-x\log a}=\frac{1}{x\log a}$$

よって　$(|\log_a|x|)'=\dfrac{1}{x\log a}$　終

別解　$\log_a|x|=\dfrac{\log_e|x|}{\log_e a}=\dfrac{\log|x|}{\log a}$ であるから　←底の変換公式 $\log_a b=\dfrac{\log_c b}{\log_c a}$

$(\log_a|x|)'=\dfrac{1}{\log a}\cdot(\log|x|)'=\dfrac{1}{\log a}\cdot\dfrac{1}{x}=\dfrac{1}{x\log a}$　終　←公式 **3**

練習 20　教 p.88

次の関数を微分せよ。

(1)　$y=\log|3x+2|$　(2)　$y=\log|\sin x|$　(3)　$y=\log_2|x^2-4|$

指針　**絶対値を含む対数関数の導関数**　合成関数の微分法の公式を利用する。底の違いに注意すること。

$$(\log|x|)'=\frac{1}{x},\quad (\log_a|x|)'=\frac{1}{x\log a}$$

解答　(1)　$\boldsymbol{y'}=\dfrac{1}{3x+2}\cdot(3x+2)'=\boldsymbol{\dfrac{3}{3x+2}}$　答　←$\dfrac{dy}{du}\cdot\dfrac{du}{dx}$

(2)　$\boldsymbol{y'}=\dfrac{1}{\sin x}\cdot(\sin x)'=\boldsymbol{\dfrac{\cos x}{\sin x}}$　答

(3)　$\boldsymbol{y'}=\dfrac{1}{(x^2-4)\log 2}\cdot(x^2-4)'=\boldsymbol{\dfrac{2x}{(x^2-4)\log 2}}$　答

練習 21　教 p.89

$\log|y|$ の導関数を利用して，次の関数を微分せよ。

(1)　$y=\dfrac{(x+1)^3}{(x-1)(x+2)^2}$　(2)　$y=\dfrac{\sqrt{x+2}}{x+1}$

指針　**対数関数の微分の利用（対数微分法）**　次の手順で導関数 y' を求める。

①　両辺の絶対値の自然対数をとる。右辺は，数学Ⅱで学んだ対数の性質を使い，真数が簡単な形の対数の和や差の形にする。

②　両辺をそれぞれ x で微分する。左辺は $(\log|y|)'$ より $\dfrac{y'}{y}$ となる。

③　y' が求める導関数であるから，両辺に y を掛け，その y をもとの x の関数にもどしておく。

解答　(1)　両辺の絶対値の自然対数をとると

$$\log|y|=3\log|x+1|-\log|x-1|-2\log|x+2|$$

両辺の関数を x で微分すると

$$\frac{y'}{y}=\frac{3}{x+1}-\frac{1}{x-1}-\frac{2}{x+2}$$

$$=\frac{3(x-1)(x+2)-(x+1)(x+2)-2(x+1)(x-1)}{(x+1)(x-1)(x+2)}$$

$$=-\frac{6}{(x+1)(x-1)(x+2)}$$

よって　$y'=-\dfrac{6}{(x+1)(x-1)(x+2)}\cdot\dfrac{(x+1)^3}{(x-1)(x+2)^2}$

$$=-\frac{6(x+1)^2}{(x-1)^2(x+2)^3}$$ 答

(2) 両辺の絶対値の自然対数をとると

$$\log|y|=\frac{1}{2}\log|x+2|-\log|x+1|$$

両辺の関数を x で微分すると

$$\frac{y'}{y}=\frac{1}{2}\cdot\frac{1}{x+2}-\frac{1}{x+1}=\frac{(x+1)-2(x+2)}{2(x+2)(x+1)}$$

$$=\frac{-(x+3)}{2(x+2)(x+1)}$$

よって　$y'=-\dfrac{x+3}{2(x+2)(x+1)}\cdot\dfrac{\sqrt{x+2}}{x+1}$

$$=-\frac{x+3}{2(x+1)^2\sqrt{x+2}}$$ 答

$\log MN=\log M+\log N$
$\log\dfrac{M}{N}=\log M-\log N$
$\log M^p=p\log M$
だね。

別解 (2) $y=(x+2)^{\frac{1}{2}}(x+1)^{-1}$ であるから

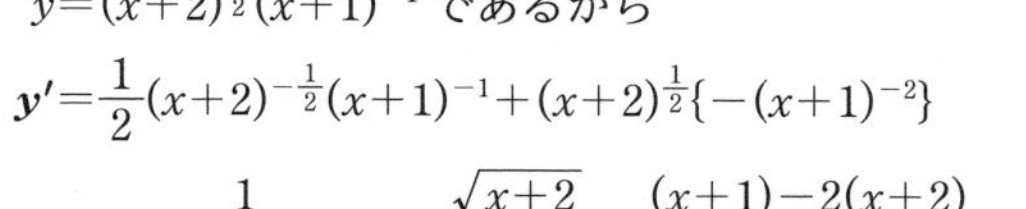

$$y'=\frac{1}{2}(x+2)^{-\frac{1}{2}}(x+1)^{-1}+(x+2)^{\frac{1}{2}}\{-(x+1)^{-2}\}$$

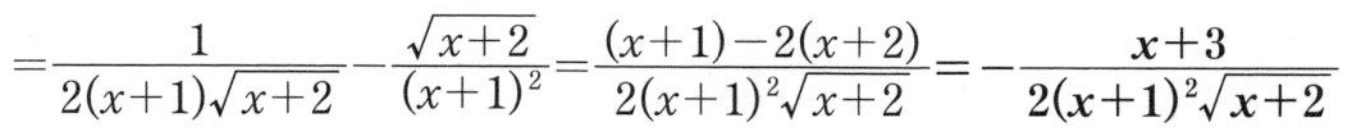

$$=\frac{1}{2(x+1)\sqrt{x+2}}-\frac{\sqrt{x+2}}{(x+1)^2}=\frac{(x+1)-2(x+2)}{2(x+1)^2\sqrt{x+2}}=-\frac{x+3}{2(x+1)^2\sqrt{x+2}}$$ 答

練習 22　教 p.89

教科書 89 ページの次の公式を証明せよ。
α が実数のとき　$(x^\alpha)'=\alpha x^{\alpha-1}$　(ただし，$x>0$)

指針　**x^α の導関数**　$y=x^\alpha$ とおいて，両辺の自然対数をとり，両辺をそれぞれ x で微分する。左辺は $\dfrac{y'}{y}$ となるので，両辺に y を掛け，その y をもとの x の関数にもどしておく。

解答　$x>0$ より，$x^\alpha>0$ であるから，$y=x^\alpha$ とおいて，両辺の自然対数をとると

$\log y=\alpha\log x$　　← $\log M^p=p\log M$

両辺の関数を x で微分すると

$\dfrac{y'}{y}=\alpha\cdot\dfrac{1}{x}$　すなわち　$y'=\alpha\cdot\dfrac{y}{x}$

よって　$(x^\alpha)'=\alpha\cdot\dfrac{x^\alpha}{x}=\alpha x^{\alpha-1}$　終

注意　$x^\alpha>0$ であるから，そのまま両辺の自然対数をとったが，一般には両辺の絶

対値の自然対数をとる。

D 指数関数の導関数

教 p.90

練習 23

次の関数を微分せよ。ただし，(6) の a は 1 でない正の定数とする。

(1) $y=e^{2x}$　(2) $y=e^{-x^2}$　(3) $y=3^x$

(4) $y=2^{-3x}$　(5) $y=xe^x$　(6) $y=(2x-1)a^x$

指針 **指数関数の導関数**　(1)，(2)，(4) は指数を u とみて合成関数の微分法を利用する。(3) は指数関数の導関数の公式 **2** を利用する。(5)，(6) は積の導関数を考える。

解答 (1) $y'=e^{2x}\cdot(2x)'=\boldsymbol{2e^{2x}}$ 答　　←$y=e^u$，$u=2x$　$\dfrac{d}{du}e^u=e^u$

(2) $y'=e^{-x^2}\cdot(-x^2)'=\boldsymbol{-2xe^{-x^2}}$ 答

(3) $\boldsymbol{y'=3^x\log 3}$ 答

(4) $y'=2^{-3x}\log 2\cdot(-3x)'=\boldsymbol{-3\cdot 2^{-3x}\log 2}$ 答

(5) $y'=1\cdot e^x+x\cdot e^x=\boldsymbol{(x+1)e^x}$ 答

(6) $y'=2\cdot a^x+(2x-1)a^x\log a=\boldsymbol{\{2+(2x-1)\log a\}a^x}$ 答

教 p.90

深める

a は 1 でない正の定数とする。指数関数 $y=a^x$ の導関数を，教科書 89 ページの対数微分法を利用して求めてみよう。

解答 $y=a^x>0$ より，両辺の自然対数をとると

$\log y=\log a^x$　　すなわち　$\log y=x\log a$

両辺の関数を x で微分すると　$\dfrac{y'}{y}=\log a$

よって　$\boldsymbol{y'}=y\log a=\boldsymbol{a^x\log a}$ 答

4 第 n 次導関数

まとめ

1　第 2 次導関数

関数 $y=f(x)$ の導関数 $f'(x)$ が微分可能であるとき，さらに微分して得られる導関数を，関数 $y=f(x)$ の **第 2 次導関数** といい，$\boldsymbol{y''}$，$\boldsymbol{f''(x)}$，$\boldsymbol{\dfrac{d^2y}{dx^2}}$，$\boldsymbol{\dfrac{d^2}{dx^2}f(x)}$ などの記号で表す。

2　第3次導関数

第2次導関数 $f''(x)$ の導関数を関数 $y=f(x)$ の **第3次導関数** といい，y'''，$f'''(x)$，$\dfrac{d^3y}{dx^3}$，$\dfrac{d^3}{dx^3}f(x)$ などの記号で表す。

注意　y'，$f'(x)$ などを **第1次導関数** ということがある。

3　第 n 次導関数

関数 $y=f(x)$ を n 回微分して得られる関数を，$y=f(x)$ の **第 n 次導関数** といい，$y^{(n)}$，$f^{(n)}(x)$，$\dfrac{d^ny}{dx^n}$，$\dfrac{d^n}{dx^n}f(x)$ などの記号で表す。なお，$y^{(1)}$，$y^{(2)}$，$y^{(3)}$ は，それぞれ y'，y''，y''' を表す。

練習 24　教 p.92

次の関数について，第3次までの導関数を求めよ。

(1)　$y=x^3-2x+5$　　(2)　$y=\dfrac{1}{x}$　　(3)　$y=\cos x$

(4)　$y=\log x$　　(5)　$y=e^x$　　(6)　$y=e^{-2x}$

指針　**第3次までの導関数**　いろいろな関数があるから，それぞれの導関数の公式に従って，3回ずつ微分していく。(6)は合成関数である。

解答　(1)　$y'=3x^2-2$，$y''=6x$，$y'''=6$　答

(2)　$y'=(x^{-1})'=-x^{-2}$　　$y''=-(-2x^{-3})=2x^{-3}$

$y'''=2(-3x^{-4})=-6x^{-4}$

よって　$y'=-\dfrac{1}{x^2}$，$y''=\dfrac{2}{x^3}$，$y'''=-\dfrac{6}{x^4}$　答

(3)　$y'=-\sin x$，$y''=-\cos x$，$y'''=\sin x$　答　　← $y'''=-(-\sin x)$

(4)　$y'=\dfrac{1}{x}$，$y''=-\dfrac{1}{x^2}$，$y'''=\dfrac{2}{x^3}$　答

(5)　$y'=e^x$，$y''=e^x$，$y'''=e^x$　答

(6)　$y'=e^{-2x}\cdot(-2x)'=-2e^{-2x}$

$y''=-2e^{-2x}\cdot(-2x)'=4e^{-2x}$

$y'''=4e^{-2x}\cdot(-2x)'=-8e^{-2x}$

よって　$y'=-2e^{-2x}$，$y''=4e^{-2x}$，$y'''=-8e^{-2x}$　答

注意　(2)　商の導関数の公式を使って求めてもよい。

$$y'=-\frac{(x)'}{x^2}=-\frac{1}{x^2}$$

$$y''=-\left\{-\frac{(x^2)'}{x^4}\right\}=\frac{2x}{x^4}=\frac{2}{x^3}$$

$$y'''=2\left\{-\frac{(x^3)'}{x^6}\right\}=-\frac{6x^2}{x^6}=-\frac{6}{x^4}$$

教 p.92

練習 25 次の関数の第 n 次導関数を求めよ。

(1) $y=x^n$　　(2) $y=e^{2x}$

指針 **第 n 次導関数**　規則性が確かめられるまで微分を繰り返し，第 n 次導関数を推測する。

解答 (1)
$$y'=nx^{n-1}$$
$$y''=n(n-1)x^{n-2}$$
$$y'''=n(n-1)(n-2)x^{n-3}$$
$$\cdots\cdots$$

よって　$\boldsymbol{y^{(n)}}=n(n-1)(n-2)\cdot\cdots\cdots\cdot2\cdot1=\boldsymbol{n!}$　答

(2)
$$y'=e^{2x}\cdot(2x)'=2e^{2x}$$
$$y''=2e^{2x}\cdot(2x)'=2^2e^{2x}$$
$$y'''=2^2e^{2x}\cdot(2x)'=2^3e^{2x}$$
$$\cdots\cdots$$

よって　$\boldsymbol{y^{(n)}=2^ne^{2x}}$　答

参考 求めた $y^{(n)}$ が正しいことは数学的帰納法で証明できる。

(1)　$y^{(n)}=n!$　…… ①

$n=1$ のとき，$y^{(1)}=(x)'=1$ であるから，① は成り立つ。

$n=k$ のとき ① が成り立つ，すなわち　$y^{(k)}=(x^k)^{(k)}=k!$

と仮定すると，$y=x^{k+1}$ について，$y^{(1)}=(k+1)x^k$ より

$$y^{(k+1)}=\{y^{(1)}\}^{(k)}=\{(k+1)x^k\}^{(k)}=(k+1)(x^k)^{(k)}$$
$$=(k+1)\cdot k!=(k+1)!$$

よって，$n=k+1$ のときも ① が成り立つ。

したがって，すべての自然数 n について ① は成り立つ。

(2)　$y^{(n)}=2^ne^{2x}$　…… ②

$n=1$ のとき，$y^{(1)}=(e^{2x})'=2e^{2x}$ であるから，② は成り立つ。

$n=k$ のとき ② が成り立つ，すなわち　$y^{(k)}=2^ke^{2x}$

と仮定すると

$$y^{(k+1)}=\{y^{(k)}\}^{(1)}=(2^ke^{2x})'=2^k\cdot2e^{2x}$$
$$=2^{k+1}e^{2x}$$

よって，$n=k+1$ のときも ② が成り立つ。

したがって，すべての自然数 n について ② は成り立つ。

5 曲線の方程式と導関数

まとめ

1　x，y の方程式と導関数

x，y の方程式が与えられたとき，この方程式は x の関数 y を定めると考え，合成関数の微分法により，$\dfrac{dy}{dx}$ を求めることができる。

2　曲線の媒介変数表示

曲線 C 上の点 $\mathrm{P}(x,\ y)$ の座標が，変数 t によって

$$x=f(t),\ \ y=g(t)$$

の形に表されるとき，これを曲線 C の **媒介変数表示** といい，変数 t を **媒介変数** または **パラメータ** という。

3　媒介変数表示と導関数

$x=f(t)$，$y=g(t)$ のとき　　$\boldsymbol{\dfrac{dy}{dx}=\dfrac{\frac{dy}{dt}}{\frac{dx}{dt}}=\dfrac{g'(t)}{f'(t)}}$

A　x，y の方程式と導関数

練習 26　教 p.93

放物線 $y^2=-8x$ について，次の問いに答えよ。

(1)　方程式を y について解け。

(2)　$\dfrac{dy}{dx}=-\dfrac{4}{y}$ であることを示せ。

指針　**x，y の方程式と導関数**

(2)　x で微分し，右辺の x を y の式で表して，$\dfrac{dy}{dx}=-\dfrac{4}{y}$ となることを示す。

解答　(1)　$\boldsymbol{y=\pm\sqrt{-8x}}$　答

(2)　[1]　$y=\sqrt{-8x}$ のとき

$$\frac{dy}{dx}=\frac{1}{2}\cdot\frac{1}{\sqrt{-8x}}\cdot(-8)=-\frac{4}{\sqrt{-8x}}=-\frac{4}{y}$$

[2]　$y=-\sqrt{-8x}$ のとき

$$\frac{dy}{dx}=-\frac{1}{2}\cdot\frac{1}{\sqrt{-8x}}\cdot(-8)=-\frac{4}{-\sqrt{-8x}}=-\frac{4}{y}$$

[1]，[2] より　　$\dfrac{dy}{dx}=-\dfrac{4}{y}$　終

教 p.93

放物線 $y^2=4x$ 上の原点以外の点 $(a,\ b)$ における接線の傾きを求めてみよう。

指針 **接線の傾き**　$x=a$ または $y=b$ のときの $\dfrac{dy}{dx}$ の値が点 $(a,\ b)$ における接線の傾きである。

解答 方程式 $y^2=4x$ を y について解くと　　$y=\pm2\sqrt{x}$

よって，放物線 $y^2=4x$ は，2 つの関数

$y=2\sqrt{x}$　…… ①，　$y=-2\sqrt{x}$　…… ②

のグラフを合わせたものである。

関数 ① を x で微分すると

$$\frac{dy}{dx}=2\cdot\frac{1}{2\sqrt{x}}=\frac{1}{\sqrt{x}}=\frac{2}{2\sqrt{x}}=\frac{2}{y}$$

関数 ② を x で微分すると

$$\frac{dy}{dx}=-2\cdot\frac{1}{2\sqrt{x}}=-\frac{1}{\sqrt{x}}=\frac{2}{-2\sqrt{x}}=\frac{2}{y}$$

よって，放物線 $y^2=4x$ 上の原点以外の点 $(a,\ b)$ における接線の傾きは

$b>0$ のとき　$\dfrac{1}{\sqrt{a}}$，　$b<0$ のとき　$-\dfrac{1}{\sqrt{a}}$

または　**$\dfrac{2}{b}$**　答

教 p.94

練習 27

次の方程式で定められる x の関数 y について，$\dfrac{dy}{dx}$ を求めよ。

(1)　$x^2+y^2=1$　　　(2)　$x^2-y^2=1$

指針 **x，y の方程式と導関数**　y を x の関数と考え，方程式の両辺を x で微分する。
合成関数の微分法により

$$\frac{d}{dx}y^2=\frac{d}{dy}y^2\cdot\frac{dy}{dx}=2y\frac{dy}{dx}$$

解答 (1)　$x^2+y^2=1$ の両辺を x で微分すると　　$2x+2y\dfrac{dy}{dx}=0$

よって，$y\neq0$ のとき　　**$\dfrac{dy}{dx}=-\dfrac{x}{y}$**　答

(2) $x^2-y^2=1$ の両辺を x で微分すると　$2x-2y\dfrac{dy}{dx}=0$

よって，$y \neq 0$ のとき　$\boldsymbol{\dfrac{dy}{dx}=\dfrac{x}{y}}$ 答

注意 (2)の方程式が表す曲線は，2 直線 $x \pm y=0$ を漸近線とする双曲線である。

「$y \neq 0$ のとき」を忘れ
ないようにしよう。

B 媒介変数表示と導関数

練習 28　教 p.96

x の関数 y が，t を媒介変数として，次の式で表されるとき，$\dfrac{dy}{dx}$ を t の関数として表せ。

(1) $x=2t^2$，$y=2t-1$　　(2) $x=\cos t$，$y=\sin t$

指針 **曲線の媒介変数表示と導関数**　$\dfrac{dx}{dt}=f'(t)$，$\dfrac{dy}{dt}=g'(t)$ をそれぞれ求め，

$\dfrac{dy}{dx}=\dfrac{g'(t)}{f'(t)}$ とすればよい。

解答 (1) $\dfrac{dx}{dt}=4t$，$\dfrac{dy}{dt}=2$ から

$$\boldsymbol{\frac{dy}{dx}}=\frac{2}{4t}=\boldsymbol{\frac{1}{2t}}$$ 答

(2) $\dfrac{dx}{dt}=-\sin t$，$\dfrac{dy}{dt}=\cos t$ から

$$\boldsymbol{\frac{dy}{dx}=-\frac{\cos t}{\sin t}}$$ 答

補足 (1) 放物線 $(y+1)^2=2x$ を表す。

(2) 円 $x^2+y^2=1$ を表す。

第3章 第2節 問題

教 p.97

8 次の関数を微分せよ。ただし，(6) の a は1でない正の定数とする。

(1) $y=\dfrac{1}{1+\cos x}$　(2) $y=\sin^2 x\cos 2x$　(3) $y=(\log x)^2$

(4) $y=\log\left|\dfrac{x+1}{x+2}\right|$　(5) $y=\dfrac{e^x}{e^x+1}$　(6) $y=a^{2x+1}$

指針 **いろいろな関数の導関数**　三角関数，対数関数，指数関数を含む関数の導関数を求める。(1)，(5) は商の導関数，(2) は積の導関数であり，(2)，(3)，(4)，(6) では合成関数の微分法も使う。

解答 (1) $y'=-\dfrac{(1+\cos x)'}{(1+\cos x)^2}=\boldsymbol{\dfrac{\sin x}{(1+\cos x)^2}}$ 答　　$\leftarrow \left(\dfrac{1}{g}\right)'=-\dfrac{g'}{g^2}$

(2) $y'=(\sin^2 x)'\cos 2x+\sin^2 x(\cos 2x)'$　　$\leftarrow (fg)'=f'g+fg'$

$=2\sin x(\sin x)'\cdot\cos 2x+\sin^2 x\cdot(-\sin 2x)(2x)'$

$=2\sin x\cos x\cos 2x-2\sin^2 x\sin 2x$

$=\sin 2x(1-2\sin^2 x)-2\sin^2 x\sin 2x$　　←2倍角の公式

$\boldsymbol{=\sin 2x(1-4\sin^2 x)}$ 答

(3) $y'=2\log x\cdot(\log x)'=\boldsymbol{\dfrac{2\log x}{x}}$ 答　　$\leftarrow \begin{cases} y=u^2 \\ u=\log x \end{cases}$

(4) $y=\log|x+1|-\log|x+2|$ であるから

$y'=\dfrac{(x+1)'}{x+1}-\dfrac{(x+2)'}{x+2}=\dfrac{1}{x+1}-\dfrac{1}{x+2}$　　$\leftarrow (\log|f|)'=\dfrac{f'}{f}$

$=\dfrac{(x+2)-(x+1)}{(x+1)(x+2)}=\boldsymbol{\dfrac{1}{(x+1)(x+2)}}$ 答

(5) $y'=\dfrac{(e^x)'(e^x+1)-(e^x)(e^x+1)'}{(e^x+1)^2}$　　$\leftarrow \left(\dfrac{f}{g}\right)'=\dfrac{f'g-fg'}{g^2}$

$=\dfrac{e^x(e^x+1)-e^x\cdot e^x}{(e^x+1)^2}=\boldsymbol{\dfrac{e^x}{(e^x+1)^2}}$ 答

(6) $y'=a^{2x+1}\log a\cdot(2x+1)'$　　$\leftarrow \begin{cases} y=a^u \\ u=2x+1 \end{cases}$

$\boldsymbol{=2a^{2x+1}\log a}$ 答

注意 右の←では，$f(x)$，$g(x)$ をそれぞれ f，g と略記した。

教 p.97

9 a は定数とする。次のことを示せ。

$$\frac{d}{dx}\log(x+\sqrt{x^2+a})=\frac{1}{\sqrt{x^2+a}}$$

指針 **対数関数の微分**　真数がやや複雑な形の関数であるから，ここではこれを u とおいて，合成関数の微分をていねいに行う。

解答 $u=x+\sqrt{x^2+a}$, $y=\log u$ とすると

$$\frac{du}{dx}=\left\{x+(x^2+a)^{\frac{1}{2}}\right\}'=1+\frac{1}{2}(x^2+a)^{-\frac{1}{2}}\cdot(x^2+a)'$$

$$=1+\frac{1}{2\sqrt{x^2+a}}\cdot 2x=1+\frac{x}{\sqrt{x^2+a}}=\frac{\sqrt{x^2+a}+x}{\sqrt{x^2+a}}$$

また，$\dfrac{dy}{du}=\dfrac{1}{u}=\dfrac{1}{x+\sqrt{x^2+a}}$ であるから

$$\frac{dy}{dx}=\frac{dy}{du}\cdot\frac{du}{dx}=\frac{1}{x+\sqrt{x^2+a}}\cdot\frac{\sqrt{x^2+a}+x}{\sqrt{x^2+a}}=\frac{1}{\sqrt{x^2+a}}$$

よって　$\dfrac{d}{dx}\log(x+\sqrt{x^2+a})=\dfrac{1}{\sqrt{x^2+a}}$　終

3章 微分法

教 p.97

10 次の関数を微分せよ。

(1)　$y=\left(\dfrac{x^2-1}{x^2+1}\right)^2$　　(2)　$y=(x-1)^2\cdot\sqrt[3]{x+2}$

指針 **対数を利用した微分**

両辺の絶対値の自然対数をとり，両辺をそれぞれ x で微分する。

解答 (1)　両辺の絶対値の自然対数をとると

$$\log|y|=2\log|x^2-1|-2\log|x^2+1|$$

両辺の関数を x で微分すると

$$\frac{y'}{y}=\frac{4x}{x^2-1}-\frac{4x}{x^2+1}=\frac{8x}{(x^2-1)(x^2+1)}$$

よって　$y'=\dfrac{8x}{(x^2-1)(x^2+1)}\cdot\left(\dfrac{x^2-1}{x^2+1}\right)^2=\boldsymbol{\dfrac{8x(x^2-1)}{(x^2+1)^3}}$　答

(2)　両辺の絶対値の自然対数をとると

$$\log|y|=2\log|x-1|+\frac{1}{3}\log|x+2|$$

両辺の関数を x で微分すると

$$\frac{y'}{y}=\frac{2}{x-1}+\frac{1}{3(x+2)}=\frac{7x+11}{3(x-1)(x+2)}$$

よって　$y'=\dfrac{7x+11}{3(x-1)(x+2)}\cdot(x-1)^2\cdot\sqrt[3]{x+2}=\boldsymbol{\dfrac{(7x+11)(x-1)}{3\sqrt[3]{(x+2)^2}}}$　答

別解 (1)　$y'=2\left(\dfrac{x^2-1}{x^2+1}\right)\left(\dfrac{x^2-1}{x^2+1}\right)'$

$$=2\left(\frac{x^2-1}{x^2+1}\right)\cdot\frac{(x^2-1)'(x^2+1)-(x^2-1)(x^2+1)'}{(x^2+1)^2}$$

$$=2\left(\frac{x^2-1}{x^2+1}\right)\cdot\frac{2x(x^2+1)-(x^2-1)\cdot 2x}{(x^2+1)^2}=\boldsymbol{\frac{8x(x^2-1)}{(x^2+1)^3}}$$　答

(2)　$y'=\{(x-1)^2\}'(x+2)^{\frac{1}{3}}+(x-1)^2\left\{(x+2)^{\frac{1}{3}}\right\}'$

$$=2(x-1)(x+2)^{\frac{1}{3}}+(x-1)^2\cdot\frac{1}{3}(x+2)^{-\frac{2}{3}}$$

$$=\frac{1}{3}(x+2)^{-\frac{2}{3}}\{6(x-1)(x+2)+(x-1)^2\}$$

$$=\frac{7x^2+4x-11}{3\sqrt[3]{(x+2)^2}}=\frac{(7x+11)(x-1)}{3\sqrt[3]{(x+2)^2}}$$ 答

教 p.97

11 関数 $y=e^x(\sin x+\cos x)$ について，次の等式が成り立つことを示せ。

$$y''-2y'+2y=0$$

指針 **導関数が満たす等式の証明**　y'，y'' を求めて左辺に代入し，証明する。どちらの微分にも積の導関数の公式を利用する。

解答　$y'=(e^x)'(\sin x+\cos x)+e^x(\sin x+\cos x)'$

$=e^x(\sin x+\cos x)+e^x(\cos x-\sin x)=2e^x\cos x$

$y''=2(e^x)'\cos x+2e^x(\cos x)'=2e^x(\cos x-\sin x)$

よって　$y''-2y'+2y$

$=2e^x(\cos x-\sin x)-4e^x\cos x+2e^x(\sin x+\cos x)=0$ 終

教 p.97

12 次の方程式で定められる x の関数 y について，$\dfrac{dy}{dx}$ を求めよ。

$$(x-1)^2+y^2=16$$

指針 **x，y の方程式と導関数**　y を x の関数と考え，方程式の両辺を x で微分する。

合成関数の微分法により　$\dfrac{d}{dx}y^2=\dfrac{d}{dy}y^2\cdot\dfrac{dy}{dx}=2y\dfrac{dy}{dx}$

解答　$(x-1)^2+y^2=16$ の両辺を x で微分すると　$2(x-1)+2y\dfrac{dy}{dx}=0$

よって，$y\neq0$ のとき　$\boldsymbol{\dfrac{dy}{dx}=-\dfrac{x-1}{y}}$ 答

教 p.97

13 x の関数 y が，t を媒介変数として，次の式で表されるとき，$\dfrac{dy}{dx}$ を t の関数として表せ。

(1)　$x=\dfrac{1}{\cos t}$，$y=\tan t$　　(2)　$x=t+\dfrac{1}{t}$，$y=t-\dfrac{1}{t}$

指針 **媒介変数表示と導関数**　$x=f(t)$，$y=g(t)$ のとき $\dfrac{dx}{dt}=f'(t)$，$\dfrac{dy}{dt}=g'(t)$ をそれぞれ求め，$\dfrac{dy}{dx}=\dfrac{g'(t)}{f'(t)}$ とすればよい。

教科書 p.97

解答 (1) $\dfrac{dx}{dt}=-\dfrac{(\cos t)'}{\cos^2 t}=\dfrac{\sin t}{\cos^2 t}$, $\dfrac{dy}{dt}=\dfrac{1}{\cos^2 t}$ から $\boldsymbol{\dfrac{dy}{dx}}=\dfrac{\dfrac{1}{\cos^2 t}}{\dfrac{\sin t}{\cos^2 t}}=\boldsymbol{\dfrac{1}{\sin t}}$ 答

(2) $\dfrac{dx}{dt}=1-\dfrac{1}{t^2}$, $\dfrac{dy}{dt}=1+\dfrac{1}{t^2}$ から $\boldsymbol{\dfrac{dy}{dx}}=\dfrac{1+\dfrac{1}{t^2}}{1-\dfrac{1}{t^2}}=\boldsymbol{\dfrac{t^2+1}{t^2-1}}$ 答

注意 (1) 双曲線 $x^2-y^2=1$ を表す。

(2) 双曲線 $x^2-y^2=4$ を表す。

教 p.97

14 関数 $y=\sin x\left(-\dfrac{\pi}{2}<x<\dfrac{\pi}{2}\right)$ の逆関数を $f(x)$ とする。$f'(x)$ を求めたいが，$f(x)$ はこれまでに学んだ関数で表すことができない。

(1) $f(x)$ の定義域，値域を求めよ。

(2) $y=f(x)$ について，$\dfrac{dx}{dy}$ を y の関数として表せ。

(3) $f'(x)$ を x の関数として表せ。

指針 **関数 $y=\sin x$ の逆関数の導関数** 関数 $y=\sin x$ の逆関数はこれまでに学んだ関数で表すことはできないが，その導関数は，逆関数の微分法を用いて求めることができる。

解答 (1) $y=\sin x\left(-\dfrac{\pi}{2}<x<\dfrac{\pi}{2}\right)$ の値域は $-1<y<1$

よって，$f(x)$ の**定義域は $-1<x<1$，値域は $-\dfrac{\pi}{2}<y<\dfrac{\pi}{2}$** 答

(2) $y=f(x)$ のとき，$x=\sin y$ であるから

$\boldsymbol{\dfrac{dx}{dy}=\cos y}$ 答

(3) $-\dfrac{\pi}{2}<y<\dfrac{\pi}{2}$ において $\cos y>0$ より

$\cos y=\sqrt{1-\sin^2 y}$

よって

$$\boldsymbol{f'(x)}=\frac{dy}{dx}=\frac{1}{\dfrac{dx}{dy}}=\frac{1}{\cos y}=\frac{1}{\sqrt{1-\sin^2 y}}=\boldsymbol{\frac{1}{\sqrt{1-x^2}}}$$ 答

$f'(x)$ を $\sin y$ の式で表し，
$\sin y=x$ でおき換えるよ。

第3章　章末問題A

教 p.98

1. 導関数の定義に従って，関数 $y=x\sqrt{x}$ の導関数を求めよ。

指針 **導関数の定義**　$f'(x)=\lim_{h\to 0}\dfrac{f(x+h)-f(x)}{h}$ を使う。分子を有理化して極限値を求めることになる。

解答
$$y'=\lim_{h\to 0}\frac{(x+h)\sqrt{x+h}-x\sqrt{x}}{h}$$

← 分母と分子に $(x+h)\sqrt{x+h}+x\sqrt{x}$ を掛ける。

$$=\lim_{h\to 0}\frac{(x+h)^3-x^3}{h\{(x+h)\sqrt{x+h}+x\sqrt{x}\}}$$
$$=\lim_{h\to 0}\frac{3x^2h+3xh^2+h^3}{h\{(x+h)\sqrt{x+h}+x\sqrt{x}\}}$$
$$=\lim_{h\to 0}\frac{3x^2+3xh+h^2}{(x+h)\sqrt{x+h}+x\sqrt{x}}$$
$$=\frac{3x^2}{2x\sqrt{x}}=\boldsymbol{\frac{3}{2}\sqrt{x}}$$ 答

注意
$$\frac{(x+h)\sqrt{x+h}-x\sqrt{x}}{h}=x\cdot\frac{\sqrt{x+h}-\sqrt{x}}{h}+\sqrt{x+h}$$
と変形して

$h\longrightarrow 0$ のとき　$\dfrac{\sqrt{x+h}-\sqrt{x}}{h}\longrightarrow\dfrac{1}{2\sqrt{x}}$

を示してもよい。

教 p.98

2. 次の関数を微分せよ。

(1)　$y=\dfrac{x^2+x+1}{\sqrt{x}}$　　(2)　$y=\sqrt{1+\cos x}$

(3)　$y=\dfrac{\sin x}{x}$　　(4)　$y=2^{\log x}$

指針 **いろいろな関数の微分**

(1), (3)　商の導関数の公式を使う。

(2), (4)　合成関数の微分法を考える。

解答 (1)
$$y'=\frac{(x^2+x+1)'\sqrt{x}-(x^2+x+1)(\sqrt{x})'}{(\sqrt{x})^2}$$

← $\left(\dfrac{f}{g}\right)'=\dfrac{f'g-fg'}{g^2}$

$$=\frac{1}{x}\left\{(2x+1)\sqrt{x}-\frac{x^2+x+1}{2\sqrt{x}}\right\}$$

← $\left(x^{\frac{1}{2}}\right)'=\dfrac{1}{2}x^{-\frac{1}{2}}$

$$=\frac{2x(2x+1)-(x^2+x+1)}{2x\sqrt{x}}=\boldsymbol{\frac{3x^2+x-1}{2x\sqrt{x}}}$$ 答

(2) $y'=\dfrac{(1+\cos x)'}{2\sqrt{1+\cos x}}=-\dfrac{\sin x}{2\sqrt{1+\cos x}}$ 答

← $y=u^{\frac{1}{2}}$
$u=1+\cos x$

(3) $y'=\dfrac{(\sin x)'\cdot x-\sin x\cdot(x)'}{x^2}=\dfrac{x\cos x-\sin x}{x^2}$ 答

(4) $y'=2^{\log x}\log 2\cdot(\log x)'=\dfrac{2^{\log x}\log 2}{x}$ 答

← $y=2^u$
$u=\log x$

別解 (1) $y=x\sqrt{x}+\sqrt{x}+\dfrac{1}{\sqrt{x}}=x^{\frac{3}{2}}+x^{\frac{1}{2}}+x^{-\frac{1}{2}}$ より

$$y'=\frac{3}{2}x^{\frac{1}{2}}+\frac{1}{2}x^{-\frac{1}{2}}-\frac{1}{2}x^{-\frac{3}{2}}$$
$$=\frac{3\sqrt{x}}{2}+\frac{1}{2\sqrt{x}}-\frac{1}{2x\sqrt{x}}=\frac{3x^2+x-1}{2x\sqrt{x}}$$ 答

注意 右の←では，$f(x)$，$g(x)$ をそれぞれ f，g と略記した。

教 p.98

3．関数 $f(x)$，$g(x)$ の第 2 次導関数が存在するとき，次のことを示せ。

$$\frac{d^2}{dx^2}\{f(x)g(x)\}=f''(x)g(x)+2f'(x)g'(x)+f(x)g''(x)$$

指針 **積の第 2 次導関数** 積の導関数の公式の両辺をさらに x で微分する。積の導関数の公式を繰り返し用いることになる。

解答 $\dfrac{d}{dx}\{f(x)g(x)\}=f'(x)g(x)+f(x)g'(x)$ の両辺を x で微分すると

$$\frac{d^2}{dx^2}\{f(x)g(x)\}=\{f'(x)g(x)\}'+\{f(x)g'(x)\}'$$
$$=\{f''(x)g(x)+f'(x)g'(x)\}+\{f'(x)g'(x)+f(x)g''(x)\}$$
$$=f''(x)g(x)+2f'(x)g'(x)+f(x)g''(x)$$ 終

参考 $f^{(0)}(x)=f(x)$，$g^{(0)}(x)=g(x)$ とするとき

$$\frac{d^n}{dx^n}\{f(x)g(x)\}=\sum_{k=0}^{n}{}_n\mathrm{C}_k f^{(n-k)}(x)g^{(k)}(x)$$

が成り立つ。これをライプニッツの公式という。

教 p.98

4．次の関数について，y' および y'' を求めよ。

(1) $y=\dfrac{x^2}{x-1}$ (2) $y=e^{-2x^2}$

指針 **第 2 次までの導関数** (1) は商の導関数，(2) は指数関数の導関数の公式に従って，2 回ずつ微分する。また，(2) は合成関数の微分法を考える。

解答 (1) $y=\dfrac{x^2-1+1}{x-1}=x+1+\dfrac{1}{x-1}$ より

$$y'=(x)'+(1)'+\left(\frac{1}{x-1}\right)'=1-\frac{(x-1)'}{(x-1)^2}$$

← $\left(\dfrac{1}{g}\right)'=-\dfrac{g'}{g^2}$

3章 微分法

$$=1-\frac{1}{(x-1)^2}=\frac{\boldsymbol{x(x-2)}}{\boldsymbol{(x-1)^2}}$$ 答

$$y''=(1)'-\left\{\frac{1}{(x-1)^2}\right\}'=-\{(x-1)^{-2}\}'$$
$$=-\{-2(x-1)^{-3}(x-1)'\}$$
$$=\frac{\boldsymbol{2}}{\boldsymbol{(x-1)^3}}$$ 答

(2) $y'=e^{-2x^2}\cdot(-2x^2)'=\boldsymbol{-4xe^{-2x^2}}$ 答　　← $y=e^u$，$u=-2x^2$

$$y''=(-4x)'e^{-2x^2}-4x(e^{-2x^2})'$$
$$=-4e^{-2x^2}-4xe^{-2x^2}\cdot(-4x)=\boldsymbol{4(4x^2-1)e^{-2x^2}}$$ 答

注意　右の←では，$g(x)$ を g と略記した。

教 p.98

5. n を正の整数とすると，$x \fallingdotseq 1$ のとき，次の等式が成り立つ。

$$1+x+x^2+\cdots\cdots+x^n=\frac{1-x^{n+1}}{1-x}$$

この両辺を x の関数とみて微分し，$x \fallingdotseq 1$ のとき，次の和を求めよ。

$$1+2x+3x^2+\cdots\cdots+nx^{n-1}$$

指針　**微分の利用**　求める和は，等式の左辺の導関数であるから，右辺の導関数と等しい。右辺の微分は商の導関数の公式を使う。

解答　等式の左辺を微分すると　　$1+2x+3x^2+\cdots\cdots+nx^{n-1}$

これは求める和である。等式の右辺を微分すると

$$\left(\frac{1-x^{n+1}}{1-x}\right)'=\frac{(1-x^{n+1})'(1-x)-(1-x^{n+1})(1-x)'}{(1-x)^2}$$
$$=\frac{-(n+1)x^n(1-x)+(1-x^{n+1})}{(1-x)^2}$$
$$=\frac{-(n+1)x^n+(n+1)x^{n+1}+1-x^{n+1}}{(1-x)^2}$$
$$=\frac{nx^{n+1}-(n+1)x^n+1}{(1-x)^2}$$

よって　$1+2x+3x^2+\cdots\cdots+nx^{n-1}=\dfrac{\boldsymbol{nx^{n+1}-(n+1)x^n+1}}{\boldsymbol{(1-x)^2}}$ 答

注意　微分を使わず，数列の和として求めると，次のようになる。

求める和を S とする。

$$S=1+2x+3x^2+4x^3+\cdots\cdots+nx^{n-1}$$
$$xS=\qquad x+2x^2+3x^3+\cdots\cdots+(n-1)x^{n-1}+nx^n$$

辺々を引くと

$$(1-x)S=1+x+x^2+x^3+\cdots\cdots+x^{n-1}-nx^n$$
$$=\frac{1-x^n}{1-x}-nx^n=\frac{1-x^n-nx^n(1-x)}{1-x}$$

$$=\frac{nx^{n+1}-(n+1)x^n+1}{1-x}$$

$1-x \neq 0$ であるから　$S=\boldsymbol{\dfrac{nx^{n+1}-(n+1)x^n+1}{(1-x)^2}}$

教 p.98

6. 関数 $f(x)=\sin x$ について，次のことを数学的帰納法を用いて証明せよ。

$$f^{(n)}(x)=\sin\left(x+\frac{n\pi}{2}\right)$$

指針 **第 n 次導関数の証明**　三角関数で成り立つ等式のうち，

$\cos\theta=\sin\left(\theta+\dfrac{\pi}{2}\right)$ を使うと，$f'(x)=\cos x=\sin\left(x+\dfrac{\pi}{2}\right)$,

$f''(x)=\left\{\sin\left(x+\dfrac{\pi}{2}\right)\right\}'=\cos\left(x+\dfrac{\pi}{2}\right)=\sin\left\{\left(x+\dfrac{\pi}{2}\right)+\dfrac{\pi}{2}\right\}=\sin\left(x+\dfrac{2\pi}{2}\right)$,

$f'''(x)=\left\{\sin\left(x+\dfrac{2\pi}{2}\right)\right\}'=\cos\left(x+\dfrac{2\pi}{2}\right)=\sin\left\{\left(x+\dfrac{2\pi}{2}\right)+\dfrac{\pi}{2}\right\}=\sin\left(x+\dfrac{3\pi}{2}\right)$

となる。数学的帰納法で，$n=k$ (仮定) から $n=k+1$ を導くときにも上と同様の変形を考える。

解答 $f^{(n)}(x)=\sin\left(x+\dfrac{n\pi}{2}\right)$ …… ① とする。

[1]　$n=1$ のとき

$$f'(x)=(\sin x)'=\cos x=\sin\left(x+\frac{\pi}{2}\right)$$

← $\cos\theta=\sin\left(\theta+\dfrac{\pi}{2}\right)$

よって，① は成り立つ。

[2]　$n=k$ のとき ① が成り立つ，すなわち

$$f^{(k)}(x)=\sin\left(x+\frac{k\pi}{2}\right)$$

← 右辺 $=\sin u$
$u=x+\dfrac{k\pi}{2}$

であると仮定する。この両辺を x で微分すると

$$f^{(k+1)}(x)=\cos\left(x+\frac{k\pi}{2}\right)$$

← $\left(x+\dfrac{k\pi}{2}\right)'=1$

$$=\sin\left\{\left(x+\frac{k\pi}{2}\right)+\frac{\pi}{2}\right\}$$

$$=\sin\left\{x+\frac{(k+1)\pi}{2}\right\}$$

よって，$n=k+1$ のときも ① は成り立つ。

[1]，[2] から，すべての自然数 n について ① が成り立つ。 終

教 p.98

7. a，b は正の定数とする。次のことを示せ。

(1) $\dfrac{x^2}{a^2}+\dfrac{y^2}{b^2}=1$ のとき　$\dfrac{dy}{dx}=-\dfrac{b^2x}{a^2y}$

(2) $\dfrac{x^2}{a^2}-\dfrac{y^2}{b^2}=1$ のとき　$\dfrac{dy}{dx}=\dfrac{b^2x}{a^2y}$

指針　**x，y の方程式と導関数**　y を x の関数と考え，方程式の両辺を x で微分する。合成関数の微分法により

$$\frac{d}{dx}y^2=\frac{d}{dy}y^2\cdot\frac{dy}{dx}=2y\frac{dy}{dx}$$

解答　(1) 方程式の両辺を x で微分すると

$$\frac{2x}{a^2}+\frac{2y}{b^2}\cdot\frac{dy}{dx}=0$$

よって，$y\neq0$ のとき

$$\frac{dy}{dx}=-\frac{b^2x}{a^2y}$$ 終

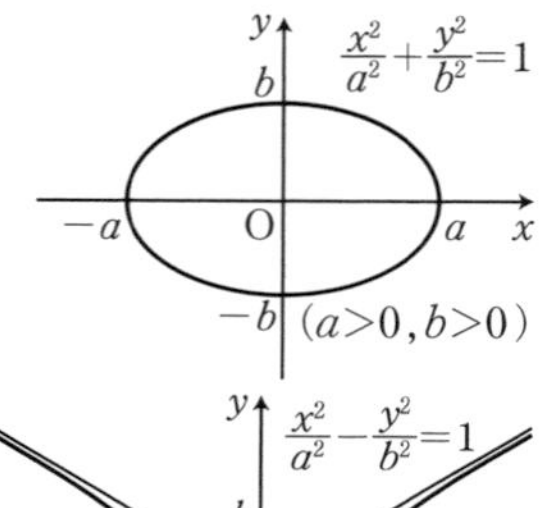

(2) 方程式の両辺を x で微分すると

$$\frac{2x}{a^2}-\frac{2y}{b^2}\cdot\frac{dy}{dx}=0$$

よって，$y\neq0$ のとき

$$\frac{dy}{dx}=\frac{b^2x}{a^2y}$$ 終

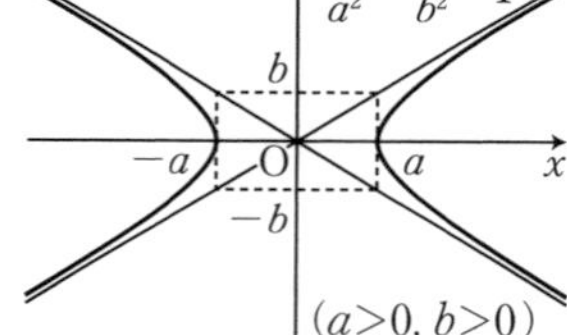

補足　(1) 方程式 $\dfrac{x^2}{a^2}+\dfrac{y^2}{b^2}=1$ $(a>0,\ b>0)$ は，楕円の標準形を表す。

(2) 方程式 $\dfrac{x^2}{a^2}-\dfrac{y^2}{b^2}=1$ $(a>0,\ b>0)$ は，双曲線の標準形を表す。

漸近線は　2 直線 $y=\dfrac{b}{a}x$，$y=-\dfrac{b}{a}x$

第3章　章末問題B

教 p.99

8. $x=a$ で微分可能な関数 $f(x)$ について，次のことを示せ。

$$\lim_{h\to 0}\frac{f(a+h)-f(a-h)}{h}=2f'(a)$$

指針 **極限値と微分係数**　微分係数 $f'(a)$ は，$\lim_{h\to 0}\frac{f(a+h)-f(a)}{h}$ で定義される。与式の左辺にこの形を作ることを考える。
すなわち，分子から $f(a)$ を引き，等号を保つために $f(a)$ を加える。

解答

$$\lim_{h\to 0}\frac{f(a+h)-f(a-h)}{h}=\lim_{h\to 0}\frac{f(a+h)-f(a)+f(a)-f(a-h)}{h}$$

$$=\lim_{h\to 0}\frac{f(a+h)-f(a)}{h}+\lim_{h\to 0}\frac{f(a-h)-f(a)}{-h}$$

$$=f'(a)+f'(a)=2f'(a)$$ 終

注意 $k=-h$ とすると　$\lim_{h\to 0}\frac{f(a-h)-f(a)}{-h}=\lim_{k\to 0}\frac{f(a+k)-f(a)}{k}=f'(a)$

教 p.99

9. 次の極限を求めよ。

(1) $\lim_{x\to 0}\frac{\log(1+x)}{x}$　　(2) $\lim_{x\to 0}\frac{e^x-1}{x}$

指針 **極限値と微分係数**　$\log 1=0$，$e^0=1$ に注意すると，与式は

(1) $\lim_{x\to 0}\frac{\log(1+x)-\log 1}{x-0}$　　(2) $\lim_{x\to 0}\frac{e^x-e^0}{x-0}$　とも表される。

関数 $y=f(x)$ の $x=a$ における微分係数の定義

$$f'(a)=\lim_{x\to a}\frac{f(x)-f(a)}{x-a}$$

と比べると，$a=0$ の場合であることがわかる。それぞれ $f(x)$ にあたる関数を定めて，微分係数を調べる。

解答 (1) $f(x)=\log(1+x)$ とすると，$f(0)=\log 1=0$ であるから

$$\lim_{x\to 0}\frac{\log(1+x)}{x}=\lim_{x\to 0}\frac{\log(1+x)-\log 1}{x-0}$$

$$=\lim_{x\to 0}\frac{f(x)-f(0)}{x-0}=f'(0)$$

$f'(x)=\frac{1}{1+x}$ より　　$f'(0)=1$

よって　$\lim_{x\to 0}\frac{\log(1+x)}{x}=1$ 答

(2) $g(x)=e^x$ とすると，$g(0)=e^0=1$ であるから

$$\lim_{x\to 0}\frac{e^x-1}{x}=\lim_{x\to 0}\frac{g(x)-g(0)}{x-0}=g'(0)$$

$g'(x)=e^x$ より　$g'(0)=e^0=1$

よって　$\lim_{x\to 0}\frac{e^x-1}{x}=\mathbf{1}$　答

別解 (1) $\frac{\log(1+x)}{x}=\frac{1}{x}\log(1+x)=\log(1+x)^{\frac{1}{x}}$ であり，

$\lim_{x\to 0}(1+x)^{\frac{1}{x}}=e$ であるから　$\lim_{x\to 0}\frac{\log(1+x)}{x}=\log e=\mathbf{1}$　答

教 p.99

10. $\lim_{n\to\infty}\left(1+\frac{1}{n}\right)^n=e$ であることを用いて，次の極限を求めよ。

(1) $\lim_{n\to\infty}\left(1+\frac{1}{n}\right)^{2n}$　(2) $\lim_{n\to\infty}\left(1+\frac{1}{2n}\right)^n$　(3) $\lim_{n\to\infty}\left(1+\frac{2}{n}\right)^n$

指針 **e の定義を用いた極限**　(1) $\left(1+\frac{1}{n}\right)^{2n}=\left\{\left(1+\frac{1}{n}\right)^n\right\}^2$

(2) $\left(1+\frac{1}{2n}\right)^n$ を $\left(1+\frac{1}{n}\right)^n$ の形にするために $2n=t$ とおくと，

$n\longrightarrow\infty$ のとき $t\longrightarrow\infty$ となる。

(3) $\frac{n}{2}=t$ とおくと，$\left(1+\frac{2}{n}\right)^n=\left(1+\frac{1}{t}\right)^{2t}$ となり，(1) と同じ形になる。

解答 (1) $\lim_{n\to\infty}\left(1+\frac{1}{n}\right)^{2n}=\lim_{n\to\infty}\left\{\left(1+\frac{1}{n}\right)^n\right\}^2=\boldsymbol{e^2}$　答

(2) $2n=t$ とおくと，$n\longrightarrow\infty$ のとき $t\longrightarrow\infty$ であり

$$\lim_{n\to\infty}\left(1+\frac{1}{2n}\right)^n=\lim_{t\to\infty}\left(1+\frac{1}{t}\right)^{\frac{t}{2}}=\lim_{t\to\infty}\left\{\left(1+\frac{1}{t}\right)^t\right\}^{\frac{1}{2}}$$

$$=\sqrt{\boldsymbol{e}}$$　答

(3) $\frac{n}{2}=t$ とおくと，$n\longrightarrow\infty$ のとき $t\longrightarrow\infty$ であり

$$\lim_{n\to\infty}\left(1+\frac{2}{n}\right)^n=\lim_{t\to\infty}\left(1+\frac{1}{t}\right)^{2t}=\boldsymbol{e^2}$$　答　←(1) より

教 p.99

11. 次の関数を微分せよ。

(1) $y=\frac{1-\tan x}{1+\tan x}$　(2) $y=x^2(\log x)^3$　(3) $y=\frac{e^x-e^{-x}}{e^x+e^{-x}}$

指針 **いろいろな関数の微分**　(1), (3) は商の導関数，(2) は積の導関数の公式を使う。
$(\log x)^3$ や e^{-x} の微分には，合成関数の微分法を考える。

教科書 p.99

解答 (1) $y'=\dfrac{(1-\tan x)'(1+\tan x)-(1-\tan x)(1+\tan x)'}{(1+\tan x)^2}$

$=\dfrac{1}{(1+\tan x)^2}\left(-\dfrac{1+\tan x}{\cos^2 x}-\dfrac{1-\tan x}{\cos^2 x}\right)$ ← $(\tan x)'=\dfrac{1}{\cos^2 x}$

$=-\dfrac{2}{(1+\tan x)^2\cos^2 x}$

$=-\dfrac{2}{(\cos x+\sin x)^2}$ 答 ← $\tan x\cos x=\sin x$

(2) $y'=(x^2)'(\log x)^3+x^2\{(\log x)^3\}'$

$=2x(\log x)^3+x^2\cdot 3(\log x)^2\cdot\dfrac{1}{x}$

$=2x(\log x)^3+3x(\log x)^2$

$=x(\log x)^2(2\log x+3)$ 答

(3) $y'=\dfrac{(e^x-e^{-x})'(e^x+e^{-x})-(e^x-e^{-x})(e^x+e^{-x})'}{(e^x+e^{-x})^2}$

$=\dfrac{(e^x+e^{-x})^2-(e^x-e^{-x})^2}{(e^x+e^{-x})^2}$ ← $(e^{-x})'=e^{-x}(-x)'=-e^{-x}$

$=\dfrac{4e^xe^{-x}}{(e^x+e^{-x})^2}=\dfrac{4}{(e^x+e^{-x})^2}$ 答 ← $e^xe^{-x}=1$

別解 (1) $y=\dfrac{2-(1+\tan x)}{1+\tan x}=\dfrac{2}{1+\tan x}-1$ より

$$y'=-2\cdot\dfrac{\dfrac{1}{\cos^2 x}}{(1+\tan x)^2}=-2\cdot\dfrac{1}{\{\cos x(1+\tan x)\}^2}$$

$$=-\dfrac{2}{(\cos x+\sin x)^2}$$ 答

(3) 分母と分子に e^x を掛けると $y=\dfrac{e^{2x}-1}{e^{2x}+1}$

よって $y'=\dfrac{2e^{2x}(e^{2x}+1)-(e^{2x}-1)\cdot 2e^{2x}}{(e^{2x}+1)^2}$

$=\dfrac{4e^{2x}}{(e^{2x}+1)^2}=\dfrac{4}{(e^x+e^{-x})^2}$ 答 ← 分母・分子に e^{-2x} を掛ける

教 p.99

12. 次の関数を微分せよ。

(1) $y=x^x$ $(x>0)$　　(2) $y=\sqrt[3]{\dfrac{x+1}{(x+2)^2}}$

指針 **対数を利用した微分**

(1) $x^x>0$ であるから，両辺の自然対数をとり，両辺をそれぞれ x で微分する。

(2) 両辺の絶対値の自然対数をとることで，いくつかの自然対数の和や差で表され，微分しやすくなる。

解答 (1) 両辺の自然対数をとると

$$\log y = \log x^x$$ ← $x^x > 0$

すなわち　$\log y = x\log x$

この両辺の関数を x で微分すると

$$\frac{y'}{y} = 1\cdot\log x + x\cdot\frac{1}{x}$$

よって　$y' = (\log x + 1)y$

したがって　$\boldsymbol{y' = x^x(\log x + 1)}$　答

(2) 両辺の絶対値の自然対数をとると

$$\log|y| = \frac{1}{3}(\log|x+1| - 2\log|x+2|)$$

両辺の関数を x で微分すると

$$\frac{y'}{y} = \frac{1}{3}\left(\frac{1}{x+1} - \frac{2}{x+2}\right) = -\frac{1}{3}\cdot\frac{x}{(x+1)(x+2)}$$

よって　$\boldsymbol{y'} = -\frac{(x+1)^{\frac{1}{3}}}{(x+2)^{\frac{2}{3}}}\cdot\frac{x}{3(x+1)(x+2)}$

$$= -\frac{\boldsymbol{x}}{\boldsymbol{3(x+2)\sqrt[3]{(x+1)^2(x+2)^2}}}$$ 答

教 p.99

13. $x = e^t$, $y = e^{-t}$ であるとき, $\frac{dy}{dx}$, $\frac{d^2y}{dx^2}$ を t の関数として表せ。

指針 **媒介変数表示と導関数, 第2次導関数**　$x = f(t)$, $y = g(t)$ のとき

$\frac{dx}{dt} = f'(t)$, $\frac{dy}{dt} = g'(t)$ をそれぞれ求め, $\frac{dy}{dx} = \frac{g'(t)}{f'(t)}$ とすればよい。

$\frac{d^2y}{dx^2}$ は $\frac{d^2y}{dx^2} = \frac{d}{dx}\left(\frac{dy}{dx}\right) = \frac{d}{dt}\left(\frac{dy}{dx}\right)\cdot\frac{dt}{dx}$ より求める。

解答 $\frac{dx}{dt} = e^t$, $\frac{dy}{dt} = -e^{-t}$ であるから

$$\boldsymbol{\frac{dy}{dx}} = \frac{-e^{-t}}{e^t} = \boldsymbol{-e^{-2t}}$$ 答

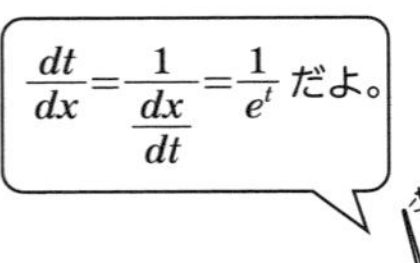
$\frac{dt}{dx} = \frac{1}{\frac{dx}{dt}} = \frac{1}{e^t}$ だよ。

また　$\boldsymbol{\frac{d^2y}{dx^2}} = \frac{d}{dx}\left(\frac{dy}{dx}\right) = \frac{d}{dt}\left(\frac{dy}{dx}\right)\cdot\frac{dt}{dx}$

$$= -e^{-2t}\cdot(-2t)'\cdot\frac{1}{e^t} = \boldsymbol{2e^{-3t}}$$ 答

教 p.99

14. 方程式 $x^{\frac{2}{3}}+y^{\frac{2}{3}}=1$ で定められる x の関数 y について，$\dfrac{dy}{dx}=-\left(\dfrac{y}{x}\right)^{\frac{1}{3}}$ と表されることを示せ。

指針 **x，y の方程式と導関数**　y を x の関数と考え，方程式の両辺を x で微分する。

合成関数の微分法により $\dfrac{d}{dx}y^p=\dfrac{d}{dy}y^p\cdot\dfrac{dy}{dx}=py^{p-1}\cdot\dfrac{dy}{dx}$

解答 $x^{\frac{2}{3}}+y^{\frac{2}{3}}=1$ の両辺を x で微分すると

$$\frac{2}{3}x^{-\frac{1}{3}}+\frac{2}{3}y^{-\frac{1}{3}}\cdot\frac{dy}{dx}=0$$

この等式は $x=0$ または $y=0$ のときは成り立たない。

よって，$x\neq0$，$y\neq0$ のとき

$$\frac{dy}{dx}=-\frac{x^{-\frac{1}{3}}}{y^{-\frac{1}{3}}}=-\left(\frac{y}{x}\right)^{\frac{1}{3}}$$ 終

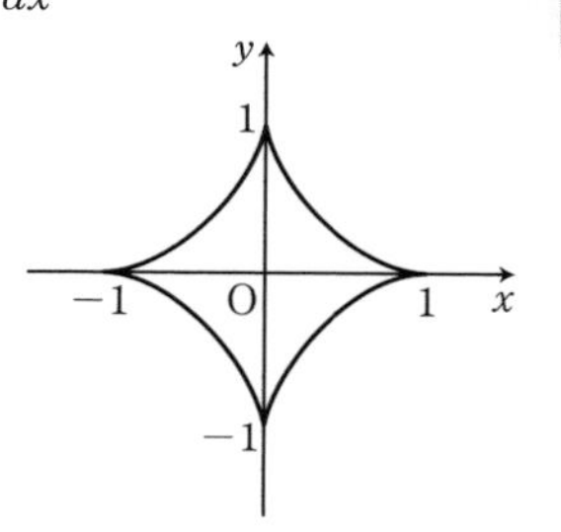

参考 方程式 $x^{\frac{2}{3}}+y^{\frac{2}{3}}=1$ が表す曲線をアステロイドといい，右図のようになる。

コラム 高木関数

まとめ

高木関数

次のように表すことができる関数 $T(x)$ を高木関数という。

> 数直線上で x を座標とする点と整数を座標とする点の距離について考えたとき，その最小値を $s(x)$ とする。
>
> $0\leqq x\leqq1$ で，$t_n(x)=\dfrac{s(2^nx)}{2^n}$ とするとき　　$T(x)=\displaystyle\sum_{n=0}^{\infty}t_n(x)$

練習 教 p.100

$y=t_0(x)+t_1(x)+t_2(x)$ のグラフをかいてみよう。

指針 **高木関数**　$t_0(x)=s(x)$ について考えると，$0\leqq x\leqq\dfrac{1}{2}$ のとき　$s(x)=x$，

$\dfrac{1}{2}<x\leqq1$ のとき　$s(x)=1-x$ と表すことができ，$y=t_0(x)$ のグラフは図[1]のようになる。同様にして，$y=t_1(x)=\dfrac{s(2x)}{2}$ のグラフは図[2]のようになり，$y=t_0(x)$，$y=t_1(x)$ から $y=t_0(x)+t_1(x)$ のグラフ（図[3]）をかくことができる。

このように $y=t_0(x)+t_1(x)+t_2(x)+\cdots\cdots+t_n(x)$ のグラフを考えていくと，n が大きくなるにつれて高木関数のグラフに近づいていく。

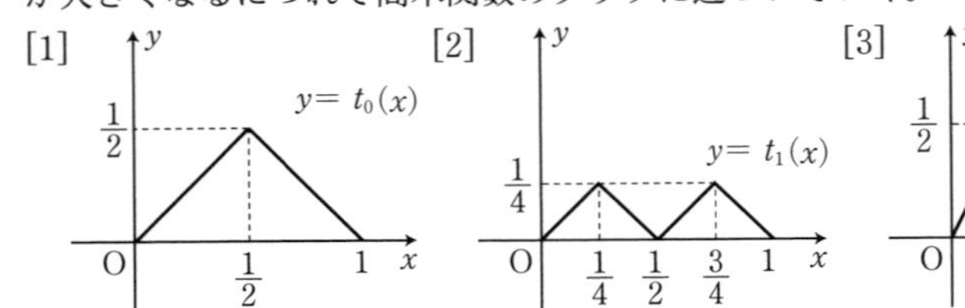

本問では，図[3]を利用して $y=t_0(x)+t_1(x)+t_2(x)$ を求め，そのグラフをかく。

解答 図[3]より，$t_0(x)+t_1(x)$ は

$0\leqq x\leqq\frac{1}{4}$ のとき　　$2x$

$\frac{1}{4}<x\leqq\frac{3}{4}$ のとき　　$\frac{1}{2}$

$\frac{3}{4}<x\leqq1$ のとき　　$-2x+2$

次に，$t_2(x)=\frac{s(2^2x)}{2^2}$ について考える。

$0\leqq2^2x\leqq\frac{1}{2}$ のとき，すなわち $0\leqq x\leqq\frac{1}{8}$ のとき

$s(2^2x)=4x$ より　　$t_2(x)=\frac{s(2^2x)}{2^2}=x$

$\frac{1}{2}<2^2x\leqq1$ のとき，すなわち $\frac{1}{8}<x\leqq\frac{1}{4}$ のとき

$s(2^2x)=1-4x$ より　　$t_2(x)=\frac{s(2^2x)}{2^2}=\frac{1}{4}-x$

$1<2^2x\leqq\frac{3}{2}$ のとき，すなわち $\frac{1}{4}<x\leqq\frac{3}{8}$ のとき

$s(2^2x)=4x-1$ より　　$t_2(x)=\frac{s(2^2x)}{2^2}=x-\frac{1}{4}$

$\frac{3}{2}<2^2x\leqq2$ のとき，すなわち $\frac{3}{8}<x\leqq\frac{1}{2}$ のとき

$s(2^2x)=2-4x$ より　　$t_2(x)=\frac{s(2^2x)}{2^2}=\frac{1}{2}-x$

$2<2^2x\leqq\frac{5}{2}$ のとき，すなわち $\frac{1}{2}<x\leqq\frac{5}{8}$ のとき

$s(2^2x)=4x-2$ より　　$t_2(x)=\frac{s(2^2x)}{2^2}=x-\frac{1}{2}$

$\frac{5}{2}<2^2x\leqq3$ のとき，すなわち $\frac{5}{8}<x\leqq\frac{3}{4}$ のとき

$s(2^2x)=3-4x$ より　　$t_2(x)=\frac{s(2^2x)}{2^2}=\frac{3}{4}-x$

$3<2^2x\leqq\dfrac{7}{2}$ のとき，すなわち $\dfrac{3}{4}<x\leqq\dfrac{7}{8}$ のとき

$s(2^2x)=4x-3$ より　　$t_2(x)=\dfrac{s(2^2x)}{2^2}=x-\dfrac{3}{4}$

$\dfrac{7}{2}<2^2x\leqq4$ のとき，すなわち $\dfrac{7}{8}<x\leqq1$ のとき

$s(2^2x)=4-4x$ より　　$t_2(x)=\dfrac{s(2^2x)}{2^2}=1-x$

以上より，$y=t_0(x)+t_1(x)+t_2(x)$ は

$0\leqq x\leqq\dfrac{1}{8}$ のとき　　$y=2x+x=3x$

$\dfrac{1}{8}<x\leqq\dfrac{1}{4}$ のとき　　$y=2x+\left(\dfrac{1}{4}-x\right)=x+\dfrac{1}{4}$

$\dfrac{1}{4}<x\leqq\dfrac{3}{8}$ のとき　　$y=\dfrac{1}{2}+\left(x-\dfrac{1}{4}\right)=x+\dfrac{1}{4}$

$\dfrac{3}{8}<x\leqq\dfrac{1}{2}$ のとき　　$y=\dfrac{1}{2}+\left(\dfrac{1}{2}-x\right)=1-x$

$\dfrac{1}{2}<x\leqq\dfrac{5}{8}$ のとき　　$y=\dfrac{1}{2}+\left(x-\dfrac{1}{2}\right)=x$

$\dfrac{5}{8}<x\leqq\dfrac{3}{4}$ のとき　　$y=\dfrac{1}{2}+\left(\dfrac{3}{4}-x\right)=\dfrac{5}{4}-x$

$\dfrac{3}{4}<x\leqq\dfrac{7}{8}$ のとき　　$y=(-2x+2)+\left(x-\dfrac{3}{4}\right)=\dfrac{5}{4}-x$

$\dfrac{7}{8}<x\leqq1$ のとき　　$y=(-2x+2)+(1-x)=3-3x$

したがって，$y=t_0(x)+t_1(x)+t_2(x)$ のグラフは，右の図のようになる。

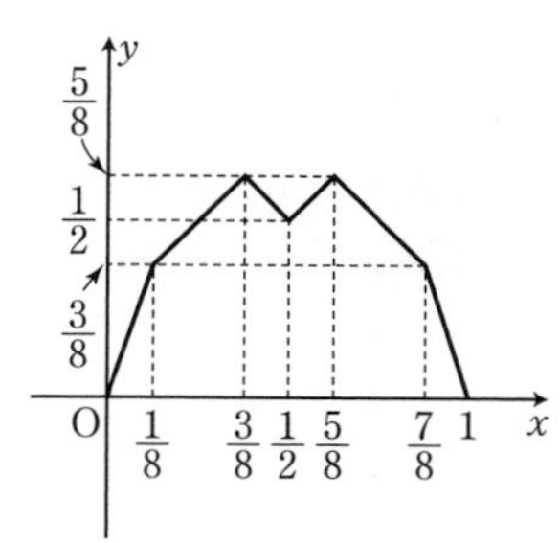

教科書 p.102

第4章 | 微分法の応用

第1節 導関数の応用

1 接線の方程式

まとめ

1 接線の傾き

関数 $y=f(x)$ が $x=a$ で微分可能であるとき，微分係数 $f'(a)$ は曲線 $y=f(x)$ 上の点 $(a,\ f(a))$ における接線の傾きに等しい。

2 接線の方程式

曲線 $y=f(x)$ 上の点 $(a,\ f(a))$ における接線の方程式は

$$y-f(a)=f'(a)(x-a)$$

3 法線

曲線上の点Aを通り，Aにおけるこの曲線の接線と垂直な直線を，点Aにおけるこの曲線の **法線** という。

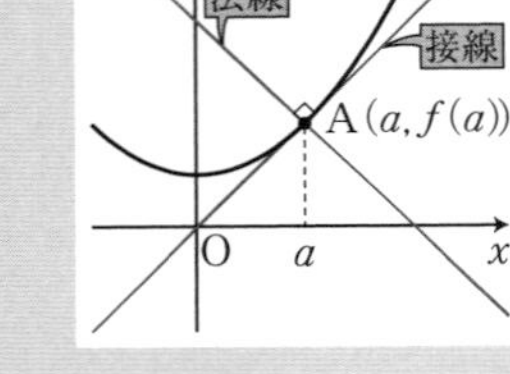

4 法線の方程式

曲線 $y=f(x)$ 上の点 $(a,\ f(a))$ における法線の方程式は

$f'(a)\neq 0$ のとき　$y-f(a)=-\dfrac{1}{f'(a)}(x-a)$

補足　$f'(a)=0$ のとき，法線の方程式は　$x=a$

注意　点 $A(a,\ f(a))$ における接線の傾きは $f'(a)$ に等しい。

$f'(a)\neq 0$ のとき，法線の傾きを m とすると，垂直条件から

$f'(a)\cdot m=-1$　　よって　$m=-\dfrac{1}{f'(a)}$

A 曲線 $y=f(x)$ の接線

教 p.102

練習 1

次の曲線上の点Aにおける接線の方程式を求めよ。

(1) $y=\dfrac{4}{x}$，$A(-1,\ -4)$　　(2) $y=\tan x$，$A(0,\ 0)$

指針　**接線の方程式**　接点Aの座標が与えられている。曲線の式を $y=f(x)$ として導関数 $f'(x)$ を求め，接線の方程式の公式を利用する。

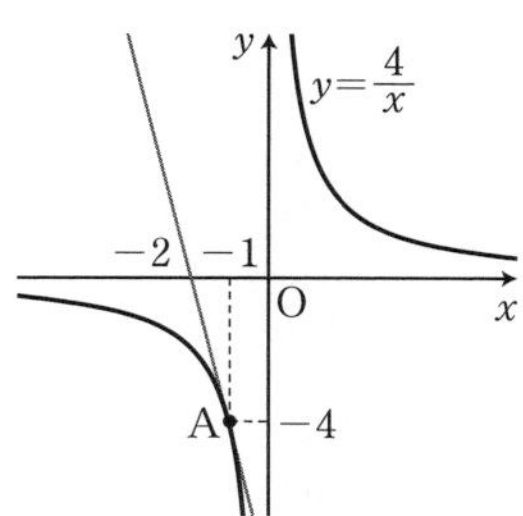

解答 (1) $f(x)=\dfrac{4}{x}$ とすると

$$f'(x)=-\frac{4}{x^2}$$

であるから　　$f'(-1)=-4$

よって，点 A$(-1,\ -4)$ における接線の方程式は

$$y-(-4)=-4\{x-(-1)\}$$

すなわち　$\boldsymbol{y=-4x-8}$ 答

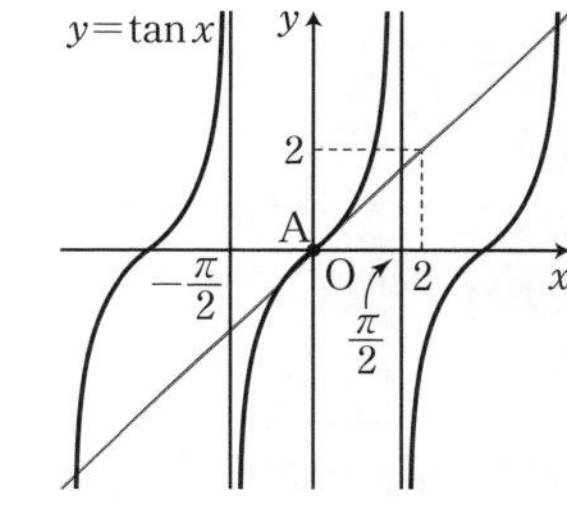

(2) $f(x)=\tan x$ とすると

$$f'(x)=\frac{1}{\cos^2 x}$$

であるから　　$f'(0)=\dfrac{1}{(\cos 0)^2}=1$

よって，点 A$(0,\ 0)$ における接線の方程式は

$$y-0=1\cdot(x-0)$$

すなわち　$\boldsymbol{y=x}$ 答

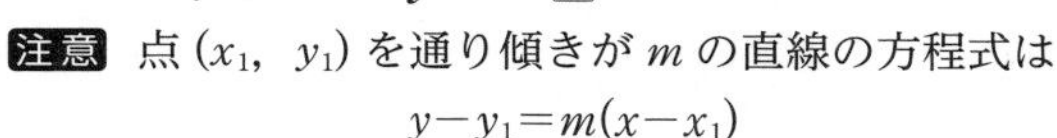

注意 点 $(x_1,\ y_1)$ を通り傾きが m の直線の方程式は

$$y-y_1=m(x-x_1)$$

B 曲線 $y=f(x)$ の法線

教 p.103

練習 2

次の曲線上の点 A における法線の方程式を求めよ。

(1) $y=\dfrac{2}{x}$，A$(1,\ 2)$　　　(2) $y=\sin x$，A$\left(\dfrac{\pi}{6},\ \dfrac{1}{2}\right)$

指針 **法線の方程式**　曲線の式を $y=f(x)$ として，まず導関数 $f'(x)$ を求める。点 A$(a,\ f(a))$ における接線の傾きは $f'(a)$ であり，$f'(a)\neq 0$ のとき，法線の傾きは $-\dfrac{1}{f'(a)}$ となる。

法線の方程式は　$y-f(a)=-\dfrac{1}{f'(a)}(x-a)$

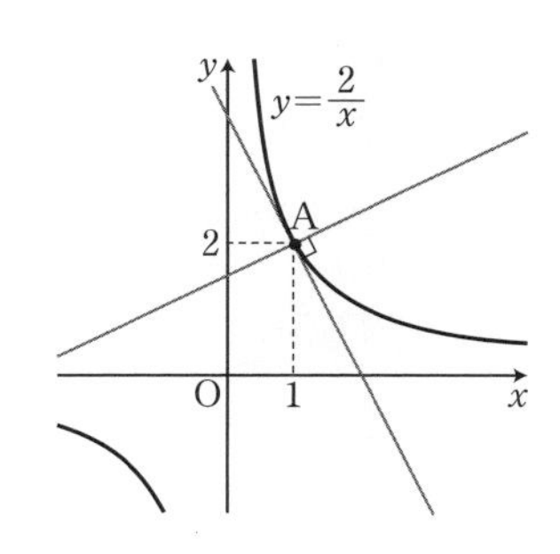

解答 (1) $f(x)=\dfrac{2}{x}$ とすると　　$f'(x)=-\dfrac{2}{x^2}$

よって　　$f'(1)=-2$

したがって，求める法線の方程式は

$$y-2=\frac{1}{2}(x-1)$$

すなわち　$\boldsymbol{y=\dfrac{1}{2}x+\dfrac{3}{2}}$ 答

(2)　$f(x)=\sin x$ とすると

$$f'(x)=\cos x$$

よって　　$f'\left(\dfrac{\pi}{6}\right)=\cos\dfrac{\pi}{6}=\dfrac{\sqrt{3}}{2}$

したがって，求める法線の方程式は

$$y-\frac{1}{2}=-\frac{2}{\sqrt{3}}\left(x-\frac{\pi}{6}\right)$$

すなわち

$$\boldsymbol{y=-\frac{2}{\sqrt{3}}x+\frac{\pi}{3\sqrt{3}}+\frac{1}{2}}$$ 答

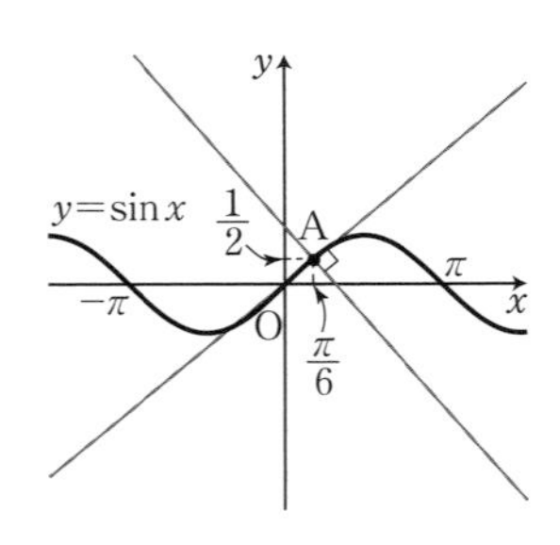

C 傾きや通る1点から接線の方程式を決定

教 p.104

練習 3　曲線 $y=e^x$ について，次のような接線の方程式を求めよ。

(1)　傾きが1である　　　(2)　点 $(1,\ 0)$ を通る

指針　**接線の方程式**　接点の座標ではなく，他の条件が与えられている。
接点は曲線 $y=e^x$ 上にあるから，その座標を $(a,\ e^a)$ として，この点における接線の方程式を公式に従って作る。
条件を満たすように a の値を定め，あらためて方程式に代入する。

解答　$y=e^x$ を微分すると　$y'=e^x$

ここで，接点の座標を $(a,\ e^a)$ とすると，
接線の方程式は

$$y-e^a=e^a(x-a)\quad\cdots\cdots\ ①$$

(1)　接線①の傾きが1であるから

$e^a=1$　　すなわち　　$a=0$

①に代入すると

$$y-e^0=e^0(x-0)$$

整理して　　$\boldsymbol{y=x+1}$ 答

(2)　接線①が点 $(1,\ 0)$ を通るから

$$0-e^a=e^a(1-a)$$

よって　　$e^a(2-a)=0$

$e^a>0$ であるから　　$a=2$

①に代入すると

$$y-e^2=e^2(x-2)$$

整理して　　$\boldsymbol{y=e^2x-e^2}$ 答

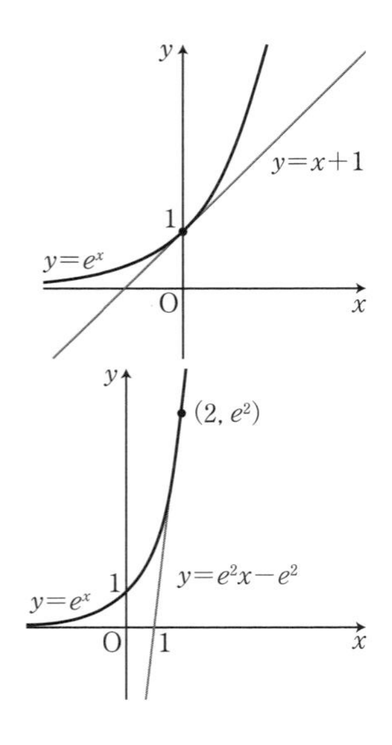

D 曲線の方程式と接線

教 p.105

練習 4 次の曲線上の点 A における接線の方程式を求めよ。

(1) 楕円 $\dfrac{x^2}{2}+\dfrac{y^2}{8}=1$，A$(-1,\ 2)$

(2) 双曲線 $x^2-y^2=1$，A$(\sqrt{2},\ -1)$

指針 **曲線の方程式と接線** 接点の座標が与えられている。接線の方程式を求める手順は練習 1 と同様で，

導関数 ⟶ 接点における微分係数 (傾き) ⟶ 公式への代入

ここでは，曲線が x，y の方程式で与えられているから，y を x の関数とみて，方程式の両辺を x で微分して導関数 y' を求める。

解答 (1) 方程式の両辺を x で微分すると

$$\frac{2x}{2}+\frac{2yy'}{8}=0$$

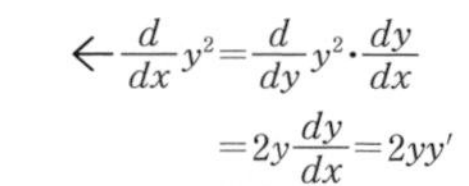

$\leftarrow \dfrac{d}{dx}y^2=\dfrac{d}{dy}y^2\cdot\dfrac{dy}{dx}$
$=2y\dfrac{dy}{dx}=2yy'$

よって，$y\neq 0$ のとき $y'=-\dfrac{4x}{y}$

ゆえに，点 A$(-1,\ 2)$ における接線の傾きは

$$-\frac{4\cdot(-1)}{2}=2$$

したがって，求める接線の方程式は

$$y-2=2\{x-(-1)\}$$

すなわち $\boldsymbol{y=2x+4}$ 答

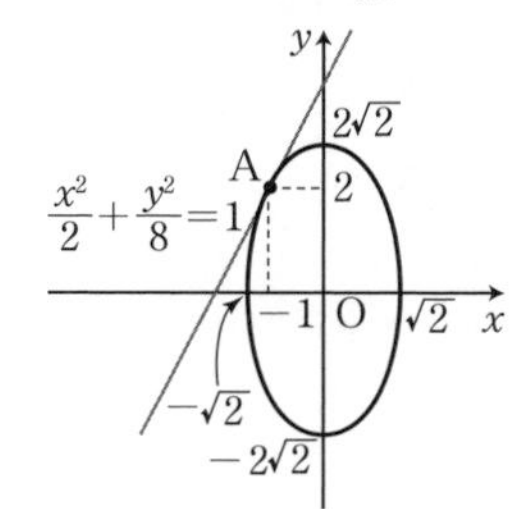

(2) 方程式の両辺を x で微分すると

$$2x-2yy'=0$$

よって，$y\neq 0$ のとき $y'=\dfrac{x}{y}$

ゆえに，点 A$(\sqrt{2},\ -1)$ における接線の傾きは $\dfrac{\sqrt{2}}{-1}=-\sqrt{2}$

したがって，求める接線の方程式は

$$y-(-1)=-\sqrt{2}(x-\sqrt{2})$$

すなわち $\boldsymbol{y=-\sqrt{2}x+1}$ 答

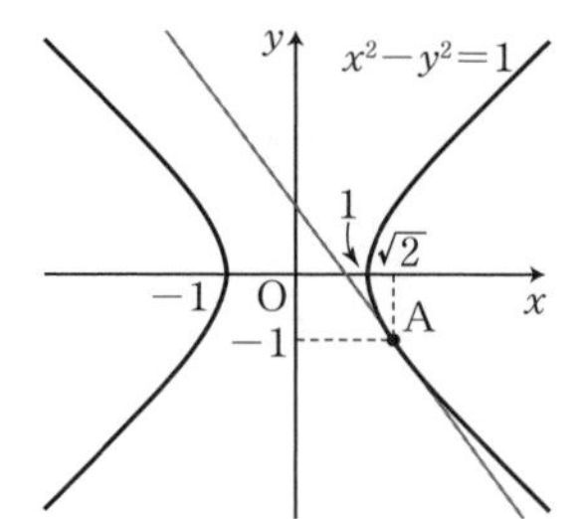

2 平均値の定理

まとめ

平均値の定理

関数 $f(x)$ が区間 $[a,\ b]$ で連続で，区間 $(a,\ b)$ で微分可能ならば

$$\frac{f(b)-f(a)}{b-a}=f'(c),\ a<c<b$$

を満たす実数 c が存在する。

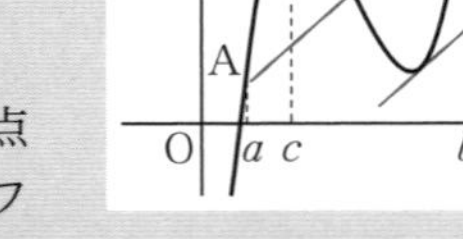

注意　条件を満たす関数 $y=f(x)$ のグラフ上に2点 $\mathrm{A}(a,\ f(a))$，$\mathrm{B}(b,\ f(b))$ があるとき，グラフ上の A，B 間の点における接線で，直線 AB と平行なものが少なくとも1本存在する。連続で微分可能であることが欠かせない条件である。

A 平均値の定理

練習 5 教 p.107

次の場合に，上の平均値の定理における c の値を求めよ。

$$f(x)=x^3,\ a=-1,\ b=2$$

指針　**平均値の定理**　区間 $[a,\ b]$ で連続，区間 $(a,\ b)$ で微分可能であることを確かめてから定理の等式を使う。両辺をそれぞれ計算し，右辺に残る未知数 c の値を求める。

解答　$f(x)=x^3$ は，区間 $[-1,\ 2]$ で連続で，区間 $(-1,\ 2)$ で微分可能である。

$$\frac{f(2)-f(-1)}{2-(-1)}=\frac{2^3-(-1)^3}{3}=3$$

また　　$f'(c)=3c^2$

よって　　$3c^2=3$

$-1<c<2$ であるから　$\boldsymbol{c=1}$　答

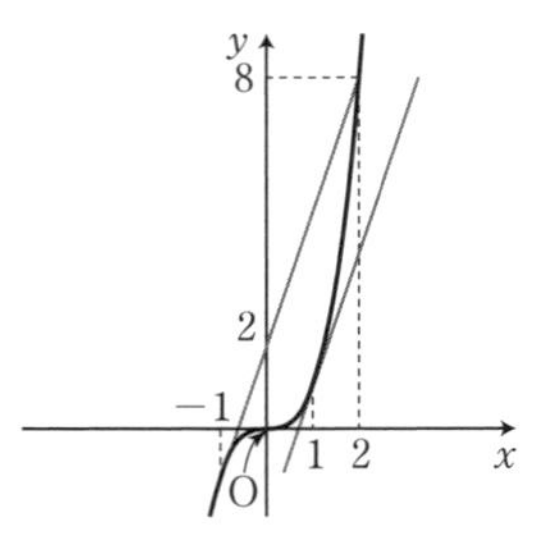

B 不等式への応用

練習 6 教 p.107

平均値の定理を用いて，次のことを証明せよ。

$$a<b \text{ のとき}\qquad e^a<\frac{e^b-e^a}{b-a}<e^b$$

指針　**平均値の定理の応用**　関数 $f(x)=e^x$ を考えると，不等式の中央の式は $\dfrac{f(b)-f(a)}{b-a}$ の形をしている。区間 $[a,\ b]$ で平均値の定理を用いる。

解答　関数 $f(x)=e^x$ は，微分可能で　$f'(x)=e^x$
区間 $[a,\ b]$ において，平均値の定理を用いると

$$\frac{e^b-e^a}{b-a}=e^c \quad \cdots\cdots ①, \qquad a<c<b \quad \cdots\cdots ②$$

を満たす実数 c が存在する。
$f'(x)=e^x$ は常に増加するから，② より

$$e^a<e^c<e^b$$

よって，① より　$e^a<\dfrac{e^b-e^a}{b-a}<e^b$　終

3 関数の値の変化

まとめ

1　導関数の符号と関数の増減

関数 $f(x)$ が区間 $[a,\ b]$ で連続で，区間 $(a,\ b)$ で微分可能であるとする。

1　区間 $(a,\ b)$ で常に $f'(x)>0$ ならば，
　　$f(x)$ は区間 $[a,\ b]$ で増加する。

2　区間 $(a,\ b)$ で常に $f'(x)<0$ ならば，
　　$f(x)$ は区間 $[a,\ b]$ で減少する。

3　区間 $(a,\ b)$ で常に $f'(x)=0$ ならば，
　　$f(x)$ は区間 $[a,\ b]$ で定数である。

注意　区間 I に含まれる任意の 2 数 x_1，x_2 について
「$x_1<x_2$ ならば $f(x_1)<f(x_2)$」が成り立つとき，関数 $f(x)$ は区間 I で増加するといい，「$x_1<x_2$ ならば $f(x_1)>f(x_2)$」が成り立つとき，関数 $f(x)$ は区間 I で減少するという。

2　導関数が等しい 2 つの関数

関数 $f(x)$，$g(x)$ が区間 $[a,\ b]$ で連続で，区間 $(a,\ b)$ で微分可能であるとする。
区間 $(a,\ b)$ で常に $g'(x)=f'(x)$ ならば，区間 $[a,\ b]$ で
$g(x)=f(x)+C$　　ただし，C は定数

3　極大と極小

連続な関数 $f(x)$ が，$x=a$ を境目として，増加から減少に移るとき，$f(x)$ は $x=a$ で **極大** であるといい，$f(a)$ を **極大値** という。関数 $f(x)$ が，$x=b$ を境目として減少から増加に移るとき，$f(x)$ は $x=b$ で **極小** であるといい，$f(b)$ を **極小値** という。極大値と極小値をまとめて **極値** という。

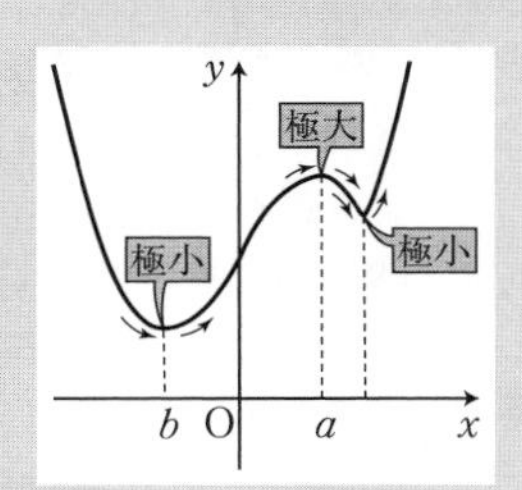

4　極値をとるための必要条件

関数 $f(x)$ が $x=a$ で微分可能であるとき

$f(x)$ が $x=a$ で極値をとるならば　$f'(a)=0$

注意　$f'(a)=0$ であっても，$f(x)$ が $x=a$ で極値をとるとは限らない。関数 $f(x)$ の極値を求めるには，まず $f'(x)=0$ となる x の値を求め，その値の前後における $f'(x)$ の符号を調べる必要がある。

A 関数の増減

教 p.108

練習 7　教科書 108 ページの **2**，**3** を証明せよ。

指針　**関数の増減（証明）**　平均値の定理を使って証明する。

2　区間 $[a,\ b]$ に含まれる任意の 2 数 x_1，x_2 について，「$x_1<x_2$ ならば $f(x_1)>f(x_2)$」が成り立つことを示せばよい。

3　区間 $[a,\ b]$ に含まれる任意の 2 数 x_1，x_2 について，「$f(x_1)=f(x_2)$」が成り立つことを示せばよい。

解答　区間 $[a,\ b]$ において，$a \leqq x_1 < x_2 \leqq b$ となる任意の 2 数 x_1，x_2 に対して，平均値の定理により　　$f(x_2)-f(x_1)=f'(c)(x_2-x_1)$，　$x_1<c<x_2$

を満たす実数 c が存在する。

【**2** の証明】　区間 $(a,\ b)$ で常に $f'(x)<0$ ならば，x_1，x_2 のとり方によらず，常に $f'(c)<0$ となる。ここで，$x_2-x_1>0$ であるから

$f(x_2)-f(x_1)<0$　すなわち　$f(x_1)>f(x_2)$ が成り立つ。

よって，$f(x)$ は区間 $[a,\ b]$ で減少する。　終

【**3** の証明】　区間 $(a,\ b)$ で常に $f'(x)=0$ ならば，x_1，x_2 のとり方によらず，常に $f'(c)=0$ となるから　$f(x_2)-f(x_1)=0$

すなわち，任意の x_1，x_2 について，$f(x_1)=f(x_2)$ が成り立つ。

よって，$f(x)$ は区間 $[a,\ b]$ で定数である。　終

教 p.109

練習 8　教科書 109 ページの上のことを証明せよ。

指針　**導関数が等しい関数**　教科書 $p.109$ の上のこととは次のことである。

区間 $(a,\ b)$ で常に $g'(x)=f'(x)$ ならば，区間 $[a,\ b]$ で　$g(x)=f(x)+C$　ただし，C は定数。

関数 $h(x)=g(x)-f(x)$ を考えて，教科書 $p.108$ の次のことを用いて証明する。

3　区間 $(a,\ b)$ で常に $f'(x)=0$ ならば，$f(x)$ は区間 $[a,\ b]$ で定数である。

解答　$h(x)=g(x)-f(x)$ とすると，$h(x)$ は区間 $(a,\ b)$ で微分可能であり

$$h'(x)=g'(x)-f'(x)$$

仮定より，区間 $(a,\ b)$ で常に $h'(x)=0$ となるから，$h(x)$ は区間 $[a,\ b]$ で定数である。

よって　　　$g(x)-f(x)=C$　　ただし，C は定数

すなわち，区間 $[a,\ b]$ で　$g(x)=f(x)+C$（C は定数）　終

教 p.109

練習 9

次の関数の増減を調べよ。

(1) $f(x)=x-e^x$　　　(2) $f(x)=x-\log x$

(3) $f(x)=x+\sin x$ $(0\leqq x\leqq\pi)$

指針　**関数の増減**　まず，関数 $f(x)$ の定義域を確かめてから，導関数 $f'(x)$ と，$f'(x)=0$ となる x の値を求める。さらに，$f'(x)$ の符号を調べて，$f'(x)$ が正の区間では $f(x)$ は増加する，負の区間では $f(x)$ は減少すると判断する。

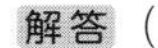

(1) 関数の定義域は実数全体である。

$$f'(x)=1-e^x$$

$f'(x)=0$ とすると　$x=0$

$f(x)$ の増減表は次のようになる。

x	……	0	……
$f'(x)$	$+$	0	$-$
$f(x)$	↗	-1	↘

よって，$f(x)$ は，$\boldsymbol{x\leqq 0}$ **で増加し，**$\boldsymbol{0\leqq x}$ **で減少する。**　

(2) 関数の定義域は $x>0$ である。

$$f'(x)=1-\frac{1}{x}=\frac{x-1}{x}$$

$f'(x)=0$ とすると　$x=1$

$f(x)$ の増減表は次のようになる。

x	0	……	1	……
$f'(x)$	／	$-$	0	$+$
$f(x)$	／	↘	1	↗

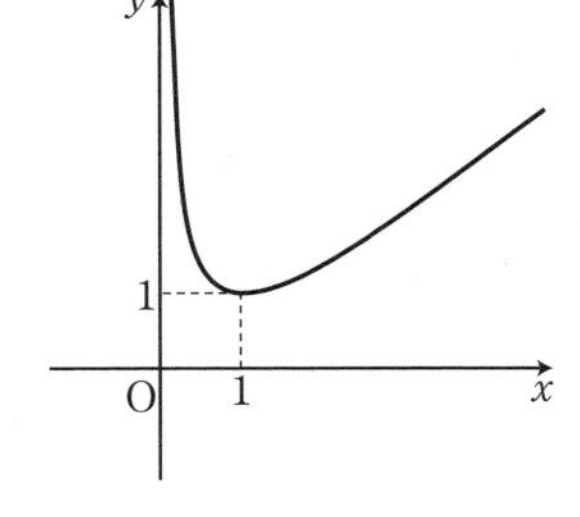

よって，$f(x)$ は，$\boldsymbol{0<x\leqq 1}$ **で減少し，**$\boldsymbol{1\leqq x}$ **で増加する。**　答

(3) 関数の定義域は $0\leqq x\leqq\pi$ である。

$$f'(x)=1+\cos x$$

$f'(x)=0$ とすると　$x=\pi$

$f(x)$ の増減表は次のようになる。

x	0	……	π
$f'(x)$	／	$+$	／
$f(x)$	0	↗	π

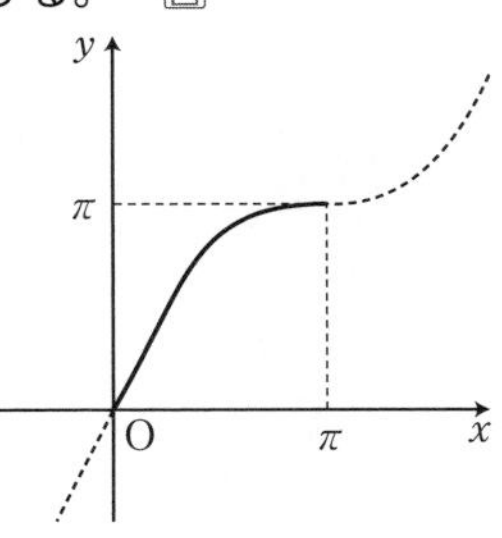

よって，$f(x)$ は，$\boldsymbol{0\leqq x\leqq\pi}$ **で増加する。**　答

B 関数の極大と極小

教 p.111

練習 10　次の関数の極値を求めよ。

(1) $f(x)=x^2e^{-x}$　(2) $f(x)=x\log x$　(3) $f(x)=x+\dfrac{2}{x}$

指針　**関数の極値**　導関数 $f'(x)$，$f'(x)=0$ となる x の値を順に求め，増減表を作る。
$x=a$ の前後で $f'(x)$ の符号が変わることを確かめてから極値とする。
$f'(x)>0$（増加）から $f'(x)<0$（減少）に移るとき極大値をとり，
$f'(x)<0$（減少）から $f'(x)>0$（増加）に移るとき極小値をとる。

解答　(1) $f'(x)=2xe^{-x}-x^2e^{-x}=-x(x-2)e^{-x}$　←$e^{-x}>0$

$f'(x)=0$ とすると　$x=0,\ 2$

$f(x)$ の増減表は次のようになる。

x	……	0	……	2	……
$f'(x)$	$-$	0	$+$	0	$-$
$f(x)$	↘	極小 0	↗	極大 $\dfrac{4}{e^2}$	↘

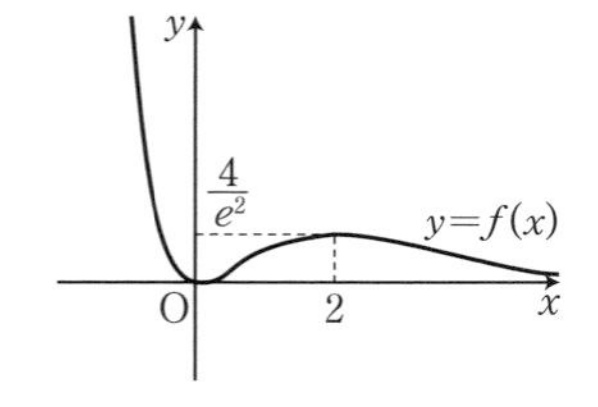

よって，$f(x)$ は **$x=0$ で極小値 0，$x=2$ で極大値 $\dfrac{4}{e^2}$** をとる。　答

(2) 関数の定義域は $x>0$ である。

$$f'(x)=\log x+x\cdot\frac{1}{x}=\log x+1$$　←$f'(x)=1\cdot\log x+x\cdot\dfrac{1}{x}$

$f'(x)=0$ とすると　$x=\dfrac{1}{e}$

$f(x)$ の増減表は次のようになる。

x	0	……	$\dfrac{1}{e}$	……
$f'(x)$	／	$-$	0	$+$
$f(x)$	／	↘	極小 $-\dfrac{1}{e}$	↗

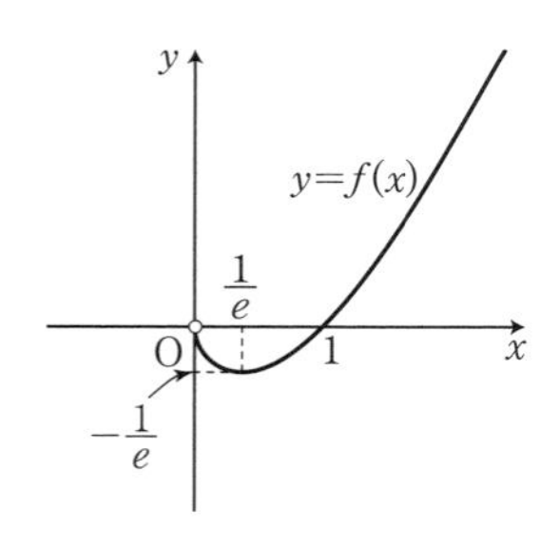

よって，$f(x)$ は **$x=\dfrac{1}{e}$ で極小値 $-\dfrac{1}{e}$** をとる。極大値はない。　答

(3) 関数の定義域は $x \neq 0$ である。

$$f'(x)=1-\frac{2}{x^2}=\frac{(x+\sqrt{2})(x-\sqrt{2})}{x^2} \quad \leftarrow x^2>0$$

$f'(x)=0$ とすると　　$x=\pm\sqrt{2}$

$f(x)$ の増減表は次のようになる。

x	……	$-\sqrt{2}$	……	0	……	$\sqrt{2}$	……
$f'(x)$	$+$	0	$-$	／	$-$	0	$+$
$f(x)$	↗	極大 $-2\sqrt{2}$	↘	／	↘	極小 $2\sqrt{2}$	↗

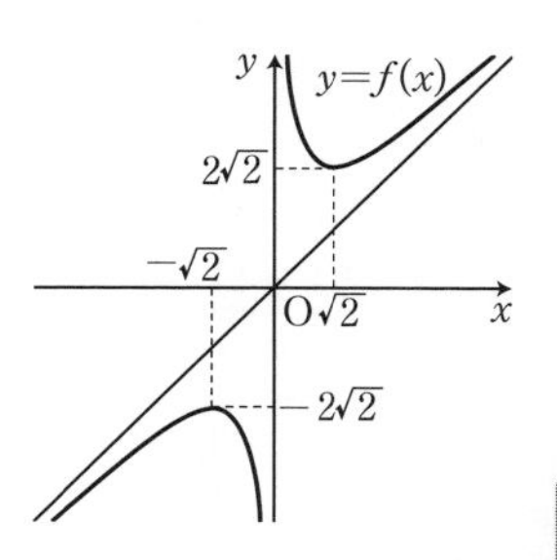

よって，$f(x)$ は

$x=-\sqrt{2}$ で極大値 $-2\sqrt{2}$，$x=\sqrt{2}$ で極小値 $2\sqrt{2}$ をとる。 答

教 p.112

練習 11

次の関数の極値を求めよ。

(1) $f(x)=|x|(x+1)$　　　(2) $f(x)=|x|\sqrt{x+2}$

指針 **関数の極値**　$x=a$ で微分可能でなくても，$x=a$ で極値をとることがある。(1) は $x=0$ で，(2) は $x=-2$，0 で微分可能ではない。

(1)，(2) とも定義域を分割して絶対値の記号をはずし，それぞれの区間で導関数の符号を調べて増減表を作る。極値かどうかの判断は，これまでと同様である。

解答 (1) $x \geqq 0$ のとき　　$f(x)=x^2+x$

$x>0$ において　　$f'(x)=2x+1>0$

$x<0$ のとき　　$f(x)=-x^2-x$

$x<0$ において　　$f'(x)=-2x-1$

$f'(x)=0$ とすると　　$x=-\frac{1}{2}$

以上から，$f(x)$ の増減表は次のようになる。

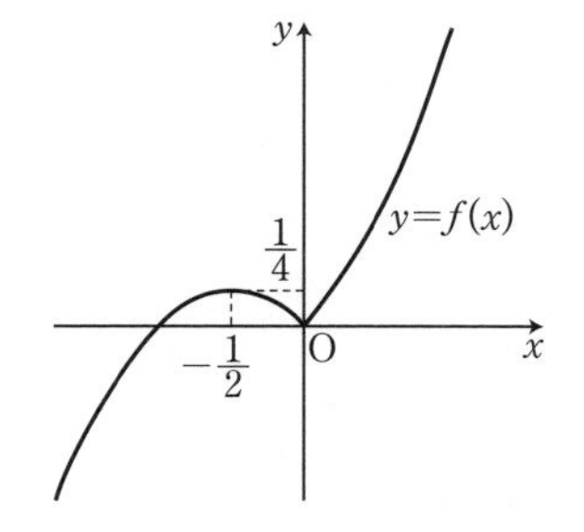

x	……	$-\frac{1}{2}$	……	0	……
$f'(x)$	$+$	0	$-$	／	$+$
$f(x)$	↗	極大 $\frac{1}{4}$	↘	極小 0	↗

よって，$f(x)$ は

$x=-\frac{1}{2}$ で極大値 $\frac{1}{4}$，$x=0$ で極小値 0 をとる。 答

(2) 関数の定義域は $x \geqq -2$ である。

$x \geqq 0$ のとき　　$f(x)=x\sqrt{x+2}$

$x>0$ において

$$f'(x)=\sqrt{x+2}+\frac{x}{2\sqrt{x+2}}$$
$$=\frac{2(x+2)+x}{2\sqrt{x+2}}=\frac{3x+4}{2\sqrt{x+2}}$$

よって，$x>0$ では常に　$f'(x)>0$

$-2\leqq x<0$ のとき　$f(x)=-x\sqrt{x+2}$

$-2<x<0$ において

$$f'(x)=-\frac{3x+4}{2\sqrt{x+2}}$$

$f'(x)=0$ となる x の値は　$x=-\dfrac{4}{3}$

以上から，$f(x)$ の増減表は次のようになる。

x	-2	……	$-\frac{4}{3}$	……	0	……
$f'(x)$	／	$+$	0	$-$	／	$+$
$f(x)$	0	↗	極大 $\frac{4\sqrt{6}}{9}$	↘	極小 0	↗

よって，$f(x)$ は

$x=-\dfrac{4}{3}$ で極大値 $\dfrac{4\sqrt{6}}{9}$，$x=0$ で極小値 0 をとる。　答

練習 12　教 p.113

関数 $f(x)=x+\dfrac{a}{x}$ が $x=1$ で極値をとるように，定数 a の値を定めよ。
また，このとき，関数 $f(x)$ の極値を求めよ。

指針　**極値をとるための必要条件**　関数 $f(x)$ が $x=1$ で極値をとるから（$x=1$ で微分可能であることを確かめて），$f'(1)=0$ である。この等式から a の値を求めることができる。ただし，ここまでは必要条件で進めてきたので，a の値を代入した関数 $f(x)$ について，増減表を作り，$x=1$ で極値をとることを確かめておく。

解答　$f'(x)=1-\dfrac{a}{x^2}$　　$\leftarrow\left(\dfrac{a}{x}\right)'=-\dfrac{a}{x^2}$

$f(x)$ は $x=1$ で微分可能であるから,
$f(x)$ が $x=1$ で極値をとるならば

$$f'(1)=0$$ ←必要条件

すなわち　$1-a=0$ ←$f'(1)=1-a$

これを解くと, $a=1$ となる。
逆に, $a=1$ のとき $f(x)$ が $x=1$ で極値をとることを示す。

$$f(x)=x+\frac{1}{x}$$ ←定義域は　$x \neq 0$

$$f'(x)=1-\frac{1}{x^2}=\frac{(x+1)(x-1)}{x^2}$$

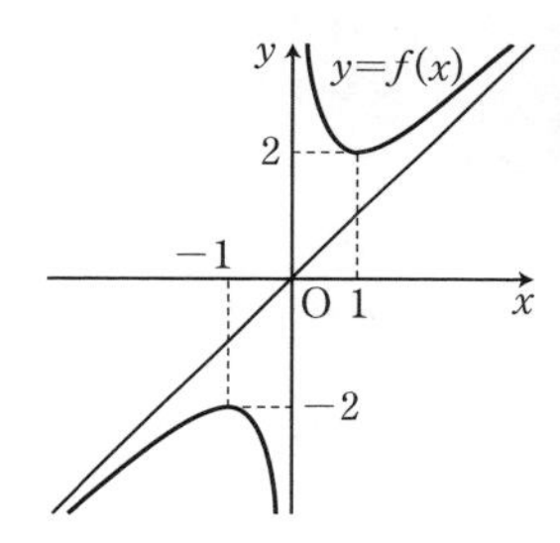

$f'(x)=0$ とすると　$x=-1,\ 1$
$f(x)$ の増減表は次のようになる。

x	……	-1	……	0	……	1	……
$f'(x)$	$+$	0	$-$		$-$	0	$+$
$f(x)$	↗	極大 -2	↘		↘	極小 2	↗

よって, $a=1$ のとき, $x=1$ で確かに極値をとる。

答　**$a=1$,**
$x=-1$ で極大値 -2,
$x=1$ で極小値 2

十分条件の確認を
忘れないようにしよう。

深める　教 p.113

教科書 113 ページの応用例題 3 の解答について, 次の ①, ② を説明してみよう。
① $f(x)$ が $x=-1$ で微分可能であることを確かめた理由
② $a=2$ のとき $f(x)$ が $x=-1$ で極値をとることを確かめた理由

指針　**極値をとるための必要条件**　「$f(x)$ が $x=a$ で極値をとるならば $f'(a)=0$」は, 関数 $f(x)$ が $x=a$ で微分可能なときに成り立つ。また, その逆は成り立たない。

解答　① $f(x)$ が $x=-1$ で微分可能でなくても, $x=-1$ で極値をとる場合があり, その場合には
　$x=-1$ で極値をとるならば, $f'(-1)=0$ である
とはいえないから。 終

② $f'(-1)=0$ であっても $f(x)$ が $x=-1$ で極値をとるとは限らないから。終

C 関数の最大と最小

教 p.114

練習 13

次の関数の最大値，最小値を求めよ。

(1) $y=(1+\cos x)\sin x \quad (0 \leqq x \leqq 2\pi)$

(2) $y=\dfrac{4-3x}{x^2+1} \quad (1 \leqq x \leqq 4)$

指針 **関数の最大と最小** 閉区間$[a,\ b]$で関数$f(x)$の最大値，最小値を求めるには，$f(x)$の極大，極小を調べ，極値と両端の値$f(a)$，$f(b)$を比較して判断する。区間の両端を含めて増減表を作る。

解答 (1) $y'=-\sin x\cdot\sin x+(1+\cos x)\cdot\cos x$

$=-\sin^2 x+\cos^2 x+\cos x=2\cos^2 x+\cos x-1$ ← $\sin^2 x=1-\cos^2 x$

$=(\cos x+1)(2\cos x-1)$

$0<x<2\pi$ において $y'=0$ となる x の値を求めると

$\cos x=-1$ 　または　 $\cos x=\dfrac{1}{2}$

← $\cos x=-1$ から $x=\pi$
$\cos x=\dfrac{1}{2}$ から $x=\dfrac{\pi}{3}$，$\dfrac{5}{3}\pi$

より　$x=\dfrac{\pi}{3}$，π，$\dfrac{5}{3}\pi$

$0 \leqq x \leqq 2\pi$ における y の増減表は次のようになる。

x	0	……	$\dfrac{\pi}{3}$	……	π	……	$\dfrac{5}{3}\pi$	……	2π
y'		$+$	0	$-$	0	$-$	0	$+$	
y	0	↗	極大 $\dfrac{3\sqrt{3}}{4}$	↘	0	↘	極小 $-\dfrac{3\sqrt{3}}{4}$	↗	0

よって，y は

$x=\dfrac{\pi}{3}$ で最大値 $\dfrac{3\sqrt{3}}{4}$，$x=\dfrac{5}{3}\pi$ で最小値 $-\dfrac{3\sqrt{3}}{4}$ をとる。 答

(2) $y'=\dfrac{-3(x^2+1)-(4-3x)\cdot 2x}{(x^2+1)^2}=\dfrac{3x^2-8x-3}{(x^2+1)^2}=\dfrac{(x-3)(3x+1)}{(x^2+1)^2}$

$1<x<4$ において $y'=0$ となる x の値は　$x=3$

$1 \leqq x \leqq 4$ における y の増減表は次のようになる。

x	1	……	3	……	4
y'		$-$	0	$+$	
y	$\dfrac{1}{2}$	↘	極小 $-\dfrac{1}{2}$	↗	$-\dfrac{8}{17}$

よって，y は

$x=1$ で最大値 $\dfrac{1}{2}$，$x=3$ で最小値 $-\dfrac{1}{2}$ をとる。 答

最大・最小の問題では
定義域の範囲で増減表
をかけばいいんだね。

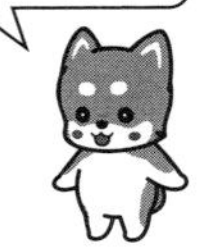

4 関数のグラフ

まとめ

1 下に凸，上に凸

ある区間で，x の値が増加すると曲線 $y=f(x)$ の接線の傾きが増加するとき，曲線はこの区間で **下に凸** であるという。また，接線の傾きが減少するとき，曲線はこの区間で **上に凸** であるという。

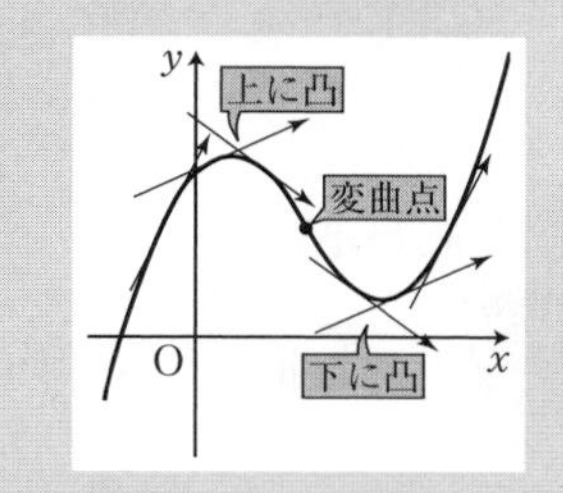

2 $f''(x)$ の符号と曲線 $y=f(x)$ の凹凸

関数 $f(x)$ が第 2 次導関数 $f''(x)$ をもつとき

1. $f''(x)>0$ である区間では，曲線 $y=f(x)$ は下に凸である。
2. $f''(x)<0$ である区間では，曲線 $y=f(x)$ は上に凸である。

3 変曲点

曲線の凹凸が入れかわる境目の点を **変曲点** という。

4 曲線 $y=f(x)$ の変曲点

$f''(a)=0$ のとき，$x=a$ の前後で $f''(x)$ の符号が変わるならば，点 $(a,\ f(a))$ は曲線 $y=f(x)$ の変曲点である。

注意 点 $(a,\ f(a))$ が曲線 $y=f(x)$ の変曲点ならば $f''(a)=0$ である。しかし，$f''(a)=0$ でも点 $(a,\ f(a))$ が曲線 $y=f(x)$ の変曲点であるとは限らない。たとえば，$f(x)=x^4$ のとき，$f''(x)=12x^2$ より，$f''(0)=0$ であるが，$x=0$ の前後で $f''(x)$ の符号が変わらない。よって，原点 $(0,\ 0)$ は曲線 $y=x^4$ の変曲点ではない。

5 グラフのかき方

関数 $y=f(x)$ のグラフの概形は，次のようなことを調べ，増減表 (凹凸を含む) をもとにしてかく。

① 関数の定義域　　② 関数の増減，極値
③ 曲線の凹凸，変曲点　　④ 座標軸との共有点，代表的な点
⑤ 漸近線　　⑥ 曲線の対称性

注意 ⑤ 漸近線の判断 (下では $\pm\infty$，$b\pm0$ などと略記した)

$\displaystyle\lim_{x\to\pm\infty} f(x)=a$ のとき　　直線 $y=a$

$\displaystyle\lim_{x\to b\pm0} f(x)=\pm\infty$ (複号任意) のとき　　直線 $x=b$

$\displaystyle\lim_{x\to\pm\infty} \{f(x)-(ax+b)\}=0$ のとき　　直線 $y=ax+b$

⑥ 曲線の対称性の判断

常に $f(-x)=f(x)$ が成り立つとき　　y 軸に関して対称

常に $f(-x)=-f(x)$ が成り立つとき　　原点に関して対称

教科書 p.117

6　第2次導関数と極値

関数$f(x)$について，$f''(x)$が連続関数であるとき

1. $f'(a)=0$ かつ $f''(a)>0$ ならば，$f(a)$ は極小値である。
2. $f'(a)=0$ かつ $f''(a)<0$ ならば，$f(a)$ は極大値である。

注意　$f'(a)=0$ かつ $f''(a)=0$ であるときは，$f(a)$ は極値となることもあるし，極値とならないこともある。

A 曲線の凹凸

教 p.117

練習 14　次の曲線の凹凸を調べよ。また，変曲点があればその座標を求めよ。

(1)　$y=x^4+2x^3+1$　　(2)　$y=xe^{-x}$

(3)　$y=x-\cos x$　$(0<x<\pi)$　　(4)　$y=-x^4+4x^3-6x^2+4x$

指針　**曲線の凹凸と変曲点**　x，y''（第2次導関数），y について凹凸の表を作る。$y''>0$ の区間では曲線 $y=f(x)$ は下に凸，$y''<0$ の区間では上に凸である。また，曲線の凹凸が入れかわる点が変曲点である。$y''=0$ となる x の値の前後で y'' の符号が変わるかどうかを確かめる。

解答　(1)　$y'=4x^3+6x^2$

$y''=12x^2+12x=12x(x+1)$

$y''=0$ とすると　$x=0,\ -1$

この曲線の凹凸は次の表のようになる。

x	……	-1	……	0	……
y''	$+$	0	$-$	0	$+$
y	下に凸	0	上に凸	1	下に凸

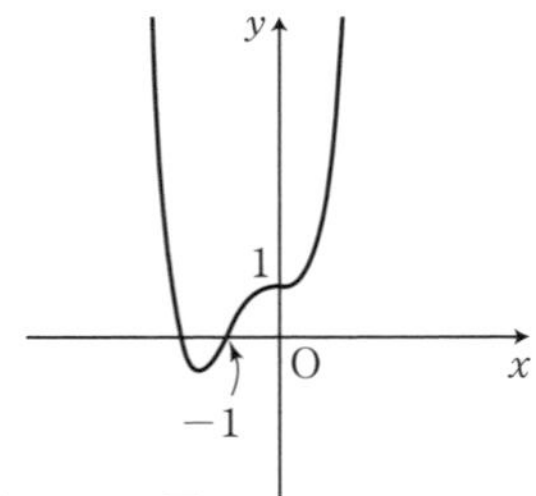

曲線は，$x<-1$，$0<x$ で下に凸，$-1<x<0$ で上に凸　答

また，変曲点の座標は　$(-1,\ 0)$，$(0,\ 1)$　答

(2)　$y'=e^{-x}-xe^{-x}$

$y''=-e^{-x}-(e^{-x}-xe^{-x})=e^{-x}(x-2)$

$y''=0$ とすると　$x=2$

この曲線の凹凸は次の表のようになる。

x	……	2	……
y''	$-$	0	$+$
y	上に凸	$\dfrac{2}{e^2}$	下に凸

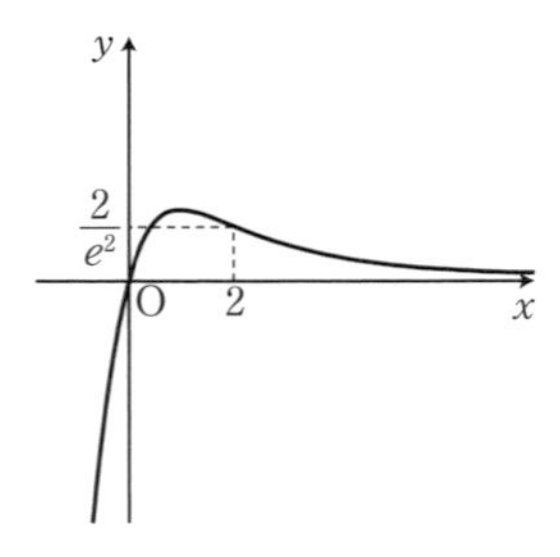

曲線は，$x<2$ で上に凸，$x>2$ で下に凸　答

また，変曲点の座標は　$\left(2,\ \dfrac{2}{e^2}\right)$　答

(3)　$y'=1+\sin x$，　$y''=\cos x$

$0<x<\pi$ において，$y''=0$ となる x の値は　$x=\dfrac{\pi}{2}$

この曲線の凹凸は次の表のようになる。

x	0	……	$\dfrac{\pi}{2}$	……	π
y''		$+$	0	$-$	
y		下に凸	$\dfrac{\pi}{2}$	上に凸	

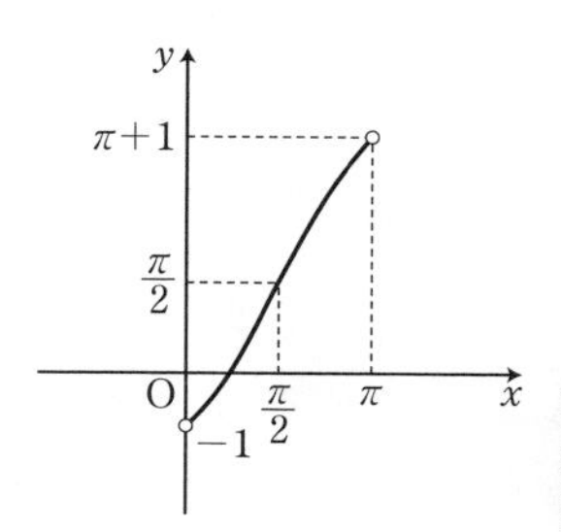

曲線は，**$0<x<\dfrac{\pi}{2}$ で下に凸，**

$\dfrac{\pi}{2}<x<\pi$ で上に凸　答

また，変曲点の座標は　**$\left(\dfrac{\pi}{2},\ \dfrac{\pi}{2}\right)$**　答

(4)　　$y'=-4x^3+12x^2-12x+4$

$y''=-12x^2+24x-12$

$=-12(x^2-2x+1)$

$=-12(x-1)^2$

$y''=0$ とすると　　$x=1$

この曲線の凹凸は次の表のようになる。

x	……	1	……
y''	$-$	0	$-$
y	上に凸	1	上に凸

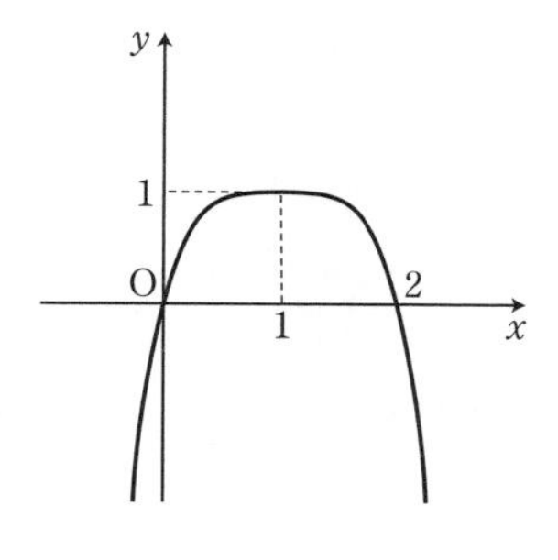

曲線は，**常に上に凸** である。　答

また，変曲点は　**ない。**　答

B グラフのかき方

練習 15　　教 p.118

関数 $y=e^{-2x^2}$ の増減，グラフの凹凸，漸近線を調べて，グラフの概形をかけ。

指針　**グラフのかき方**　$f(x)=e^{-2x^2}$ とおいて，まず $f'(x)$，$f''(x)$ を求め，増減，極値，凹凸，変曲点を調べて増減表を作る。このとき，増減と凹凸を合わせて表す記号として，⤴(下に凸で増加)，↗(上に凸で増加)，↘(下に凸で減少)，⤵(上に凸で減少) が使われる。

漸近線は関数の定義域や値域を目安として調べる。

また，対称性の有無は x を $-x$ でおき換えた式で判断する。

グラフには極値を与える点，変曲点，座標軸との共有点など，代表的な点の座標を記入しておく。

解答　$f(x)=e^{-2x^2}$ とする。

$f'(x)=-4xe^{-2x^2}$ ← $f(x)=e^u$, $u=-2x^2$, $\dfrac{du}{dx}=-4x$

$f''(x)=-4e^{-2x^2}-4x(-4xe^{-2x^2})=4(4x^2-1)e^{-2x^2}$

$f'(x)=0$ とすると　$x=0$

$f''(x)=0$ とすると　$x=\pm\dfrac{1}{2}$

$f(x)$ の増減やグラフの凹凸は，次の表のようになる。 ← 増減と凹凸

x	……	$-\dfrac{1}{2}$	……	0	……	$\dfrac{1}{2}$	……
$f'(x)$	$+$	$+$	$+$	0	$-$	$-$	$-$
$f''(x)$	$+$	0	$-$	$-$	$-$	0	$+$
$f(x)$	↗	変曲点 $\dfrac{1}{\sqrt{e}}$	↗	極大 1	↘	変曲点 $\dfrac{1}{\sqrt{e}}$	↘

変曲点は　点$\left(-\dfrac{1}{2},\ \dfrac{1}{\sqrt{e}}\right)$，$\left(\dfrac{1}{2},\ \dfrac{1}{\sqrt{e}}\right)$

また，$\displaystyle\lim_{x\to\infty}f(x)=0$，$\displaystyle\lim_{x\to-\infty}f(x)=0$ であるから，x 軸はこの曲線の漸近線である。さらに，グラフは y 軸に関して対称である。

以上から，グラフの概形は図のようになる。

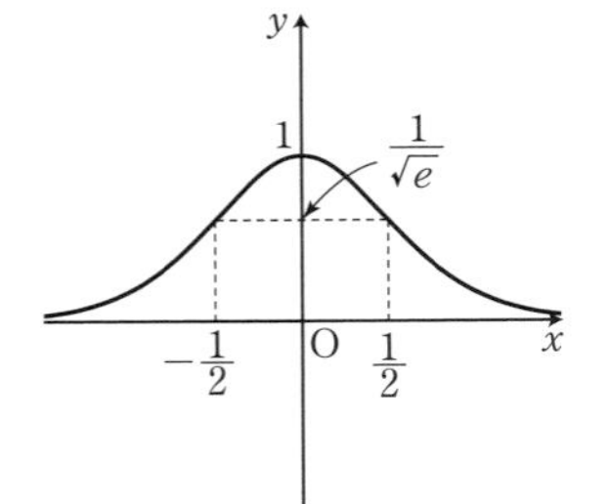

注意 $\displaystyle\lim_{x\to\infty}f(x)=\lim_{x\to\infty}e^{-2x^2}=\lim_{x\to\infty}\frac{1}{e^{2x^2}}=0$

同様に　$\displaystyle\lim_{x\to-\infty}f(x)=0$

また，$e^{-2(-x)^2}=e^{-2x^2}$ であるから，

グラフは y 軸に関して対称である。

漸近線や対称性が
わかるとグラフが
かきやすくなるね。

練習 16 教 p.119

関数 $y=\dfrac{x^2-x+2}{x+1}$ のグラフの概形をかけ。

指針 **グラフのかき方**　$f(x)=\dfrac{x^2-x+2}{x+1}$ とおいて，まず $f'(x)$，$f''(x)$ を求め，増減，極値，凹凸，変曲点を調べて増減表を作ってからグラフの概形をかく。また，本書 $p.141$ のまとめの **5** グラフのかき方を参考にして，グラフの漸近線を調べる。

解答 関数の定義域は $x\neq-1$ である。

$f(x)=\dfrac{x^2-x+2}{x+1}$ とする。

$f(x)=x-2+\dfrac{4}{x+1}$ であるから

$$f'(x)=1-\frac{4}{(x+1)^2}=\frac{(x-1)(x+3)}{(x+1)^2},\qquad f''(x)=\frac{8}{(x+1)^3}$$

$f(x)$ の増減やグラフの凹凸は，次の表のようになる。

x	……	-3	……	-1	……	1	……
$f'(x)$	$+$	0	$-$		$-$	0	$+$
$f''(x)$	$-$	$-$	$-$		$+$	$+$	$+$
$f(x)$	↗	極大 -7	↘		↘	極小 1	↗

また，$\lim_{x\to-1+0}f(x)=\infty$，$\lim_{x\to-1-0}f(x)=-\infty$

であるから，直線 $x=-1$ はこの曲線の漸近線である。

さらに，$\lim_{x\to\infty}\{f(x)-(x-2)\}=0$

$\lim_{x\to-\infty}\{f(x)-(x-2)\}=0$

であるから，直線 $y=x-2$ もこの曲線の漸近線である。

以上から，概形は図のようになる。

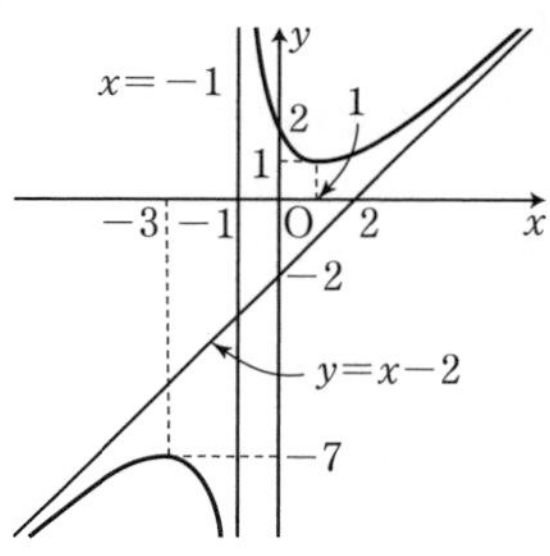

注意 $\dfrac{x^2-x+2}{x+1}$ を変形した式から，$x\fallingdotseq-1$，$y\fallingdotseq x-2$ であることがわかる。このことから，直線 $x=-1$，$y=x-2$ が漸近線であると推測できる。

コラム 漸近線の求め方

まとめ

漸近線の求め方

関数 $y=f(x)$ のグラフに関して

$\lim_{x\to\infty}\{f(x)-(ax+b)\}=0$ …… ①

または $\lim_{x\to-\infty}\{f(x)-(ax+b)\}=0$

であるとき，直線 $y=ax+b$ は漸近線である。

教 p.121

確認 上の ① であるとき，$\lim_{x\to\infty}\{f(x)-ax\}=b$ であることを確かめよう。

解答 $\lim_{x\to\infty}\{f(x)-ax\}=\lim_{x\to\infty}\{f(x)-(ax+b)+b\}$

$=\lim_{x\to\infty}\{f(x)-(ax+b)\}+\lim_{x\to\infty}b$

$=0+b=b$ 終

補足 $\lim_{x\to\infty}\{f(x)-ax\}$ を求めることにより，漸近線の y 切片を求めることができる。

教 p.121

発見

① であるとき，a もある極限値として求められる。$\lim_{x\to\infty}g(x)=a$ が成り立つような $g(x)$ を予想し，その $g(x)$ を，$f(x)$ を用いて表してみよう。また，その予想が正しいことを証明してみよう。

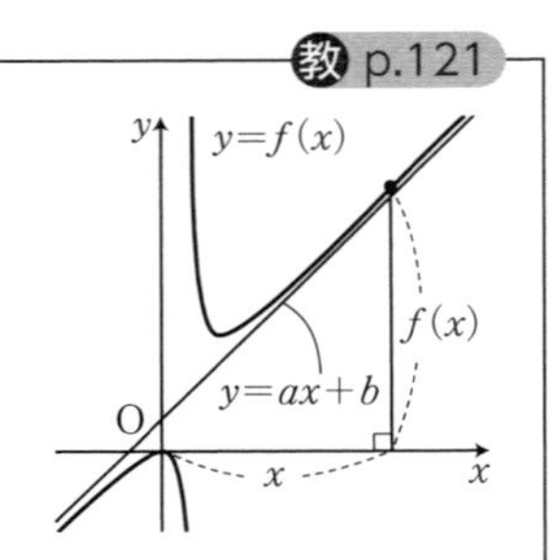

指針 **漸近線の傾きの求め方**　① であるとき，十分大きい x について $f(x)-(ax+b)\fallingdotseq 0$　すなわち，$f(x)\fallingdotseq ax+b$ と考えることができる。

解答 十分大きい x について $f(x)-(ax+b)\fallingdotseq 0$ と考えると

$\dfrac{f(x)}{x}\fallingdotseq a+\dfrac{b}{x}$ とかけることや，$\dfrac{b}{x}\fallingdotseq 0$ であることから

$x\longrightarrow\infty$ のとき $\dfrac{f(x)}{x}\longrightarrow a$ であること，すなわち $\boldsymbol{g(x)=\dfrac{f(x)}{x}}$ 答

であることが予想される。実際

$$\lim_{x\to\infty}\frac{f(x)}{x}=\lim_{x\to\infty}\frac{f(x)-(ax+b)+(ax+b)}{x}$$
$$=\lim_{x\to\infty}\frac{1}{x}\{f(x)-(ax+b)\}+\lim_{x\to\infty}\left(a+\frac{b}{x}\right)$$
$$=0\cdot 0+a+0=a$$

である。 終

教 p.121

まとめ

関数 $y=\sqrt{x^2+8x}$ $(x\geqq 0)$ のグラフには $y=ax+b$ のようにかける漸近線が存在する。この漸近線の方程式を求めてみよう。

指針 **漸近線の求め方**　関数 $y=f(x)$ のグラフに漸近線 $y=ax+b$ が存在するとき，

$$\lim_{x\to\infty}\frac{f(x)}{x}=a \quad \text{または} \quad \lim_{x\to-\infty}\frac{f(x)}{x}=a$$
$$\lim_{x\to\infty}\{f(x)-ax\}=b \quad \text{または} \quad \lim_{x\to-\infty}\{f(x)-ax\}=b$$

である。

本問では関数の定義域が $x\geqq 0$ であるから，$x\longrightarrow\infty$ の極限を考える。

解答
$$\lim_{x\to\infty}\frac{\sqrt{x^2+8x}}{x}=\lim_{x\to\infty}\sqrt{1+\frac{8}{x}}=1$$
$$\lim_{x\to\infty}(\sqrt{x^2+8x}-x)$$
$$=\lim_{x\to\infty}\frac{(\sqrt{x^2+8x}-x)(\sqrt{x^2+8x}+x)}{\sqrt{x^2+8x}+x}$$

$$=\lim_{x\to\infty}\frac{(x^2+8x)-x^2}{\sqrt{x^2+8x}+x}=\lim_{x\to\infty}\frac{8}{\sqrt{1+\frac{8}{x}}+1}=4$$

よって，求める漸近線の方程式は　$\boldsymbol{y=x+4}$　答

参考　$y=\sqrt{x^2+8x}$ $(x\geqq 0)$ のグラフは双曲線 $\frac{(x+4)^2}{16}-\frac{y^2}{16}=1$ の一部であり，直線 $y=x+4$ はこの双曲線の漸近線のうちの1つである。

C 第2次導関数と極値

教 p.123

練習 17　次の関数の極値を，第2次導関数を利用して求めよ。

(1) $f(x)=x^4-6x^2+5$　　(2) $f(x)=x+2\sin x$ $(0\leqq x\leqq 2\pi)$

指針　**第2次導関数と極値**　極値の判定に $f''(x)$ を利用する。$f'(x)=0$ となる x の値 a を求め，その値を $f''(x)$ に代入する。$f''(a)>0$ ならば $f(a)$ は極小値，$f''(a)<0$ ならば $f(a)$ は極大値である。

解答 (1)　$f'(x)=4x^3-12x=4x(x^2-3)$

$f''(x)=12x^2-12$

$f'(x)=0$ とすると　$x=0,\ \pm\sqrt{3}$

ここで　$f''(-\sqrt{3})=24>0$,　$f''(0)=-12<0$,　$f''(\sqrt{3})=24>0$

また　$f(0)=5$, $f(\pm\sqrt{3})=-4$

よって，$f(x)$ は

$x=0$ で極大値 5，$x=\pm\sqrt{3}$ で極小値 -4 をとる。　答

(2)　$f'(x)=1+2\cos x$

$f''(x)=-2\sin x$

$0<x<2\pi$ において，$f'(x)=0$ となる x の値は

$x=\frac{2}{3}\pi,\ \frac{4}{3}\pi$　　← $\cos x=-\frac{1}{2}$ の解

ここで　$f''\left(\frac{2}{3}\pi\right)=-\sqrt{3}<0$,　$f''\left(\frac{4}{3}\pi\right)=\sqrt{3}>0$

また　$f\left(\frac{2}{3}\pi\right)=\frac{2}{3}\pi+\sqrt{3}$, $f\left(\frac{4}{3}\pi\right)=\frac{4}{3}\pi-\sqrt{3}$

よって，$f(x)$ は

$x=\frac{2}{3}\pi$ で極大値 $\frac{2}{3}\pi+\sqrt{3}$，$x=\frac{4}{3}\pi$ で極小値 $\frac{4}{3}\pi-\sqrt{3}$

をとる。　答

第4章 第1節　問　題

教 p.124

1　曲線 $y=e^{-x}$ 上の点 $(-1,\ e)$ における接線と法線の方程式を求めよ。

指針　**接線と法線の方程式**　曲線 $y=f(x)$ 上の点 $(a,\ f(a))$ における接線の方程式は

$$y-f(a)=f'(a)(x-a)$$

法線の方程式は $f'(a)\neq 0$ のとき　$y-f(a)=-\dfrac{1}{f'(a)}(x-a)$

解答　$f(x)=e^{-x}$ とすると　$f'(x)=-e^{-x}$

であるから　$f'(-1)=-e$

よって，点 $(-1,\ e)$ における **接線の方程式** は

$$y-e=-e(x+1)$$

すなわち　$\boldsymbol{y=-ex}$　答

また，点 $(-1,\ e)$ における **法線の方程式** は

$$y-e=\frac{1}{e}(x+1)$$　すなわち　$\boldsymbol{y=\dfrac{1}{e}x+e+\dfrac{1}{e}}$　答

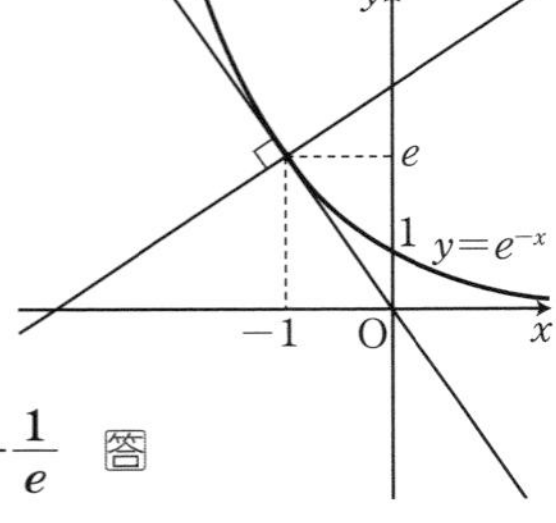

教 p.124

2　次のことを示せ。ただし，p は0でない定数，a，b は正の定数とする。

(1)　放物線 $y^2=4px$ 上の点 $(x_1,\ y_1)$ における接線の方程式は，$y_1y=2p(x+x_1)$ である。

(2)　楕円 $\dfrac{x^2}{a^2}+\dfrac{y^2}{b^2}=1$ 上の点 $(x_1,\ y_1)$ における接線の方程式は，$\dfrac{x_1x}{a^2}+\dfrac{y_1y}{b^2}=1$ である。

指針　**曲線の方程式と接線の方程式**　曲線の方程式が x，y で表されているから，y を x の関数とみて，方程式の両辺を x で微分して導関数 y' を求める。
点 $(x_1,\ y_1)$ を通り，傾きが $x=x_1$ における微分係数である直線の方程式を求めればよい。

解答　(1)　$y^2=4px$ の両辺を x で微分すると　$2yy'=4p$

よって，$y\neq 0$ のとき　$y'=\dfrac{2p}{y}$

ゆえに，$y_1\neq 0$ のとき，点 $(x_1,\ y_1)$ における接線の方程式は

$$y-y_1=\frac{2p}{y_1}(x-x_1)$$

整理すると　$y_1y=2px+{y_1}^2-2px_1$

${y_1}^2=4px_1$ であるから　$y_1y=2px+2px_1$

すなわち　$y_1y=2p(x+x_1)$ …… ①

また，$y_1=0$ のとき $x_1=0$ で，接線は直線 $x=0$ であるから ① の式で表される。

したがって，点 $(x_1,\ y_1)$ における接線の方程式は　$y_1y=2p(x+x_1)$ 終

(2) $\dfrac{x^2}{a^2}+\dfrac{y^2}{b^2}=1$ の両辺を x で微分すると　$\dfrac{2x}{a^2}+\dfrac{2y}{b^2}\cdot y'=0$

よって，$y\neq 0$ のとき　$y'=-\dfrac{b^2x}{a^2y}$

ゆえに，$y_1\neq 0$ のとき，点 $(x_1,\ y_1)$ における接線の方程式は

$$y-y_1=-\frac{b^2x_1}{a^2y_1}(x-x_1)$$

両辺に $\dfrac{y_1}{b^2}$ を掛けて整理すると　$\dfrac{x_1x}{a^2}+\dfrac{y_1y}{b^2}=\dfrac{{x_1}^2}{a^2}+\dfrac{{y_1}^2}{b^2}$

$\dfrac{{x_1}^2}{a^2}+\dfrac{{y_1}^2}{b^2}=1$ であるから　$\dfrac{x_1x}{a^2}+\dfrac{y_1y}{b^2}=1$ …… ①

また，$y_1=0$ のとき　$x_1=\pm a$

点 $(a,\ 0)$ における接線の方程式は　$x=a$

これは，① において $x_1=a$，$y_1=0$ とした場合である。

点 $(-a,\ 0)$ における接線の方程式は　$x=-a$

これは，① において $x_1=-a$，$y_1=0$ とした場合である。

したがって，点 $(x_1,\ y_1)$ における接線の方程式は　$\dfrac{x_1x}{a^2}+\dfrac{y_1y}{b^2}=1$ 終

教 p.124

3　2つの曲線 $y=ax^2+b$，$y=\log x$ が，点 $\mathrm{A}(e,\ 1)$ を共有し，かつ点 A で共通な接線をもつように，定数 a，b の値を定めよ。

指針　**共通な接線**　点 A が曲線 $y=ax^2+b$ 上にあることと，2つの曲線の点 A における接線の傾きが等しいことを使う。

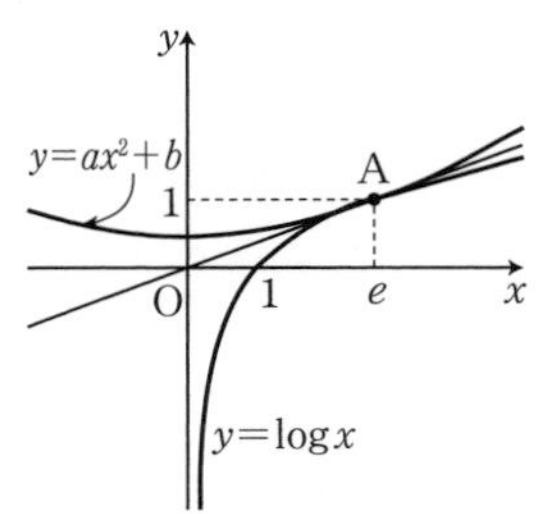

解答　$f(x)=ax^2+b$，$g(x)=\log x$ とする。

点 $\mathrm{A}(e,\ 1)$ が曲線 $y=f(x)$ 上にあるから

$$f(e)=1$$

すなわち　$ae^2+b=1$ …… ①

また，$f'(x)=2ax$，$g'(x)=\dfrac{1}{x}$ であり，

曲線 $y=f(x)$，$y=g(x)$ 上の点 $\mathrm{A}(e,\ 1)$ における接線の傾きは等しいから　$f'(e)=g'(e)$

すなわち　$2ae=\dfrac{1}{e}$ …… ②

①，② から　$\boldsymbol{a=\dfrac{1}{2e^2}}$，$\boldsymbol{b=\dfrac{1}{2}}$ 答

教 p.124

4　次の関数の極値を求めよ。

(1)　$y=x^2\log x$　　　　(2)　$y=|x+1|e^x$

指針　**関数の極値**　$y'=0$ となる x の値を求め，増減表を作って，極値を求める。

(1)　定義域に注意する。

(2)　定義域を分割して絶対値の記号をはずし，それぞれの区間で調べる。なお，$x=a$ で微分可能でなくても，$x=a$ で極値をとることがあることに注意する。

解答　(1)　関数の定義域は $x>0$ である。

$$y'=2x\log x+x^2\cdot\frac{1}{x}=x(2\log x+1)$$

$y'=0$ とすると　　$x=\dfrac{1}{\sqrt{e}}$

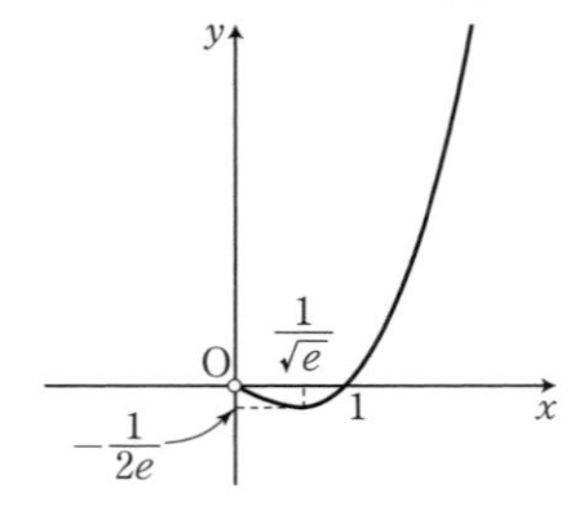

y の増減表は次のようになる。

x	0	……	$\frac{1}{\sqrt{e}}$	……
y'	／	$-$	0	$+$
y	／	↘	極小 $-\frac{1}{2e}$	↗

よって，y は　　**$x=\dfrac{1}{\sqrt{e}}$ で極小値 $-\dfrac{1}{2e}$** をとる。極大値はない。　答

(2)　$x\geqq-1$ のとき　　$y=(x+1)e^x$

$x>-1$ において　$y'=(x+2)e^x$

よって，$x>-1$ では常に

$y'>0$

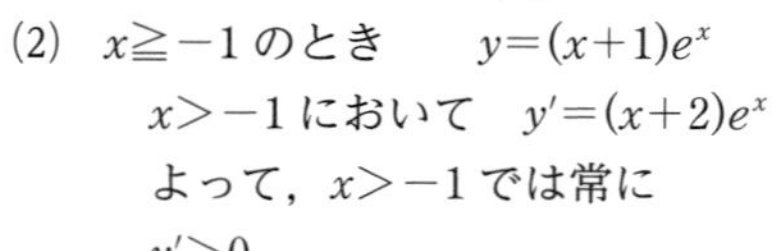

$x<-1$ のとき　　$y=-(x+1)e^x$

$y'=-(x+2)e^x$

$y'=0$ とすると　　$x=-2$

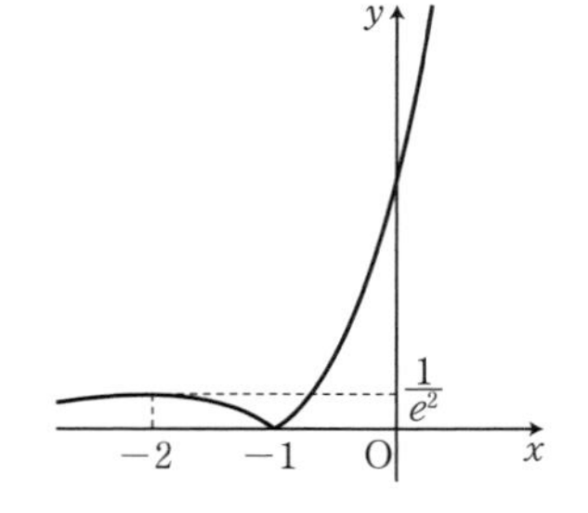

y の増減表は次のようになる。

x	……	-2	……	-1	……
y'	$+$	0	$-$	／	$+$
y	↗	極大 $\frac{1}{e^2}$	↘	極小 0	↗

よって，y は　　**$x=-2$ で極大値 $\dfrac{1}{e^2}$，$x=-1$ で極小値 0** をとる。　答

教 p.124

5　次の関数の最大値，最小値を求めよ。

(1)　$y=x\sqrt{4-x^2}$　$(-1\leqq x\leqq 2)$　　(2)　$y=x+\sqrt{4-x^2}$

指針　**関数の最大・最小**　導関数 y' を求め，区間の両端を含めた増減表を作る。極値と両端における関数の値の大小を比較して，最大値，最小値を判断する。

(2)　区間の指示がない場合は，まず定義域を調べる。

解答　(1)　$y'=\sqrt{4-x^2}+x\cdot\dfrac{-2x}{2\sqrt{4-x^2}}=\dfrac{(4-x^2)-x^2}{\sqrt{4-x^2}}=\dfrac{2(2-x^2)}{\sqrt{4-x^2}}$

$-1<x<2$ において，$y'=0$ となる x の値は　$x=\sqrt{2}$

y の増減表は次のようになる。

x	-1	……	$\sqrt{2}$	……	2
y'	／	$+$	0	$-$	／
y	$-\sqrt{3}$	↗	極大 2	↘	0

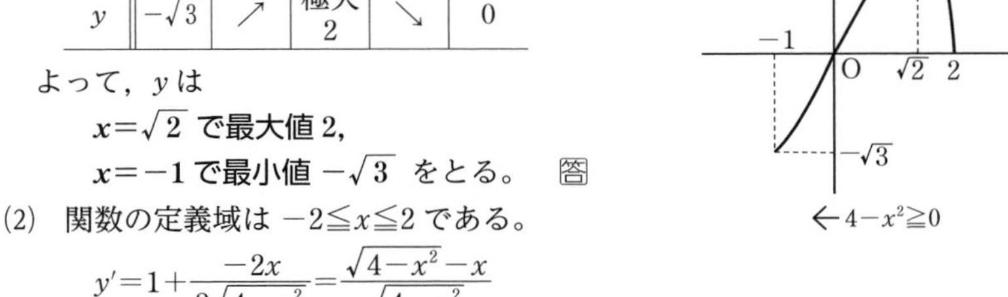

よって，y は

$x=\sqrt{2}$ で最大値 2，

$x=-1$ で最小値 $-\sqrt{3}$ をとる。　答

(2)　関数の定義域は $-2\leqq x\leqq 2$ である。　←$4-x^2\geqq 0$

$y'=1+\dfrac{-2x}{2\sqrt{4-x^2}}=\dfrac{\sqrt{4-x^2}-x}{\sqrt{4-x^2}}$

$-2<x<0$ のとき，$\sqrt{4-x^2}>0$，$-x>0$ であるから　$y'>0$

$0\leqq x<2$ のとき，$(4-x^2)-x^2=2(2-x^2)$ であることから

$0\leqq x<\sqrt{2}$ のとき　$y'>0$　　　$x=\sqrt{2}$ のとき　$y'=0$

$\sqrt{2}<x<2$ のとき　$y'<0$

y の増減表は次のようになる。

x	-2	……	$\sqrt{2}$	……	2
y'	／	$+$	0	$-$	／
y	-2	↗	極大 $2\sqrt{2}$	↘	2

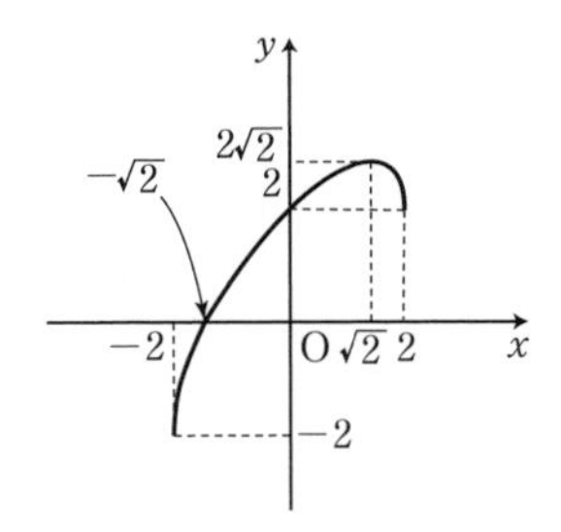

よって，y は

$x=\sqrt{2}$ で最大値 $2\sqrt{2}$，

$x=-2$ で最小値 -2 をとる。　答

4章　微分法の応用

教 p.124

6　曲線 $y=x^4+ax^3+3ax^2+1$ が変曲点をもつように，定数 a の値の範囲を定めよ。

指針　**曲線が変曲点をもつ条件**　$y''=0$ となる x の値の前後で y'' の符号が変わればよい。

解答　$y=x^4+ax^3+3ax^2+1$ …… ① とする。

$$y'=4x^3+3ax^2+6ax,\quad y''=12x^2+6ax+6a$$

$y''=0$ とすると　　$2x^2+ax+a=0$ …… ②

曲線 ① が変曲点をもつためには，x の 2 次方程式 ② が実数解 α をもち，$x=\alpha$ の前後で y'' の符号が変わること，すなわち，② が異なる 2 つの実数解をもつことが必要である。逆に，② が異なる 2 つの実数解をもつとき，これらを α，β $(\alpha<\beta)$ とすると，次の表より確かに曲線 ① は変曲点をもつ。

x	……	α	……	β	……
y''	$+$	0	$-$	0	$+$
y	下に凸	変曲点	上に凸	変曲点	下に凸

よって，② の判別式を D とすると $D>0$ が必要十分条件である。

$D=a^2-4\cdot2\cdot a=a^2-8a$　　　$D>0$ より　　$a^2-8a>0$

これを解いて　　$\boldsymbol{a<0,\ 8<a}$　答

教 p.124

7　関数 $y=\dfrac{x^2-x-2}{x-1}$ のグラフの概形をかけ。

指針　**グラフの概形**　$f(x)=\dfrac{x^2-x-2}{x-1}$ とおいて，$f'(x)$，$f''(x)$ を求めて，関数の増減と極値，曲線の凹凸と変曲点を調べ，増減表を作る。

解答　関数の定義域は $x \neq 1$ である。

$f(x)=\dfrac{x^2-x-2}{x-1}$ とする。$f(x)=x-\dfrac{2}{x-1}$ であるから

$$f'(x)=1+\frac{2}{(x-1)^2}$$

$$f''(x)=-\frac{4}{(x-1)^3}$$

$f(x)$ の増減やグラフの凹凸は，次の表のようになる。

x	……	1	……
$f'(x)$	$+$	／	$+$
$f''(x)$	$+$	／	$-$
$f(x)$	⤴	／	⤵

また，$\displaystyle\lim_{x\to1+0}f(x)=-\infty$，　$\displaystyle\lim_{x\to1-0}f(x)=\infty$

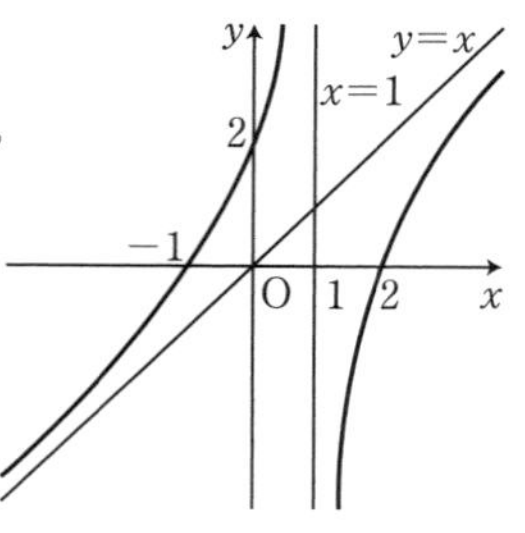

であるから，直線 $x=1$ はこの曲線の漸近線である。

さらに　$\lim_{x\to\infty}\{f(x)-x\}=0$,　$\lim_{x\to-\infty}\{f(x)-x\}=0$

であるから，直線 $y=x$ もこの曲線の漸近線である。

以上から，グラフの概形は図のようになる。

教 p.124

8　関数 $f(x)=\dfrac{x}{x^2+1}$ について，$y=f(x)$ のグラフの概形をかけ。また，関数 $f(x)$ の最大値，最小値を求めよ。

指針　**グラフの概形と最大・最小**　$f'(x)$, $f''(x)$ を求めて，関数の増減と極値，曲線の凹凸と変曲点，漸近線を調べて概形をかく。

解答

$$f'(x)=\frac{1\cdot(x^2+1)-x\cdot 2x}{(x^2+1)^2}=\frac{1-x^2}{(x^2+1)^2}=\frac{(1+x)(1-x)}{(x^2+1)^2}$$

$$f''(x)=\frac{-2x(x^2+1)^2-(1-x^2)\cdot 2(x^2+1)\cdot 2x}{(x^2+1)^4}=\frac{-2x\{x^2+1+2(1-x^2)\}}{(x^2+1)^3}$$

$$=\frac{2x(x^2-3)}{(x^2+1)^3}=\frac{2x(x+\sqrt{3})(x-\sqrt{3})}{(x^2+1)^3}$$

$f(x)$ の増減やグラフの凹凸は，次の表のようになる。

x	$\cdots$	$-\sqrt{3}$	$\cdots$	-1	$\cdots$	0	$\cdots$	1	$\cdots$	$\sqrt{3}$	$\cdots$
$f'(x)$	$-$	$-$	$-$	0	$+$	$+$	$+$	0	$-$	$-$	$-$
$f''(x)$	$-$	0	$+$	$+$	$+$	0	$-$	$-$	$-$	0	$+$
$f(x)$	↘	変曲点 $-\dfrac{\sqrt{3}}{4}$	↘	極小 $-\dfrac{1}{2}$	↗	変曲点 0	↗	極大 $\dfrac{1}{2}$	↘	変曲点 $\dfrac{\sqrt{3}}{4}$	↘

また　$\lim_{x\to\infty}f(x)=0$,　$\lim_{x\to-\infty}f(x)=0$

であるから，x 軸はこの曲線の漸近線である。

よって，グラフは右の図のようになる。

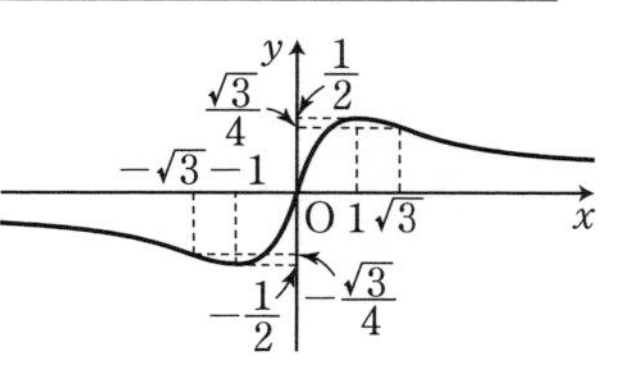

また，グラフより $f(x)$ は

$x=1$ で最大値 $\dfrac{1}{2}$，$x=-1$ で最小値 $-\dfrac{1}{2}$

をとる。　答

第2節　いろいろな応用

5　方程式，不等式への応用

A　不等式の証明

教 p.125

練習 18

$x>0$ のとき，次の不等式を証明せよ。ただし，(2) では教科書の応用例題 4 で証明したことを用いてもよい。

(1)　$\log(x+1)<x$　　　　(2)　$e^x>1+x+\dfrac{1}{2}x^2$

指針　**不等式の証明**　(1) は $f(x)=x-\log(x+1)$，(2) は $f(x)=e^x-\left(1+x+\dfrac{1}{2}x^2\right)$ として，$x>0$ のとき $f(x)>0$ であることを示す。関数 $f(x)$ の増減を利用する。

解答　(1)　$f(x)=x-\log(x+1)$ とすると

$$f'(x)=1-\frac{1}{x+1}=\frac{x}{x+1}$$

$x>0$ のとき　$f'(x)>0$

よって，$f(x)$ は $x\geqq0$ で増加する。

ゆえに，$x>0$ のとき　$f(x)>f(0)=0$　　←$f(0)=-\log1$

したがって，$x>0$ のとき　$\log(x+1)<x$　終

(2)　$f(x)=e^x-\left(1+x+\dfrac{1}{2}x^2\right)$ とすると

$$f'(x)=e^x-(1+x)$$

$x>0$ のとき，$e^x>1+x$ であるから

$$f'(x)>0$$

よって，$f(x)$ は $x\geqq0$ で増加する。

ゆえに，$x>0$ のとき　$f(x)>f(0)=0$　　←$f(0)=e^0-1$

したがって，$x>0$ のとき　$e^x>1+x+\dfrac{1}{2}x^2$　終

別解　(2)　教科書の応用例題 4 の不等式 $e^x>1+x$ をそのまま利用せず，その証明も含めて解答するには，第 2 次導関数 $f''(x)$ を使う。

$$f'(x)=e^x-(1+x),\qquad f''(x)=e^x-1$$

$x>0$ のとき，$f''(x)>0$ であるから，　　←$x>0$ のとき，$e^x>e^0=1$

$f'(x)$ は $x\geqq0$ で増加する。

よって　$f'(x)>f'(0)=0$

ゆえに，$f(x)$ は $x\geqq0$ で増加する。

したがって，$x>0$ のとき $f(x)>f(0)=0$

よって，$x>0$ のとき　$e^x>1+x+\dfrac{1}{2}x^2$ 終

参考 練習 18(2) より，$x>0$ のとき

$$e^x>1+x+\frac{x^2}{2}>\frac{x^2}{2}$$

よって　$\dfrac{e^x}{x}>\dfrac{x}{2}$　…… ①　　$\dfrac{x}{e^x}<\dfrac{2}{x}$　…… ②

① と $\displaystyle\lim_{x\to\infty}\frac{x}{2}=\infty$ から　$\displaystyle\lim_{x\to\infty}\frac{e^x}{x}=\infty$

② と $\displaystyle\lim_{x\to\infty}\frac{2}{x}=0$ から　$\displaystyle\lim_{x\to\infty}\frac{x}{e^x}=0$

一般に，任意の自然数 n に対して，次のことが成り立つ。

$$\lim_{x\to\infty}\frac{e^x}{x^n}=\infty,\qquad \lim_{x\to\infty}\frac{x^n}{e^x}=0$$

B 方程式の実数解の個数

練習 19 教 p.126

a は定数とする。次の方程式の異なる実数解の個数を求めよ。

(1) $\dfrac{x^3}{x-1}=a$　　　(2) $xe^x-a=0$

指針 方程式の実数解の個数

(1) 関数 $y=\dfrac{x^3}{x-1}$ のグラフと直線 $y=a$ の共有点の個数を調べる。

(2) 方程式を $xe^x=a$ と変形して，関数 $y=xe^x$ のグラフと直線 $y=a$ の共有点の個数を調べる。

解答 (1) $f(x)=\dfrac{x^3}{x-1}$ とすると

$$f'(x)=\frac{3x^2(x-1)-x^3}{(x-1)^2}=\frac{x^2(2x-3)}{(x-1)^2}$$

$f(x)$ の増減表は次のようになる。

x	……	0	……	1	……	$\frac{3}{2}$	……
$f'(x)$	$-$	0	$-$	／	$-$	0	$+$
$f(x)$	↘	0	↘	／	↘	極小 $\frac{27}{4}$	↗

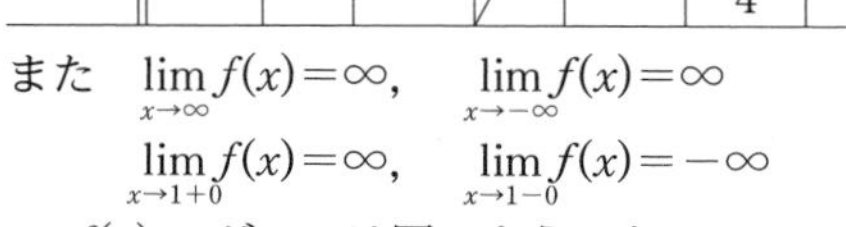

また　$\displaystyle\lim_{x\to\infty}f(x)=\infty,\quad \lim_{x\to-\infty}f(x)=\infty$

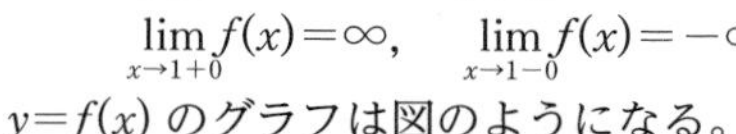

$\displaystyle\lim_{x\to1+0}f(x)=\infty,\quad \lim_{x\to1-0}f(x)=-\infty$

$y=f(x)$ のグラフは図のようになる。

このグラフと直線 $y=a$ の共有点の個数は，求める実数解の個数と一致する。

$a>\frac{27}{4}$ のとき3個，$a=\frac{27}{4}$ のとき2個，

$a<\frac{27}{4}$ のとき1個　答

(2)　$xe^x-a=0$ から　　$xe^x=a$

$f(x)=xe^x$ とすると

$$f'(x)=e^x+xe^x=(1+x)e^x$$

$f(x)$ の増減表は次のようになる。

x	……	-1	……
$f'(x)$	$-$	0	$+$
$f(x)$	↘	極小 $-\frac{1}{e}$	↗

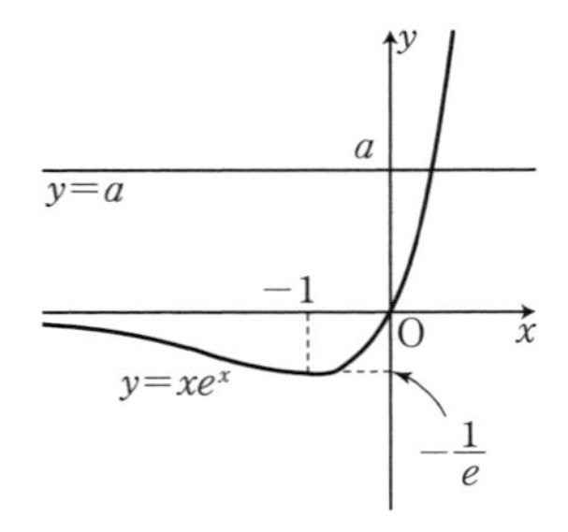

また　$\lim_{x\to\infty}f(x)=\lim_{x\to\infty}xe^x=\infty$ であり，

$x=-t$ とおくと

$$\lim_{x\to-\infty}f(x)=\lim_{x\to-\infty}xe^x=\lim_{t\to\infty}\left(-\frac{t}{e^t}\right)=0$$

$y=f(x)$ のグラフは図のようになる。

このグラフと直線 $y=a$ の共有点の個数は，求める実数解の個数と一致する。

$-\frac{1}{e}<a<0$ のとき2個，$a=-\frac{1}{e}$，$a\geqq0$ のとき1個，

$a<-\frac{1}{e}$ のとき0個　答

教科書 $p.127$

6 速度と加速度

まとめ

1 速度と加速度（直線）

数直線上を運動する点Pの時刻 t における座標 x が $x=f(t)$ で表されるとき，時刻 t における点Pの速度 v，加速度 α は

P
O　$x=f(t)$

$$v=\frac{dx}{dt}=f'(t),\qquad \alpha=\frac{dv}{dt}=\frac{d^2x}{dt^2}=f''(t)$$

注意　時刻 t から $t+\varDelta t$ までの **平均速度** は，$\dfrac{f(t+\varDelta t)-f(t)}{\varDelta t}$ で表される。

極限値 $\displaystyle\lim_{\varDelta t\to 0}\frac{f(t+\varDelta t)-f(t)}{\varDelta t}$ を，時刻 t における点Pの **速度** という。速度を v で表すとき，絶対値 $|v|$ を **速さ** という。また，速度 v の時刻 t における変化率を **加速度** という。

点Pは，$v>0$ のとき数直線上を正の向きに動き，$v<0$ のとき負の向きに動く。一方，速さには向きの概念がない。

2 速度と加速度（平面）

座標平面上を運動する点 $\mathrm{P}(x,\ y)$ の時刻 t における x 座標，y 座標が t の関数であるとき，時刻 t における点Pの速度 $\vec{v}$，速さ $|\vec{v}|$，加速度 $\vec{\alpha}$，加速度の大きさ $|\vec{\alpha}|$ は

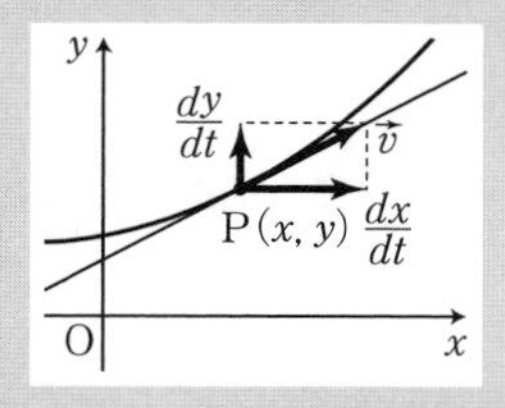

$$\vec{v}=\left(\frac{dx}{dt},\ \frac{dy}{dt}\right),\qquad |\vec{v}|=\sqrt{\left(\frac{dx}{dt}\right)^2+\left(\frac{dy}{dt}\right)^2}$$

$$\vec{\alpha}=\left(\frac{d^2x}{dt^2},\ \frac{d^2y}{dt^2}\right),\quad |\vec{\alpha}|=\sqrt{\left(\frac{d^2x}{dt^2}\right)^2+\left(\frac{d^2y}{dt^2}\right)^2}$$

注意　点Pの x 軸方向の速度，y 軸方向の速度を成分とするベクトル $\vec{v}$ を，時刻 t における点Pの **速度** という。$\vec{v}$ の向きは，点Pの描く曲線の点Pにおける接線の向きと一致する。

速度 $\vec{v}$ の大きさ $|\vec{v}|$ を，点Pの **速さ** という。

x 軸方向の加速度，y 軸方向の加速度を成分とするベクトル $\vec{\alpha}$ を，時刻 t における点Pの **加速度** という。また，加速度 $\vec{\alpha}$ の大きさ $|\vec{\alpha}|$ を，点Pの **加速度の大きさ** という。

教科書 $p.128\sim130$

A 直線上の点の運動

教 p.128

練習 20 地上から，初速度 v_0 m/s でボールを真上に打ち上げるとき，t 秒後の高さ x m は，$x=v_0t-\frac{1}{2}gt^2$ で与えられる。ただし，g は定数とする。t 秒後におけるボールの速度 v m/s と加速度 α m/s^2 を求めよ。

指針 **速度と加速度** 真上に打ち上げるから，地上を原点とする直線運動と考えられる。ボールの高さ x (m) を t で微分すると速度 v (m/s) が得られ，v を t で微分すると加速度 α (m/s^2) が得られる。

解答 速度 v は　$\boldsymbol{v=\frac{dx}{dt}=v_0-gt}$ **(m/s)** 答

加速度 α は　$\boldsymbol{\alpha=\frac{dv}{dt}=-g}$ **(m/s^2)** 答

B 平面上の点の運動

教 p.130

練習 21 時刻 t における点 P の座標 $(x,\ y)$ が次の式で与えられるとき，$t=3$ における P の速さ，加速度の大きさを求めよ。

(1) $x=2t+1$，$y=t^2-4t$　　(2) $x=2\cos\pi t$，$y=2\sin\pi t$

指針 **速さ，加速度の大きさ** 速さは速度を表すベクトル $\vec{v}$ の大きさ $|\vec{v}|$ であることに注意する。$\vec{v}$，$\vec{\alpha}$ の各成分を求めてから $t=3$ を代入する。求めるものは $|\vec{v}|$，$|\vec{\alpha}|$ である。

解答 時刻 t における点 P の速度を $\vec{v}$，加速度を $\vec{\alpha}$ とする。

(1) $\frac{dx}{dt}=2$，$\frac{dy}{dt}=2t-4$　　また　$\frac{d^2x}{dt^2}=0$，$\frac{d^2y}{dt^2}=2$

よって，$t=3$ のとき　$\vec{v}=(2,\ 2)$，$\vec{\alpha}=(0,\ 2)$　　←$2\cdot3-4$

したがって，求める速さ $|\vec{v}|$，加速度の大きさ $|\vec{\alpha}|$ は

$|\vec{v}|=\sqrt{2^2+2^2}=\boldsymbol{2\sqrt{2}}$，　$|\vec{\alpha}|=\sqrt{0^2+2^2}=\boldsymbol{2}$ 答

(2) $\frac{dx}{dt}=-2\pi\sin\pi t$，　$\frac{dy}{dt}=2\pi\cos\pi t$

また　$\frac{d^2x}{dt^2}=-2\pi^2\cos\pi t$，$\frac{d^2y}{dt^2}=-2\pi^2\sin\pi t$

よって，$t=3$ のとき

$\vec{v}=(-2\pi\sin3\pi,\ 2\pi\cos3\pi)=(0,\ -2\pi)$

$\vec{\alpha}=(-2\pi^2\cos3\pi,\ -2\pi^2\sin3\pi)=(2\pi^2,\ 0)$

したがって，求める速さ $|\vec{v}|$，加速度の大きさ $|\vec{\alpha}|$ は

$|\vec{v}|=\sqrt{0^2+(-2\pi)^2}=\boldsymbol{2\pi}$，　$|\vec{\alpha}|=\sqrt{(2\pi^2)^2+0^2}=\boldsymbol{2\pi^2}$ 答

参考　一般に，点Pの座標が時刻 t の関数として

$x=r\cos\omega t,\ y=r\sin\omega t$（$r$，$\omega$ は正の定数）

で表されるとき，Pは円 $x^2+y^2=r^2$ の周上を動く。この円運動の速さは $|\vec{v}|=r\omega$ であり，一定である。このように，速さが一定の円運動を **等速円運動** という。

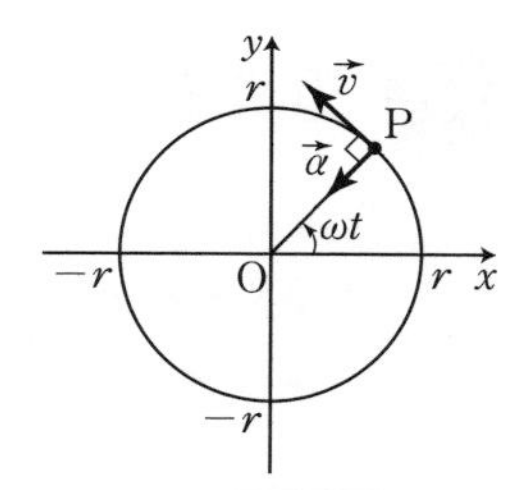

教 p.130

深める

一般に，等速円運動する点Pの加速度 $\vec{\alpha}$ の向きは，Pから円の中心に向かう向きであり，$\vec{\alpha}$ は速度 $\vec{v}$ に垂直である。教科書の例題11について，このことを確かめよう。

指針　**等速円運動の速度と加速度**　加速度 $\vec{\alpha}$ の向きがPから円の中心に向かう向きであることを確かめるには，円の中心をOとするとき，$\vec{\alpha}$ が $\overrightarrow{OP}$ と逆向きであることを確かめればよい。また，$\vec{\alpha}$ が速度 $\vec{v}$ に垂直であることを確かめるには，$\vec{\alpha}\cdot\vec{v}=0$ を確かめればよい。

解答　例題11における点Pは，原点Oを中心とする半径 r の円の周上を等速円運動する。また，

$$\vec{v}=(-r\omega\sin\omega t,\ r\omega\cos\omega t),$$
$$\vec{\alpha}=(-r\omega^2\cos\omega t,\ -r\omega^2\sin\omega t)$$

である。ここで，$\overrightarrow{OP}=(r\cos\omega t,\ r\sin\omega t)$ より

$$\vec{\alpha}=-\omega^2(r\cos\omega t,\ r\sin\omega t)=-\omega^2\overrightarrow{OP}$$

と表されるから，加速度 $\vec{\alpha}$ の向きは，Pから円の中心に向かう向きである。

終

また

$$\begin{aligned}\vec{\alpha}\cdot\vec{v}&=(-r\omega^2\cos\omega t)\times(-r\omega\sin\omega t)+(-r\omega^2\sin\omega t)\times r\omega\cos\omega t\\&=r^2\omega^3\sin\omega t\cos\omega t-r^2\omega^3\sin\omega t\cos\omega t\\&=0\end{aligned}$$

$\vec{\alpha}$，$\vec{v}$ はともに $\vec{0}$ でないから　$\vec{\alpha}\perp\vec{v}$　終

7 近似式

まとめ

1　1次の近似式

$h\fallingdotseq 0$ のとき

$$f(a+h)\fallingdotseq f(a)+f'(a)h$$

注意　微分係数 $f'(a)$ を使って $f(a+h)$ の値を h の1次式で近似する。図形的な意味は図の点Pの y 座標を点Tの y 座標で近似するということである。

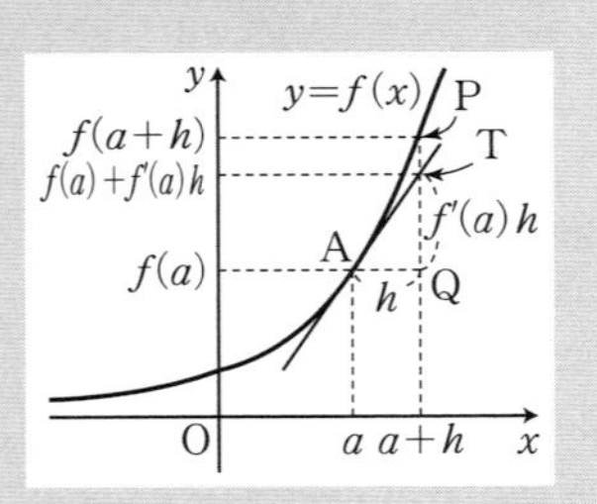

2　$x\fallingdotseq 0$ のときの1次の近似式

$x\fallingdotseq 0$ のとき　　$f(x)\fallingdotseq f(0)+f'(0)x$

注意　1次の近似式 $f(a+h)\fallingdotseq f(a)+f'(a)h$ で，$a=0$ とし，h を x でおき換えたものである。

A　$f(a+h)$ の近似式

教 p.132

練習 22

$h\fallingdotseq 0$ のとき，次の関数の値について，1次の近似式を作れ。

(1)　$\cos(a+h)$　　　(2)　$\tan(a+h)$

指針　**1次の近似式**　それぞれ関数 $f(x)=\cos x$，$f(x)=\tan x$ において，$f(a+h)$ の値の1次の近似式を作る。導関数 $f'(x)$，微分係数 $f'(a)$ の順に求めて，$f(a+h)\fallingdotseq f(a)+f'(a)h$ に代入する。

なお，下の解答では，関数を $f(x)$ とすることを省いている。

解答　(1)　$(\cos x)'=-\sin x$ であるから，$h\fallingdotseq 0$ のとき

$$\cos(a+h)\fallingdotseq \cos a-h\sin a$$ 答

(2)　$(\tan x)'=\dfrac{1}{\cos^2 x}$ であるから，$h\fallingdotseq 0$ のとき

$$\tan(a+h)\fallingdotseq \tan a+\frac{h}{\cos^2 a}$$ 答

B　$x\fallingdotseq 0$ のときの1次の近似式

教 p.132

練習 23

$x\fallingdotseq 0$ のとき，次の関数について，1次の近似式を作れ。

(1)　e^x　　　(2)　$\log(1+x)$　　　(3)　$\dfrac{1}{1+x}$

指針　**1次の近似式**　それぞれの関数を $f(x)$ として，導関数 $f'(x)$，$f(0)$，微分係数

$f'(0)$ の順に求め，$f(x) \fallingdotseq f(0)+f'(0)x$ に代入する。

解答 (1) $f(x)=e^x$ について　$f'(x)=e^x$

$f(0)=1$，$f'(0)=1$ であるから　←$e^0=1$

$x \fallingdotseq 0$ のとき　$e^x \fallingdotseq 1+1\cdot x$　←$f(x) \fallingdotseq f(0)+f'(0)x$

すなわち　$\boldsymbol{e^x \fallingdotseq 1+x}$　答

(2) $f(x)=\log(1+x)$ について　$f'(x)=\dfrac{1}{1+x}$

$f(0)=0$，$f'(0)=1$ であるから　←$f(0)=\log 1=0$

$x \fallingdotseq 0$ のとき　$\log(1+x) \fallingdotseq 0+1\cdot x$　←$f(x) \fallingdotseq f(0)+f'(0)x$

すなわち　$\boldsymbol{\log(1+x) \fallingdotseq x}$　答

(3) $f(x)=\dfrac{1}{1+x}$ について　$f'(x)=-\dfrac{1}{(1+x)^2}$

$f(0)=1$，$f'(0)=-1$ であるから

$x \fallingdotseq 0$ のとき　$\dfrac{1}{1+x} \fallingdotseq 1+(-1)\cdot x$　←$f(x) \fallingdotseq f(0)+f'(0)x$

すなわち　$\boldsymbol{\dfrac{1}{1+x} \fallingdotseq 1-x}$　答

練習 24　教 p.132

1 次の近似式を用いて，次の数の近似値を求めよ。

(1) $\sqrt[4]{1.03}$　(2) $\log 1.01$　(3) $\dfrac{1}{0.998}$

指針 **近似値の計算**　(1) 教科書の例題 12 で導いた次の近似式を利用する。

$x \fallingdotseq 0$ のとき　$(1+x)^p \fallingdotseq 1+px$　(p は有理数)

(2), (3) それぞれ練習 23 (2), (3) の結果を利用する。

解答 (1) $x \fallingdotseq 0$ のとき　$(1+x)^p \fallingdotseq 1+px$　(p は有理数)

$\sqrt[4]{1.03}=(1+0.03)^{\frac{1}{4}}$ であるから

$$\sqrt[4]{1.03} \fallingdotseq 1+\frac{1}{4}\cdot 0.03=\mathbf{1.0075}$$　答

(2) $x \fallingdotseq 0$ のとき，$\log(1+x) \fallingdotseq x$ であるから

$\log 1.01=\log(1+0.01) \fallingdotseq \mathbf{0.01}$　答

(3) $x \fallingdotseq 0$ のとき，$\dfrac{1}{1+x} \fallingdotseq 1-x$ であるから

$$\frac{1}{0.998}=\frac{1}{1+(-0.002)} \fallingdotseq 1-(-0.002)=\mathbf{1.002}$$　答

第4章 第2節 問　題

教 p.133

9　$x>0$ のとき，次の不等式を証明せよ。

$$x-\frac{x^2}{2}<\log(1+x)$$

指針　**不等式の証明**　$f(x)=\log(1+x)-\left(x-\frac{x^2}{2}\right)$ として，$x>0$ のとき $f(x)>0$ であることを示す。
関数 $f(x)$ の増減を利用する。

解答　$f(x)=\log(1+x)-\left(x-\frac{x^2}{2}\right)$ とすると

$$f'(x)=\frac{1}{1+x}-(1-x)=\frac{1-(1-x)(1+x)}{1+x}=\frac{x^2}{1+x}$$

$x>0$ のとき　　$f'(x)>0$
よって，$f(x)$ は $x\geqq0$ で増加する。
ゆえに，$x>0$ のとき　　$f(x)>f(0)=0$　　←$f(0)=\log1$
したがって，$x>0$ のとき　　$x-\frac{x^2}{2}<\log(1+x)$　終

教 p.133

10　方程式 $x^2=ae^x$ が異なる3個の実数解をもつように，定数 a の値の範囲を定めよ。

指針　**方程式の実数解の個数**　方程式の右辺が定数 a だけになるように変形すると $\frac{x^2}{e^x}=a$ となる。関数 $y=\frac{x^2}{e^x}$ のグラフと直線 $y=a$ の共有点の個数を調べればよい。

解答　$e^x\neq0$ であるから，$x^2=ae^x$ の両辺を e^x で割って　　$\frac{x^2}{e^x}=a$

$f(x)=\frac{x^2}{e^x}$ とすると　　$f'(x)=\frac{2x\cdot e^x-x^2\cdot e^x}{(e^x)^2}=-\frac{x(x-2)}{e^x}$

$f(x)$ の増減表は次のようになる。

x	……	0	……	2	……
$f'(x)$	$-$	0	$+$	0	$-$
$f(x)$	↘	極小 0	↗	極大 $\frac{4}{e^2}$	↘

また　$\lim_{x\to\infty}f(x)=0$,　　$\lim_{x\to-\infty}f(x)=\infty$
$y=f(x)$ のグラフは図のようになる。

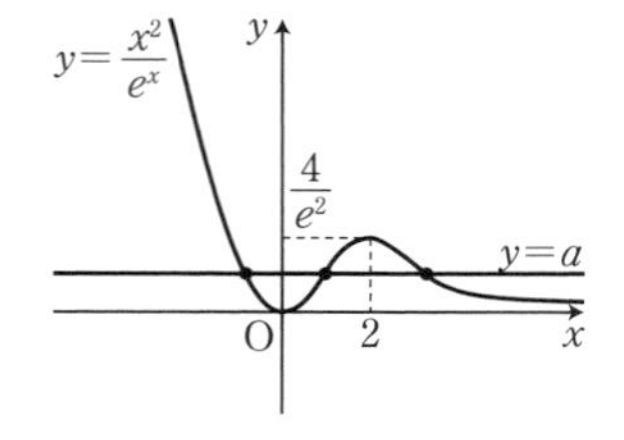

このグラフと直線 $y=a$ の共有点の個数は，方程式の実数解の個数と一致する。したがって，方程式 $x^2=ae^x$ が異なる3個の実数解をもつような a の値の範囲は　$\boldsymbol{0<a<\frac{4}{e^2}}$　答

注意 教科書 p.125 の〈注意〉にあるように，$\lim_{x\to\infty}\frac{x^2}{e^x}=0$ である。また，$\lim_{x\to-\infty}\frac{x^2}{e^x}$ については，$x=-t$ とおくと，$x\longrightarrow-\infty$ のとき $t\longrightarrow\infty$ であるから

$\lim_{x\to-\infty}\frac{x^2}{e^x}=\lim_{t\to\infty}\frac{(-t)^2}{e^{-t}}=\lim_{t\to\infty}t^2e^t=\infty$ となる。

教 p.133

11 座標平面上を運動する点Pの座標 $(x,\ y)$ が，時刻 t の関数として，次の式で表されるとき，時刻 t におけるPの加速度の大きさを求めよ。

$x=a(\omega t-\sin\omega t)$，$y=a(1-\cos\omega t)$　　(a，ω は正の定数)

指針 **加速度の大きさ**　速度を表すベクトルは $\vec{v}=\left(\frac{dx}{dt},\ \frac{dy}{dt}\right)$，加速度を表すベクトルは $\vec{\alpha}=\left(\frac{d^2x}{dt^2},\ \frac{d^2y}{dt^2}\right)$ である。$\vec{\alpha}$ の大きさを求める。

解答

$\frac{dx}{dt}=a\omega(1-\cos\omega t)$，　$\frac{dy}{dt}=a\omega\sin\omega t$

$\frac{d^2x}{dt^2}=a\omega^2\sin\omega t$，　$\frac{d^2y}{dt^2}=a\omega^2\cos\omega t$

よって，加速度の大きさは

$$\sqrt{\left(\frac{d^2x}{dt^2}\right)^2+\left(\frac{d^2y}{dt^2}\right)^2}=\sqrt{(a\omega^2)^2(\sin^2\omega t+\cos^2\omega t)}=\boldsymbol{a\omega^2}$$ 答

注意 $\theta=\omega t$ とおくと

$$\begin{cases}x=a(\theta-\sin\theta)\\y=a(1-\cos\theta)\end{cases}$$

θ を媒介変数として上の式で表される曲線はサイクロイドとよばれる曲線であり，図のようになる。

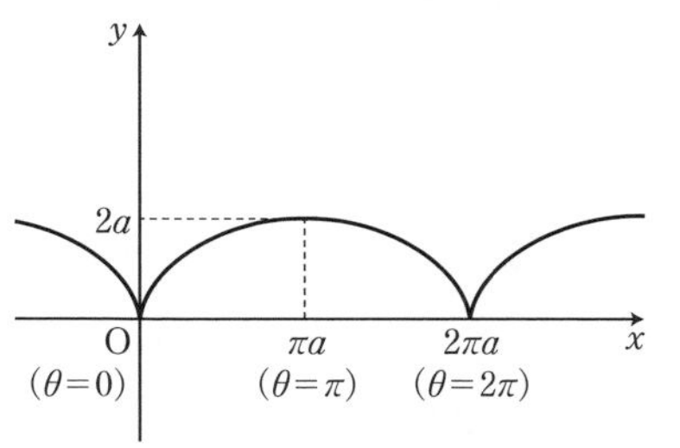

教 p.133

12 $\sin31^\circ$ の近似値を，1次の近似式を用いて，小数第3位まで求めよ。ただし，$\pi=3.142$，$\sqrt{3}=1.732$ とする。

指針 **近似値の計算**　$h\fallingdotseq0$ のとき $\sin(a+h)\fallingdotseq\sin a+h\cos a$ を利用する。

$31^\circ=30^\circ+1^\circ=\frac{\pi}{6}+\frac{\pi}{180}$ であるから $a=\frac{\pi}{6}$，$h=\frac{\pi}{180}$ とおく。

解答　$(\sin x)'=\cos x$ であるから，$h\fallingdotseq 0$ のとき　$\sin(a+h)\fallingdotseq\sin a+h\cos a$

よって　$\sin 31^\circ=\sin(30^\circ+1^\circ)=\sin\left(\frac{\pi}{6}+\frac{\pi}{180}\right)$

$$\fallingdotseq\sin\frac{\pi}{6}+\frac{\pi}{180}\cos\frac{\pi}{6}=\frac{1}{2}+\frac{\pi}{180}\cdot\frac{\sqrt{3}}{2}$$

したがって　$\sin 31^\circ\fallingdotseq\frac{1}{2}+\frac{3.142\times 1.732}{360}\fallingdotseq\mathbf{0.515}$　答

教 p.133

13 右の図のように，原点Oから物体Pを，水平面と角 α をなす方向に，速さ v_0 で投げたとき，時刻 t におけるPの位置 (x, y) は，空気の抵抗を無視すると，g を定数として

$x=(v_0\cos\alpha)t$，$y=(v_0\sin\alpha)t-\frac{1}{2}gt^2$

と表される。このとき，Pの高さ y が最大になる時刻 T において，Pの速さが最小になることを示せ。また，時刻 T におけるPの速さを求めよ。

ただし，$g>0$，$v_0>0$，$0<\alpha<\frac{\pi}{2}$ とする。

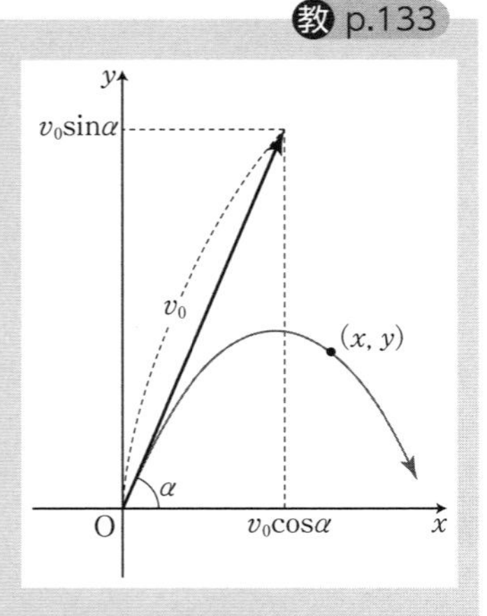

指針　**斜めに投げた物体の速さ**　速度を表すベクトルは $\vec{v}=\left(\frac{dx}{dt},\ \frac{dy}{dt}\right)$ であり，その速さは $|\vec{v}|$ である。

解答
$$y=(v_0\sin\alpha)t-\frac{1}{2}gt^2=-\frac{1}{2}g\left(t-\frac{v_0\sin\alpha}{g}\right)^2+\frac{v_0{}^2\sin^2\alpha}{2g}$$

よって，Pの高さが最大となる時刻 T は　$T=\frac{v_0\sin\alpha}{g}$

また，Pの時刻 t における速度を $\vec{v}$ とする。

$\vec{v}$ の成分は　$\frac{dx}{dt}=v_0\cos\alpha$，$\frac{dy}{dt}=v_0\sin\alpha-gt$

よって，Pの速さ $|\vec{v}|$ は

$$|\vec{v}|=\sqrt{(v_0\cos\alpha)^2+(v_0\sin\alpha-gt)^2}=\sqrt{g^2\left(t-\frac{v_0\sin\alpha}{g}\right)^2+v_0{}^2\cos^2\alpha}$$

したがって，Pの速さが最小となる時刻は $\frac{v_0\sin\alpha}{g}$ で，Pの高さが最大となる時刻 T と一致する。　終

また，時刻 T において　$|\vec{v}|=\boldsymbol{v_0\cos\alpha}$　答

第4章　章末問題A

教 p.134

1. 次の曲線上の，与えられた点における接線と法線の方程式を求めよ。

(1) $y=\dfrac{x-2}{x+2}$，点 $(2,\ 0)$　　(2) $y=\tan x$，点 $\left(\dfrac{\pi}{4},\ 1\right)$

指針　**接線，法線の方程式**　曲線 $y=f(x)$ 上の点 $(a,\ f(a))$ における接線の方程式は
$y-f(a)=f'(a)(x-a)$
法線の方程式は $f'(a)\neq 0$ のとき　$y-f(a)=-\dfrac{1}{f'(a)}(x-a)$

解答　(1) $y'=\dfrac{(x+2)-(x-2)}{(x+2)^2}=\dfrac{4}{(x+2)^2}$

よって，点 $(2,\ 0)$ における接線の傾きは　$\dfrac{4}{(2+2)^2}=\dfrac{1}{4}$

また，法線の傾きは　-4

したがって，求める **接線の方程式は**

$y-0=\dfrac{1}{4}(x-2)$　すなわち　$\boldsymbol{y=\dfrac{1}{4}x-\dfrac{1}{2}}$ 答

法線の方程式は

$y-0=-4(x-2)$　すなわち　$\boldsymbol{y=-4x+8}$ 答

(2) $y'=\dfrac{1}{\cos^2 x}$ であるから，点 $\left(\dfrac{\pi}{4},\ 1\right)$ における

接線の傾きは　$\dfrac{1}{\left(\dfrac{1}{\sqrt{2}}\right)^2}=2$　また，法線の傾きは　$-\dfrac{1}{2}$

したがって，求める **接線の方程式は**

$y-1=2\left(x-\dfrac{\pi}{4}\right)$　すなわち　$\boldsymbol{y=2x-\dfrac{\pi}{2}+1}$ 答

法線の方程式は

$y-1=-\dfrac{1}{2}\left(x-\dfrac{\pi}{4}\right)$　すなわち　$\boldsymbol{y=-\dfrac{1}{2}x+\dfrac{\pi}{8}+1}$ 答

教 p.134

2. 平均値の定理を用いて，次のことを証明せよ。

$a>0$ のとき　$\dfrac{1}{a+1}<\log(a+1)-\log a<\dfrac{1}{a}$

指針　**平均値の定理の応用**　関数 $f(x)=\log x$ を考えると，不等式の中央の式は，
$b=a+1$ とおくと $b-a=1$ であるから，$\dfrac{f(b)-f(a)}{b-a}$ の形をしている。
区間 $[a,\ a+1]$ で平均値の定理を用いる。

解答 関数 $f(x)=\log x$ は，$x>0$ で微分可能で　$f'(x)=\dfrac{1}{x}$

区間 $[a,\ a+1]$ において，平均値の定理を用いると

$$\frac{\log(a+1)-\log a}{(a+1)-a}=\frac{1}{c} \quad \cdots\cdots ①$$

$$a<c<a+1 \quad \cdots\cdots ②$$

を満たす実数 c が存在する。

$f'(x)=\dfrac{1}{x}$ は $x>0$ で減少するから，② より

$$\frac{1}{a}>\frac{1}{c}>\frac{1}{a+1}$$

すなわち　$\dfrac{1}{a+1}<\dfrac{1}{c}<\dfrac{1}{a}$

よって，① より

$$\frac{1}{a+1}<\log(a+1)-\log a<\frac{1}{a}$$ 終

教 p.134

3．次の関数の増減を調べ，極値を求めよ。

(1)　$y=x^2+\log(9-x^2)$　　(2)　$y=|x^3-3x|$

指針 **関数の増減と極値**

(1)　定義域に注意して増減表を作る。

(2)　区間に分けて絶対値記号をはずしてから導関数を求め，増減表を作る。

解答 (1)　この関数の定義域は

$9-x^2>0$ より　$-3<x<3$

$$y'=2x-\frac{2x}{9-x^2}$$

$$=\frac{2x(8-x^2)}{9-x^2}$$

$y'=0$ とすると

$x=0,\ \pm2\sqrt{2}$

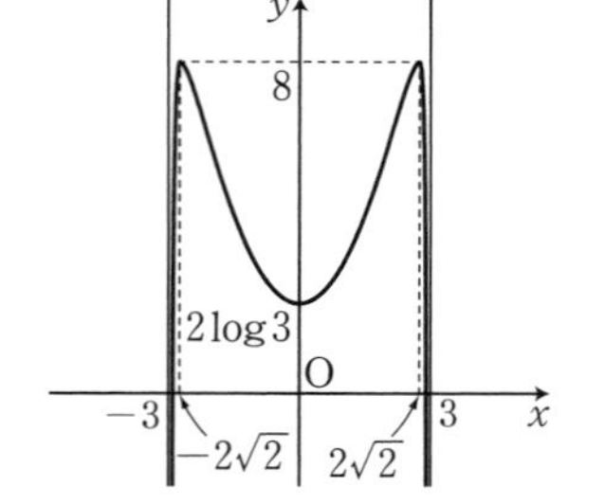

y の増減表は次のようになる。

x	-3	……	$-2\sqrt{2}$	……	0	……	$2\sqrt{2}$	……	3
y'	／	$+$	0	$-$	0	$+$	0	$-$	／
y	／	↗	極大 8	↘	極小 $2\log 3$	↗	極大 8	↘	／

よって，$x=\pm2\sqrt{2}$ で極大値 8，$x=0$ で極小値 $2\log 3$　答

(2)　$f(x)=|x^3-3x|$ とする。

$f(x)=|x(x^2-3)|$ であるから

$-\sqrt{3} \leqq x \leqq 0$, $\sqrt{3} \leqq x$ のとき　$y=x^3-3x$

$-\sqrt{3}<x<0$, $\sqrt{3}<0$ において　$y'=3x^2-3$

　$y'=0$ とすると　$x=-1$

$x<-\sqrt{3}$, $0<x<\sqrt{3}$ のとき

　$y=-x^3+3x$,　$y'=-3x^2+3$

　$y'=0$ とすると　$x=1$

y の増減表は次のようになる。

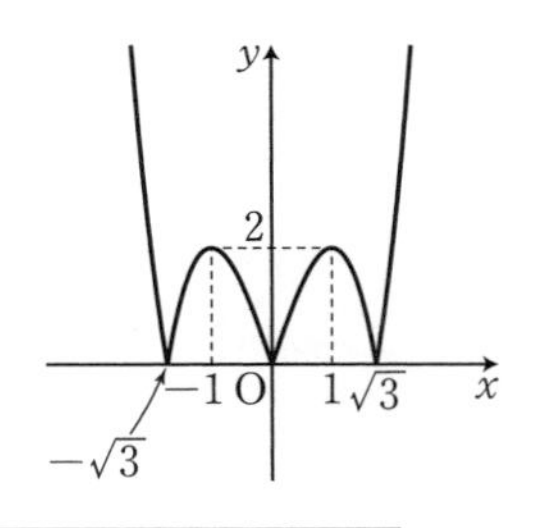

x	……	$-\sqrt{3}$	……	-1	……	0	……	1	……	$\sqrt{3}$	……
y'	$-$	／	$+$	0	$-$	／	$+$	0	$-$	／	$+$
y	↘	極小 0	↗	極大 2	↘	極小 0	↗	極大 2	↘	極小 0	↗

よって, **$x=\pm\sqrt{3}$, 0 で極小値 0, $x=\pm 1$ で極大値 2**　答

教 p.134

4．次の関数のグラフの概形をかけ。

(1)　$y=\dfrac{(x-1)^2}{x^2+1}$　　　(2)　$y=x+\cos x$　$(0 \leqq x \leqq 2\pi)$

指針　**グラフの概形**　(1)　$f(x)=\dfrac{(x-1)^2}{x^2+1}$ とおいて, $f'(x)$, $f''(x)$ を求めて, 関数の増減と極値, 曲線の凹凸と変曲点を調べ, 増減表を作る。漸近線も調べる。

解答　(1)　$f(x)=\dfrac{(x-1)^2}{x^2+1}$ とする。

$$f(x)=\frac{(x^2+1)-2x}{x^2+1}=1-\frac{2x}{x^2+1} \text{ であるから}$$

$$f'(x)=-\frac{2(x^2+1)-2x\cdot 2x}{(x^2+1)^2}=\frac{2(x^2-1)}{(x^2+1)^2}$$

$$f''(x)=\frac{4x(x^2+1)^2-2(x^2-1)\cdot 2(x^2+1)\cdot 2x}{(x^2+1)^4}$$

$$=\frac{4x(x^2+1)-4x\cdot 2(x^2-1)}{(x^2+1)^3}=-\frac{4x(x^2-3)}{(x^2+1)^3}$$

$f'(x)=0$ とすると　　$x=\pm 1$

$f''(x)=0$ とすると　　$x=0$, $\pm\sqrt{3}$

$f(x)$ の増減やグラフの凹凸は, 次の表のようになる。

x	……	$-\sqrt{3}$	……	-1	……	0	……	1	……	$\sqrt{3}$	……
$f'(x)$	$+$	$+$	$+$	0	$-$	$-$	$-$	0	$+$	$+$	$+$
$f''(x)$	$+$	0	$-$	$-$	$-$	0	$+$	$+$	$+$	0	$-$
$f(x)$	⤴	変曲点 $1+\dfrac{\sqrt{3}}{2}$	↗	極大 2	↘	変曲点 1	⤵	極小 0	⤴	変曲点 $1-\dfrac{\sqrt{3}}{2}$	↗

変曲点は，点 $\left(-\sqrt{3},\ 1+\dfrac{\sqrt{3}}{2}\right)$, $(0,\ 1)$, $\left(\sqrt{3},\ 1-\dfrac{\sqrt{3}}{2}\right)$ である。

また　$\displaystyle\lim_{x\to\infty}\{f(x)-1\}=\lim_{x\to\infty}\left(-\frac{2x}{x^2+1}\right)=0$　　$\leftarrow -\dfrac{\frac{2}{x}}{1+\frac{1}{x^2}} \longrightarrow 0$

同様に，$\displaystyle\lim_{x\to-\infty}\{f(x)-1\}=0$ であるから，
直線 $y=1$ はこの曲線の漸近線である。
以上から，グラフの概形は図のようになる。

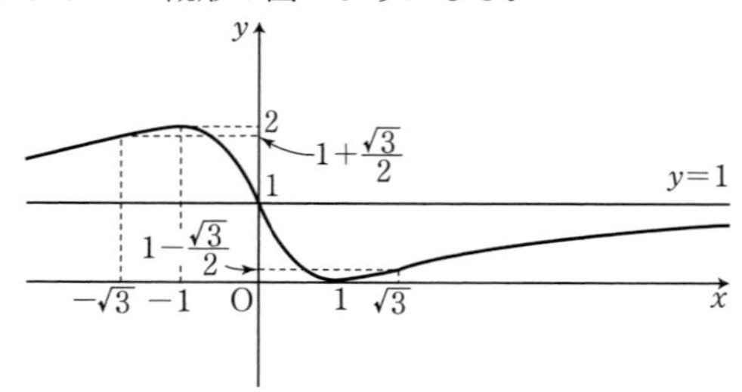

(2)　$y'=1-\sin x$,　$y''=-\cos x$
$0<x<2\pi$ において

$y'=0$ となる x の値は　$x=\dfrac{\pi}{2}$

$y''=0$ となる x の値は　$x=\dfrac{\pi}{2},\ \dfrac{3}{2}\pi$

y の増減やグラフの凹凸は，次の表のようになる。

x	0	……	$\frac{\pi}{2}$	……	$\frac{3}{2}\pi$	……	2π
y'		+	0	+	+	+	
y''		−	0	+	0	−	
y	1	↗(上に凸)	変曲点 $\frac{\pi}{2}$	↗(下に凸)	変曲点 $\frac{3}{2}\pi$	↗(上に凸)	$2\pi+1$

変曲点は　点 $\left(\dfrac{\pi}{2},\ \dfrac{\pi}{2}\right)$, $\left(\dfrac{3}{2}\pi,\ \dfrac{3}{2}\pi\right)$

以上から，グラフの概形は図のようになる。

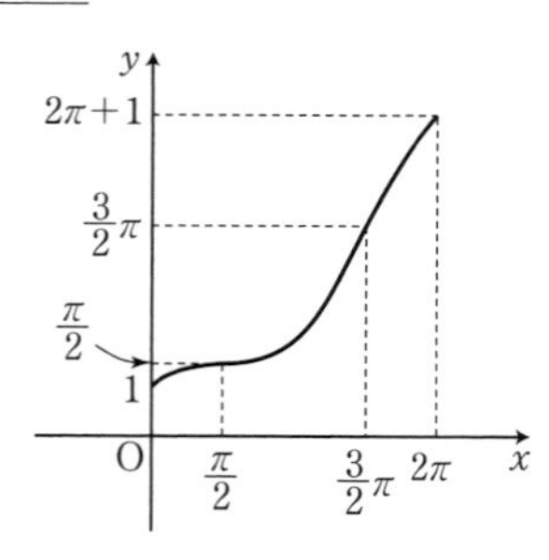

教 p.134

5. 円に内接する二等辺三角形の中で，周の長さが最大になるものは正三角形である。このことを，円の半径を r，二等辺三角形の頂角の大きさを 2θ とし，周の長さ l を θ の関数で表すことによって示せ。

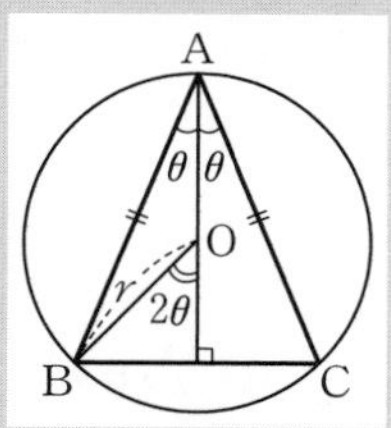

指針 **最大・最小の応用**　区間 $\left(0,\ \dfrac{\pi}{2}\right)$ で l が最大となるのは，$\theta=\dfrac{\pi}{6}$ のときであることを示せばよい。

解答 図において　$AB=AC=2r\cos\theta$

$BC=2r\sin 2\theta$

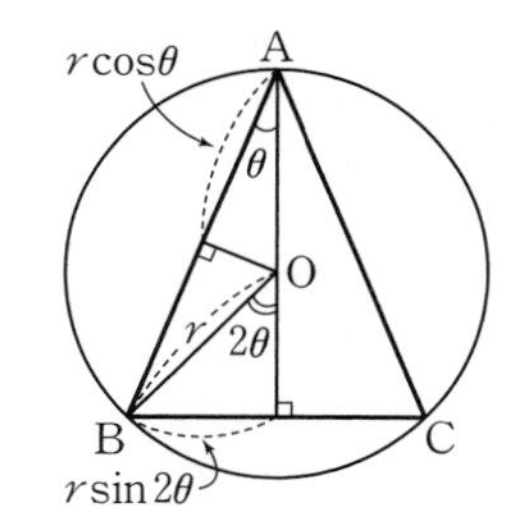

であるから

$$l=4r\cos\theta+2r\sin 2\theta \quad \left(0<\theta<\frac{\pi}{2}\right)$$

よって

$$\frac{dl}{d\theta}=-4r\sin\theta+4r\cos 2\theta$$
$$=-4r\sin\theta+4r(1-2\sin^2\theta)$$
$$=-4r(2\sin^2\theta+\sin\theta-1)$$
$$=-4r(2\sin\theta-1)(\sin\theta+1)$$

$0<\theta<\dfrac{\pi}{2}$ のとき，$\sin\theta+1>0$ であるから，$\dfrac{dl}{d\theta}=0$ となる θ の値は，

$\sin\theta=\dfrac{1}{2}$ より　$\theta=\dfrac{\pi}{6}$

ゆえに，l の増減表は右のようになる。

したがって，l は $\theta=\dfrac{\pi}{6}$ で最大となる。

このとき，△ABC は頂角が $\dfrac{\pi}{3}$ の二等辺三角形であるから，正三角形である。　終

θ	0	……	$\frac{\pi}{6}$	……	$\frac{\pi}{2}$
$\frac{dl}{d\theta}$	／	+	0	−	／
l	／	↗	極大 $3\sqrt{3}r$	↘	／

教 p.134

6. a は定数とする。曲線 $y=\dfrac{x}{x^2+a}$ の変曲点の個数を，次の各場合について求めよ。

(1)　$a>0$　　(2)　$a=0$　　(3)　$a<0$

指針 **曲線の変曲点の個数**　$f''(t)=0$ のとき，$x=t$ の前後で $f''(x)$ の符号が変わるならば，点 $(t,\ f(t))$ は曲線 $y=f(x)$ の変曲点である。

y'，y'' の順に求め，y'' の分子を 0 にする x の値を調べる。

解答　$y'=\dfrac{(x^2+a)-x\cdot 2x}{(x^2+a)^2}=\dfrac{-x^2+a}{(x^2+a)^2}$

$$y''=\frac{-2x(x^2+a)^2-(-x^2+a)\cdot 2(x^2+a)\cdot 2x}{(x^2+a)^4}$$

$$=\frac{-2x(x^2+a)-4x(-x^2+a)}{(x^2+a)^3}=\frac{2x(x^2-3a)}{(x^2+a)^3}$$

(1)　$a>0$ のとき，$y''=0$ となる x の値は　　$x=0$，$\pm\sqrt{3a}$

すなわち　　$y''=\dfrac{2(x+\sqrt{3a})x(x-\sqrt{3a})}{(x^2+a)^3}$

y'' の分母は常に正であるから，この曲線の凹凸，変曲点は，次の表のようになる。

x	……	$-\sqrt{3a}$	……	0	……	$\sqrt{3a}$	……
y''	$-$	0	$+$	0	$-$	0	$+$
y	上に凸	変曲点	下に凸	変曲点	上に凸	変曲点	下に凸

よって，変曲点は　**3 個**　答

(2)　$a=0$ のとき　　$y''=\dfrac{2}{x^3}$

$x<0$ のとき $y''<0$，　$x>0$ のとき $y''>0$

もとの関数において，$x=0$ は定義域に含まれない。

よって，変曲点は　**0 個**　答

(3)　$a<0$ のとき，$x^2-3a>0$ であるから，$y''=0$ となる x の値は　　$x=0$

もとの関数の定義域は $x\neq\pm\sqrt{-a}$ であり，y'' の符号と曲線の凹凸，変曲点は，次の表のようになる。

x	……	$-\sqrt{-a}$	……	0	……	$\sqrt{-a}$	……
y''	$-$	／	$+$	0	$-$	／	$+$
y	上に凸	／	下に凸	変曲点	上に凸	／	下に凸

したがって，変曲点は　**1 個**　答

注意　グラフの概形は図のようになる。点 • が変曲点である。

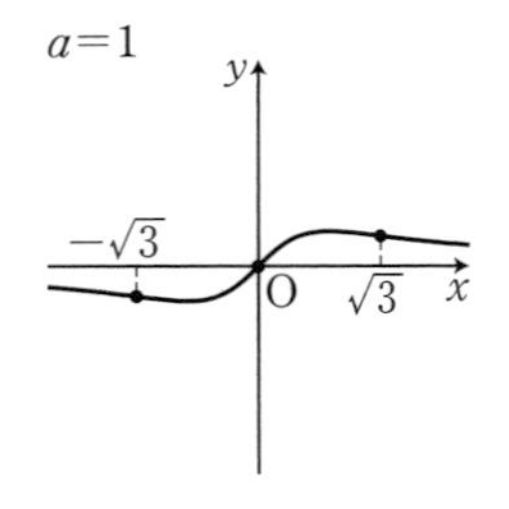

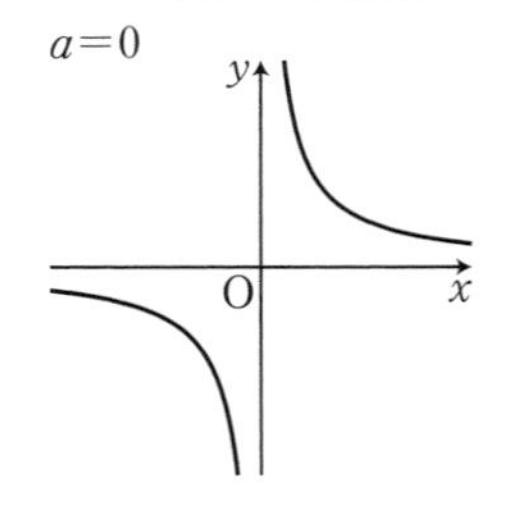

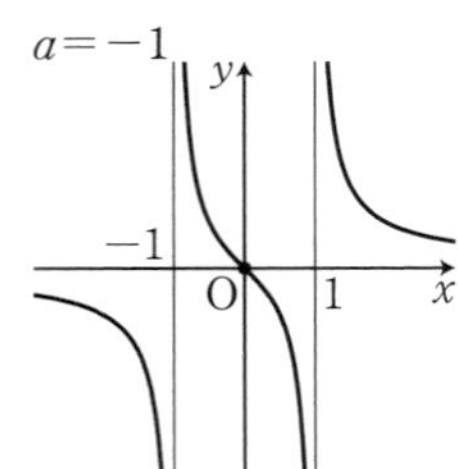

教 p.134

7. $x>0$ のとき，次の不等式を証明せよ。

(1) $\cos x>1-\dfrac{x^2}{2}$　　　　(2) $\sin x>x-\dfrac{x^3}{6}$

指針 **不等式の証明** (左辺)−(右辺) を $f(x)$ とし，$x>0$ のとき $f(x)>0$ となることを証明する。$f(x)$ の増減を利用する。

(1) $f'(x)$ の正負は第2次導関数 $f''(x)$ を使って判断するとよい。

(2) (1) の不等式が利用できる。

解答 (1) $f(x)=\cos x-\left(1-\dfrac{x^2}{2}\right)$ とすると

$$f'(x)=-\sin x+x$$
$$f''(x)=-\cos x+1\geqq 0$$

$f''(x)=0$ となるのは，x が 2π の整数倍であるときだけで，他の x については，$f''(x)>0$ である。

よって，$f'(x)$ は増加する。

このことと，$f'(0)=0$ から，$x>0$ のとき　$f'(x)>0$

よって，$f(x)$ は $x\geqq 0$ で増加する。

ゆえに，$x>0$ のとき　$f(x)>f(0)=0$

したがって，$x>0$ のとき　$\cos x>1-\dfrac{x^2}{2}$ 終

(2) $g(x)=\sin x-\left(x-\dfrac{x^3}{6}\right)$ とすると　$g'(x)=\cos x-\left(1-\dfrac{x^2}{2}\right)$

(1) より，$x>0$ のとき　$g'(x)>0$

よって，$g(x)$ は $x\geqq 0$ で増加するから

$x>0$ のとき　$g(x)>g(0)=0$　すなわち　$\sin x>x-\dfrac{x^3}{6}$ 終

第4章　章末問題B

教 p.135

8. 曲線 $y=\sqrt{x}$ 上の原点以外の任意の点Pにおける法線が x 軸と交わる点をQとし，Pから x 軸に下ろした垂線をPRとする。このとき，線分QRの長さは一定であることを示せ。

指針 **法線の方程式と証明**　点Pの x 座標を t $(t>0)$ として，法線の方程式を表し，点Qの座標を求める。また，Rの座標は $(t,\ 0)$ である。

解答 点Pの x 座標を t $(t>0)$ とすると

$$P(t,\ \sqrt{t})$$

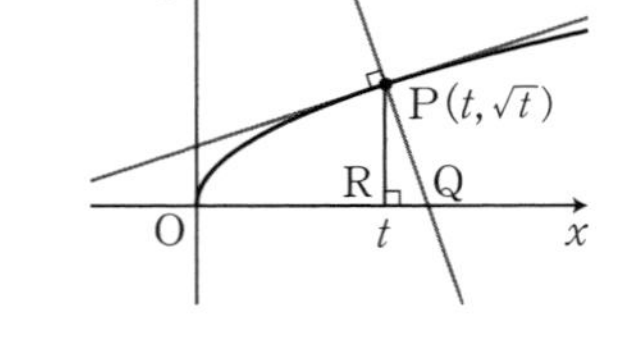

$f(x)=\sqrt{x}$ とすると

$f'(x)=\dfrac{1}{2\sqrt{x}}$ から　　$f'(t)=\dfrac{1}{2\sqrt{t}}$

よって，点Pにおける法線の方程式は

$$y-\sqrt{t}=-2\sqrt{t}(x-t)$$

すなわち　　$y=-2\sqrt{t}x+(2t+1)\sqrt{t}$

ゆえに，点Qの x 座標は，法線の方程式に $y=0$ を代入して

$0=-2\sqrt{t}x+(2t+1)\sqrt{t}$ より　　$x=\dfrac{2t+1}{2}$

また，$R(t,\ 0)$ であるから　　$QR=OQ-OR=\dfrac{2t+1}{2}-t=\dfrac{1}{2}$

したがって，線分QRの長さは一定である。　終

教 p.135

9. 2つの曲線 $y=ax^2-\dfrac{1}{2}$，$y=\log x$ が共有点Pをもち，点Pにおいて共通の接線をもつとき，定数 a の値を求めよ。

指針 **共有点で共通接線を持つ条件**　2つの曲線 $y=f(x)$, $y=g(x)$ が，共有点 $P(p,\ q)$ で共通の接線をもつ条件は $f(p)=g(p)$，$f'(p)=g'(p)$ となることである。

解答 共有点Pの座標を $(p,\ q)$ $(p>0)$ とすると，点Pは2つの曲線上にあるから

$$q=ap^2-\frac{1}{2},\quad q=\log p$$

よって　　$ap^2-\dfrac{1}{2}=\log p$　…… ①

また，曲線 $y=ax^2-\dfrac{1}{2}$ 上の点Pにおける接線の傾きは，$y'=2ax$ より　　$2ap$

曲線 $y=\log x$ 上の点Pにおける接線の傾きは，$y'=\dfrac{1}{x}$ より　　$\dfrac{1}{p}$

接線が一致するから　$2ap=\frac{1}{p}$ …… ②

② から　$ap^2=\frac{1}{2}$

これを ① に代入して　$0=\log p$　すなわち　$p=1$

よって，② から　$\boldsymbol{a=\frac{1}{2}}$ 答

教 p.135

10. 体積が一定である直円柱の表面積を最小にするには，高さと底面の半径の比をどのようにすればよいか。

指針　**最大・最小の応用**　底面の半径を x として，表面積を x の関数で表すことを考える。体積は一定であるから，これを定数 k で表すと，高さ，さらには表面積は x と k で表される。
表面積が最小となる x の値を調べて，高さと x の比を求める。

解答　直円柱の体積を定数 k，底面の半径を変数 x とすると，高さ h は，$k=\pi x^2h$ より　$h=\frac{k}{\pi x^2}$

また，直円柱の表面積 $S(x)$ は

$$S(x)=\pi x^2\times2+2\pi x\cdot\frac{k}{\pi x^2}=2\left(\pi x^2+\frac{k}{x}\right)$$ ← 底面積×2＋側面積

よって　$S'(x)=2\left(2\pi x-\frac{k}{x^2}\right)=\frac{2(2\pi x^3-k)}{x^2}$

$x>0$ において $S'(x)=0$ となる x の値は　$x=\sqrt[3]{\frac{k}{2\pi}}$

したがって，$S(x)$ の増減表は右のようになり，$S(x)$ は $x=\sqrt[3]{\frac{k}{2\pi}}$ で最小となる。

x	0	……	$\sqrt[3]{\frac{k}{2\pi}}$	……
$S'(x)$	／	－	0	＋
$S(x)$	／	↘	極小	↗

このとき，高さと底面の半径の比は

$$h:x=\frac{k}{\pi x^2}:x=k:\pi x^3$$

$$=k:\left(\pi\cdot\frac{k}{2\pi}\right)=\boldsymbol{2:1}$$ 答

教 p.135

11. 3 次関数 $f(x)=x^3+3ax^2+3bx+c$ のグラフを C とし，曲線 C の変曲点を A とする。曲線 C 上に A 以外の任意の点 P をとり，A に関して P と対称な点を Q とすると，Q も曲線 C 上にあることを示せ。

指針　**3 次関数のグラフと変曲点**　3 次関数 $y=f(x)$ のグラフには，変曲点 A に関して対称であるという特徴がある。上の問題文はそれを表現している。

教科書 p.135

$y=f(x)$ のグラフが変曲点Aに関して対称であることを直接証明しようとすると，計算が煩雑になる。そこで，点Aが原点Oに重なるように平行移動させたグラフの式を $y=g(x)$ として，それが原点に関して対称であることを示す。$g(-x)=-g(x)$ が成り立つことをいえばよい。

解答 曲線 C が変曲点Aに関して対称であることを示せばよい。

$$f'(x)=3x^2+6ax+3b,\quad f''(x)=6x+6a$$

$f''(x)=0$ とすると　　$x=-a$

曲線 $y=f(x)$ の凹凸は下の表のようになる。

x	……	$-a$	……
y''	$-$	0	$+$
y	上に凸	$2a^3-3ab+c$	下に凸

よって，変曲点Aの座標は　$(-a,\ 2a^3-3ab+c)$

曲線 $y=f(x)$ を，点Aが原点に重なるように

　x 軸方向に a，y 軸方向に $-2a^3+3ab-c$

だけ平行移動すると，その曲線の方程式は

$$y-(-2a^3+3ab-c)$$
$$=(x-a)^3+3a(x-a)^2+3b(x-a)+c$$

これを整理すると　　$y=x^3+3(b-a^2)x$

ここで，$g(x)=x^3+3(b-a^2)x$ とすると

$$g(-x)=(-x)^3+3(b-a^2)(-x)=-\{x^3+3(b-a^2)x\}$$

よって，$g(-x)=-g(x)$ が成り立つから，曲線 $y=g(x)$ は原点に関して対称である。

したがって，もとの曲線 C は変曲点Aに関して対称であるから，点Aに関して点Pと対称な点Qもこの曲線上にある。　終

教 p.135

12. 座標平面上を運動する点Pの時刻 t における座標が，$x=4\cos t$，$y=\sin 2t$ で与えられるとき，$0\leqq t\leqq 2\pi$ におけるPの速さの最大値，最小値を求めよ。

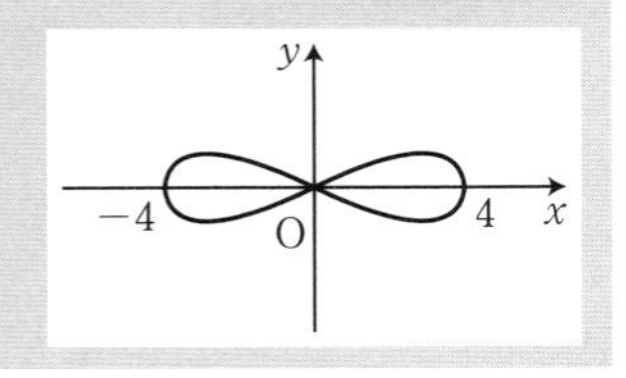

指針 **平面上の点の運動の速さ**　速度のベクトルの成分は，x 座標，y 座標をそれぞれ t で微分して得られる。速さはそのベクトルの大きさである。ここでは，最大，最小は三角関数の基本性質で調べられる。

解答 $\dfrac{dx}{dt}=-4\sin t$，$\dfrac{dy}{dt}=2\cos 2t$ であるから，速さは

$$\sqrt{\left(\frac{dx}{dt}\right)^2+\left(\frac{dy}{dt}\right)^2}=\sqrt{(-4\sin t)^2+(2\cos 2t)^2}$$
$$=\sqrt{4\{4\sin^2 t+(1-2\sin^2 t)^2\}}=2\sqrt{1+4\sin^4 t}$$

よって，$0 \leqq t \leqq 2\pi$ において

$t=\dfrac{\pi}{2}$，$\dfrac{3}{2}\pi$　で最大値 $2\sqrt{5}$，　　←$\sin t=\pm 1$ のとき

$t=0$，π，2π で最小値 2 をとる。 答　　←$\sin t=0$ のとき

教 p.135

13. 地面に垂直な壁に長さ 5 m の棒を立てかけ，この棒の下端 A を，地面上を速さ 0.3 m/s で壁から垂直に遠ざける。棒の下端 A が壁から 4 m 離れたときに，棒の上端 B が壁面上を動く速さを求めよ。

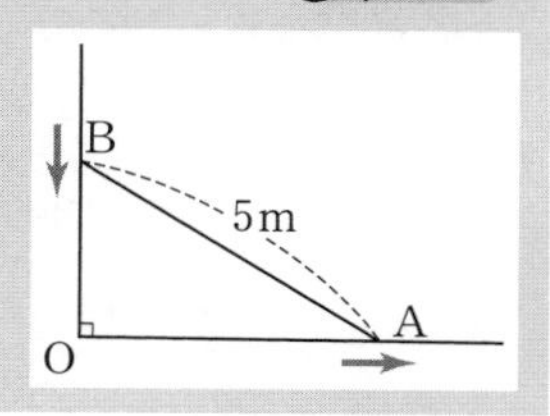

指針 **直線上の点の運動の速さ**　座標平面上で，点 A を x 軸上，点 B を y 軸上にとり，$\mathrm{OA}=x$，$\mathrm{OB}=y$ とする。x，y の間には $x^2+y^2=5^2$ の関係がある。x，y を時刻 t の関数とみて両辺を t で微分して，$\left|\dfrac{dy}{dt}\right|$ を求める。

解答 図のように，点 O を座標平面の原点とし，直線 OA を x 軸，直線 OB を y 軸とする。

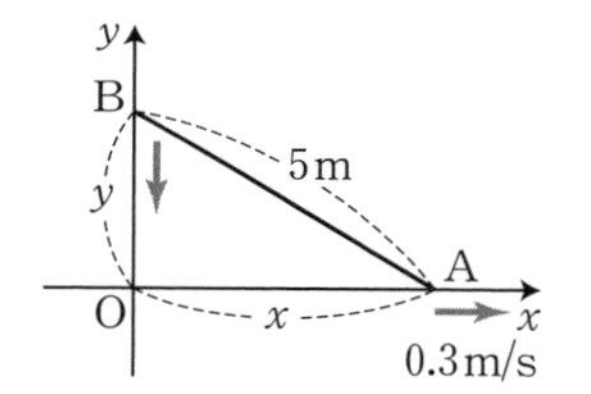

$\mathrm{OA}=x$，$\mathrm{OB}=y$ とおくと，三平方の定理により

$$x^2+y^2=5^2 \quad \cdots\cdots ①$$

よって，$x=4$ のとき　$y=3$

x，y は時刻 t の関数であるから，① の両辺を t で微分して 2 で割ると　　$x\dfrac{dx}{dt}+y\dfrac{dy}{dt}=0$

これに $\dfrac{dx}{dt}=0.3$，$x=4$，$y=3$ を代入すると

$$4\cdot 0.3+3\cdot\frac{dy}{dt}=0 \quad すなわち \quad \frac{dy}{dt}=-0.4$$

したがって，棒の上端 B の速さは　**0.4 m/s**　答

コラム e^x を表す式

まとめ

e^x を表す式

e^x は次のような無限級数で表されることが知られている。

$$e^x=1+x+\frac{1}{2!}x^2+\frac{1}{3!}x^3+\cdots\cdots+\frac{1}{n!}x^n+\cdots\cdots \quad ①$$

このことから，$x>0$ のとき

$$e^x>1+x+\frac{1}{2!}x^2+\frac{1}{3!}x^3+\cdots\cdots+\frac{1}{n!}x^n \quad ②$$

が成り立つ。

教 p.136

練習

$x>0$ のとき，上の ② の不等式を数学的帰納法を用いて証明しよう。
また，② の不等式を用いて $e>2.7$ であることを確かめよう。

解答【② の不等式の証明】

[1] $n=1$ のとき

$f(x)=e^x-(1+x)$ とすると　$f'(x)=e^x-1$

$x>0$ のとき，$e^x>1$ であるから　$f'(x)>0$

よって，$f(x)$ は $x\geqq 0$ で増加する。

ゆえに，$x>0$ のとき　$f(x)>f(0)=0$

したがって，$x>0$ のとき　$e^x>1+x$

よって，$n=1$ のとき ② が成り立つ。

[2] $n=k$ のとき ② が成り立つ，すなわち，$x>0$ のとき

$$e^x-\left(1+x+\frac{1}{2!}x^2+\frac{1}{3!}x^3+\cdots\cdots+\frac{1}{k!}x^k\right)>0$$

が成り立つと仮定する。

$n=k+1$ のときの ② の両辺の差を $f(x)$ とすると

$$f(x)=e^x-\left\{1+x+\frac{1}{2!}x^2+\frac{1}{3!}x^3+\cdots\cdots+\frac{1}{(k+1)!}x^{k+1}\right\}$$

であるから，$x>0$ のとき

$$f'(x)=e^x-\left\{0+1+\frac{2}{2!}x+\frac{3}{3!}x^2+\cdots\cdots+\frac{k+1}{(k+1)!}x^k\right\}$$

$$=e^x-\left(1+x+\frac{1}{2!}x^2+\frac{1}{3!}x^3+\cdots\cdots+\frac{1}{k!}x^k\right)>0$$

よって，$f(x)$ は $x\geqq 0$ で増加する。

ゆえに，$x>0$ のとき　$f(x)>f(0)=0$

したがって，$n=k+1$ のときも ② が成り立つ。

[1]，[2]から，すべての自然数 n について ② が成り立つ。 終

【$e>2.7$ であること】

② において，$n=4$ とすると

$$e^x>1+x+\frac{1}{2!}x^2+\frac{1}{3!}x^3+\frac{1}{4!}x^4$$

この不等式に $x=1$ を代入して

$$e>1+1+\frac{1}{2}+\frac{1}{6}+\frac{1}{24}=\frac{65}{24}=2.708\cdots>2.7$$ 終

教科書 p.138

第5章 | 積分法とその応用

第1節 不定積分

1 不定積分とその基本性質

まとめ

1 原始関数

x で微分すると $f(x)$ になる関数があれば，その関数を $f(x)$ の **原始関数** といい，それは無数にある。

2 不定積分

関数 $f(x)$ の原始関数の1つを $F(x)$ とすると，$f(x)$ の原始関数全体は，$F(x)+C$ の形に書き表される。C は任意の定数である。

この表示を $f(x)$ の **不定積分** といい，$\int f(x)\,dx$ で表す。

$f(x)$ の不定積分を求めることを，$f(x)$ を **x で積分する** または単に **積分する** といい，上の定数 C を **積分定数** という。また，$f(x)$ を **被積分関数** といい，x を **積分変数** という。

注意　不定積分と原始関数を区別せずに同じ意味で用いることもある。

3 $f(x)$ の不定積分

$F'(x)=f(x)$ のとき，$f(x)$ の不定積分は

$$\int f(x)\,dx=F(x)+C \qquad \text{ただし，}C\text{ は積分定数}$$

注意　今後は「C は積分定数」という断りを省略する。

4 x^α の不定積分

$$\int x^\alpha\,dx=\frac{1}{\alpha+1}x^{\alpha+1}+C \quad \text{ただし，}\alpha\neq-1$$　$\leftarrow (x^{\alpha+1})'=(\alpha+1)x^\alpha$

$$\int\frac{1}{x}\,dx=\log|x|+C$$　$\leftarrow (\log|x|)'=\frac{1}{x}$

5 関数の定数倍および和，差の不定積分

[1] $\int kf(x)\,dx=k\int f(x)\,dx$　　ただし，k は定数

[2] $\int\{f(x)+g(x)\}\,dx=\int f(x)\,dx+\int g(x)\,dx$

[3] $\int\{f(x)-g(x)\}\,dx=\int f(x)\,dx-\int g(x)\,dx$

6　三角関数，指数関数の不定積分

a は 1 でない正の定数とする。

$$\int \sin x\,dx = -\cos x + C,\quad \int \cos x\,dx = \sin x + C$$

$$\int \frac{dx}{\cos^2 x} = \tan x + C,\quad \int \frac{dx}{\sin^2 x} = -\frac{1}{\tan x} + C$$

$$\int e^x\,dx = e^x + C,\quad \int a^x\,dx = \frac{a^x}{\log a} + C$$

A 不定積分

教 p.139

練習 1

次の不定積分を求めよ。

(1) $\displaystyle\int \frac{dx}{x^3}$　　(2) $\displaystyle\int x^{\frac{1}{3}}\,dx$

(3) $\displaystyle\int x\sqrt{x}\,dx$　　(4) $\displaystyle\int \frac{dx}{\sqrt{x}}$

指針　**x^α の不定積分**　被積分関数を x^α の形に表して，公式を適用する。

解答 (1) $\displaystyle\int \frac{dx}{x^3} = \int x^{-3}\,dx = \frac{1}{-3+1}x^{-3+1} + C = -\frac{1}{2}x^{-2} + C = -\frac{1}{2x^2} + C$ 答

(2) $\displaystyle\int x^{\frac{1}{3}}\,dx = \frac{1}{\frac{1}{3}+1}x^{\frac{1}{3}+1} + C = \frac{3}{4}x^{\frac{4}{3}} + C$ 答

(3) $\displaystyle\int x\sqrt{x}\,dx = \int x^{\frac{3}{2}}\,dx = \frac{1}{\frac{3}{2}+1}x^{\frac{3}{2}+1} + C = \frac{2}{5}x^{\frac{5}{2}} + C$

$\displaystyle = \frac{2}{5}x^2\sqrt{x} + C$ 答

(4) $\displaystyle\int \frac{dx}{\sqrt{x}} = \int x^{-\frac{1}{2}}\,dx = \frac{1}{-\frac{1}{2}+1}x^{-\frac{1}{2}+1} + C = 2x^{\frac{1}{2}} + C$

$= 2\sqrt{x} + C$ 答

B 不定積分の基本性質

教 p.140

練習 2

次の不定積分を求めよ。

(1) $\displaystyle\int \frac{x^2-4x+1}{x^3}\,dx$　　(2) $\displaystyle\int \frac{x+2}{\sqrt{x}}\,dx$

(3) $\displaystyle\int \frac{(\sqrt{y}-1)^2}{y}\,dy$　　(4) $\displaystyle\int \left(3t^2-\frac{1}{t}\right)^2 dt$

指針 **和・差の不定積分**　被積分関数を x^α の形の項に分け，各項ごとに

$$\int x^\alpha dx=\frac{1}{\alpha+1}x^{\alpha+1}+C\ (\alpha\neq-1),\quad \int\frac{1}{x}dx=\log|x|+C$$

を利用して不定積分を求めればよい。(3)，(4) はまず展開する。

解答 (1)
$$\int\frac{x^2-4x+1}{x^3}dx=\int\left(\frac{1}{x}-\frac{4}{x^2}+\frac{1}{x^3}\right)dx=\int\frac{dx}{x}-4\int\frac{dx}{x^2}+\int\frac{dx}{x^3}$$
$$=\log|x|-4\int x^{-2}dx+\int x^{-3}dx$$
$$=\log|x|-4\cdot\frac{1}{-2+1}x^{-2+1}+\frac{1}{-3+1}x^{-3+1}+C$$
$$=\boldsymbol{\log|x|+\frac{4}{x}-\frac{1}{2x^2}+C}\quad 答$$

(2)
$$\int\frac{x+2}{\sqrt{x}}dx=\int\left(\sqrt{x}+\frac{2}{\sqrt{x}}\right)dx=\int x^{\frac{1}{2}}dx+2\int x^{-\frac{1}{2}}dx$$
$$=\frac{1}{\frac{1}{2}+1}x^{\frac{1}{2}+1}+2\cdot\frac{1}{-\frac{1}{2}+1}x^{-\frac{1}{2}+1}+C$$
$$=\boldsymbol{\frac{2}{3}x\sqrt{x}+4\sqrt{x}+C}\quad 答$$

(3)
$$\int\frac{(\sqrt{y}-1)^2}{y}dy=\int\frac{y-2\sqrt{y}+1}{y}dy=\int\left(1-\frac{2}{\sqrt{y}}+\frac{1}{y}\right)dy$$
←積分変数 y
$$=\int dy-2\int y^{-\frac{1}{2}}dy+\int\frac{dy}{y}$$
$$=y-2\cdot\frac{1}{-\frac{1}{2}+1}y^{-\frac{1}{2}+1}+\log|y|+C$$
$$=\boldsymbol{y-4\sqrt{y}+\log y+C}\quad 答$$

(4)
$$\int\left(3t^2-\frac{1}{t}\right)^2dt=\int\left(9t^4-6t+\frac{1}{t^2}\right)dt$$
←積分変数 t
$$=9\int t^4dt-6\int t\,dt+\int t^{-2}dt$$
$$=9\cdot\frac{1}{4+1}t^{4+1}-6\cdot\frac{1}{1+1}t^{1+1}+\frac{1}{-2+1}t^{-2+1}+C$$
$$=\boldsymbol{\frac{9}{5}t^5-3t^2-\frac{1}{t}+C}\quad 答$$

注意 (3)　被積分関数の定義域は $y>0$ であるから，$\log|y|$ は $\log y$ としてよい。

教科書 $p.141$

C 三角関数，指数関数の不定積分

教 p.141

練習 3

次の不定積分を求めよ。

(1) $\displaystyle\int(\cos x-2\sin x)\,dx$　　(2) $\displaystyle\int\frac{2\cos^3 x-1}{\cos^2 x}dx$

(3) $\displaystyle\int\frac{dx}{\tan^2 x}$　　(4) $\displaystyle\int 5^x\,dx$　　(5) $\displaystyle\int(3^x-2e^x)\,dx$

指針　**三角関数，指数関数の不定積分**　不定積分の基本性質を利用する。

(1)～(3)　被積分関数が $\sin x$，$\cos x$，$\dfrac{1}{\cos^2 x}$，$\dfrac{1}{\sin^2 x}$ のいずれかの積分になるように変形し，それぞれの不定積分の公式を利用する。

解答　(1) $\displaystyle\int(\cos x-2\sin x)\,dx=\int\cos x\,dx-2\int\sin x\,dx$

$$=\boldsymbol{\sin x+2\cos x+C}\quad \text{答}$$

(2) $\displaystyle\int\frac{2\cos^3 x-1}{\cos^2 x}dx=\int\left(2\cos x-\frac{1}{\cos^2 x}\right)dx$

$$=2\int\cos x\,dx-\int\frac{dx}{\cos^2 x}$$

$$=\boldsymbol{2\sin x-\tan x+C}\quad \text{答}$$

(3) $\displaystyle\int\frac{dx}{\tan^2 x}=\int\frac{\cos^2 x}{\sin^2 x}dx$

$$=\int\frac{1-\sin^2 x}{\sin^2 x}dx=\int\left(\frac{1}{\sin^2 x}-1\right)dx$$

$$=\int\frac{dx}{\sin^2 x}-\int dx=\boldsymbol{-\frac{1}{\tan x}-x+C}\quad \text{答}$$

(4) $\displaystyle\int 5^x\,dx=\boldsymbol{\frac{5^x}{\log 5}+C}$　答

(5) $\displaystyle\int(3^x-2e^x)\,dx=\int 3^x\,dx-2\int e^x\,dx$

$$=\boldsymbol{\frac{3^x}{\log 3}-2e^x+C}\quad \text{答}$$

2 置換積分法と部分積分法

まとめ

1 $f(ax+b)$ の不定積分

$F'(x)=f(x)$，$a\neq 0$ とするとき

$$\int f(ax+b)\,dx=\frac{1}{a}F(ax+b)+C$$

2 置換積分法(1)

[1] $\int f(x)\,dx=\int f(g(t))g'(t)\,dt$　　ただし，$x=g(t)$

3 置換積分法(2)

[2] $\int f(g(x))g'(x)\,dx=\int f(u)\,du$　　ただし，$g(x)=u$

注意　$g'(x)=\dfrac{du}{dx}$ を形式的に $g'(x)\,dx=du$ と書き表すと，公式が使いやすい。

4 $\dfrac{g'(x)}{g(x)}$ の不定積分

[3] $\int \dfrac{g'(x)}{g(x)}\,dx=\log|g(x)|+C$

注意　公式 [2] $\int f(g(x))g'(x)\,dx=\int f(u)\,du$ で，$f(u)=\dfrac{1}{u}$ の場合である。

5 部分積分法

積の導関数の公式　$\{f(x)g(x)\}'=f'(x)g(x)+f(x)g'(x)$ より，$f(x)g(x)$ は右辺の関数の原始関数であるから

$$f(x)g(x)=\int f'(x)g(x)\,dx+\int f(x)g'(x)\,dx$$

これにより，次の公式が成り立つ。

[4] $\int f(x)g'(x)\,dx=f(x)g(x)-\int f'(x)g(x)\,dx$

A $f(ax+b)$ の不定積分

練習 4　教 p.142

次の不定積分を求めよ。

(1) $\int (3x+1)^4\,dx$　　(2) $\int (4x-3)^{-3}\,dx$　　(3) $\int \dfrac{dx}{\sqrt{1-2x}}$

(4) $\int \dfrac{dx}{2x+1}$　　(5) $\int \sin 2x\,dx$　　(6) $\int e^{3x-1}\,dx$

指針　**$f(ax+b)$ の不定積分**　被積分関数は $ax+b$ との合成関数である。ここでは

$f(ax+b)$ の不定積分の公式を適用して不定積分を求める。公式は，a の逆数を掛ければ，$ax+b$ を1つの文字とみなして，これまでの不定積分の公式がそのまま利用できることを示している。

(3)　$(ax+b)^\alpha$ の形に変形する。

解答 (1) $\int(3x+1)^4dx=\frac{1}{3}\cdot\frac{(3x+1)^{4+1}}{4+1}+C=\boldsymbol{\frac{1}{15}(3x+1)^5+C}$ 答

(2) $\int(4x-3)^{-3}dx=\frac{1}{4}\cdot\frac{(4x-3)^{-3+1}}{-3+1}+C=\boldsymbol{-\frac{1}{8}(4x-3)^{-2}+C}$ 答

(3) $\int\frac{dx}{\sqrt{1-2x}}=\int(1-2x)^{-\frac{1}{2}}dx=-\frac{1}{2}\cdot\frac{(1-2x)^{-\frac{1}{2}+1}}{-\frac{1}{2}+1}+C$

$=-(1-2x)^{\frac{1}{2}}+C=\boldsymbol{-\sqrt{1-2x}+C}$ 答

(4) $\int\frac{dx}{2x+1}=\boldsymbol{\frac{1}{2}\log|2x+1|+C}$ 答

(5) $\int\sin 2x\,dx=\frac{1}{2}\cdot(-\cos 2x)+C=\boldsymbol{-\frac{1}{2}\cos 2x+C}$ 答

(6) $\int e^{3x-1}dx=\boldsymbol{\frac{1}{3}e^{3x-1}+C}$ 答

B 置換積分法

深める　教科書の例題1の不定積分を，$x+1=t$ とおいて求めてみよう。

解答 $x+1=t$ とおくと　　$x=t-1$，$dx=dt$　　$\leftarrow \frac{dx}{dt}=1$

$$\int x\sqrt{x+1}\,dx=\int(t-1)\sqrt{t}\,dt=\int\left(t^{\frac{3}{2}}-t^{\frac{1}{2}}\right)dt$$

$$=\frac{2}{5}t^{\frac{5}{2}}-\frac{2}{3}t^{\frac{3}{2}}+C$$

$$=\frac{2}{15}t^{\frac{3}{2}}(3t-5)+C$$

$$=\frac{2}{15}(x+1)^{\frac{3}{2}}\{3(x+1)-5\}+C$$

$$=\boldsymbol{\frac{2}{15}(3x-2)(x+1)\sqrt{x+1}+C}$$ 答

置換の仕方は1通りではないよ。

教 p.144

練習 5

次の不定積分を求めよ。

(1) $\int x\sqrt{2x-1}\,dx$　　(2) $\int \frac{x}{\sqrt{x+1}}\,dx$

指針 **置換積分法(1)**

(1) $\sqrt{2x-1}=t$ とおく。

(2) $\sqrt{x+1}=t$ とおく。

解答 (1) $\sqrt{2x-1}=t$ とおくと

$$x=\frac{t^2+1}{2},\quad dx=t\,dt$$

$\leftarrow \frac{dx}{dt}=t$

$$\int x\sqrt{2x-1}\,dx=\int\frac{t^2+1}{2}\cdot t\cdot t\,dt$$

$$=\frac{1}{2}\int(t^4+t^2)\,dt=\frac{1}{2}\left(\frac{t^5}{5}+\frac{t^3}{3}\right)+C$$

$$=\frac{1}{30}t^3(3t^2+5)+C$$

$$=\frac{1}{30}(\sqrt{2x-1})^3\{3(2x-1)+5\}+C$$

$$=\boldsymbol{\frac{1}{15}(3x+1)(2x-1)\sqrt{2x-1}+C}$$ 答

(2) $\sqrt{x+1}=t$ とおくと

$$x=t^2-1,\quad dx=2t\,dt$$

$\leftarrow \frac{dx}{dt}=2t$

$$\int\frac{x}{\sqrt{x+1}}\,dx=\int\frac{t^2-1}{t}\cdot 2t\,dt$$

$$=2\int(t^2-1)\,dt=2\left(\frac{t^3}{3}-t\right)+C$$

$$=\frac{2}{3}t(t^2-3)+C$$

$$=\frac{2}{3}\sqrt{x+1}\{(x+1)-3\}+C$$

$$=\boldsymbol{\frac{2}{3}(x-2)\sqrt{x+1}+C}$$ 答

C $f(g(x))g'(x)$ の不定積分

教 p.145

練習 6

次の不定積分を求めよ。

(1) $\int x^2\sqrt{x^3+2}\,dx$　　(2) $\int \sin^3 x\cos x\,dx$　　(3) $\int\frac{\log x}{x}\,dx$

指針 **置換積分法(2)**　被積分関数を 2 つの関数の積とみて，一方を $f(g(x))$ としたと

き他方が $g'(x)$(その定数倍でもよい) となっていることを確かめる。
$g(x)=u$ とおいて，$f(u)$ の不定積分を求めればよい。

(1) $(x^3+2)'=3x^2$ であるから，$x^3+2=u(=g(x))$ とおく。

(2) $(\sin x)'=\cos x$ であるから，$\sin x=u$ とおく。

(3) $(\log x)'=\dfrac{1}{x}$ であるから，$\log x=u$ とおく。

解答 (1) $x^3+2=u$ とおくと　$3x^2dx=du$　　$\leftarrow 3x^2=\dfrac{du}{dx}$

$$\int x^2\sqrt{x^3+2}\,dx=\frac{1}{3}\int\sqrt{x^3+2}\cdot 3x^2dx \qquad \leftarrow x^2=\frac{1}{3}\cdot 3x^2$$

$$=\frac{1}{3}\int\sqrt{u}\,du=\frac{1}{3}\cdot\frac{2}{3}u^{\frac{3}{2}}+C \qquad \leftarrow \int f(u)\,du$$

$$=\boldsymbol{\frac{2}{9}(x^3+2)\sqrt{x^3+2}+C} \text{ 答} \qquad \leftarrow x^3+2 \text{ にもどす。}$$

(2) $\sin x=u$ とおくと　$\cos x\,dx=du$　　$\leftarrow \cos x=\dfrac{du}{dx}$

$$\int\sin^3x\cos x\,dx=\int u^3du=\frac{u^4}{4}+C=\boldsymbol{\frac{1}{4}\sin^4x+C} \text{ 答}$$

(3) $\log x=u$ とおくと　$\dfrac{1}{x}dx=du$　　$\leftarrow \dfrac{1}{x}=\dfrac{du}{dx}$

$$\int\frac{\log x}{x}dx=\int\log x\cdot\frac{1}{x}dx=\int u\,du$$

$$=\frac{u^2}{2}+C=\boldsymbol{\frac{1}{2}(\log x)^2+C} \text{ 答}$$

注意 十分に慣れたら，u とおく段階を省いてもよい。

D $\dfrac{g'(x)}{g(x)}$ の不定積分

練習 7 教 p.145

次の不定積分を求めよ。

(1) $\displaystyle\int\frac{2x+1}{x^2+x-1}dx$　(2) $\displaystyle\int\frac{e^x}{e^x+1}dx$　(3) $\displaystyle\int\frac{dx}{\tan x}$

指針 **$\dfrac{g'(x)}{g(x)}$ の不定積分**　分子が分母の導関数になっているかを確かめる。

(3) 被積分関数は $\dfrac{1}{\tan x}$ であり，これを $\dfrac{g'(x)}{g(x)}$ の形に変形する。

三角関数の相互関係 $\tan x=\dfrac{\sin x}{\cos x}$ を利用する。

解答 (1) $\displaystyle\int\frac{2x+1}{x^2+x-1}dx=\int\frac{(x^2+x-1)'}{x^2+x-1}dx=\boldsymbol{\log|x^2+x-1|+C}$ 答

(2) $\displaystyle\int\frac{e^x}{e^x+1}dx=\int\frac{(e^x+1)'}{e^x+1}dx=\boldsymbol{\log(e^x+1)+C}$ 答

(3) $\displaystyle\int\frac{dx}{\tan x}=\int\frac{\cos x}{\sin x}dx=\int\frac{(\sin x)'}{\sin x}dx=\mathbf{\log|\sin x|+C}$ 答

注意 (2) $e^x+1>0$ であるから，$\log|e^x+1|$ は $\log(e^x+1)$ としてよい。

E 部分積分法

教 p.146

練習 8 次の不定積分を求めよ。

(1) $\displaystyle\int x\sin x\,dx$　　(2) $\displaystyle\int xe^{-x}dx$

指針 **部分積分法**　被積分関数は x と他の関数の積と考えられる。部分積分法の公式 **4** において，$f(x)=x$ とすると，$f'(x)=(x)'=1$ であるから

$$\int xg'(x)\,dx=xg(x)-\int g(x)\,dx$$

が成り立つ。右辺の第 2 項は単独の関数 $g(x)$ の不定積分となり，計算しやすくなる。

(1) では $g'(x)=\sin x$，(2)では $g'(x)=e^{-x}$ として，$g(x)$ を考える。

$g(x)$ はそれぞれ $\sin x$，e^{-x} の不定積分 ($C=0$ としてよい) である。

解答 (1) $\displaystyle\int x\sin x\,dx=\int x(-\cos x)'dx$　← $\displaystyle\int f(x)g'(x)\,dx$ の形を作る。→ 公式 **4**

$\displaystyle=x(-\cos x)-\int(x)'(-\cos x)\,dx$

$\displaystyle=-x\cos x+\int\cos x\,dx$

$=\mathbf{-x\cos x+\sin x+C}$ 答

(2) $\displaystyle\int xe^{-x}dx=\int x(-e^{-x})'dx$　← $(-e^{-x})'=e^{-x}$

$\displaystyle=x(-e^{-x})-\int(x)'(-e^{-x})\,dx$

$\displaystyle=-xe^{-x}+\int e^{-x}dx$

$=-xe^{-x}-e^{-x}+C$

$=\mathbf{-(x+1)e^{-x}+C}$ 答

教 p.146

深める

教科書の例題 4 の解答では，部分積分法の公式 **4** において $f(x)=x$，$g'(x)=\cos x$ と考えている。

$f(x)=\cos x$，$g'(x)=x$ と考えて公式 **4** を適用してみよう。このことから，$f(x)=x$，$g'(x)=\cos x$ と考えた理由を説明してみよう。

解答　$f(x)=\cos x$，$g'(x)=x$ と考えると

$$\int x\cos x\,dx=\int\left(\frac{1}{2}x^2\right)'\cos x\,dx$$
$$=\frac{1}{2}x^2\cos x-\int\frac{1}{2}x^2(\cos x)'\,dx$$
$$=\frac{1}{2}x^2\cos x+\int\frac{1}{2}x^2\sin x\,dx$$

このように，$f(x)=\cos x$，$g'(x)=x$ と考えると，被積分関数が2つの関数の積の形のまま残るが，例題4の解答のように，$f(x)=x$，$g'(x)=\cos x$ と考えて計算をすると，2つの関数の積の形が解消され，不定積分が求められる形になる。 終

練習 9 教 p.147

次の不定積分を求めよ。

(1) $\int\log 2x\,dx$　　(2) $\int\log x^2\,dx$　　(3) $\int x\log x\,dx$

指針　**部分積分法（対数関数の不定積分）**

(1)，(2)　教科書の応用例題1と同様に，$\log 2x\cdot(x)'$，$(\log x^2)\cdot(x)'$ と考え，$f(x)$ を対数関数，$g(x)=x$ とみて部分積分法を用いる。

(3)　$f(x)=\log x$，$g(x)=\dfrac{x^2}{2}$ と考える。

解答 (1) $\int\log 2x\,dx=\int(\log 2x)\cdot(x)'\,dx$　　← $\log 2x\cdot1=\log 2x\cdot(x)'$

$$=(\log 2x)\cdot x-\int(\log 2x)'\cdot x\,dx$$
$$=x\log 2x-\int\frac{2}{2x}\cdot x\,dx$$　　← $(\log 2x)'=\dfrac{(2x)'}{2x}$
$$=\boldsymbol{x\log 2x-x+C}$$ 答

(2) $\int\log x^2\,dx=\int(\log x^2)\cdot(x)'\,dx$　　← $(\log x^2)\cdot1=(\log x^2)\cdot(x)'$

$$=(\log x^2)\cdot x-\int(\log x^2)'\cdot x\,dx$$
$$=x\log x^2-\int\frac{2x}{x^2}\cdot x\,dx$$　　← $(\log x^2)'=\dfrac{(x^2)'}{x^2}$
$$=\boldsymbol{x\log x^2-2x+C}$$ 答

(3) $\int x\log x\,dx=\int\left(\frac{x^2}{2}\right)'\log x\,dx$　　← $x=\left(\dfrac{x^2}{2}\right)'$

$$=\frac{x^2}{2}\log x-\int\frac{x^2}{2}\cdot(\log x)'\,dx$$
$$=\frac{1}{2}x^2\log x-\frac{1}{2}\int x^2\cdot\frac{1}{x}\,dx$$　　← $\int x\,dx=\dfrac{x^2}{2}+C$

$$=\frac{1}{2}x^2\log x-\frac{1}{4}x^2+C$$ 答

教 p.147

練習 10 不定積分 $\int(x^2+1)\sin x\,dx$ を求めよ。

指針 **部分積分法（2 回適用）** 練習 8，9 と同様に，部分積分法を利用するが，$\int 2x\cos x\,dx$ が出てくる。よって，さらに部分積分法を利用する。

解答 $\int(x^2+1)\sin x\,dx=\int(x^2+1)(-\cos x)'\,dx$

$$=(x^2+1)(-\cos x)+\int 2x\cos x\,dx$$

$$=-(x^2+1)\cos x+2\int x(\sin x)'\,dx$$

$$=-(x^2+1)\cos x+2\left(x\sin x-\int\sin x\,dx\right)$$

$$=-(x^2+1)\cos x+2x\sin x+2\cos x+C$$

$$=\boldsymbol{(1-x^2)\cos x+2x\sin x+C}$$ 答

3 いろいろな関数の不定積分

まとめ

1　半角の公式，2 倍角の公式から得られる公式

$\sin^2\alpha=\dfrac{1-\cos 2\alpha}{2}$　　$\cos^2\alpha=\dfrac{1+\cos 2\alpha}{2}$　　$\sin\alpha\cos\alpha=\dfrac{\sin 2\alpha}{2}$

2　積を和や差の形にする公式

$\sin\alpha\cos\beta=\dfrac{1}{2}\{\sin(\alpha+\beta)+\sin(\alpha-\beta)\}$

$\cos\alpha\cos\beta=\dfrac{1}{2}\{\cos(\alpha+\beta)+\cos(\alpha-\beta)\}$

$\sin\alpha\sin\beta=-\dfrac{1}{2}\{\cos(\alpha+\beta)-\cos(\alpha-\beta)\}$

← 右辺に加法定理を使うと左辺を導くことができる。

A 分数関数の不定積分

練習 11　教 p.148

$\dfrac{x}{(x+1)(x+2)}=\dfrac{a}{x+1}+\dfrac{b}{x+2}$ が成り立つように，定数 a，b の値を定めよ。また，不定積分 $\displaystyle\int\frac{x}{(x+1)(x+2)}dx$ を求めよ。

指針　**分数関数の不定積分**　問題文の 1 行目のように，1 つの分数式を簡単な分数式の和や差で表すことを，**部分分数に分解** するという。分子 a，b を決めるには，恒等式の性質を利用する。
この変形により，不定積分の公式が使えるようになる。

解答　与えられた等式の両辺に $(x+1)(x+2)$ を掛けて分母を払うと

$$x=a(x+2)+b(x+1)$$

右辺を整理して　$x=(a+b)x+(2a+b)$

同じ次数の項の係数を比較して　　← 恒等式の性質

$$a+b=1,\quad 2a+b=0$$

これを解いて　$\boldsymbol{a=-1}$，$\boldsymbol{b=2}$　答

よって　$\displaystyle\int\frac{x}{(x+1)(x+2)}dx=\int\left(-\frac{1}{x+1}+\frac{2}{x+2}\right)dx$

$$=-\log|x+1|+2\log|x+2|+C$$

$$=\boldsymbol{\log\frac{(x+2)^2}{|x+1|}+C}$$　答

教 p.148

練習 12

次の不定積分を求めよ。

(1) $\displaystyle\int\frac{x^2-1}{x+2}dx$　(2) $\displaystyle\int\frac{4x^2}{2x-1}dx$　(3) $\displaystyle\int\frac{3}{x^2+x-2}dx$

指針 **分数関数の不定積分**

(1), (2)　(分子の次数)≧(分母の次数) のときは，帯分数に直す要領で変形する。

(3)　分母を因数分解して部分分数に分解する。

解答 (1)　$\dfrac{x^2-1}{x+2}=x-2+\dfrac{3}{x+2}$ であるから

$\displaystyle\int\frac{x^2-1}{x+2}dx=\int\left(x-2+\frac{3}{x+2}\right)dx$

$\displaystyle=\boldsymbol{\frac{1}{2}x^2-2x+3\log|x+2|+C}$ 答

←x^2-1 を $x+2$ で割ると，商 $x-2$，余り 3
($x^2-1-(x^2+2x)=-2x-1$，$-2x-1-(-2x-4)=3$)

(2)　$\dfrac{4x^2}{2x-1}=2x+1+\dfrac{1}{2x-1}$ であるから

$\displaystyle\int\frac{4x^2}{2x-1}dx=\int\left(2x+1+\frac{1}{2x-1}\right)dx$

$\displaystyle=\boldsymbol{x^2+x+\frac{1}{2}\log|2x-1|+C}$ 答

←$4x^2$ を $2x-1$ で割ると，商 $2x+1$，余り 1
($4x^2-(4x^2-2x)=2x$，$2x-(2x-1)=1$)

(3)　$\dfrac{3}{x^2+x-2}=\dfrac{3}{(x-1)(x+2)}=\dfrac{1}{x-1}-\dfrac{1}{x+2}$ であるから

$\displaystyle\int\frac{3}{x^2+x-2}dx=\int\left(\frac{1}{x-1}-\frac{1}{x+2}\right)dx$

$=\log|x-1|-\log|x+2|+C$

$\displaystyle=\boldsymbol{\log\left|\frac{x-1}{x+2}\right|+C}$ 答

B 三角関数に関する不定積分

教 p.149

練習 13

次の不定積分を求めよ。

(1) $\displaystyle\int\cos^2 x\,dx$　(2) $\displaystyle\int\sin^2 3x\,dx$　(3) $\displaystyle\int\sin x\cos x\,dx$

(4) $\displaystyle\int\cos 3x\cos 2x\,dx$　(5) $\displaystyle\int\sin x\sin 3x\,dx$

指針 **三角関数に関する不定積分**　本書 $p.189$ のまとめの三角関数の公式を利用すると，2 乗や積が解消されて三角関数の 1 次式として表される。
それぞれの不定積分は，$f(ax+b)$ の不定積分の公式を使って簡単に求めることができる。

解答 (1) $\int\cos^2 x\,dx=\int\frac{1+\cos 2x}{2}dx$ ← $\cos^2\alpha=\frac{1+\cos 2\alpha}{2}$

$=\frac{1}{2}\int(1+\cos 2x)\,dx$ ← $\int\cos 2x\,dx=\frac{1}{2}\sin 2x+C$

$=\frac{1}{2}\left(x+\frac{1}{2}\sin 2x\right)+C$

$=\boldsymbol{\frac{1}{2}x+\frac{1}{4}\sin 2x+C}$ 答

(2) $\int\sin^2 3x\,dx=\int\frac{1-\cos 6x}{2}dx$ ← $\sin^2\alpha=\frac{1-\cos 2\alpha}{2}$

$=\frac{1}{2}\int(1-\cos 6x)\,dx$ ← $\int\cos 6x\,dx=\frac{1}{6}\sin 6x+C$

$=\frac{1}{2}\left(x-\frac{1}{6}\sin 6x\right)+C$

$=\boldsymbol{\frac{1}{2}x-\frac{1}{12}\sin 6x+C}$ 答

(3) $\int\sin x\cos x\,dx=\frac{1}{2}\int\sin 2x\,dx$ ← $\sin\alpha\cos\alpha=\frac{\sin 2\alpha}{2}$

$=\frac{1}{2}\left(-\frac{1}{2}\cos 2x\right)+C$

$=\boldsymbol{-\frac{1}{4}\cos 2x+C}$ 答

(4) $\int\cos 3x\cos 2x\,dx=\frac{1}{2}\int(\cos 5x+\cos x)\,dx$ ← $\cos\alpha\cos\beta$ の公式

$=\frac{1}{2}\left(\frac{1}{5}\sin 5x+\sin x\right)+C$

$=\boldsymbol{\frac{1}{10}\sin 5x+\frac{1}{2}\sin x+C}$ 答

(5) $\int\sin x\sin 3x\,dx=\int\sin 3x\sin x\,dx$

$=-\frac{1}{2}\int(\cos 4x-\cos 2x)\,dx$ ← $\sin\alpha\sin\beta$ の公式

$=-\frac{1}{2}\left(\frac{1}{4}\sin 4x-\frac{1}{2}\sin 2x\right)+C$

$=\boldsymbol{-\frac{1}{8}\sin 4x+\frac{1}{4}\sin 2x+C}$ 答

第5章 第1節　問　題

教 p.150

1　次の不定積分を求めよ。

(1) $\int\sqrt[3]{x^2}\,dx$　(2) $\int\frac{(x^2-2)(x^2-3)}{x^4}dx$　(3) $\int\frac{(\sqrt{x}+1)^3}{x}dx$

(4) $\int(2-\tan x)\cos x\,dx$　(5) $\int 2^{x+1}dx$

指針　不定積分の計算（和・差，三角関数，指数関数）

(1)～(3)　被積分関数を x^α の形の項に分け，各項ごとに

$\int x^\alpha dx=\frac{1}{\alpha+1}x^{\alpha+1}+C\ (\alpha\neq-1)$，$\int\frac{1}{x}dx=\log|x|+C$ を使って求める。

(4)　$\sin x$，$\cos x$ で表し，$\int\sin x\,dx=-\cos x+C$，$\int\cos x\,dx=\sin x+C$ を使う。

(5)　$\int a^x dx=\frac{a^x}{\log a}+C$，$F'(x)=f(x)$，$a\neq0$ とするとき

$\int f(ax+b)\,dx=\frac{1}{a}F(ax+b)+C$ となることを使う。

解答 (1)　$\int\sqrt[3]{x^2}\,dx=\int x^{\frac{2}{3}}dx=\frac{1}{\frac{2}{3}+1}x^{\frac{2}{3}+1}+C=\boldsymbol{\frac{3}{5}x\sqrt[3]{x^2}+C}$　答

(2)　$\int\frac{(x^2-2)(x^2-3)}{x^4}dx=\int\frac{x^4-5x^2+6}{x^4}dx=\int\left(1-\frac{5}{x^2}+\frac{6}{x^4}\right)dx$

$=\int dx-5\int x^{-2}dx+6\int x^{-4}dx$

$=x-\frac{5}{-2+1}\cdot x^{-2+1}+\frac{6}{-4+1}\cdot x^{-4+1}+C=\boldsymbol{x+\frac{5}{x}-\frac{2}{x^3}+C}$　答

(3)　$\int\frac{(\sqrt{x}+1)^3}{x}dx=\int\frac{x\sqrt{x}+3x+3\sqrt{x}+1}{x}dx$

$=\int\left(\sqrt{x}+3+\frac{3}{\sqrt{x}}+\frac{1}{x}\right)dx$

$=\int x^{\frac{1}{2}}dx+3\int dx+3\int x^{-\frac{1}{2}}dx+\int\frac{dx}{x}$

$=\frac{1}{\frac{1}{2}+1}\cdot x^{\frac{1}{2}+1}+3x+\frac{3}{-\frac{1}{2}+1}\cdot x^{-\frac{1}{2}+1}+\log x+C$

$=\boldsymbol{\frac{2}{3}x\sqrt{x}+3x+6\sqrt{x}+\log x+C}$　答

(4)　$\int(2-\tan x)\cos x\,dx=\int\left(2-\frac{\sin x}{\cos x}\right)\cos x\,dx$

$=\int(2\cos x-\sin x)\,dx=2\int\cos x\,dx-\int\sin x\,dx$

$=\mathbf{2\sin x+\cos x+C}$ 答

(5) $\int 2^{x+1}dx=\dfrac{\mathbf{2^{x+1}}}{\mathbf{\log 2}}+\mathbf{C}$ 答

教 p.150

2 次の 2 つの条件をともに満たす関数 $F(x)$ を求めよ。

[1] $F'(x)=\dfrac{1-x-x^2}{x^2}$ [2] $F(e)=-1$

指針 **関数の決定** [1]により，不定積分を計算し，[2]により，積分定数 C の値を定めて，$F(x)$ を求める。

解答 [1]から $F(x)=\int\dfrac{1-x-x^2}{x^2}dx=\int\left(\dfrac{1}{x^2}-\dfrac{1}{x}-1\right)dx$

$=-\dfrac{1}{x}-\log|x|-x+C$

[2]から $-\dfrac{1}{e}-\log|e|-e+C=-1$

よって $C=e+\dfrac{1}{e}$

したがって $\mathbf{F(x)=-\dfrac{1}{x}-\log|x|-x+e+\dfrac{1}{e}}$ 答

教 p.150

3 次の不定積分を求めよ。

(1) $\int\dfrac{dx}{5x+1}$ (2) $\int\sqrt[3]{3-2x}\,dx$ (3) $\int\sin(2x-1)\,dx$

(4) $\int\sin^3 x\,dx$ (5) $\int\dfrac{x}{\sqrt{4-x^2}}dx$ (6) $\int xe^{x^2}dx$

(7) $\int\dfrac{\sin x}{1+\cos x}dx$ (8) $\int(x+1)e^x dx$ (9) $\int(2x+1)\log x\,dx$

指針 **不定積分の計算** (1)～(3) では $\int f(ax+b)\,dx=\dfrac{1}{a}F(ax+b)+C\ (a\neq 0)$ を，(4)～(9) では以下の積分法の公式を利用する。

1 $\int f(x)\,dx=\int f(g(t))g'(t)\,dt$ ただし，$x=g(t)$ 置換積分法

2 $\int f(g(x))g'(x)\,dx=\int f(u)\,du$ ただし，$g(x)=u$ 置換積分法

3 $\int\dfrac{g'(x)}{g(x)}dx=\log|g(x)|+C$

4 $\int f(x)g'(x)\,dx=f(x)g(x)-\int f'(x)g(x)\,dx$　　部分積分法

解答 (1) $\int\frac{dx}{5x+1}=\boldsymbol{\frac{1}{5}\log|5x+1|+C}$ 答

(2) $\int\sqrt[3]{3-2x}\,dx=\int(3-2x)^{\frac{1}{3}}dx$

$$=-\frac{1}{2}\cdot\frac{(3-2x)^{\frac{1}{3}+1}}{\frac{1}{3}+1}+C$$

$$=\boldsymbol{-\frac{3}{8}(3-2x)\sqrt[3]{3-2x}+C}$$ 答

(3) $\int\sin(2x-1)\,dx=\boldsymbol{-\frac{1}{2}\cos(2x-1)+C}$ 答

(4) $\int\sin^3x\,dx=\int(1-\cos^2x)\sin x\,dx$　　$\leftarrow\sin^2x=1-\cos^2x$

$\cos x=t$ とおくと　$\sin x\,dx=-dt$

$$\int(1-\cos^2x)\sin x\,dx=\int(1-t^2)(-1)\,dt=\int(-1+t^2)\,dt$$

$$=-t+\frac{t^3}{3}+C$$

$$=\boldsymbol{-\cos x+\frac{1}{3}\cos^3x+C}$$ 答

(5) $4-x^2=u$ とおくと　$-2x\,dx=du$

$$\int\frac{x}{\sqrt{4-x^2}}dx=-\frac{1}{2}\int\frac{-2x}{\sqrt{4-x^2}}dx=-\frac{1}{2}\int\frac{du}{\sqrt{u}}$$

$$=-\frac{1}{2}\int u^{-\frac{1}{2}}du=-\frac{1}{2}\cdot\frac{1}{-\frac{1}{2}+1}u^{-\frac{1}{2}+1}+C$$

$$=-u^{\frac{1}{2}}+C=\boldsymbol{-\sqrt{4-x^2}+C}$$ 答

(6) $x^2=t$ とおくと　$2x\,dx=dt$

$$\int xe^{x^2}dx=\frac{1}{2}\int e^{x^2}\cdot2x\,dx=\frac{1}{2}\int e^t\,dt$$

$$=\frac{1}{2}e^t+C=\boldsymbol{\frac{1}{2}e^{x^2}+C}$$ 答

(7) $\int\frac{\sin x}{1+\cos x}dx=-\int\frac{(1+\cos x)'}{1+\cos x}dx=\boldsymbol{-\log(1+\cos x)+C}$ 答

(8) $\int(x+1)e^x\,dx=\int(x+1)(e^x)'\,dx=(x+1)e^x-\int(x+1)'e^x\,dx$

$$=(x+1)e^x-\int e^x\,dx=(x+1)e^x-e^x+C$$

$$=\boldsymbol{xe^x+C}$$ 答

(9) $\int(2x+1)\log x\,dx=\int(x^2+x)'\log x\,dx$

$$=(x^2+x)\log x-\int(x^2+x)\cdot\frac{1}{x}dx$$

$$=(x^2+x)\log x-\int(x+1)\,dx$$

$$=(x^2+x)\log x-\int x\,dx-\int dx$$

$$=\boldsymbol{(x^2+x)\log x-\frac{x^2}{2}-x+C}$$ 答

教 p.150

4 $\dfrac{1}{\sin x}=\dfrac{\sin x}{1-\cos^2 x}$ であることを用いて，不定積分 $\displaystyle\int\frac{dx}{\sin x}$ を求めよ。

指針 **置換積分法**

$\cos x=t$ とおく。また，$\dfrac{1}{t^2-1}=\dfrac{1}{2}\left(\dfrac{1}{t-1}-\dfrac{1}{t+1}\right)$ の変形も利用する。

解答 $\displaystyle\int\frac{dx}{\sin x}\left(=\int\frac{\sin x}{\sin^2 x}dx\right)=\int\frac{\sin x}{1-\cos^2 x}dx$

$\cos x=t$ とおくと　　$\sin x\,dx=-dt$

よって　　$\displaystyle\int\frac{dx}{\sin x}=\int\frac{1}{1-t^2}(-dt)=\int\frac{dt}{t^2-1}=\frac{1}{2}\int\left(\frac{1}{t-1}-\frac{1}{t+1}\right)dt$

$$=\frac{1}{2}(\log|t-1|-\log|t+1|)+C$$

$$=\frac{1}{2}\log\left|\frac{t-1}{t+1}\right|+C=\frac{1}{2}\log\left|\frac{\cos x-1}{\cos x+1}\right|+C$$

$$=\frac{1}{2}\log\left|\frac{1-\cos x}{1+\cos x}\right|+C$$

$$=\boldsymbol{\frac{1}{2}\log\frac{1-\cos x}{1+\cos x}+C}$$ 答

補足 被積分関数 $\dfrac{1}{\sin x}$ の定義域は $\sin x\neq 0$ より $x\neq n\pi$ （n は整数）である。このとき，

$-1<\cos x<1$ より，$\dfrac{1-\cos x}{1+\cos x}>0$ であるから，$\left|\dfrac{1-\cos x}{1+\cos x}\right|=\dfrac{1-\cos x}{1+\cos x}$ となる。

教 p.150

5 次の不定積分を求めよ。

(1) $\displaystyle\int\frac{x-3}{x^2-1}dx$　　(2) $\displaystyle\int\frac{\log(x+1)}{x^2}dx$

(3) $\displaystyle\int\sin 3x\cos 2x\,dx$　　(4) $\displaystyle\int\cos^4 x\,dx$

5章 積分法とその応用

教科書 $p.150$

指針　不定積分の計算（部分分数分解，三角関数の公式など）

(1)　被積分関数の分母が因数分解できるから，部分分数に分解することを考える。

(2)　$\dfrac{1}{x^2}=\left(-\dfrac{1}{x}\right)'$ と考えると部分積分法が利用できる。

(3), (4)　三角関数の性質を利用して積分しやすい形に直す。

解答 (1)　$\dfrac{x-3}{x^2-1}=\dfrac{x-3}{(x+1)(x-1)}=\dfrac{2}{x+1}-\dfrac{1}{x-1}$ であるから　←補足 参照

$$\int\frac{x-3}{x^2-1}dx=\int\left(\frac{2}{x+1}-\frac{1}{x-1}\right)dx=2\log|x+1|-\log|x-1|+C$$

$$=\boldsymbol{\log\frac{(x+1)^2}{|x-1|}+C}\quad \text{答}$$

(2)　$\displaystyle\int\frac{\log(x+1)}{x^2}dx=\int\log(x+1)\cdot\left(-\frac{1}{x}\right)'dx$

$$=\log(x+1)\cdot\left(-\frac{1}{x}\right)-\int\{\log(x+1)\}'\cdot\left(-\frac{1}{x}\right)dx$$

$$=-\frac{\log(x+1)}{x}+\int\frac{dx}{x(x+1)}=-\frac{\log(x+1)}{x}+\int\left(\frac{1}{x}-\frac{1}{x+1}\right)dx$$

$$=-\frac{\log(x+1)}{x}+\log|x|-\log(x+1)+C$$

$$=\boldsymbol{-\frac{\log(x+1)}{x}+\log\frac{|x|}{x+1}+C}\quad \text{答}$$

(3)　$\displaystyle\int\sin 3x\cos 2x\,dx=\frac{1}{2}\int(\sin 5x+\sin x)\,dx$

$$=\frac{1}{2}\left(-\frac{1}{5}\cos 5x-\cos x\right)+C=\boldsymbol{-\frac{1}{10}\cos 5x-\frac{1}{2}\cos x+C}\quad \text{答}$$

(4)　$\cos^4 x=(\cos^2 x)^2=\left(\dfrac{1+\cos 2x}{2}\right)^2=\dfrac{1}{4}\left(1+2\cos 2x+\dfrac{1+\cos 4x}{2}\right)$

$$=\frac{1}{8}\cos 4x+\frac{1}{2}\cos 2x+\frac{3}{8}$$

よって　$\displaystyle\int\cos^4 x\,dx=\int\left(\frac{1}{8}\cos 4x+\frac{1}{2}\cos 2x+\frac{3}{8}\right)dx$

$$=\boldsymbol{\frac{1}{32}\sin 4x+\frac{1}{4}\sin 2x+\frac{3}{8}x+C}\quad \text{答}$$

補足 (1)　$\dfrac{x-3}{x^2-1}=\dfrac{x-3}{(x+1)(x-1)}=\dfrac{a}{x+1}+\dfrac{b}{x-1}$ とおいて，分母を払い，係数を比較して，a，b の値を求める。

教 p.150

6 不定積分 $\displaystyle\int\frac{dx}{e^x+1}$ を，次の 3 通りの方法で求めよ。

① 被積分関数の分母と分子に e^x を掛ける。

② 被積分関数の分母と分子に e^{-x} を掛ける。

③ $\dfrac{e^x}{e^x+1}+\dfrac{1}{e^x+1}=1$ であることを用いる。

指針 **いろいろな不定積分**

① $e^x=t$ とおいて，置換積分法を用いる。

②，③ $\displaystyle\int\frac{g'(x)}{g(x)}dx=\log|g(x)|+C$ を利用する。

解答 ① $e^x=t$ とおくと　　$e^x dx=dt$

$$\int\frac{dx}{e^x+1}=\int\frac{e^x}{e^x(e^x+1)}dx=\int\frac{dt}{t(t+1)}$$
$$=\int\left(\frac{1}{t}-\frac{1}{t+1}\right)dt=\log t-\log(t+1)+C$$
$$=\boldsymbol{x-\log(e^x+1)+C}$$ 答

② $$\int\frac{dx}{e^x+1}=\int\frac{e^{-x}}{e^{-x}(e^x+1)}dx=\int\frac{e^{-x}}{1+e^{-x}}dx$$
$$=-\int\frac{(1+e^{-x})'}{1+e^{-x}}dx=-\log(1+e^{-x})+C$$
$$=-\log\frac{e^x+1}{e^x}+C=-\{\log(e^x+1)-\log e^x\}+C$$
$$=\boldsymbol{x-\log(e^x+1)+C}$$ 答

③ $$\int\frac{dx}{e^x+1}=\int\left(1-\frac{e^x}{e^x+1}\right)dx$$
$$=\int dx-\int\frac{(e^x+1)'}{e^x+1}dx$$
$$=\boldsymbol{x-\log(e^x+1)+C}$$ 答

どの方法で求めても
結果は同じだね。

教科書 $p.151$

第2節　定積分

4 定積分とその基本性質

まとめ

1　定積分

ある区間で連続な関数 $f(x)$ の原始関数の1つを $F(x)$ とし，a，b をその区間に含まれる任意の値とするとき，**定積分** $\int_a^b f(x)\,dx$ は，次のように定義される。

$$\int_a^b f(x)\,dx = \Big[F(x)\Big]_a^b = F(b) - F(a)$$

a をこの定積分の **下端**，b を **上端** という。定積分 $\int_a^b f(x)\,dx$ を求めることを，$f(x)$ を a から b まで **積分する** という。

区間 $[a,\ b]$ で常に $f(x) \geqq 0$ のとき，定積分 $\int_a^b f(x)\,dx$ は，曲線 $y=f(x)$ と x 軸および2直線 $x=a$，$x=b$ で囲まれた図の斜線部分の面積 S を表す。

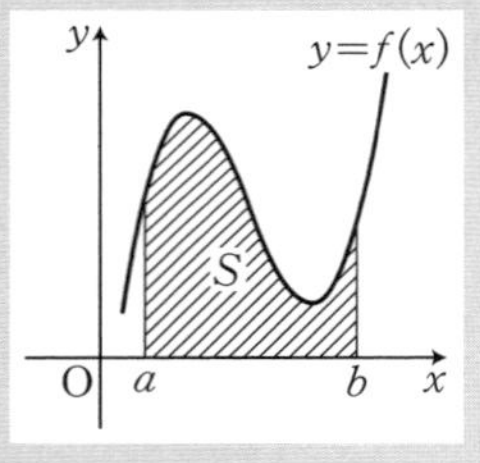

2　定積分の性質

1　$\int_a^b kf(x)\,dx = k\int_a^b f(x)\,dx$　　k は定数

2　$\int_a^b \{f(x)+g(x)\}\,dx = \int_a^b f(x)\,dx + \int_a^b g(x)\,dx$

3　$\int_a^b \{f(x)-g(x)\}\,dx = \int_a^b f(x)\,dx - \int_a^b g(x)\,dx$

4　$\int_a^a f(x)\,dx = 0$

5　$\int_b^a f(x)\,dx = -\int_a^b f(x)\,dx$

6　$\int_a^b f(x)\,dx = \int_a^c f(x)\,dx + \int_c^b f(x)\,dx$

3　絶対値のついた関数の定積分

関数 $f(x)$ が

$a \leqq x \leqq c$ で　$f(x) \geqq 0$,

$c \leqq x \leqq b$ で　$f(x) \leqq 0$

であるとき，絶対値のついた関数 $|f(x)|$ を a から b まで積分するには，次のように区間を分けて行う。

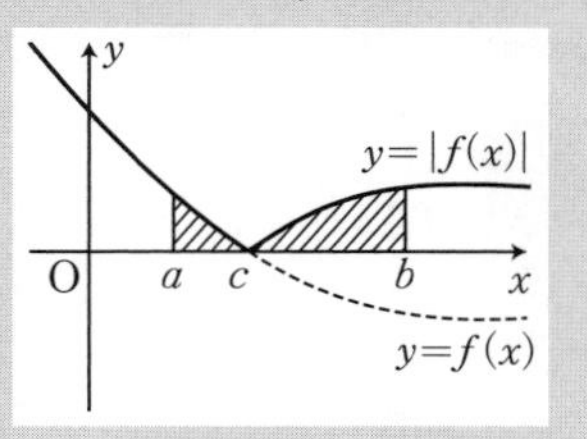

$$\int_a^b |f(x)|dx = \int_a^c f(x)\,dx + \int_c^b \{-f(x)\}\,dx$$

この定積分 $\int_a^b |f(x)|dx$ は，図の斜線部分の面積の和を表している。

A 定積分

練習 14　教 p.151

次の定積分を求めよ。

(1) $\displaystyle\int_1^2 \frac{dx}{x^2}$　　(2) $\displaystyle\int_0^{\frac{\pi}{2}} \cos\theta\,d\theta$

(3) $\displaystyle\int_{-2}^{-1} \frac{dx}{x}$　　(4) $\displaystyle\int_{-1}^{1} 2^x\,dx$

指針　**定積分の計算**　原始関数としては，不定積分のうち $C=0$ としたものを使えばよい。定積分は，原始関数に上端，下端を代入したそれぞれの式の値の差である。

解答　(1) $\displaystyle\int_1^2 \frac{dx}{x^2} = \left[-\frac{1}{x}\right]_1^2 = -\frac{1}{2} - (-1) = \boldsymbol{\frac{1}{2}}$　答

(2) $\displaystyle\int_0^{\frac{\pi}{2}} \cos\theta\,d\theta = \left[\sin\theta\right]_0^{\frac{\pi}{2}} = 1 - 0 = \mathbf{1}$　答

(3) $\displaystyle\int_{-2}^{-1} \frac{dx}{x} = \left[\log|x|\right]_{-2}^{-1} = \log 1 - \log 2 = \boldsymbol{-\log 2}$　答

(4) $\displaystyle\int_{-1}^{1} 2^x\,dx = \left[\frac{2^x}{\log 2}\right]_{-1}^{1} = \frac{2}{\log 2} - \frac{1}{2}\cdot\frac{1}{\log 2}$

$\displaystyle= \boldsymbol{\frac{3}{2\log 2}}$　答

B 定積分の基本性質

教 p.152

練習 15

次の定積分を求めよ。

(1) $\displaystyle\int_1^2 \sqrt{x+1}\,dx$　(2) $\displaystyle\int_0^1 (2x+1)^3 dx$　(3) $\displaystyle\int_{-1}^1 (e^t-e^{-t})\,dt$

(4) $\displaystyle\int_0^{\pi} \sin 2x\,dx$　(5) $\displaystyle\int_0^{2\pi} \cos^2 x\,dx$　(6) $\displaystyle\int_0^{\frac{\pi}{2}} \sin 4\theta\cos 2\theta\,d\theta$

指針 **定積分の計算**　(5), (6)　はじめに被積分関数を変形する。

解答 (1) $\displaystyle\int_1^2 \sqrt{x+1}\,dx=\left[\frac{2}{3}(x+1)^{\frac{3}{2}}\right]_1^2=\frac{2}{3}\left[(x+1)\sqrt{x+1}\right]_1^2$

$\displaystyle=\boldsymbol{\frac{2}{3}(3\sqrt{3}-2\sqrt{2})}$　答

(2) $\displaystyle\int_0^1 (2x+1)^3 dx=\left[\frac{1}{2}\cdot\frac{1}{4}(2x+1)^4\right]_0^1$

$\displaystyle=\frac{1}{8}(3^4-1)=\boldsymbol{10}$　答

(3) $\displaystyle\int_{-1}^1 (e^t-e^{-t})\,dt=\left[e^t+e^{-t}\right]_{-1}^1$

$\displaystyle=\left(e+\frac{1}{e}\right)-\left(\frac{1}{e}+e\right)=\boldsymbol{0}$　答

(4) $\displaystyle\int_0^{\pi} \sin 2x\,dx=\left[-\frac{1}{2}\cos 2x\right]_0^{\pi}=-\frac{1}{2}(\cos 2\pi-\cos 0)$

$\displaystyle=-\frac{1}{2}(1-1)=\boldsymbol{0}$　答

(5) $\displaystyle\int_0^{2\pi} \cos^2 x\,dx=\int_0^{2\pi}\frac{1+\cos 2x}{2}\,dx$

$\displaystyle=\frac{1}{2}\left[x+\frac{1}{2}\sin 2x\right]_0^{2\pi}=\frac{1}{2}(2\pi-0)=\boldsymbol{\pi}$　答

(6) $\displaystyle\int_0^{\frac{\pi}{2}} \sin 4\theta\cos 2\theta\,d\theta=\frac{1}{2}\int_0^{\frac{\pi}{2}}(\sin 6\theta+\sin 2\theta)\,d\theta$

$\displaystyle=-\frac{1}{12}\left[\cos 6\theta\right]_0^{\frac{\pi}{2}}-\frac{1}{4}\left[\cos 2\theta\right]_0^{\frac{\pi}{2}}$

$\displaystyle=-\frac{1}{12}(-1-1)-\frac{1}{4}(-1-1)$

$\displaystyle=\frac{1}{6}+\frac{1}{2}=\boldsymbol{\frac{2}{3}}$　答

C 絶対値のついた関数の定積分

練習 16 教 p.153

次の定積分を求めよ。

(1) $\displaystyle\int_0^4 |\sqrt{x}-1|\,dx$　　(2) $\displaystyle\int_{-1}^2 |e^x-1|\,dx$

指針 **絶対値のついた関数の定積分**　教科書 $p.152$ の定積分の性質 **6** は，積分する区間を分割して計算してよいことを示している。
適当な区間に分けて，被積分関数の絶対値記号をはずし，それぞれの区間で定積分を計算し，その和を求める。

解答 (1) $0 \leqq x \leqq 1$ のとき

$|\sqrt{x}-1|=-\sqrt{x}+1$

$1 \leqq x \leqq 4$ のとき

$|\sqrt{x}-1|=\sqrt{x}-1$

であるから

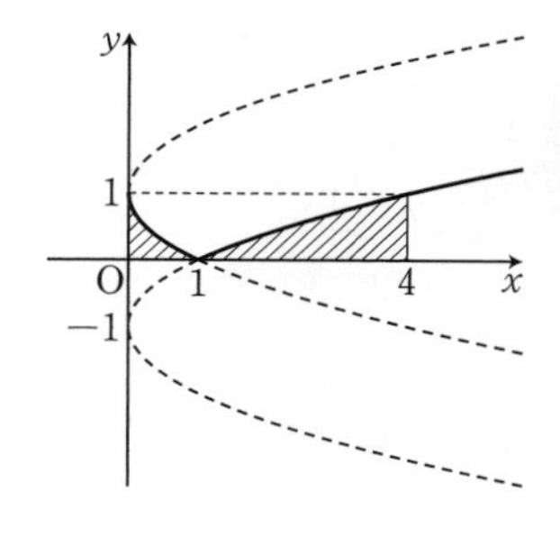

$$\int_0^4 |\sqrt{x}-1|\,dx$$

$$=\int_0^1 (-\sqrt{x}+1)\,dx+\int_1^4 (\sqrt{x}-1)\,dx$$

$$=\left[-\frac{2}{3}x\sqrt{x}+x\right]_0^1+\left[\frac{2}{3}x\sqrt{x}-x\right]_1^4$$

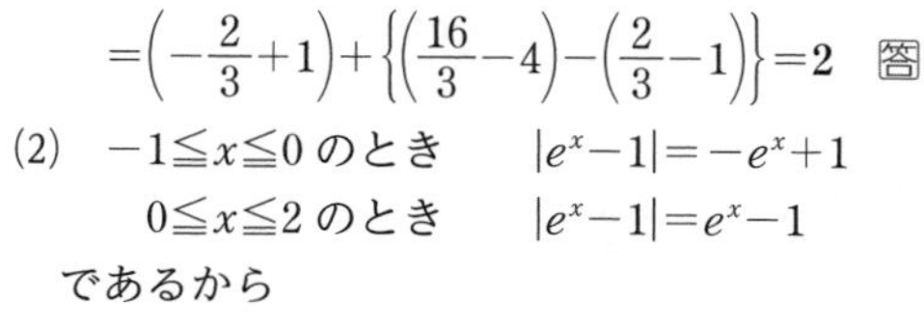

$$=\left(-\frac{2}{3}+1\right)+\left\{\left(\frac{16}{3}-4\right)-\left(\frac{2}{3}-1\right)\right\}=2$$ 答

(2) $-1 \leqq x \leqq 0$ のとき　$|e^x-1|=-e^x+1$

$0 \leqq x \leqq 2$ のとき　$|e^x-1|=e^x-1$

であるから

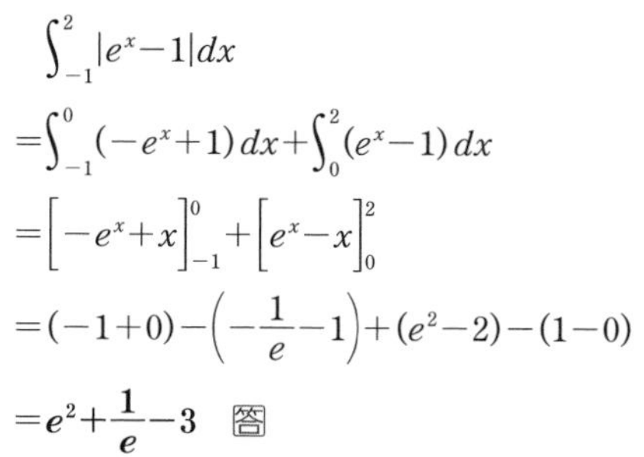

$$\int_{-1}^2 |e^x-1|\,dx$$

$$=\int_{-1}^0 (-e^x+1)\,dx+\int_0^2 (e^x-1)\,dx$$

$$=\Big[-e^x+x\Big]_{-1}^0+\Big[e^x-x\Big]_0^2$$

$$=(-1+0)-\left(-\frac{1}{e}-1\right)+(e^2-2)-(1-0)$$

$$=\boldsymbol{e^2+\frac{1}{e}-3}$$ 答

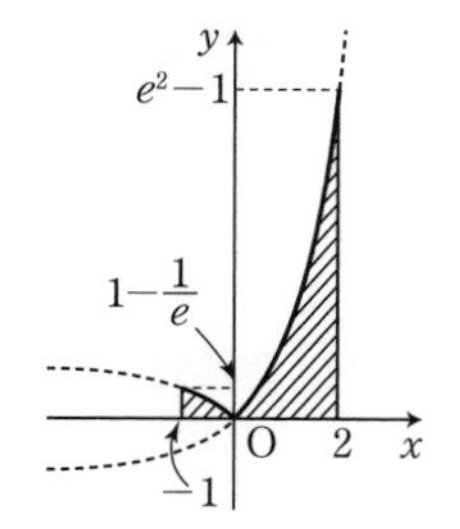

5章 積分法とその応用

5 置換積分法と部分積分法

まとめ

1　定積分の置換積分法

$x=g(t)$ とおくとき，$a=g(\alpha)$，$b=g(\beta)$ ならば

$$\int_a^b f(x)\,dx=\int_\alpha^\beta f(g(t))g'(t)\,dt$$

x	$a \longrightarrow b$
t	$\alpha \longrightarrow \beta$

2　$\sqrt{a^2-x^2}$，$\dfrac{1}{\sqrt{a^2-x^2}}$ $(a>0)$ の定積分

$x=a\sin\theta$ とおき，$dx=a\cos\theta d\theta$ および $1-\sin^2\theta=\cos^2\theta$ を用いて置換積分を行う。

3　$\dfrac{1}{x^2+a^2}$ $(a>0)$ の定積分

$x=a\tan\theta$ とおき，$dx=\dfrac{a}{\cos^2\theta}d\theta$ および $\tan^2\theta+1=\dfrac{1}{\cos^2\theta}$ を用いて置換積分を行う。

4　偶関数と奇関数

関数 $f(x)$ において，

$f(-x)=f(x)$ が常に成り立つとき，この関数を **偶関数** といい，

$f(-x)=-f(x)$ が常に成り立つとき，この関数を **奇関数** という。

注意　偶関数のグラフは y 軸に関して対称，奇関数のグラフは原点に関して対称である。

5　偶関数，奇関数と定積分

[1]　偶関数 $f(x)$ について　$\displaystyle\int_{-a}^a f(x)\,dx=2\int_0^a f(x)\,dx$

[2]　奇関数 $f(x)$ について　$\displaystyle\int_{-a}^a f(x)\,dx=0$

6　定積分の部分積分法

$$\int_a^b f(x)g'(x)\,dx=\Big[f(x)g(x)\Big]_a^b-\int_a^b f'(x)g(x)\,dx$$

A 定積分の置換積分法

練習 17　教 p.155

次の定積分を求めよ。

(1)　$\displaystyle\int_0^1 x(1-x)^5\,dx$　　(2)　$\displaystyle\int_2^5 x\sqrt{x-1}\,dx$

指針　**定積分の置換積分法**　(1)は $1-x=t$，(2)は $\sqrt{x-1}=t$ とおき，それぞれ被積分関数を t で表し，積分変数を t に直す。それと同時に，x と t の値の対応を調べ，

定積分の上端，下端を改める。

解答 (1) $1-x=t$ とおくと　$x=1-t$，$dx=(-1)\,dt$
x と t の対応は右のようになる。

x	$0\longrightarrow 1$
t	$1\longrightarrow 0$

よって　$\displaystyle\int_0^1 x(1-x)^5\,dx=\int_1^0 (1-t)t^5\cdot(-1)\,dt=\int_0^1 (t^5-t^6)\,dt$

$\displaystyle=\left[\frac{t^6}{6}-\frac{t^7}{7}\right]_0^1=\frac{1}{6}-\frac{1}{7}=\boldsymbol{\frac{1}{42}}$ 答

(2) $\sqrt{x-1}=t$ とおくと　$x=t^2+1$，$dx=2t\,dt$
x と t の対応は右のようになる。

x	$2\longrightarrow 5$
t	$1\longrightarrow 2$

よって　$\displaystyle\int_2^5 x\sqrt{x-1}\,dx=\int_1^2 (t^2+1)t\cdot 2t\,dt=2\int_1^2 (t^4+t^2)\,dt$

$\displaystyle=2\left[\frac{t^5}{5}+\frac{t^3}{3}\right]_1^2=\frac{2}{5}(2^5-1)+\frac{2}{3}(2^3-1)$

$\displaystyle=\frac{62}{5}+\frac{14}{3}=\boldsymbol{\frac{256}{15}}$ 答

別解 (2) $x-1=t$ とおくと　$x=t+1$，$dx=dt$
x と t の対応は右のようになる。

x	$2\longrightarrow 5$
t	$1\longrightarrow 4$

よって　$\displaystyle\int_2^5 x\sqrt{x-1}\,dx=\int_1^4 (t+1)\sqrt{t}\,dt=\int_1^4 \left(t^{\frac{3}{2}}+t^{\frac{1}{2}}\right)dt$

$\displaystyle=\left[\frac{2}{5}t^{\frac{5}{2}}+\frac{2}{3}t^{\frac{3}{2}}\right]_1^4$

$\displaystyle=\left(\frac{64}{5}+\frac{16}{3}\right)-\left(\frac{2}{5}+\frac{2}{3}\right)=\boldsymbol{\frac{256}{15}}$ 答

練習 18 教 p.155

次の定積分を求めよ。

(1) $\displaystyle\int_{-1}^1 \sqrt{1-x^2}\,dx$　　(2) $\displaystyle\int_{-1}^{\sqrt{3}} \sqrt{4-x^2}\,dx$　　(3) $\displaystyle\int_1^{\sqrt{3}} \frac{dx}{\sqrt{4-x^2}}$

指針 **三角関数で置換する定積分**　$\sqrt{a^2-x^2}$ $(a>0)$ について，$x=a\sin\theta$ とおく。手順は他の置換積分法と同様である。ただし，x と θ の対応については，$\sin\theta$ が周期関数であるから無数に考えられるが，0 付近の簡単な値を選べばよい。

解答 (1) $x=\sin\theta$ とおくと　$dx=\cos\theta\,d\theta$
x と θ の対応は右のようになる。

x	$-1\longrightarrow 1$
θ	$-\frac{\pi}{2}\longrightarrow\frac{\pi}{2}$

この範囲では $\cos\theta\geqq 0$ であるから

$\sqrt{1-x^2}=\sqrt{1-\sin^2\theta}=\sqrt{\cos^2\theta}=\cos\theta$

よって

$\displaystyle\int_{-1}^1 \sqrt{1-x^2}\,dx=\int_{-\frac{\pi}{2}}^{\frac{\pi}{2}} \cos\theta\cdot\cos\theta\,d\theta=\int_{-\frac{\pi}{2}}^{\frac{\pi}{2}} \cos^2\theta\,d\theta$

$$=\int_{-\frac{\pi}{2}}^{\frac{\pi}{2}}\frac{1+\cos 2\theta}{2}d\theta=\frac{1}{2}\left[\theta+\frac{1}{2}\sin 2\theta\right]_{-\frac{\pi}{2}}^{\frac{\pi}{2}}$$

$$=\frac{1}{2}\left\{\frac{\pi}{2}-\left(-\frac{\pi}{2}\right)\right\}=\boldsymbol{\frac{\pi}{2}}$$ 答

(2)　$x=2\sin\theta$ とおくと　$dx=2\cos\theta\,d\theta$

x	$-1 \longrightarrow \sqrt{3}$
θ	$-\frac{\pi}{6} \longrightarrow \frac{\pi}{3}$

x と θ の対応は右のようになる。

この範囲では $\cos\theta>0$ であるから

$$\sqrt{4-x^2}=\sqrt{4(1-\sin^2\theta)}=\sqrt{4\cos^2\theta}=2\cos\theta$$

よって

$$\int_{-1}^{\sqrt{3}}\sqrt{4-x^2}\,dx=\int_{-\frac{\pi}{6}}^{\frac{\pi}{3}}2\cos\theta\cdot 2\cos\theta\,d\theta=4\int_{-\frac{\pi}{6}}^{\frac{\pi}{3}}\cos^2\theta\,d\theta$$

$$=4\int_{-\frac{\pi}{6}}^{\frac{\pi}{3}}\frac{1+\cos 2\theta}{2}d\theta=2\left[\theta+\frac{1}{2}\sin 2\theta\right]_{-\frac{\pi}{6}}^{\frac{\pi}{3}}$$

$$=2\left\{\frac{\pi}{3}-\left(-\frac{\pi}{6}\right)\right\}+\left\{\sin\frac{2}{3}\pi-\sin\left(-\frac{\pi}{3}\right)\right\}$$

$$=\pi+\left\{\frac{\sqrt{3}}{2}-\left(-\frac{\sqrt{3}}{2}\right)\right\}=\boldsymbol{\pi+\sqrt{3}}$$ 答

(3)　$x=2\sin\theta$ とおくと　$dx=2\cos\theta\,d\theta$

x	$1 \longrightarrow \sqrt{3}$
θ	$\frac{\pi}{6} \longrightarrow \frac{\pi}{3}$

x と θ の対応は右のようになる。

この範囲では $\cos\theta>0$ であるから

$$\sqrt{4-x^2}=\sqrt{4(1-\sin^2\theta)}=\sqrt{4\cos^2\theta}=2\cos\theta$$

よって

$$\int_{1}^{\sqrt{3}}\frac{dx}{\sqrt{4-x^2}}=\int_{\frac{\pi}{6}}^{\frac{\pi}{3}}\frac{1}{2\cos\theta}\cdot 2\cos\theta\,d\theta=\int_{\frac{\pi}{6}}^{\frac{\pi}{3}}d\theta$$

$$=\left[\theta\right]_{\frac{\pi}{6}}^{\frac{\pi}{3}}=\frac{\pi}{3}-\frac{\pi}{6}=\boldsymbol{\frac{\pi}{6}}$$ 答

練習 19　教 p.156

次の定積分を求めよ。

(1) $\displaystyle\int_{0}^{\sqrt{3}}\frac{dx}{x^2+1}$　　(2) $\displaystyle\int_{-2}^{2}\frac{dx}{x^2+4}$

指針　**三角関数で置換する定積分**　$\dfrac{1}{x^2+a^2}$ $(a>0)$ について，$x=a\tan\theta$ とおき，$\tan^2\theta+1=\dfrac{1}{\cos^2\theta}$ を利用すると簡単な形になる。x と θ の対応に注意する。

解答　(1)　$x=\tan\theta$ とおくと　$dx=\dfrac{1}{\cos^2\theta}d\theta$

x	$0 \longrightarrow \sqrt{3}$
θ	$0 \longrightarrow \frac{\pi}{3}$

x と θ の対応は右のようになる。

よって

$$\int_0^{\sqrt{3}}\frac{dx}{x^2+1}=\int_0^{\frac{\pi}{3}}\frac{1}{\tan^2\theta+1}\cdot\frac{1}{\cos^2\theta}d\theta=\int_0^{\frac{\pi}{3}}\cos^2\theta\cdot\frac{1}{\cos^2\theta}d\theta$$

$$=\int_0^{\frac{\pi}{3}}d\theta=\Big[\theta\Big]_0^{\frac{\pi}{3}}=\boldsymbol{\frac{\pi}{3}}$$ 答

(2) $x=2\tan\theta$ とおくと　$dx=\dfrac{2}{\cos^2\theta}d\theta$

x と θ の対応は右のようになる。

x	$-2 \longrightarrow 2$
θ	$-\dfrac{\pi}{4} \longrightarrow \dfrac{\pi}{4}$

よって

$$\int_{-2}^{2}\frac{dx}{x^2+4}=\int_{-\frac{\pi}{4}}^{\frac{\pi}{4}}\frac{1}{4(\tan^2\theta+1)}\cdot\frac{2}{\cos^2\theta}d\theta$$

$$=\int_{-\frac{\pi}{4}}^{\frac{\pi}{4}}\frac{\cos^2\theta}{4}\cdot\frac{2}{\cos^2\theta}d\theta=\frac{1}{2}\int_{-\frac{\pi}{4}}^{\frac{\pi}{4}}d\theta=\frac{1}{2}\Big[\theta\Big]_{-\frac{\pi}{4}}^{\frac{\pi}{4}}$$

$$=\frac{1}{2}\left\{\frac{\pi}{4}-\left(-\frac{\pi}{4}\right)\right\}=\boldsymbol{\frac{\pi}{4}}$$ 答

B 偶関数，奇関数と定積分

練習 20 教 p.156

次の関数の中から，偶関数，奇関数を選べ。

① x^3　② x^4+3　③ $\tan x$　④ $x+\cos x$

指針 **偶関数と奇関数**　各関数を $f(x)$ とおいたとき，常に $f(-x)=f(x)$ が成り立てば偶関数，常に $f(-x)=-f(x)$ が成り立てば奇関数である。

解答 それぞれの関数を $f(x)$ とする。

① $f(-x)=(-x)^3=-x^3=-f(x)$

② $f(-x)=(-x)^4+3=x^4+3=f(x)$

③ $f(-x)=\tan(-x)=-\tan x=-f(x)$

④ $f(-x)=(-x)+\cos(-x)=-x+\cos x$　← $f(-x)\neq f(x)$, $f(-x)\neq -f(x)$

以上から，**偶関数は** ②，**奇関数は** ①，③ 答

練習 21 教 p.157

次の定積分を求めよ。

(1) $\displaystyle\int_{-2}^{2}(x^3+3x^2+4x+5)\,dx$　(2) $\displaystyle\int_{-1}^{1}(e^x-e^{-x})\,dx$

(3) $\displaystyle\int_{-2}^{2}x\sqrt{4-x^2}\,dx$　(4) $\displaystyle\int_{-\frac{\pi}{2}}^{\frac{\pi}{2}}\sin^2 x\,dx$

指針 **偶関数，奇関数と定積分** 被積分関数が偶関数または奇関数であり，かつ，下端と上端の絶対値が等しく符号が異なる場合，偶関数，奇関数と定積分の公式 **1**，**2** を利用して計算量を減らすことができる。

(1) 定積分の基本性質を使って 4 つの定積分の和に直してから利用する。

解答 (1) $\int_{-2}^{2}(x^3+3x^2+4x+5)\,dx$

$=\int_{-2}^{2}x^3\,dx+\int_{-2}^{2}3x^2\,dx+\int_{-2}^{2}4x\,dx+\int_{-2}^{2}5\,dx$ ←定積分の性質

$=0+2\int_{0}^{2}3x^2\,dx+0+2\int_{0}^{2}5\,dx$ ←x^3，$4x$ は奇関数，$3x^2$，5 は偶関数

$=2\Big[x^3\Big]_0^2+2\Big[5x\Big]_0^2=16+20=\mathbf{36}$ 答

(2) e^x-e^{-x} は奇関数であるから

$\int_{-1}^{1}(e^x-e^{-x})\,dx=\mathbf{0}$ 答

←$e^{-x}-e^{-(-x)}$
$=e^{-x}-e^x$
$=-(e^x-e^{-x})$

(3) $x\sqrt{4-x^2}$ は奇関数であるから

$\int_{-2}^{2}x\sqrt{4-x^2}\,dx=\mathbf{0}$ 答

←$-x\sqrt{4-(-x)^2}$
$=-x\sqrt{4-x^2}$

(4) $\sin^2 x$ は偶関数であるから

$\int_{-\frac{\pi}{2}}^{\frac{\pi}{2}}\sin^2 x\,dx=2\int_{0}^{\frac{\pi}{2}}\sin^2 x\,dx=\int_{0}^{\frac{\pi}{2}}(1-\cos 2x)\,dx$

$=\Big[x-\frac{1}{2}\sin 2x\Big]_0^{\frac{\pi}{2}}=\boldsymbol{\frac{\pi}{2}}$ 答

←$\sin^2(-x)$
$=(-\sin x)^2$
$=\sin^2 x$

C 定積分の部分積分法

練習 22 教 p.158

次の定積分を求めよ。

(1) $\int_{0}^{\pi}x\sin x\,dx$　(2) $\int_{0}^{1}xe^x\,dx$　(3) $\int_{1}^{2}x\log x\,dx$

指針 **定積分の部分積分法** 定積分の部分積分法の公式は，下端と上端を除けば不定積分の部分積分法の公式と同様である。利用法も同様で，直接積分できない $f(x)g'(x)$ を，積分しやすい $f'(x)g(x)$ に帰着させて計算する。$g'(x)$ の選び方に注意する。

解答 (1) $\int_{0}^{\pi}x\sin x\,dx=\int_{0}^{\pi}x(-\cos x)'\,dx$

$=\Big[-x\cos x\Big]_0^{\pi}+\int_{0}^{\pi}\cos x\,dx$

$=-\pi\cos\pi+\Big[\sin x\Big]_0^{\pi}=\boldsymbol{\pi}$ 答

(2) $\displaystyle\int_0^1 xe^x\,dx=\int_0^1 x(e^x)'\,dx=\Big[xe^x\Big]_0^1-\int_0^1 e^x\,dx$

$\displaystyle=e-\Big[e^x\Big]_0^1=e-(e-1)=\mathbf{1}$ 答

(3) $\displaystyle\int_1^2 x\log x\,dx=\int_1^2\left(\frac{x^2}{2}\right)'\log x\,dx$

$\displaystyle=\left[\frac{x^2}{2}\log x\right]_1^2-\int_1^2\frac{x^2}{2}\cdot\frac{1}{x}\,dx$

$\displaystyle=2\log 2-\frac{1}{2}\left[\frac{x^2}{2}\right]_1^2=2\log 2-\frac{1}{2}\left(2-\frac{1}{2}\right)=\mathbf{2\log 2-\frac{3}{4}}$ 答

練習 23 教 p.158

部分積分法によって，定積分 $\displaystyle\int_{-1}^1(x+1)^3(x-1)\,dx$ を求めよ。

指針 **定積分の部分積分法** 被積分関数を $(x+1)^3$ と $x-1$ の積とみて，どちらを $g'(x)$ とすれば，定積分の部分積分法の公式の右辺の第 2 項 $\displaystyle\int_{-1}^1 f'(x)g(x)\,dx$ が簡単になるかを考える。

解答 $\displaystyle\int_{-1}^1(x+1)^3(x-1)\,dx=\int_{-1}^1\left\{\frac{(x+1)^4}{4}\right\}'(x-1)\,dx$

$\displaystyle=\frac{1}{4}\Big[(x+1)^4(x-1)\Big]_{-1}^1-\frac{1}{4}\int_{-1}^1(x+1)^4\,dx$

$\displaystyle=0-\frac{1}{4}\left[\frac{(x+1)^5}{5}\right]_{-1}^1=-\frac{1}{4}\cdot\frac{2^5}{5}=\mathbf{-\frac{8}{5}}$ 答

練習 24 教 p.158

部分積分法を 2 回利用して，定積分 $\displaystyle\int_0^{\frac{\pi}{2}}x^2\sin x\,dx$ を求めよ。

指針 **部分積分法（2 回適用）** 公式で $f(x)=x^2$，$g'(x)=(-\cos x)'$ とする。部分積分法を 2 回適用すると，被積分関数が三角関数のみになる。

解答 $\displaystyle\int_0^{\frac{\pi}{2}}x^2\sin x\,dx=\int_0^{\frac{\pi}{2}}x^2(-\cos x)'\,dx$

$\displaystyle=\Big[-x^2\cos x\Big]_0^{\frac{\pi}{2}}+\int_0^{\frac{\pi}{2}}2x\cos x\,dx$

$\displaystyle=0+2\int_0^{\frac{\pi}{2}}x(\sin x)'\,dx=2\Big[x\sin x\Big]_0^{\frac{\pi}{2}}-2\int_0^{\frac{\pi}{2}}\sin x\,dx$

$\displaystyle=\pi+2\Big[\cos x\Big]_0^{\frac{\pi}{2}}=\boldsymbol{\pi-2}$ 答

研究 定積分 $\int_0^{\frac{\pi}{2}} e^x \sin x\, dx$

まとめ

定積分 $\int_0^{\frac{\pi}{2}} e^x \sin x\, dx$

定積分 $I=\int_0^{\frac{\pi}{2}} e^x \sin x\, dx$ は，部分積分法を 2 回適用すると I と同じ式が現れることから求めることができる。

教 p.159

練習 1

定積分 $J=\int_0^{\frac{\pi}{2}} e^x \cos x\, dx$ を求めよ。

指針 **定積分 $\int_0^{\frac{\pi}{2}} e^x \cos x\, dx$** 部分積分法を 2 回適用する。1 回目の部分積分では，公式で $f(x)=\cos x$，$g'(x)=(e^x)'$ とおく。

解答

$$J=\int_0^{\frac{\pi}{2}} (e^x)' \cos x\, dx=\Big[e^x \cos x\Big]_0^{\frac{\pi}{2}}-\int_0^{\frac{\pi}{2}} e^x(-\sin x)\, dx$$

$$=-1+\int_0^{\frac{\pi}{2}} (e^x)' \sin x\, dx$$

$$=-1+\Big[e^x \sin x\Big]_0^{\frac{\pi}{2}}-\int_0^{\frac{\pi}{2}} e^x \cos x\, dx$$

$$=-1+e^{\frac{\pi}{2}}-J$$

これより，$2J=e^{\frac{\pi}{2}}-1$ であるから　$J=\dfrac{e^{\frac{\pi}{2}}-1}{2}$ 答

6 定積分のいろいろな問題

まとめ

1　定積分と導関数

a が定数のとき　$\dfrac{d}{dx}\displaystyle\int_a^x f(t)\,dt=f(x)$

2　定積分を含む関数の決定

$f(x)=x+\displaystyle\int_\alpha^\beta f(t)g(t)\,dt$ のような形で表された関数 $f(x)$ を決定するには，

$\displaystyle\int_\alpha^\beta f(t)g(t)\,dt$ が定数であることに着目して，$f(x)=x+a$ とおいて調べるとよい。

3　区分求積法

図形の面積や体積を，分割した部分の面積や体積の和の極限値として求める方法を 区分求積法 という。

4　区分求積法と定積分

$$\lim_{n\to\infty}\sum_{k=1}^{n} f(x_k)\Delta x=\int_a^b f(x)\,dx$$

ただし，$\Delta x=\dfrac{b-a}{n}$，$x_k=a+k\Delta x$

とくに $a=0$，$b=1$ とすると，次の等式が成り立つ。

$$\lim_{n\to\infty}\frac{1}{n}\sum_{k=1}^{n} f\left(\frac{k}{n}\right)=\int_0^1 f(x)\,dx$$

←$\Delta x=\dfrac{1}{n}$，$x_k=\dfrac{k}{n}$

5　定積分と不等式

区間 $[a,\ b]$ で連続な関数 $f(x)$ について

$f(x)\geqq 0$　ならば　$\displaystyle\int_a^b f(x)\,dx\geqq 0$

等号は，常に $f(x)=0$ のときに成り立つ。

さらに，次のことが成り立つ。

区間 $[a,\ b]$ で連続な関数 $f(x)$，$g(x)$ について

$f(x)\geqq g(x)$　ならば　$\displaystyle\int_a^b f(x)\,dx\geqq\int_a^b g(x)\,dx$

等号は，常に $f(x)=g(x)$ のときに成り立つ。

A 定積分で表された関数

教 p.161

練習 25

次の関数を x で微分せよ。ただし，(2) では $x>0$ とする。

(1) $\displaystyle\int_0^x \sin t\,dt$　　(2) $\displaystyle\int_1^x t\log t\,dt$

指針 **定積分と導関数**　定積分と導関数の公式を用いる。定積分の計算は必要ない。

解答 (1) $\dfrac{d}{dx}\displaystyle\int_0^x \sin t\,dt=\boldsymbol{\sin x}$　答

(2) $\dfrac{d}{dx}\displaystyle\int_1^x t\log t\,dt=\boldsymbol{x\log x}$　答

教 p.161

練習 26

関数 $G(x)=\displaystyle\int_0^x (x-t)e^t\,dt$ について，$G'(x)$ および $G''(x)$ を求めよ。

指針 **定積分と導関数**　練習 25 と異なる点は，被積分関数に x が含まれていることである。安易に定積分と導関数の公式を使わないこと。
右辺の定積分の積分変数は t であるから，t と異なる x は定数として扱う。まずかっこをはずして，x を含む定積分と x を含まない定積分の 2 つに分ける。後者は公式がそのまま使えるが，前者は積の導関数を考えることになる。

解答 $G(x)=x\displaystyle\int_0^x e^t\,dt-\int_0^x te^t\,dt$ であるから

←第 1 項は x と x の関数 $\displaystyle\int_0^x e^t\,dt$ の積である。

$$\boldsymbol{G'(x)}=(x)'\int_0^x e^t\,dt+x\left(\frac{d}{dx}\int_0^x e^t\,dt\right)-\frac{d}{dx}\int_0^x te^t\,dt$$

$$=\int_0^x e^t\,dt+xe^x-xe^x=\Big[e^t\Big]_0^x=\boldsymbol{e^x-1}\quad\text{答}$$

$\boldsymbol{G''(x)=e^x}$　答

教 p.162

練習 27

関数 $\displaystyle\int_x^{3x} t\cos t\,dt$ を x で微分せよ。

指針 **定積分と導関数**　定積分の上端だけでなく，下端にも x が含まれている。この場合，$F'(t)=t\cos t$ とすると

$$\int_x^{3x} t\cos t\,dt=\Big[F(t)\Big]_x^{3x}=F(3x)-F(x)$$

である。このように変形してから両辺を x で微分する。

解答 $F'(t)=t\cos t$ とすると

$$\int_x^{3x} t\cos t\,dt=\Big[F(t)\Big]_x^{3x}=F(3x)-F(x)$$

よって　$\dfrac{d}{dx}\displaystyle\int_x^{3x} t\cos t\,dt=\dfrac{d}{dx}\{F(3x)-F(x)\}$

$=F'(3x)\cdot(3x)'-F'(x)$

$=3x\cos 3x\cdot 3-x\cos x$

$=\boldsymbol{9x\cos 3x-x\cos x}$　答

定積分と導関数の公式の
導き方を利用するんだね。

教 p.162

練習 28　等式 $f(x)=x+\displaystyle\int_0^1 f(t)e^t\,dt$ を満たす関数 $f(x)$ を求めよ。

指針　**定積分を含む関数の決定**　定積分 $\displaystyle\int_0^1 f(t)e^t\,dt$ は定数であるから，$\displaystyle\int_0^1 f(t)e^t\,dt=a$ とおき，これに $f(x)=x+a$ を代入して，a についての方程式を導く。

解答　$\displaystyle\int_0^1 f(t)e^t\,dt=a$ とおくと　$f(x)=x+a$　……　①

よって　$\displaystyle\int_0^1 f(t)e^t\,dt=\int_0^1 (t+a)e^t\,dt=\int_0^1 (t+a)(e^t)'\,dt$

$=\Big[(t+a)e^t\Big]_0^1-\displaystyle\int_0^1 (t+a)'e^t\,dt=(1+a)e-a-\int_0^1 e^t\,dt$

$=(1+a)e-a-\Big[e^t\Big]_0^1=(1+a)e-a-(e-1)$

$=ae-a+1$

これより，$ae-a+1=a$ であるから

$(e-2)a=-1$　すなわち　$a=\dfrac{1}{2-e}$

これを①に代入して　$\boldsymbol{f(x)=x+\dfrac{1}{2-e}}$　答

B 定積分と和の極限

教 p.163

練習 29

教科書 163 ページの S_n の代わりに，右の図の長方形の面積の和 T_n を考えても，$\lim_{n\to\infty} T_n=S$ となることを示せ。

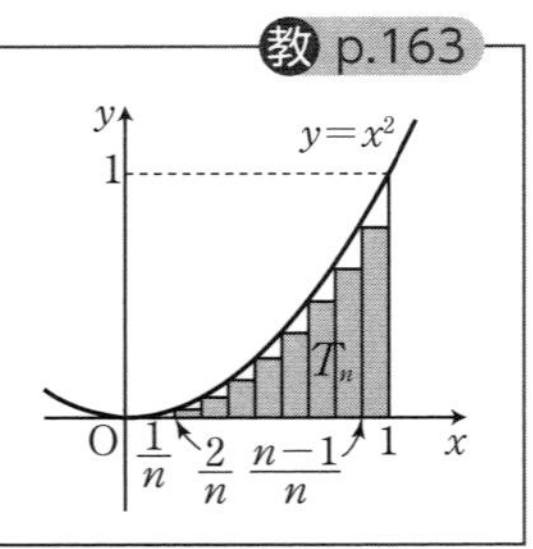

指針 **定積分と和の極限**　S_n が実際の面積 S より大きく見積もったのに対し，T_n は S より小さく見積もっている。しかし，いずれの場合においても，$\lim_{n\to\infty} S_n=\lim_{n\to\infty} T_n=S$ となることを示す。

T_n は，横の長さが $\frac{1}{n}$ で，縦の長さが 0，$\left(\frac{1}{n}\right)^2$，$\left(\frac{2}{n}\right)^2$，……，$\left(\frac{n-1}{n}\right)^2$ である n 個 [実際は $(n-1)$ 個] の長方形の面積の和として表される。

解答

$$T_n=0\cdot\frac{1}{n}+\left(\frac{1}{n}\right)^2\cdot\frac{1}{n}+\left(\frac{2}{n}\right)^2\cdot\frac{1}{n}+\cdots\cdots+\left(\frac{n-1}{n}\right)^2\cdot\frac{1}{n}$$

$$=\frac{1}{n}\left\{\left(\frac{1}{n}\right)^2+\left(\frac{2}{n}\right)^2+\cdots\cdots+\left(\frac{n-1}{n}\right)^2\right\}$$

$$=\frac{1}{n}\sum_{k=1}^{n-1}\left(\frac{k}{n}\right)^2=\frac{1}{n^3}\sum_{k=1}^{n-1}k^2=\frac{1}{n^3}\cdot\frac{1}{6}(n-1)\{(n-1)+1\}\{2(n-1)+1\}$$

$$=\frac{1}{n^3}\cdot\frac{1}{6}(n-1)n(2n-1)$$

であるから　$\lim_{n\to\infty} T_n=\lim_{n\to\infty}\frac{1}{6}\left(1-\frac{1}{n}\right)\left(2-\frac{1}{n}\right)=\frac{1}{3}=S$　終

教 p.165

練習 30

極限値 $S=\lim_{n\to\infty}\frac{1}{n^5}(1^4+2^4+3^4+\cdots\cdots+n^4)$ を求めよ。

指針 **区分求積法と定積分**　教科書の応用例題 6 と同様に，$\frac{1}{n}\sum_{k=1}^{n}f\left(\frac{k}{n}\right)$ の形を作ることを考える。$\frac{1}{n^5}$ を $\frac{1}{n}$ と $\frac{1}{n^4}$ に分け，$\frac{1}{n^4}$ を各項に掛ける。

解答

$$S=\lim_{n\to\infty}\frac{1}{n}\cdot\frac{1}{n^4}(1^4+2^4+3^4+\cdots\cdots+n^4)$$

$$=\lim_{n\to\infty}\frac{1}{n}\left\{\left(\frac{1}{n}\right)^4+\left(\frac{2}{n}\right)^4+\left(\frac{3}{n}\right)^4+\cdots\cdots+\left(\frac{n}{n}\right)^4\right\}=\lim_{n\to\infty}\frac{1}{n}\sum_{k=1}^{n}\left(\frac{k}{n}\right)^4$$

ここで，$f(x)=x^4$ とすると

$$S=\lim_{n\to\infty}\frac{1}{n}\sum_{k=1}^{n}f\left(\frac{k}{n}\right)=\int_0^1 f(x)\,dx=\int_0^1 x^4\,dx=\left[\frac{x^5}{5}\right]_0^1=\mathbf{\frac{1}{5}}$$　答

教科書 p.166

C 定積分と不等式

教 p.166

練習 31

次のことを示せ。

(1) $x \geqq 0$ のとき $\dfrac{1}{x+1} \geqq \dfrac{1}{x^2+x+1}$

(2) $\log 2 > \displaystyle\int_0^1 \frac{dx}{x^2+x+1}$

指針 **定積分と不等式** (1) 各辺の逆数 $x+1$，x^2+x+1 の大小から導く。

(2) (1)の不等式の両辺をそれぞれ区間$[0,\ 1]$で積分しても，不等号の向きは変わらない。ただし，等号は成り立たないことをはじめに示しておく。

解答 (1) $x \geqq 0$ のとき $x+1 \leqq x^2+x+1$

両辺とも正なので，逆数をとって $\dfrac{1}{x+1} \geqq \dfrac{1}{x^2+x+1}$ 終

(2) (1)の不等式では，常には $\dfrac{1}{x+1} = \dfrac{1}{x^2+x+1}$ でないから

$$\int_0^1 \frac{dx}{x+1} > \int_0^1 \frac{dx}{x^2+x+1}$$

←等号は成り立たない。

左辺は $\displaystyle\int_0^1 \frac{dx}{x+1} = \Big[\log|x+1|\Big]_0^1 = \log 2$

よって $\log 2 > \displaystyle\int_0^1 \frac{dx}{x^2+x+1}$ 終

教 p.166

深める

教科書の例題 11(2)の解答において，常には $\dfrac{1}{x^2+x+1} = \dfrac{1}{(x+1)^2}$ でないことを確かめた理由を説明してみよう。

解答 例題 11(2)の解答では，区間$[a,\ b]$で連続な関数 $f(x)$，$g(x)$ について

$$f(x) \geqq g(x) \text{ ならば } \int_a^b f(x)\,dx \geqq \int_a^b g(x)\,dx$$

が成り立つことを利用している。この不等式の等号が成り立つのは，常に $f(x)=g(x)$ のときである。

よって，常には $\dfrac{1}{x^2+x+1} = \dfrac{1}{(x+1)^2}$ が成り立たないことを確かめない限りは

導かれる不等式は $\displaystyle\int_0^1 \frac{1}{x^2+x+1}\,dx \geqq \int_0^1 \frac{1}{(x+1)^2}\,dx$ であり，

不等式 $\displaystyle\int_0^1 \frac{1}{x^2+x+1}\,dx > \int_0^1 \frac{1}{(x+1)^2}\,dx$ を示すことができないから。 終

教 p.167

練習 32

関数 $f(x)=\dfrac{1}{x}$ の定積分を利用して，次の不等式を証明せよ。

$$1+\frac{1}{2}+\frac{1}{3}+\cdots\cdots+\frac{1}{n}>\log(n+1) \qquad \text{ただし，}n\text{ は自然数}$$

指針 **定積分と不等式**　自然数 k に対して，$k<x<k+1$ のとき

$\dfrac{1}{k}>\dfrac{1}{x}$ であるから，$\displaystyle\int_k^{k+1}\frac{1}{k}dx>\int_k^{k+1}\frac{1}{x}dx$ が成り立つ。

この不等式で $k=1,\ 2,\ 3,\ \cdots\cdots,\ n$ として，辺々を加える。

解答 自然数 k に対して，$k\leqq x\leqq k+1$ では

$$\frac{1}{k}\geqq\frac{1}{x}$$

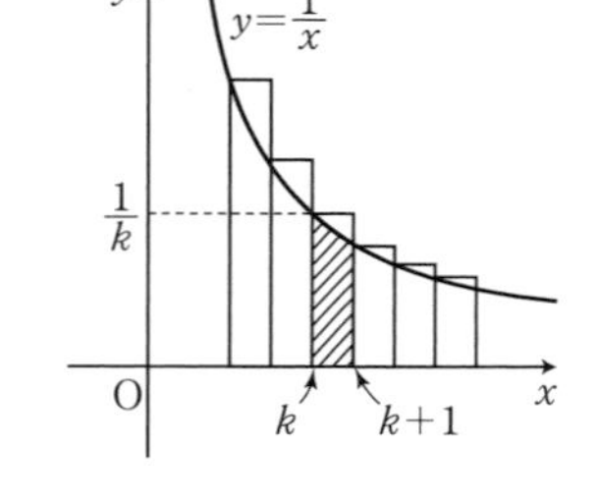

常には $\dfrac{1}{k}=\dfrac{1}{x}$ でないから

$$\int_k^{k+1}\frac{1}{k}dx>\int_k^{k+1}\frac{1}{x}dx$$

すなわち　$\displaystyle\frac{1}{k}>\int_k^{k+1}\frac{dx}{x}$

$k=1,\ 2,\ 3,\ \cdots\cdots,\ n$ として，辺々を加えると

$$1+\frac{1}{2}+\frac{1}{3}+\cdots\cdots+\frac{1}{n}>\int_1^2\frac{dx}{x}+\int_2^3\frac{dx}{x}+\int_3^4\frac{dx}{x}+\cdots\cdots+\int_n^{n+1}\frac{dx}{x}$$

ここで　右辺 $\displaystyle=\int_1^{n+1}\frac{dx}{x}=\Big[\log|x|\Big]_1^{n+1}=\log(n+1)$　　←$\log 1=0$

したがって　$1+\dfrac{1}{2}+\dfrac{1}{3}+\cdots\cdots+\dfrac{1}{n}>\log(n+1)$　終

区分求積法の考え方を応用して数列の和を評価する問題はグラフをかいて考えよう。

第5章 第2節 問題

教 p.168

7 次の定積分を求めよ。

(1) $\displaystyle\int_1^4 \frac{1+x}{\sqrt{x}}dx$　(2) $\displaystyle\int_0^{\frac{\pi}{3}} \tan\theta\,d\theta$　(3) $\displaystyle\int_{-\frac{\pi}{6}}^{\pi} \cos^2 2\theta\,d\theta$

(4) $\displaystyle\int_0^2 \frac{x}{(3-x)^2}dx$　(5) $\displaystyle\int_0^{\frac{\pi}{2}} \sin x\cos^3 x\,dx$　(6) $\displaystyle\int_1^4 \sqrt{x}\log x\,dx$

指針　**定積分の計算**　(1)　分母で割って 2 つの項に分ける。

(2)　$\tan\theta=\dfrac{\sin\theta}{\cos\theta}$ として，$\dfrac{g'(x)}{g(x)}$ の積分法を使う。

(3)　半角の公式で次数を下げる。

(4)，(5)　置換積分法を使う。

(6)　部分積分法を使う。

解答　(1)
$$\int_1^4 \frac{1+x}{\sqrt{x}}dx=\int_1^4\left(\frac{1}{\sqrt{x}}+\sqrt{x}\right)dx=\int_1^4\left(x^{-\frac{1}{2}}+x^{\frac{1}{2}}\right)dx$$
$$=\left[2x^{\frac{1}{2}}+\frac{2}{3}x^{\frac{3}{2}}\right]_1^4=\left[2\sqrt{x}+\frac{2}{3}x\sqrt{x}\right]_1^4$$
$$=\left(2\sqrt{4}+\frac{2}{3}\cdot4\sqrt{4}\right)-\left(2+\frac{2}{3}\right)=\boldsymbol{\frac{20}{3}}$$ 答

(2)
$$\int_0^{\frac{\pi}{3}}\tan\theta\,d\theta=\int_0^{\frac{\pi}{3}}\frac{\sin\theta}{\cos\theta}d\theta=-\int_0^{\frac{\pi}{3}}\frac{(\cos\theta)'}{\cos\theta}d\theta$$
$$=-\Big[\log|\cos\theta|\Big]_0^{\frac{\pi}{3}}=-\left(\log\frac{1}{2}-\log 1\right)=\mathbf{log\,2}$$ 答

(3)
$$\int_{-\frac{\pi}{6}}^{\pi}\cos^2 2\theta\,d\theta=\int_{-\frac{\pi}{6}}^{\pi}\frac{1+\cos4\theta}{2}d\theta=\frac{1}{2}\left[\theta+\frac{1}{4}\sin4\theta\right]_{-\frac{\pi}{6}}^{\pi}$$
$$=\frac{1}{2}\left\{\pi-\left(-\frac{\pi}{6}-\frac{1}{4}\cdot\frac{\sqrt{3}}{2}\right)\right\}$$
$$=\boldsymbol{\frac{7}{12}\pi+\frac{\sqrt{3}}{16}}$$ 答

(4)　$3-x=t$ とおくと　$x=3-t$，$dx=(-1)\,dt$
x と t の対応は右のようになる。

x	$0\longrightarrow 2$
t	$3\longrightarrow 1$

よって
$$\int_0^2\frac{x}{(3-x)^2}dx=\int_3^1\frac{3-t}{t^2}\cdot(-1)\,dt$$
$$=\int_1^3\left(\frac{3}{t^2}-\frac{1}{t}\right)dt=\left[-\frac{3}{t}-\log|t|\right]_1^3$$
$$=(-1-\log3)-(-3)=\mathbf{2-log\,3}$$ 答

(5) $\cos x=t$ とおくと　　$-\sin x\,dx=dt$

x と t の対応は右のようになる。

x	$0 \longrightarrow \frac{\pi}{2}$
t	$1 \longrightarrow 0$

よって

$$\int_0^{\frac{\pi}{2}} \sin x \cos^3 x\,dx=\int_1^0 t^3\cdot(-1)\,dt=\int_0^1 t^3\,dt$$

$$=\left[\frac{t^4}{4}\right]_0^1=\mathbf{\frac{1}{4}}$$ 答

(6) $$\int_1^4 \sqrt{x}\log x\,dx=\int_1^4\left(\frac{2}{3}x\sqrt{x}\right)'\log x\,dx$$

$$=\left[\frac{2}{3}x\sqrt{x}\log x\right]_1^4-\int_1^4\frac{2}{3}x\sqrt{x}\cdot\frac{1}{x}\,dx$$

$$=\frac{2}{3}\cdot 4\sqrt{4}\log 4-\frac{2}{3}\int_1^4\sqrt{x}\,dx$$

$$=\frac{16}{3}\log 4-\frac{2}{3}\left[\frac{2}{3}x\sqrt{x}\right]_1^4$$

$$=\frac{32}{3}\log 2-\frac{4}{9}(4\sqrt{4}-1)=\mathbf{\frac{32}{3}\log 2-\frac{28}{9}}$$ 答

教 p.168

8　a は正の定数とする。次の定積分を求めよ。

(1) $\displaystyle\int_{-a}^{a} x^2\sqrt{a^2-x^2}\,dx$　　　(2) $\displaystyle\int_{-a}^{a}\frac{x^2}{x^2+a^2}\,dx$

指針　**三角関数で置換する定積分**　(1), (2)とも，偶関数を区間 $[-a,\ a]$ で積分するから，0 から a までの定積分を考えればよい。

(1)は $x=a\sin\theta$，(2)は $x=a\tan\theta$ とおいて置換積分する。

解答　(1)　$x^2\sqrt{a^2-x^2}$ は偶関数であるから

$$\int_{-a}^{a} x^2\sqrt{a^2-x^2}\,dx=2\int_0^a x^2\sqrt{a^2-x^2}\,dx$$

ここで，$x=a\sin\theta$ とおくと　　$dx=a\cos\theta\,d\theta$

x と θ の対応は右のようになる。

x	$0 \longrightarrow a$
θ	$0 \longrightarrow \frac{\pi}{2}$

この範囲では $\cos\theta\geqq 0$ である。

また，$a>0$ であるから

$$x^2\sqrt{a^2-x^2}=a^2\sin^2\theta\sqrt{a^2(1-\sin^2\theta)}=a^3\sin^2\theta\cos\theta$$

よって

$$\int_{-a}^{a} x^2\sqrt{a^2-x^2}\,dx=2\int_0^{\frac{\pi}{2}} a^3\sin^2\theta\cos\theta\cdot a\cos\theta\,d\theta$$

$$=2a^4\int_0^{\frac{\pi}{2}}(\sin\theta\cos\theta)^2\,d\theta=\frac{a^4}{2}\int_0^{\frac{\pi}{2}}\sin^2 2\theta\,d\theta$$

$$=\frac{a^4}{2}\int_0^{\frac{\pi}{2}}\frac{1-\cos 4\theta}{2}d\theta=\frac{a^4}{4}\left[\theta-\frac{1}{4}\sin 4\theta\right]_0^{\frac{\pi}{2}}$$

$$=\frac{a^4}{4}\cdot\frac{\pi}{2}=\boldsymbol{\frac{1}{8}\pi a^4}$$ 答

(2) $\dfrac{x^2}{x^2+a^2}$ は偶関数であるから

$$\int_{-a}^{a}\frac{x^2}{x^2+a^2}dx=2\int_0^a\frac{x^2}{x^2+a^2}dx$$

ここで，$x=a\tan\theta$ とおくと　$dx=\dfrac{a}{\cos^2\theta}d\theta$

x と θ の対応は右のようになる。

x	$0\longrightarrow a$
θ	$0\longrightarrow\frac{\pi}{4}$

よって

$$\int_{-a}^{a}\frac{x^2}{x^2+a^2}dx=2\int_0^a\left(1-\frac{a^2}{x^2+a^2}\right)dx$$

$$=2\int_0^a dx-2\int_0^{\frac{\pi}{4}}\frac{a^2}{a^2(\tan^2\theta+1)}\cdot\frac{a}{\cos^2\theta}d\theta$$

$$=2a-2a\int_0^{\frac{\pi}{4}}d\theta$$

$$=\boldsymbol{2a\left(1-\frac{\pi}{4}\right)}$$ 答

教 p.168

9　次の関数の極値を求めよ。

$$f(x)=\int_0^x(1+\cos t)\sin t\,dt\quad(0<x<4\pi)$$

指針　**定積分と関数の極値**　定積分を計算して $f(x)$ を求める。なお，$f(x)$ の導関数は，定積分と導関数の公式 $\dfrac{d}{dx}\displaystyle\int_a^x g(t)\,dt=g(x)$ により，

$f'(x)=(1+\cos x)\sin x$ と求められる。これらをもとに増減表を作り，極値を求める。

解答

$$f(x)=\int_0^x(1+\cos t)\sin t\,dt=\int_0^x(\sin t+\cos t\sin t)\,dt$$

$$=\int_0^x\left(\sin t+\frac{1}{2}\sin 2t\right)dt=\left[-\cos t-\frac{1}{4}\cos 2t\right]_0^x$$

$$=-\cos x-\frac{1}{4}\cos 2x+\frac{5}{4}$$

また　$f'(x)=(1+\cos x)\sin x$

$f'(x)=0$ とすると　$1+\cos x=0$　または　$\sin x=0$

よって，$0<x<4\pi$ で　$x=\pi,\ 2\pi,\ 3\pi$

$f(x)$ の増減表は次のようになる。

x	0	……	π	……	2π	……	3π	……	4π
$f'(x)$		$+$	0	$-$	0	$+$	0	$-$	
$f(x)$		↗	極大 2	↘	極小 0	↗	極大 2	↘	

したがって　$\boldsymbol{x=\pi}$, $\boldsymbol{3\pi}$ **で極大値 2,**

$\boldsymbol{x=2\pi}$ で極小値 0 をとる。　答

教 p.168

10 次の関数を x で微分せよ。ただし，(2)では $x>0$ とする。

(1) $\displaystyle\int_x^{2x}\cos\theta\,d\theta$　　(2) $\displaystyle\int_x^{x^2}\log t\,dt$

指針　**定積分と導関数**　公式 $\dfrac{d}{dx}\displaystyle\int_a^x f(t)\,dt=f(x)$ は，下端 a が定数のとき成り立つ。

本問のように，下端，上端ともに x が含まれる場合は適用できないが，公式を導いた考え方 (教科書 p.161) は利用できる。

被積分関数の原始関数の 1 つを $F(\theta)$, $F(t)$ などとおけば，定積分を計算しなくても答えが得られる。

解答　(1)　$F'(\theta)=\cos\theta$ とおくと

$$\int_x^{2x}\cos\theta\,d\theta=F(2x)-F(x)$$

よって　$$\frac{d}{dx}\int_x^{2x}\cos\theta\,d\theta=\frac{d}{dx}\{F(2x)-F(x)\}$$
$$=2F'(2x)-F'(x)$$
$$=\boldsymbol{2\cos 2x-\cos x}\quad \text{答}$$

(2)　$F'(t)=\log t$ とおくと

$$\int_x^{x^2}\log t\,dt=F(x^2)-F(x)$$

よって　$$\frac{d}{dx}\int_x^{x^2}\log t\,dt=\frac{d}{dx}\{F(x^2)-F(x)\}$$
$$=2xF'(x^2)-F'(x)$$
$$=2x\log x^2-\log x$$
$$=\boldsymbol{(4x-1)\log x}\quad \text{答}$$

教 p.168

11 等式 $f(x)=\sin x+\displaystyle\int_0^{\frac{\pi}{4}} f(t)\cos t\,dt$ を満たす関数 $f(x)$ を求めよ。

指針　**関数の決定**　$\displaystyle\int_0^{\frac{\pi}{4}} f(t)\cos t\,dt=a$ とおく。

このとき $f(x)=\sin x+a$ と表されるので，これを上の式に代入すれば，a につ

いての方程式が得られる。

解答 $f(x)$ の第 2 項は定数であるから

$$\int_0^{\frac{\pi}{4}} f(t)\cos t\,dt = a$$

とおく。このとき，$f(x)=\sin x+a$ …… ① と表されるから

$$\begin{aligned}\int_0^{\frac{\pi}{4}} f(t)\cos t\,dt &= \int_0^{\frac{\pi}{4}} (\sin t+a)\cos t\,dt \\ &= \int_0^{\frac{\pi}{4}} (\sin t\cos t + a\cos t)\,dt \\ &= \int_0^{\frac{\pi}{4}} \left(\frac{\sin 2t}{2} + a\cos t\right)dt \\ &= \left[-\frac{1}{4}\cos 2t + a\sin t\right]_0^{\frac{\pi}{4}} \\ &= \frac{a}{\sqrt{2}} + \frac{1}{4}\end{aligned}$$

よって　$\dfrac{1}{\sqrt{2}}a + \dfrac{1}{4} = a$

$\dfrac{\sqrt{2}-1}{\sqrt{2}}a = \dfrac{1}{4}$ から　$a = \dfrac{\sqrt{2}}{4(\sqrt{2}-1)} = \dfrac{2+\sqrt{2}}{4}$

これを ① に代入して　$\boldsymbol{f(x)=\sin x+\dfrac{2+\sqrt{2}}{4}}$ 答

教 p.168

12 次の極限値を求めよ。

$$S=\lim_{n\to\infty}\left(\sqrt{\frac{1}{n^3}}+\sqrt{\frac{2}{n^3}}+\sqrt{\frac{3}{n^3}}+\cdots\cdots+\sqrt{\frac{n}{n^3}}\right)$$

指針 **区分求積法と定積分**　数列の和の極限値を求めるときに，区分求積法の考え方が利用できる場合がある。

$$\lim_{n\to\infty}\frac{1}{n}\sum_{k=1}^{n} f\left(\frac{k}{n}\right) = \int_0^1 f(x)\,dx \quad \cdots\cdots ①$$

$\sqrt{\dfrac{k}{n^3}} = \dfrac{1}{n}\sqrt{\dfrac{k}{n}}$ であるから，$f(x)=\sqrt{x}$ を考えると，数列の和は ① の左辺の～～～の形に変形されるので，求める極限値は $\int_0^1 \sqrt{x}\,dx$ に等しい。

解答

$$\begin{aligned}S &= \lim_{n\to\infty}\frac{1}{n}\left(\sqrt{\frac{1}{n}}+\sqrt{\frac{2}{n}}+\sqrt{\frac{3}{n}}+\cdots\cdots+\sqrt{\frac{n}{n}}\right) \\ &= \lim_{n\to\infty}\frac{1}{n}\sum_{k=1}^{n}\sqrt{\frac{k}{n}}\end{aligned}$$

ここで，$f(x)=\sqrt{x}$ とすると

$$S=\lim_{n\to\infty}\frac{1}{n}\sum_{k=1}^{n} f\left(\frac{k}{n}\right) = \int_0^1 f(x)\,dx$$

$$=\int_0^1 \sqrt{x}\,dx=\left[\frac{2}{3}x^{\frac{3}{2}}\right]_0^1=\frac{2}{3}$$ 答

教 p.168

13 連続な関数 $f(x)$ について，$\int_a^b f(a+b-x)\,dx=\int_a^b f(x)\,dx$ を証明せよ。

指針 **置換積分法の利用** $a+b-x=t$ とおく。

解答 $a+b-x=t$ とおくと

$$x=a+b-t,\ dx=(-1)\,dt$$

x	$a \longrightarrow b$
t	$b \longrightarrow a$

x と t の対応は右のようになる。

よって

$$\int_a^b f(a+b-x)\,dx=\int_b^a f(t)\cdot(-1)\,dt$$

$$=\int_a^b f(t)\,dt$$

$$=\int_a^b f(x)\,dx$$ 終

第3節　積分法の応用

7　面積

1　曲線 $y=f(x)$ と面積

区間$[a,\ b]$で常に$f(x) \geqq 0$のとき，曲線$y=f(x)$とx軸および2直線$x=a$，$x=b$で囲まれた部分の面積Sは

$$S=\int_a^b f(x)\,dx$$

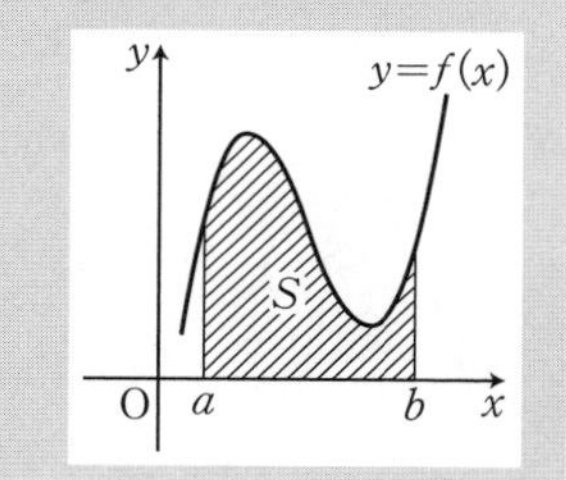

上の公式において，区間$[a,\ b]$で常に$f(x) \leqq 0$のとき，Sは次の式で表される。

$$S=\int_a^b \{-f(x)\}\,dx$$

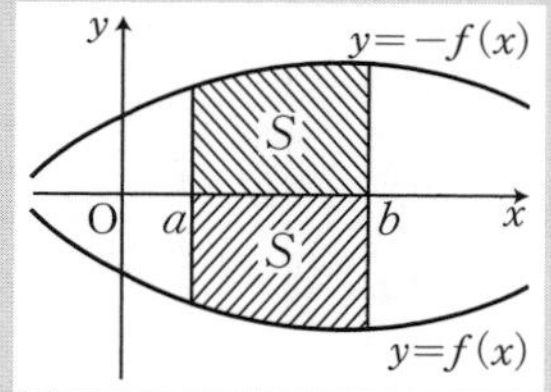

2　2曲線間の面積

区間$[a,\ b]$で常に$f(x) \geqq g(x)$のとき，2つの曲線$y=f(x)$，$y=g(x)$と2直線$x=a$，$x=b$で囲まれた部分の面積Sは

$$S=\int_a^b \{f(x)-g(x)\}\,dx$$

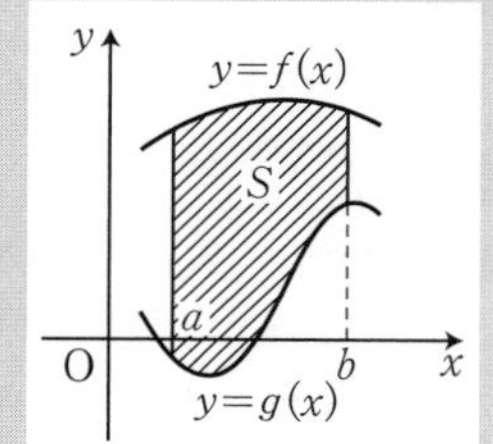

3　曲線 $x=g(y)$ と面積

区間$c \leqq y \leqq d$で常に$g(y) \geqq 0$のとき，曲線$x=g(y)$とy軸および2直線$y=c$，$y=d$で囲まれた部分の面積Sは

$$S=\int_c^d g(y)\,dy$$

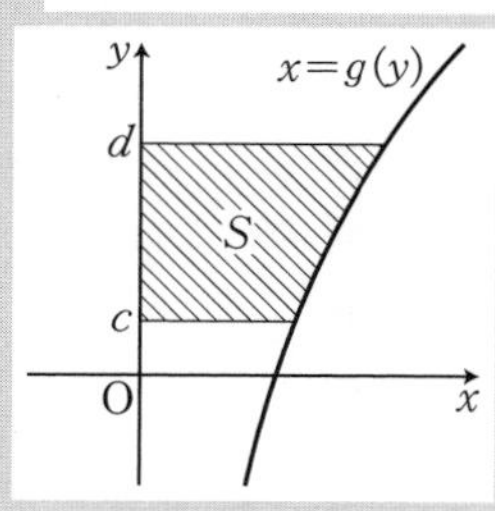

5章　積分法とその応用

教科書 p.169

A 曲線 $y=f(x)$ と面積

教 p.169

練習 33

次の曲線と 2 直線，および x 軸で囲まれた部分の面積 S を求めよ。

(1) $y=\dfrac{1}{x}$，$x=1$，$x=e$　　(2) $y=\sqrt{x+1}$，$x=0$，$x=3$

指針 **曲線 $y=f(x)$ と面積**　グラフの概形をかき，曲線と x 軸の位置関係を確かめてから，定積分によって面積を求める。

解答 (1) $S=\displaystyle\int_1^e \frac{1}{x}dx=\Big[\log|x|\Big]_1^e=\mathbf{1}$ 答

(2) $S=\displaystyle\int_0^3 \sqrt{x+1}\,dx=\left[\frac{2}{3}(x+1)\sqrt{x+1}\right]_0^3$

$=\dfrac{2}{3}(4\sqrt{4}-1)=\mathbf{\dfrac{14}{3}}$ 答

(1)

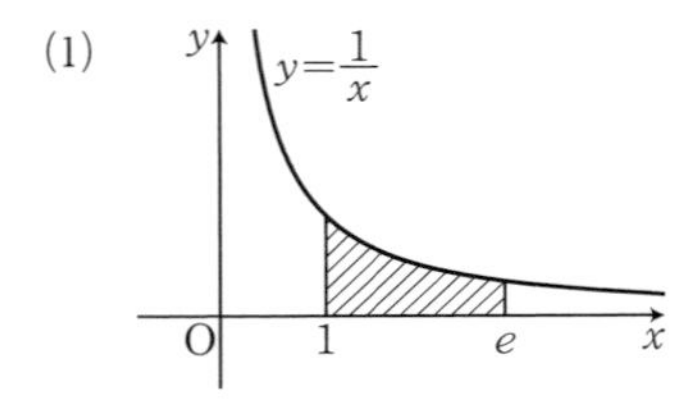

(2)

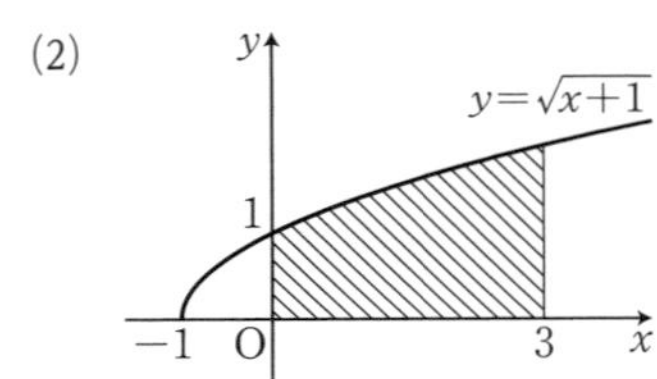

教 p.169

練習 34

曲線 $y=e^x-e$ と x 軸および 2 直線 $x=0$，$x=2$ で囲まれた 2 つの部分の面積の和 S を求めよ。

指針 **曲線 $y=f(x)$ と面積**　曲線と x 軸の共有点の座標に注意して，グラフの概形をかき，どの部分の面積を求めればよいか調べる。
定積分の下端と上端を決め，曲線 $y=f(x)$ が x 軸より下側にある部分の被積分関数は $-f(x)$ とする。

解答 この曲線と x 軸の共有点の x 座標は，
方程式 $e^x-e=0$ を解いて　　$x=1$
区間 $0\leqq x\leqq 1$ では，常に　　$y\leqq 0$,
区間 $1\leqq x\leqq 2$ では，常に　　$y\geqq 0$
であるから，求める面積の和 S は

$$S=\int_0^1\{-(e^x-e)\}dx+\int_1^2(e^x-e)\,dx$$

$$=-\Big[e^x-ex\Big]_0^1+\Big[e^x-ex\Big]_1^2$$

$$=-\{(e-e)-1\}+(e^2-2e)-(e-e)$$

$=\boldsymbol{e^2-2e+1}$ 答

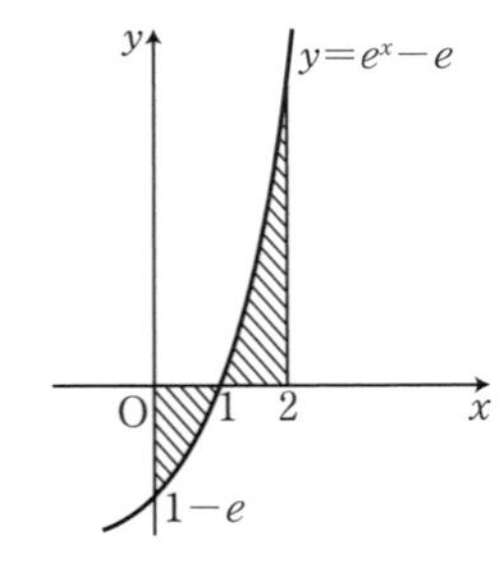

教 p.170

練習 35

次の曲線や直線で囲まれた部分の面積 S を求めよ。

(1)　$y=x^2$，$y=\sqrt{x}$　　　(2)　$x+4y=5$，$xy=1$

指針　**2 曲線間の面積**　2 つの曲線の共有点の x 座標を求めて，積分する区間を決定し，その区間での曲線の上下関係を確かめてから，2 つの曲線の間の面積の公式を利用する。

解答　(1)　2 つの曲線の共有点の x 座標は方程式

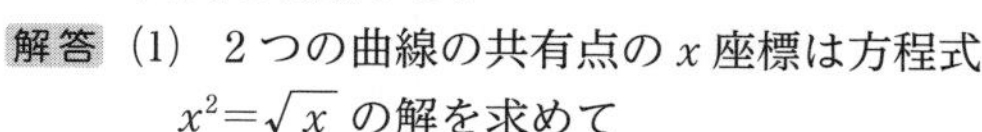

$x^2=\sqrt{x}$ の解を求めて

$x=0,\ 1$

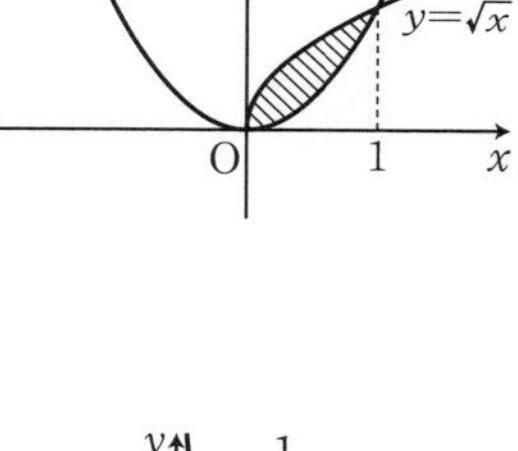

区間 $0\leqq x\leqq 1$ では，$\sqrt{x}\geqq x^2$ であるから求める面積 S は

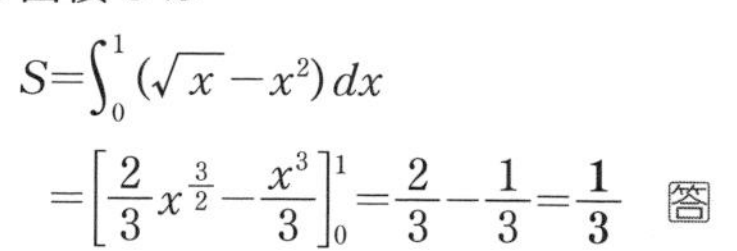

$$S=\int_0^1(\sqrt{x}-x^2)\,dx$$

$$=\left[\frac{2}{3}x^{\frac{3}{2}}-\frac{x^3}{3}\right]_0^1=\frac{2}{3}-\frac{1}{3}=\boldsymbol{\frac{1}{3}}\quad \text{答}$$

(2)　2 つの方程式を y について解くと，それぞれ

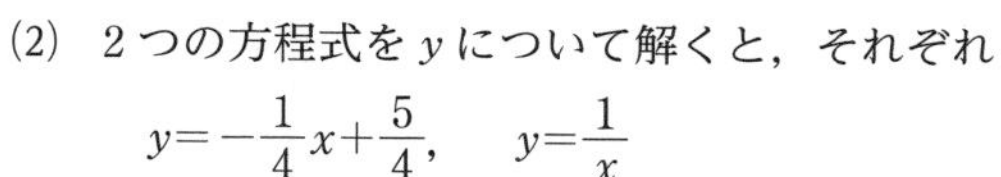

$$y=-\frac{1}{4}x+\frac{5}{4},\qquad y=\frac{1}{x}$$

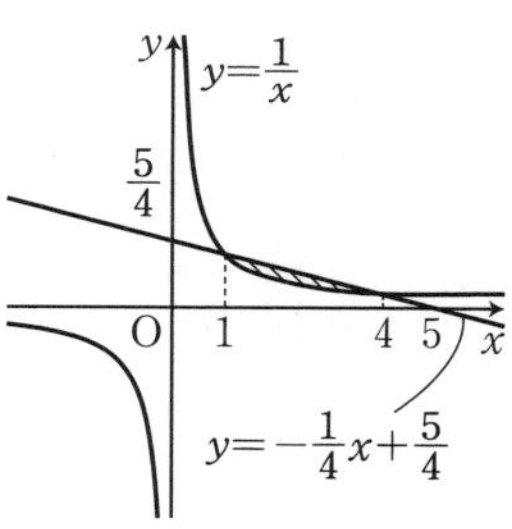

よって，直線と曲線の共有点の x 座標は方程式 $-\frac{1}{4}x+\frac{5}{4}=\frac{1}{x}$ すなわち $x^2-5x+4=0$ を解いて　$x=1,\ 4$

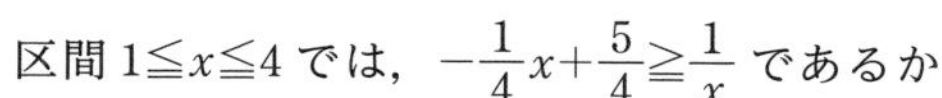

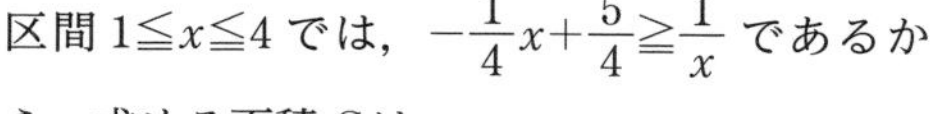

区間 $1\leqq x\leqq 4$ では，$-\frac{1}{4}x+\frac{5}{4}\geqq\frac{1}{x}$ であるから，求める面積 S は

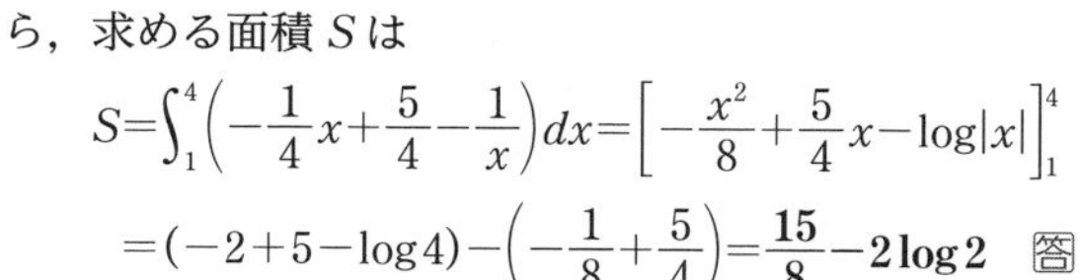

$$S=\int_1^4\left(-\frac{1}{4}x+\frac{5}{4}-\frac{1}{x}\right)dx=\left[-\frac{x^2}{8}+\frac{5}{4}x-\log|x|\right]_1^4$$

$$=(-2+5-\log 4)-\left(-\frac{1}{8}+\frac{5}{4}\right)=\boldsymbol{\frac{15}{8}-2\log 2}\quad \text{答}$$

B　曲線 $x=g(y)$ と面積

教 p.171

練習 36

次の曲線と直線で囲まれた部分の面積 S を求めよ。

(1)　$x=y^2+1$，x 軸，y 軸，$y=2$　　(2)　$x=y^2-1$，$x=y+5$

指針　**曲線 $x=g(y)$ と面積**　y の関数 $x=g(y)$ で表される曲線と x 軸に平行な 2 直線，y 軸が囲む部分の面積は本書 $p.221$ のまとめの **3** のように y を積分変数とする定積分によって求められる。

また，2 曲線 $x=f(y)$，$x=g(y)$ と 2 直線 $y=c$，$y=d$ で囲まれる部分の面積も，

区間 $c \leqq y \leqq d$ で常に $f(y) \geqq g(y)$ ならば　$S=\int_c^d \{f(y)-g(y)\}dy$

として求めることができる。

(2)　まず放物線と直線の共有点の y 座標を求めてグラフをかき，どの部分の面積を求めるか確認する。曲線の位置関係はたとえば，

「$f(y) \geqq g(y) \iff x=f(y)$ は $x=g(y)$ の右側 (共有点を含む)」となる。

解答　(1)　常に $y^2+1>0$ であるから，求める面積 S は

$$S=\int_0^2 (y^2+1)\,dy$$

$$=\left[\frac{y^3}{3}+y\right]_0^2=\mathbf{\frac{14}{3}}$$ 答

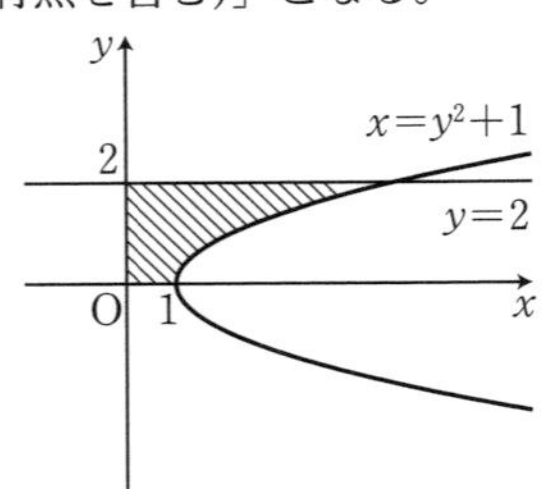

(2)　放物線と直線の共有点の y 座標は，

方程式 $y^2-1=y+5$　　すなわち

$y^2-y-6=0$ を解いて $y=-2$，3

区間 $-2 \leqq y \leqq 3$ では，常に

$y+5 \geqq y^2-1$

であるから，求める面積 S は

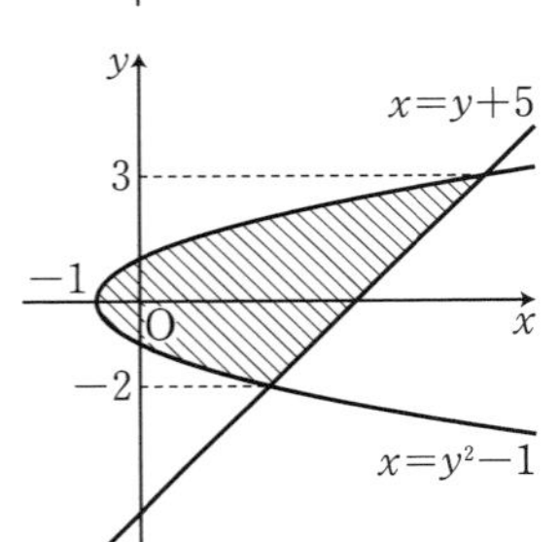

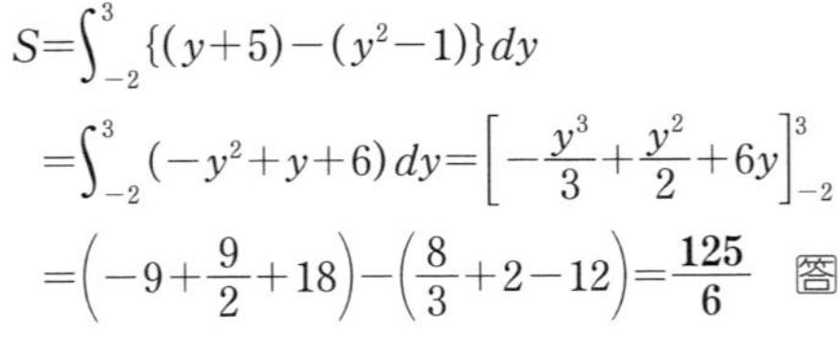

$$S=\int_{-2}^3 \{(y+5)-(y^2-1)\}dy$$

$$=\int_{-2}^3 (-y^2+y+6)\,dy=\left[-\frac{y^3}{3}+\frac{y^2}{2}+6y\right]_{-2}^3$$

$$=\left(-9+\frac{9}{2}+18\right)-\left(\frac{8}{3}+2-12\right)=\mathbf{\frac{125}{6}}$$ 答

C いろいろな式で表される曲線と面積

教 p.172

練習 37　曲線 $4x^2+2y^2=1$ で囲まれた部分の面積 S を求めよ。

指針　**曲線で囲まれた図形の面積**　曲線 $4x^2+2y^2=1$ は楕円であり，x 軸に関して対称である。$y \geqq 0$ のとき，方程式を y について解き，$y \geqq 0$ の部分を 2 倍すればよい。また，定積分 $\int_{-a}^a \sqrt{a^2-x^2}\,dx$ $(a>0)$ は半径 a の円の面積 πa^2 の半分であるから $\frac{1}{2}\pi a^2$ である。

解答 曲線 $4x^2+2y^2=1$ は図のような楕円である。よって，求める面積 S は図の斜線部分の面積を 2 倍したものに等しい。

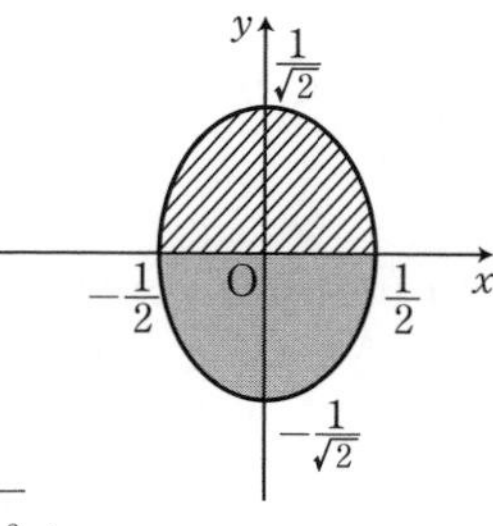

$y \geqq 0$ のとき，方程式を y について解くと

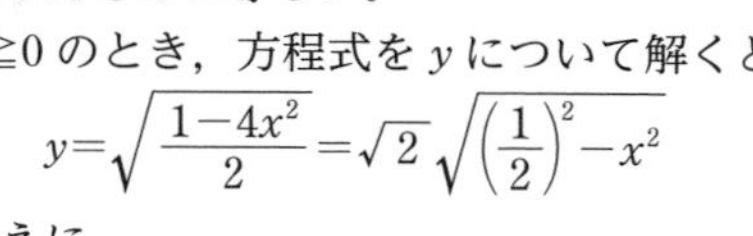

$$y=\sqrt{\frac{1-4x^2}{2}}=\sqrt{2}\sqrt{\left(\frac{1}{2}\right)^2-x^2}$$

ゆえに

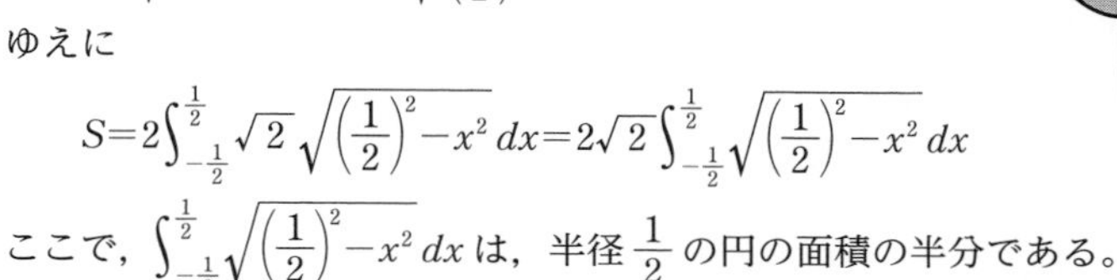

$$S=2\int_{-\frac{1}{2}}^{\frac{1}{2}}\sqrt{2}\sqrt{\left(\frac{1}{2}\right)^2-x^2}\,dx=2\sqrt{2}\int_{-\frac{1}{2}}^{\frac{1}{2}}\sqrt{\left(\frac{1}{2}\right)^2-x^2}\,dx$$

ここで，$\int_{-\frac{1}{2}}^{\frac{1}{2}}\sqrt{\left(\frac{1}{2}\right)^2-x^2}\,dx$ は，半径 $\frac{1}{2}$ の円の面積の半分である。

したがって　$S=2\sqrt{2}\cdot\frac{1}{2}\pi\left(\frac{1}{2}\right)^2=\boldsymbol{\frac{\sqrt{2}}{4}\pi}$　答

5章 積分法とその応用

練習 38 教 p.173

次の曲線と x 軸で囲まれた部分の面積 S を求めよ。

$$x=3\cos\theta,\ y=2\sin\theta\quad(0\leqq\theta\leqq\pi)$$

指針 **媒介変数表示の曲線と面積**　まず曲線と x 軸の共有点の x 座標を求める。$y=0$ となる θ の値を求め，その値を x の式に代入すればよい。その共有点の座標を $(a,\ 0)$，$(b,\ 0)$ $(a<b)$ とすると，区間 $[a,\ b]$ で $y\geqq 0$ ならば，面積 S は $S=\int_a^b y\,dx$ $\left(y\leqq 0 \text{ ならば } S=\int_a^b(-y)\,dx\right)$ で求めることができる。x，y の媒介変数表示をそのまま使い，置換積分法によって計算するとよい。

解答 $0\leqq\theta\leqq\pi$ において $y=0$ となる θ の値は

$2\sin\theta=0$ より　　　　$\theta=0,\ \pi$

$\theta=0$ のとき $x=3$，$\theta=\pi$ のとき $x=-3$ であり，$0\leqq\theta\leqq\pi$ の範囲では $y\geqq 0$ であるから，求める面積 S は

$$S=\int_{-3}^{3}y\,dx$$

また，$x=3\cos\theta$ より

$$dx=-3\sin\theta\,d\theta$$

で，x と θ の対応は右のようになる。

x	$-3\longrightarrow 3$
θ	$\pi\longrightarrow 0$

よって，置換積分法により

$$S=\int_{-3}^{3}y\,dx=\int_{\pi}^{0}2\sin\theta\cdot(-3\sin\theta)\,d\theta$$

$$=6\int_0^{\pi}\sin^2\theta\,d\theta=3\int_0^{\pi}(1-\cos 2\theta)\,d\theta$$

$$=3\left[\theta-\frac{1}{2}\sin 2\theta\right]_0^{\pi}=\boldsymbol{3\pi}$$　答

$\leftarrow\int_b^a f(x)\,dx=-\int_a^b f(x)\,dx$

教科書 $p.174$

8 体積

まとめ

1 断面積 $S(x)$ と立体の体積 V

右の図のような，x 軸に垂直な 2 平面 α，β に挟まれた立体の体積を V とする。

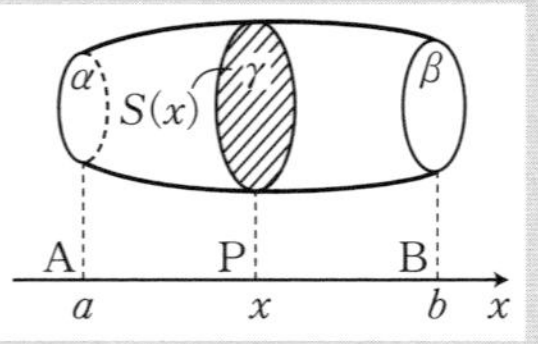

2 平面 α，β と x 軸との交点 A，B の座標を，それぞれ a，b とする。ただし，$a<b$ である。

座標が x である点 P を通り，x 軸に垂直な平面 γ で立体を切ったときの断面積を $S(x)$ とすると，体積 V は次の式で与えられる。

$$V=\int_a^b S(x)\,dx \qquad \text{ただし，} a<b$$

2 x 軸の周りの回転体の体積

曲線 $y=f(x)$ と x 軸および 2 直線 $x=a$，$x=b$ で囲まれた部分が，x 軸の周りに 1 回転してできる回転体の体積 V は

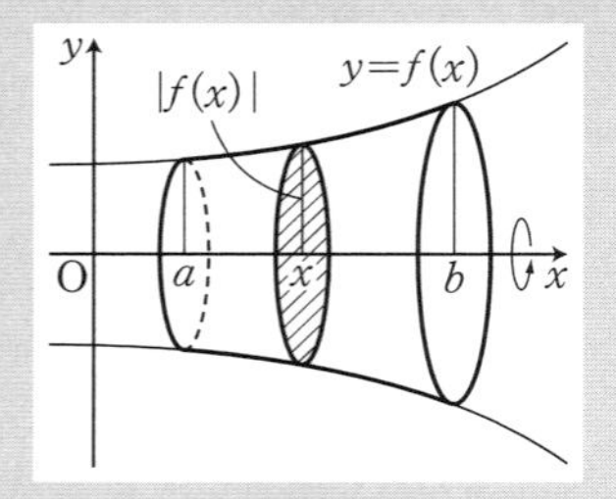

$$V=\pi\int_a^b \{f(x)\}^2\,dx=\pi\int_a^b y^2\,dx$$

ただし，$a<b$

3 y 軸の周りの回転体の体積

曲線 $x=g(y)$ と y 軸および 2 直線 $y=c$，$y=d$ で囲まれた部分が，y 軸の周りに 1 回転してできる回転体の体積を V とすると

$$V=\pi\int_c^d \{g(y)\}^2\,dy=\pi\int_c^d x^2\,dy \qquad \text{ただし，} c<d$$

4 円環体（えんかんたい）の体積

$0<r<a$ とする。円 $x^2+(y-a)^2=r^2$ が x 軸の周りに 1 回転してできる回転体の体積 V は，半円 $y=a+\sqrt{r^2-x^2}$ と x 軸および 2 直線 $x=-r$，$x=r$ で囲まれた部分が x 軸の周りに 1 回転してできる回転体の体積を V_1，半円 $y=a-\sqrt{r^2-x^2}$ と x 軸および 2 直線 $x=-r$，$x=r$ で囲まれた部分が x 軸の周りに 1 回転してできる回転体の体積を V_2 とすると，$V=V_1-V_2$ である。

この回転体を **円環体**（トーラス）という。

この円環体の体積は，円 $x^2+(y-a)^2=r^2$ の面積 πr^2 と，この円が x 軸の周りに回転するときに中心の点が描く円の周の長さ $2\pi a$ との積に等しい。

5　媒介変数表示された曲線と回転体の体積

媒介変数表示された曲線で作られた図形の回転体の体積を求めるには，まず，体積を x についての定積分で表し，置換積分法によって，媒介変数についての定積分に変える。

A 定積分と体積

練習 39　教 p.175

底面の半径が r，高さが h の円錐の体積 V は，$V=\frac{1}{3}\pi r^2 h$ で与えられることを示せ。

指針　**円錐の体積と定積分**　断面積 $S(x)$ と立体の体積 V の公式を次の手順で利用する。

①　x 軸を定める　②　断面積 $S(x)$ を求める　③　定積分を計算する

$S(x)$ が表しやすくなるように x 軸をとることがポイントとなる。
円錐では，頂点から底面に下ろした垂線を x 軸にするとよい。これと垂直な平面で切ったときの断面は底面と相似な図形になる。相似比と面積比の関係を利用して $S(x)$ を表す。

解答　この円錐の頂点から底面に垂線を下ろし，これを x 軸とし，頂点を原点 O にとる。座標が x である点を通り x 軸に垂直な平面で円錐を切ったときの断面積を $S(x)$ とする。

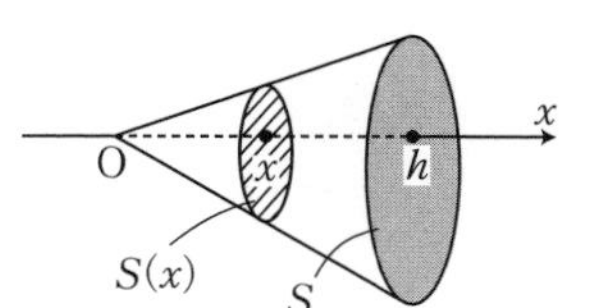

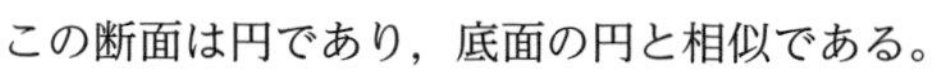

この断面は円であり，底面の円と相似である。
また，底面の面積を S とすると，$S=\pi r^2$ である。
断面と底面の相似比は $x:h$ であるから，面積比は

$$S(x):S=x^2:h^2$$

よって　$$S(x)=\frac{S}{h^2}x^2$$

したがって　$$V=\int_0^h S(x)\,dx=\int_0^h \frac{S}{h^2}x^2\,dx$$
$$=\frac{S}{h^2}\left[\frac{x^3}{3}\right]_0^h=\frac{S}{h^2}\cdot\frac{h^3}{3}$$
$$=\frac{1}{3}Sh=\frac{1}{3}\pi r^2 h$$　終

教 p.176

練習 40

底面の半径が a で高さも a である直円柱がある。この底面の直径 AB を含み底面と 45° の傾きをなす平面で，直円柱を 2 つの立体に分けるとき，小さい方の立体の体積 V を求めよ。

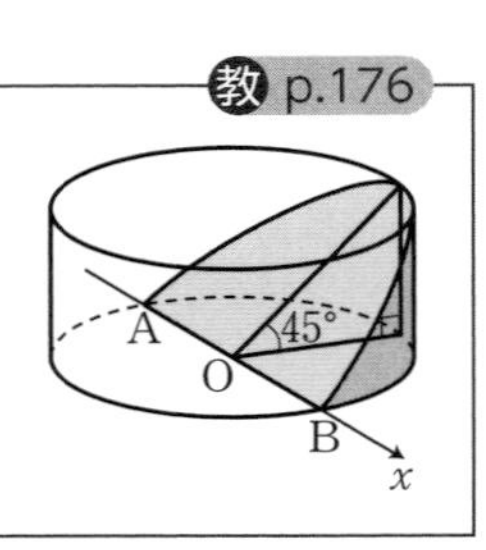

指針 **断面積 $S(x)$ と立体の体積 V**　図にあるように x 軸を定めると，これに垂直な平面で題意の立体を切ったときの断面は直角二等辺三角形になる。座標が x である点を頂点とする断面の面積 $S(x)$ を x で表し，定積分する。底面の中心を原点にとれば，積分する区間は $[-a,\ a]$ となる。

解答 底面の円の中心 O を原点に，直径 AB を x 軸にとる。

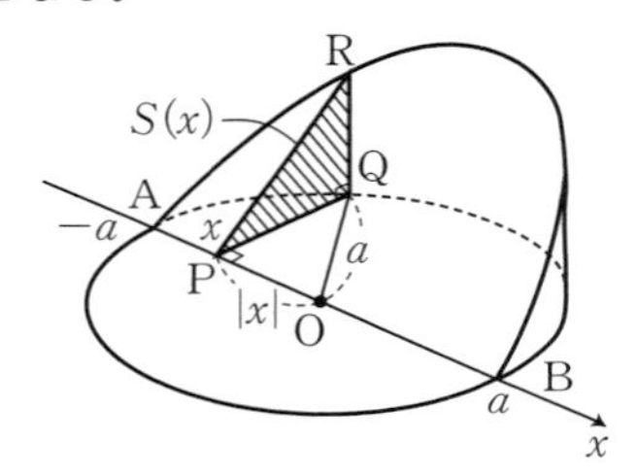

直径 AB 上の座標が x である点 P を通り x 軸に垂直な平面で立体を切ったときの断面を，図のように，△PQR とし，断面積を $S(x)$ とする。$\angle \mathrm{RPQ}=45^\circ$ であるから，△PQR は直角二等辺三角形である。

また　$\mathrm{PQ}=\sqrt{\mathrm{OQ}^2-\mathrm{OP}^2}=\sqrt{a^2-x^2}$

よって　$S(x)=\dfrac{1}{2}(\sqrt{a^2-x^2})^2=\dfrac{1}{2}(a^2-x^2)$

したがって，求める体積 V は

$$V=\int_{-a}^{a}\frac{1}{2}(a^2-x^2)\,dx=\int_{0}^{a}(a^2-x^2)\,dx$$

$$=\left[a^2x-\frac{x^3}{3}\right]_0^a=\boldsymbol{\frac{2}{3}a^3}$$　答

面積を求めやすい断面に
なるように切るのがコツ。

教 p.176

深める

練習 40 の立体 (体積を求める立体) を，いろいろな平面で切ってみよう。それぞれの平面で切ったときの断面はどのような図形になるだろうか。

解答 ① 直線 AB に垂直な平面で切ったとき：直角二等辺三角形

② 底面の中心 O を通り直線 AB に垂直な底面上の直線について，この直線に垂直な平面で切ったとき：長方形

③ 底面に平行な平面で切ったとき：弓のような形

など　終

補足 ①～③においては，次のようにして体積 V が求められる。

① $V=\int_{-a}^{a}\frac{1}{2}(a^2-x^2)\,dx=\left[a^2x-\frac{x^3}{3}\right]_0^a=\frac{2}{3}a^3$

② 練習 40 の 解答 の図において，$\mathrm{PQ}=y$ とおくと

$V=\int_0^a 2y\sqrt{a^2-y^2}\,dy=\left[-\frac{2}{3}(a^2-y^2)^{\frac{3}{2}}\right]_0^a=\frac{2}{3}a^3$

③ (底面から断面の距離を h とし

$h=a\cos\theta$ と置換するなどすると)

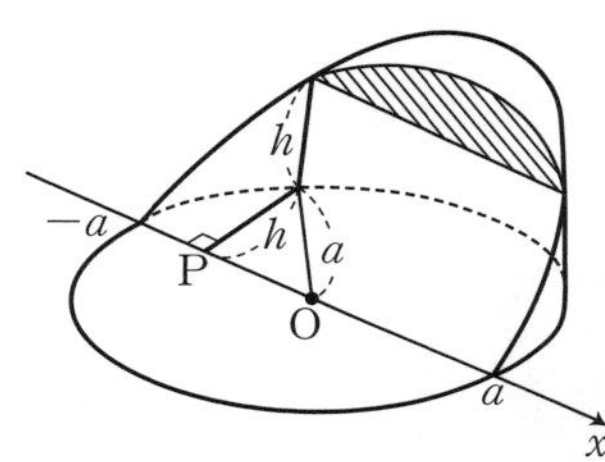

$$V=\int_{\frac{\pi}{2}}^{0}\left(a^2\theta-\frac{1}{2}a^2\sin 2\theta\right)\cdot(-a\sin\theta)\,d\theta$$

$$=a^3\int_0^{\frac{\pi}{2}}\left(\theta\sin\theta-\frac{1}{2}\sin 2\theta\sin\theta\right)d\theta$$

$$=a^3\left[(-\theta\cos\theta+\sin\theta)-\left(\frac{1}{4}\sin\theta-\frac{1}{12}\sin 3\theta\right)\right]_0^{\frac{\pi}{2}}$$

$$=\frac{2}{3}a^3$$

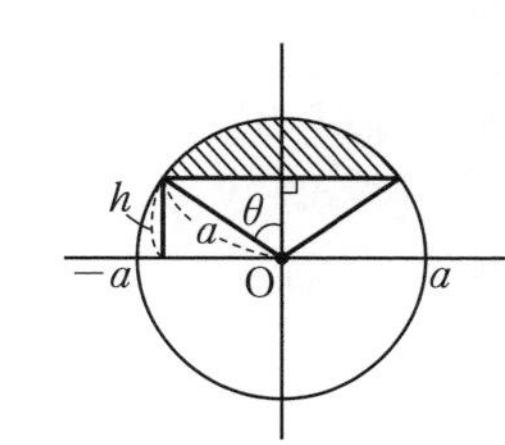

B x 軸の周りの回転体の体積

教 p.177

練習 41 次の曲線と x 軸で囲まれた部分が，x 軸の周りに1回転してできる回転体の体積 V を求めよ。

(1) $y=x^2-2x$　　(2) $y=\sin x$　$(0\leqq x\leqq\pi)$

指針 **回転体の体積**　x 軸との交点の x 座標を求めてグラフの概形をかき，どのような図形が1回転してできる回転体かを確かめてから，x 軸の周りの回転体の体積の公式を利用する。公式では，πy^2 が断面積を表していることを理解しておく。

解答 (1) 曲線と x 軸の交点の x 座標は，$x^2-2x=0$ を解いて　$x=0,\ 2$

したがって，図の斜線部分の図形を x 軸の周りに1回転してできる回転体の体積 V を求めればよい。

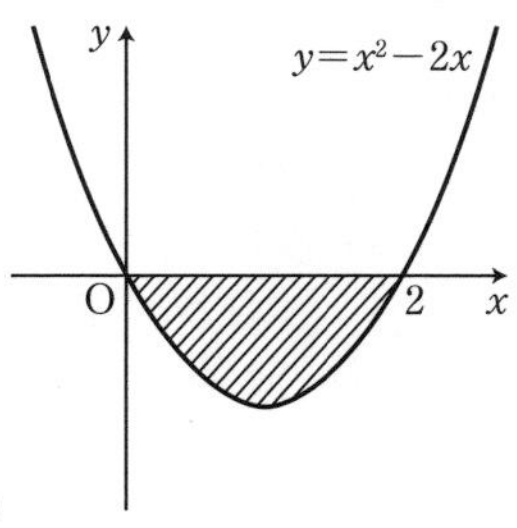

$$V=\pi\int_0^2 y^2\,dx=\pi\int_0^2(x^2-2x)^2\,dx$$

$$=\pi\int_0^2(x^4-4x^3+4x^2)\,dx=\pi\left[\frac{x^5}{5}-x^4+\frac{4}{3}x^3\right]_0^2$$

$$=\pi\left(\frac{32}{5}-16+\frac{4}{3}\cdot 8\right)=\frac{16}{15}\pi$$ 答

(2) 図の斜線部分の図形を x 軸の周りに1回転してできる回転体の体積 V を求めればよい。

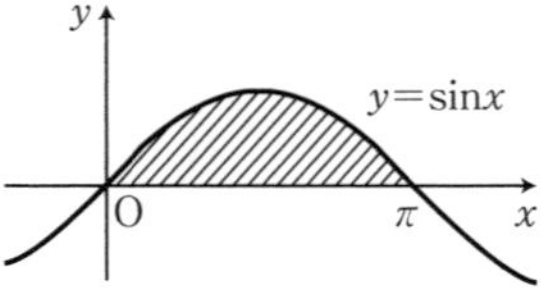

$$V=\pi\int_0^{\pi} y^2\,dx=\pi\int_0^{\pi}\sin^2 x\,dx$$

$$=\frac{\pi}{2}\int_0^{\pi}(1-\cos 2x)\,dx=\frac{\pi}{2}\left[x-\frac{1}{2}\sin 2x\right]_0^{\pi}=\frac{\pi^2}{2}$$ 答

練習 42 教 p.178

$a>0$, $b>0$ とする。楕円 $\frac{x^2}{a^2}+\frac{y^2}{b^2}=1$ で囲まれた部分が x 軸の周りに1回転してできる回転体の体積 V を求めよ。

指針 **楕円の回転体の体積**　まず，楕円と x 軸の交点の x 座標を求める。楕円の方程式を y^2 について解けば，そのまま公式に代入できる。

解答 この楕円と x 軸の交点の座標は　$(-a,\ 0)$, $(a,\ 0)$

また，方程式を y^2 について解くと　$y^2=\frac{b^2}{a^2}(a^2-x^2)$

よって，求める体積 V は

$$V=\pi\int_{-a}^{a} y^2\,dx=\pi\int_{-a}^{a}\frac{b^2}{a^2}(a^2-x^2)\,dx=2\pi\cdot\frac{b^2}{a^2}\int_0^{a}(a^2-x^2)\,dx$$

$$=2\pi\cdot\frac{b^2}{a^2}\left[a^2x-\frac{x^3}{3}\right]_0^{a}=2\pi\cdot\frac{b^2}{a^2}\cdot\frac{2}{3}a^3=\frac{4}{3}\pi ab^2$$ 答

C y 軸の周りの回転体の体積

練習 43 教 p.178

次の曲線と直線で囲まれた部分が，y 軸の周りに1回転してできる回転体の体積 V を求めよ。

(1) $y=4-x^2$, $y=1$　　(2) $y=1-\sqrt{x}$, x 軸, y 軸

指針 **y 軸の周りの回転体の体積**　グラフの概形をかいて，回転する図形を調べる。y 軸の周りの回転体の場合，積分する範囲は y 軸上に現れるから，とくに曲線や直線，y 軸との交点の y 座標に注目する。

(1) 放物線の式を x^2 について解けば，そのまま公式に代入できる。

(2) 曲線の式を x について解き，公式に代入する。

解答 (1) 図の斜線部分を y 軸の周りに1回転してできる回転体の体積を求める。

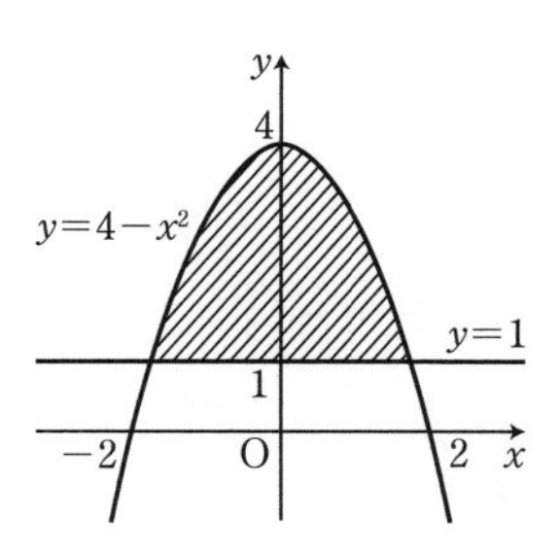

$x^2=4-y$ より，求める体積 V は

$$V=\pi\int_1^4 x^2\,dy=\pi\int_1^4(4-y)\,dy$$

$$=\pi\left[4y-\frac{y^2}{2}\right]_1^4$$

$$=\pi\left\{(16-8)-\left(4-\frac{1}{2}\right)\right\}=\frac{9}{2}\boldsymbol{\pi}$$ 答

(2) 曲線 $y=1-\sqrt{x}$ は，曲線 $y=-\sqrt{x}$ を y 軸方向に1だけ平行移動したものであるから，図の斜線部分を y 軸の周りに1回転してできる回転体の体積を求める。

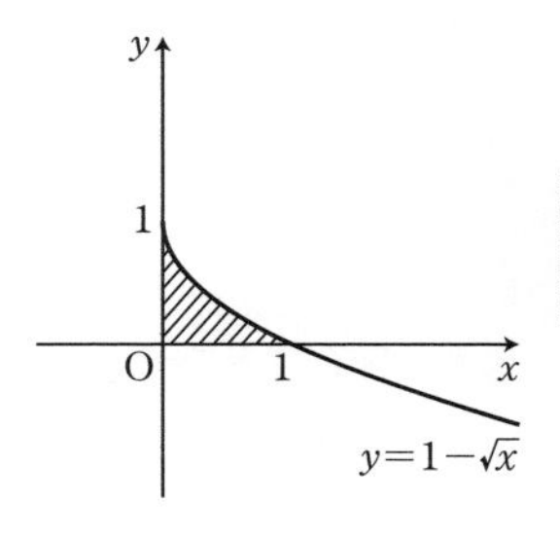

$x=(1-y)^2$ より，求める体積 V は

$$V=\pi\int_0^1 x^2\,dy=\pi\int_0^1(1-y)^4\,dy$$

$$=\pi\int_0^1(y-1)^4\,dy=\pi\left[\frac{(y-1)^5}{5}\right]_0^1$$

$$=\pi\left\{0-\left(-\frac{1}{5}\right)\right\}=\frac{\boldsymbol{\pi}}{5}$$ 答

D いろいろな式で表される曲線と回転体の体積

教 p.179

練習 44 放物線 $y=4x-x^2$ と直線 $y=x$ で囲まれた部分が，x 軸の周りに1回転してできる回転体の体積 V を求めよ。

指針 **回転体の体積** 放物線と直線の交点の x 座標を求めてグラフの概形をかき，回転する図形を明確にする。2つの回転体の体積の差として求めればよいことがわかる。

解答 放物線と直線の交点の x 座標は，方程式 $4x-x^2=x$ を解いて　$x=0,\ 3$

ここで，放物線 $y=4x-x^2$，x 軸，直線 $x=3$ で囲まれた部分を x 軸の周りに1回転してできる回転体の体積を V_1，直線 $y=x$，x 軸，直線 $x=3$ で囲まれた部分を x 軸の周りに1回転してできる回転体の体積を V_2 とすると

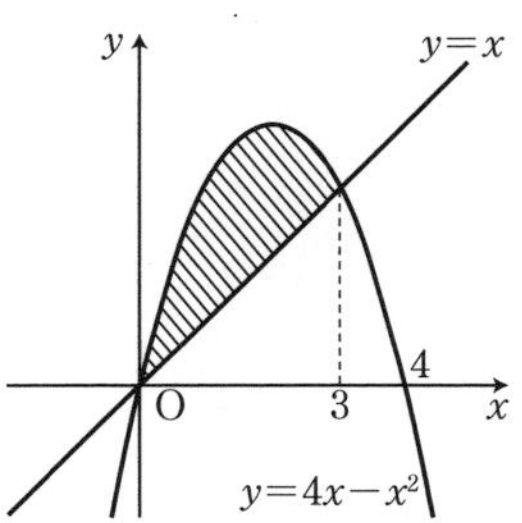

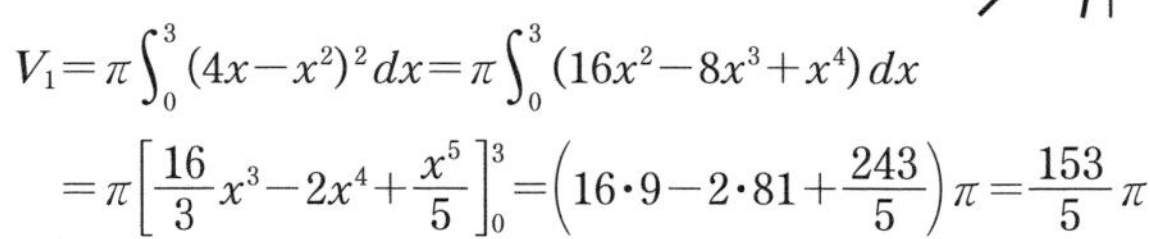

$$V_1=\pi\int_0^3(4x-x^2)^2\,dx=\pi\int_0^3(16x^2-8x^3+x^4)\,dx$$

$$=\pi\left[\frac{16}{3}x^3-2x^4+\frac{x^5}{5}\right]_0^3=\left(16\cdot9-2\cdot81+\frac{243}{5}\right)\pi=\frac{153}{5}\pi$$

$$V_2=\pi\int_0^3 x^2\,dx=\pi\left[\frac{x^3}{3}\right]_0^3=9\pi$$

したがって，求める体積 V は

$$V=V_1-V_2=\frac{153}{5}\pi-9\pi=\boldsymbol{\frac{108}{5}\pi} \quad \text{答}$$

教 p.180

練習 45

次の曲線と x 軸で囲まれた部分が，x 軸の周りに1回転してできる回転体の体積 V を求めよ。

$$x=\sin t,\ y=\sin 2t \quad \left(0\leqq t\leqq\frac{\pi}{2}\right)$$

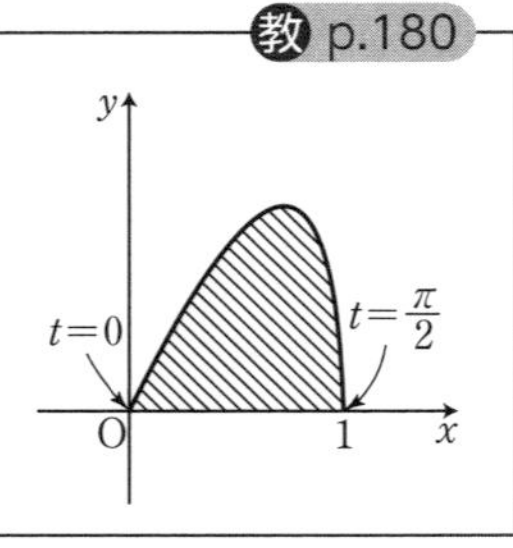

指針 **媒介変数表示された曲線と回転体の体積**

求める体積 V は，$V=\pi\int_0^1 y^2\,dx$ で表される。これを置換積分法によって，t についての定積分として計算する。

解答 $0\leqq t\leqq\frac{\pi}{2}$ において，$y\geqq 0$ である。

$y=0$ とすると，$\sin 2t=0$ より　　$t=0,\ \frac{\pi}{2}$

また，x と t の対応は右のようになる。

x	$0\longrightarrow 1$
t	$0\longrightarrow\frac{\pi}{2}$

求める体積 V は　　$V=\pi\int_0^1 y^2\,dx$

$x=\sin t$ から　　$dx=\cos t\,dt$

よって，置換積分法により

$$V=\pi\int_0^1 y^2\,dx=\pi\int_0^{\frac{\pi}{2}}(\sin 2t)^2\cos t\,dt$$

$$=4\pi\int_0^{\frac{\pi}{2}}\sin^2 t\cos^2 t\cos t\,dt$$

$$=4\pi\int_0^{\frac{\pi}{2}}\sin^2 t(1-\sin^2 t)\cos t\,dt$$

$$=4\pi\int_0^{\frac{\pi}{2}}(\sin^2 t\cos t-\sin^4 t\cos t)\,dt$$

$$=4\pi\left[\frac{1}{3}\sin^3 t-\frac{1}{5}\sin^5 t\right]_0^{\frac{\pi}{2}}$$

$$=4\pi\left(\frac{1}{3}-\frac{1}{5}\right)=\boldsymbol{\frac{8}{15}\pi} \quad \text{答}$$

教科書 p.181

9 道のり

まとめ

1　速度と位置

数直線上を運動する点Pの時刻 t における座標を $x=f(t)$，速度を v とすると

$$v=\frac{dx}{dt}=f'(t)$$

P $\xrightarrow{v}$　O　$f(t_1)$　x　$f(t_2)$　x

点Pの $t=t_1$ から $t=t_2$ までの位置の変化量は

$$f(t_2)-f(t_1)=\int_{t_1}^{t_2} v\,dt$$

時刻 $t=t_2$ における点Pの座標 x は

$$\boldsymbol{x=f(t_2)=f(t_1)+\int_{t_1}^{t_2} v\,dt}$$

2　数直線上を運動する点と道のり

数直線上を運動する点Pの時刻 t における速度を v とし，時刻 t_1 から t_2 までにPが通過する道のりを s とすると　$\boldsymbol{s=\int_{t_1}^{t_2}|v|dt}$　←$|v|$ は速さを表す。

3　座標平面上を運動する点と道のり

座標平面上を運動する点P$(x,\ y)$の時刻 t における x 座標，y 座標が t の関数で表されるとき，時刻 t_1 から t_2 までにPが通過する道のり s は

$$\boldsymbol{s=\int_{t_1}^{t_2}\sqrt{\left(\frac{dx}{dt}\right)^2+\left(\frac{dy}{dt}\right)^2}\,dt=\int_{t_1}^{t_2}|\vec{v}|dt}$$

A 速度と位置

教 p.181

練習46　数直線上を運動する点Pの速度が，時刻 t の関数として $v=4-2t$ で与えられている。$t=0$ におけるPの座標が2であるとき，$t=3$ のときのPの座標を求めよ。

指針　**速度と位置**　上のまとめの **1** の公式 $x=f(t_2)=f(t_1)+\int_{t_1}^{t_2} v\,dt$ において，$t_1=0$，$t_2=3$，$v=4-2t$，$f(t_1)=f(0)=2$ の場合である。

解答　$t=3$ のときのPの x 座標は

$$x=2+\int_0^3(4-2t)\,dt=2+\Big[4t-t^2\Big]_0^3=2+(12-9)=\mathbf{5}$$　答

5章　積分法とその応用

B 数直線上を運動する点と道のり

教 p.183

練習 47

数直線上を運動する点Pがあり，時刻 t におけるPの速度は $v=\sin 2t$ であるとする。$t=0$ から $t=\pi$ までにPが通過する道のり s を求めよ。

指針 **数直線上の運動と道のり**　時刻 t_1 から t_2 までにPが通過する道のり s は

$$s=\int_{t_1}^{t_2}|v|dt$$

解答 図より，求める道のり s は

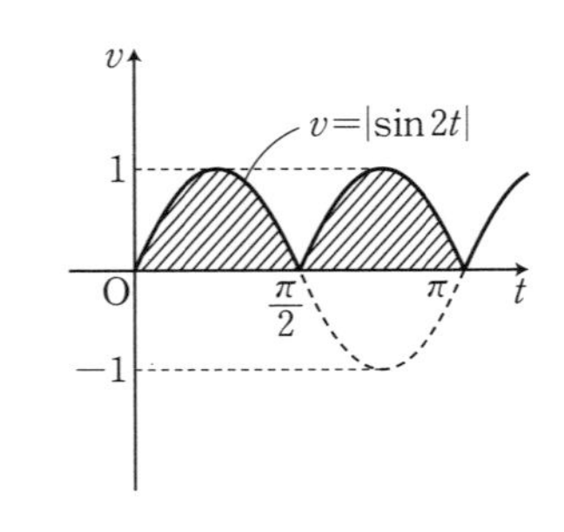

$$s=\int_0^{\pi}|\sin 2t|dt$$

$$=\int_0^{\frac{\pi}{2}}\sin 2t\,dt+\int_{\frac{\pi}{2}}^{\pi}(-\sin 2t)\,dt$$

$$=\left[-\frac{1}{2}\cos 2t\right]_0^{\frac{\pi}{2}}+\left[\frac{1}{2}\cos 2t\right]_{\frac{\pi}{2}}^{\pi}$$

$$=\left(\frac{1}{2}+\frac{1}{2}\right)+\left(\frac{1}{2}+\frac{1}{2}\right)=2$$ 答

C 座標平面上を運動する点と道のり

教 p.184

練習 48

座標平面上を運動する点Pの時刻 t における座標 $(x,\ y)$ が

$$x=e^{-t}\cos\pi t,\quad y=e^{-t}\sin\pi t$$

で表されるとき，$t=0$ から $t=2$ までにPが通過する道のり s を求めよ。

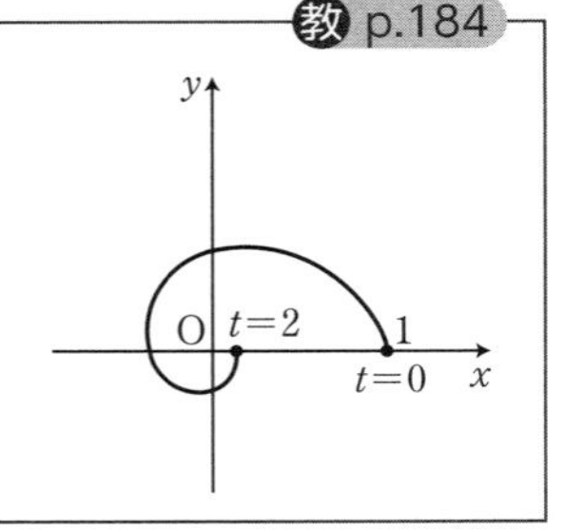

指針 **座標平面上の運動と道のり**　道のりは速さ $|\vec{v}|$ を積分して求める。座標平面上の点の運動の $\vec{v}$ は $\vec{v}=\left(\dfrac{dx}{dt},\ \dfrac{dy}{dt}\right)$ であり，速さはその大きさである。

解答 $x=e^{-t}\cos\pi t$，$y=e^{-t}\sin\pi t$ より

$$\frac{dx}{dt}=-e^{-t}\cos\pi t-\pi e^{-t}\sin\pi t,\qquad \frac{dy}{dt}=-e^{-t}\sin\pi t+\pi e^{-t}\cos\pi t$$

よって　$\left(\dfrac{dx}{dt}\right)^2+\left(\dfrac{dy}{dt}\right)^2$

$$=(-e^{-t}\cos\pi t-\pi e^{-t}\sin\pi t)^2+(-e^{-t}\sin\pi t+\pi e^{-t}\cos\pi t)^2$$

$$=e^{-2t}(\cos^2\pi t+\sin^2\pi t)+\pi^2e^{-2t}(\sin^2\pi t+\cos^2\pi t)$$

$$=e^{-2t}(1+\pi^2)$$

したがって，求める道のり s は

$$s=\int_0^2\sqrt{\left(\frac{dx}{dt}\right)^2+\left(\frac{dy}{dt}\right)^2}\,dt=\int_0^2\sqrt{e^{-2t}(1+\pi^2)}\,dt$$ ←$e^{-t}>0$

$$=\sqrt{1+\pi^2}\int_0^2 e^{-t}\,dt=\sqrt{1+\pi^2}\Big[-e^{-t}\Big]_0^2=\boldsymbol{\sqrt{1+\pi^2}\left(1-\frac{1}{e^2}\right)}$$ 答

10 曲線の長さ

まとめ

1　媒介変数表示された曲線の長さ

曲線 $x=f(t)$，$y=g(t)$　$(a\leqq t\leqq b)$ の長さ L は

$$L=\int_a^b\sqrt{\left(\frac{dx}{dt}\right)^2+\left(\frac{dy}{dt}\right)^2}\,dt$$
$$=\int_a^b\sqrt{\{f'(t)\}^2+\{g'(t)\}^2}\,dt$$

2　曲線 $y=f(x)$ の長さ

曲線 $y=f(x)$　$(a\leqq x\leqq b)$ の長さ L は

$$L=\int_a^b\sqrt{1+\{f'(x)\}^2}\,dx=\int_a^b\sqrt{1+y'^2}\,dx$$

A 媒介変数表示された曲線の長さ

練習 49　教 p.186

次のアステロイドの長さ L を求めよ。

$x=\cos^3 t$，$y=\sin^3 t$　$(0\leqq t\leqq 2\pi)$

指針　**アステロイドの長さ**　教科書 $p.186$ で示されているように，アステロイドは x 軸，y 軸に関して対称であるから，第1象限にある部分，すなわち $0\leqq t\leqq \frac{\pi}{2}$ の部分の長さを4倍すればよい。

解答　$\frac{dx}{dt}=3\cos^2 t(-\sin t)=-3\sin t\cos^2 t$，$\frac{dy}{dt}=3\sin^2 t\cos t$

また，アステロイドは x 軸，y 軸に関して対称であるから

$$L=4\int_0^{\frac{\pi}{2}}\sqrt{(-3\sin t\cos^2 t)^2+(3\sin^2 t\cos t)^2}\,dt$$

$$=4\int_0^{\frac{\pi}{2}}\sqrt{9\sin^2 t\cos^2 t(\cos^2 t+\sin^2 t)}\,dt$$

$$=4\int_0^{\frac{\pi}{2}}\sqrt{9\sin^2 t\cos^2 t}\,dt$$

$0 \leqq t \leqq \frac{\pi}{2}$ では $\sin t \geqq 0$，$\cos t \geqq 0$ であるから

$$L = 12\int_0^{\frac{\pi}{2}} \sin t \cos t \, dt$$

$$= 6\int_0^{\frac{\pi}{2}} \sin 2t \, dt = 6\left[-\frac{1}{2}\cos 2t\right]_0^{\frac{\pi}{2}} = \mathbf{6} \quad \text{答}$$

B 曲線 $y=f(x)$ の長さ

教 p.187

練習 50　曲線 $y = x\sqrt{x}$　$(0 \leqq x \leqq 5)$ の長さ L を求めよ。

指針　**曲線の長さ**　曲線の長さの公式 $L = \int_a^b \sqrt{1+y'^2}\, dx$ にあてはめればよい。

解答　$y' = \frac{3}{2}\sqrt{x}$ であるから

$$1 + y'^2 = 1 + \frac{9}{4}x = \frac{9x+4}{4}$$

よって

$$L = \int_0^5 \sqrt{\frac{9x+4}{4}}\, dx = \frac{1}{2}\int_0^5 (9x+4)^{\frac{1}{2}}\, dx$$

$$= \frac{1}{2}\left[\frac{1}{9}\cdot\frac{2}{3}(9x+4)^{\frac{3}{2}}\right]_0^5$$

$$= \frac{1}{27}\left[(9x+4)\sqrt{9x+4}\right]_0^5$$

$$= \frac{1}{27}(49\sqrt{49} - 4\sqrt{4}) = \mathbf{\frac{335}{27}} \quad \text{答}$$

第5章 第3節　問　題

教 p.188

14 $0 \leqq x \leqq \pi$ の範囲において，2 つの曲線 $y=\sin x$，$y=\sin 2x$ で囲まれた 2 つの部分の面積の和 S を求めよ。

指針 **2 曲線間の面積**　グラフの概形をかくと，途中で 2 曲線の上下関係が入れかわることがわかる。したがって，方程式 $\sin x=\sin 2x$ を解いて交点の x 座標を求め，2 つの区間に分けて定積分を計算する。
なお，$y=\sin 2x$ のグラフは，$y=\sin x$ のグラフを，y 軸をもとにして x 軸方向に $\dfrac{1}{2}$ 倍に縮小したものである。

解答 $0 \leqq x \leqq \pi$ の範囲で 2 つの曲線の交点の x 座標を求める。

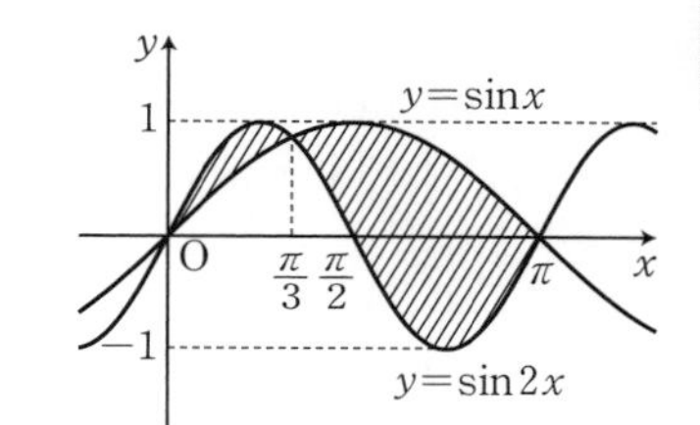

方程式 $\sin x=\sin 2x$ を解くと
$\sin x=2\sin x\cos x$ より
$\sin x(1-2\cos x)=0$

$$\sin x=0 \text{ または } \cos x=\frac{1}{2}$$

すなわち　　$x=0,\ \dfrac{\pi}{3},\ \pi$

ここで　　$0 \leqq x \leqq \dfrac{\pi}{3}$ のとき　　$\sin 2x \geqq \sin x$

$\dfrac{\pi}{3} \leqq x \leqq \pi$ のとき　　$\sin x \geqq \sin 2x$

であるから，求める面積の和 S は

$$S=\int_0^{\frac{\pi}{3}}(\sin 2x-\sin x)\,dx+\int_{\frac{\pi}{3}}^{\pi}(\sin x-\sin 2x)\,dx$$

$$=\left[-\frac{1}{2}\cos 2x+\cos x\right]_0^{\frac{\pi}{3}}+\left[-\cos x+\frac{1}{2}\cos 2x\right]_{\frac{\pi}{3}}^{\pi}$$

$$=\left(\frac{1}{4}+\frac{1}{2}\right)-\left(-\frac{1}{2}+1\right)+\left(1+\frac{1}{2}\right)-\left(-\frac{1}{2}-\frac{1}{4}\right)=\frac{5}{2}$$ 答

教 p.188

15 曲線 $y^2=x^2(1-x^2)$ について，次の問いに答えよ。

(1) この曲線は，x 軸および y 軸に関して対称であることを示せ。

(2) この曲線で囲まれた2つの部分の面積の和 S を求めよ。

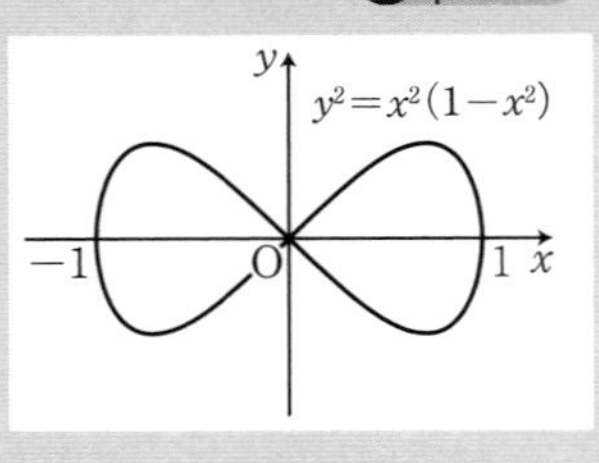

指針 **曲線で囲まれた図形の面積**

(1) x 軸および y 軸に関して対称であることを示すには，曲線上の点 $\mathrm{P}(a,\ b)$ に対して，$\mathrm{Q}(a,\ -b)$，$\mathrm{R}(-a,\ b)$ も曲線上にあることを示せばよい。

(2) (1)より，$x \geqq 0$，$y \geqq 0$ の部分の面積を求めて4倍すればよい。置換積分法を利用する。

解答 (1) 曲線 $y^2=x^2(1-x^2)$ ……① 上に点 $\mathrm{P}(a,\ b)$ をとると

$$b^2=a^2(1-a^2) \quad \cdots\cdots ②$$

が成り立つ。

P と x 軸に関して対称な点 $\mathrm{Q}(a,\ -b)$ について，$(-b)^2=b^2$ であるから，② より $(-b)^2=a^2(1-a^2)$ が成り立つので，Q は曲線 ① 上にある。

よって，曲線 ① は x 軸に関して対称である。

P と y 軸に関して対称な点 $\mathrm{R}(-a,\ b)$ についても，同様に，曲線 ① 上にあるから，曲線 ① は y 軸に関して対称である。 終

(2) 曲線 $y^2=x^2(1-x^2)$ は，x 軸および y 軸に関して対称であるから，求める面積は図の影の部分の面積の4倍である。

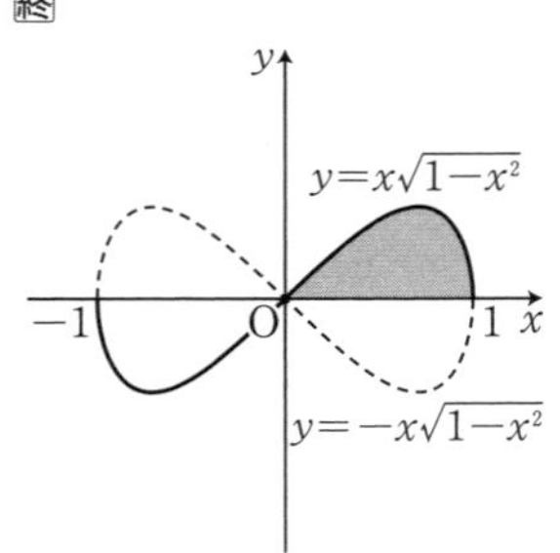

$x \geqq 0$，$y \geqq 0$ のとき曲線の方程式は

$$y=x\sqrt{1-x^2}$$

で表される。

よって $\quad S=4\int_0^1 x\sqrt{1-x^2}\,dx$

ここで，$1-x^2=t$ とおくと

$$-2x\,dx=dt$$

x と t の対応は右のようになる。

x	$0 \longrightarrow 1$
t	$1 \longrightarrow 0$

したがって

$$S=4\cdot\left(-\frac{1}{2}\right)\int_0^1 \sqrt{1-x^2}\cdot(-2x)\,dx$$

$$=-2\int_1^0 \sqrt{t}\,dt=2\int_0^1 \sqrt{t}\,dt=2\left[\frac{2}{3}t^{\frac{3}{2}}\right]_0^1=\mathbf{\frac{4}{3}} \quad \text{答}$$

別解 (2) 定積分 $4\int_0^1 x\sqrt{1-x^2}\,dx$ の計算は，次の ①，② のようにしてもよい。

① $S=4\int_0^1 x\sqrt{1-x^2}\,dx=-2\int_0^1\sqrt{1-x^2}\cdot(1-x^2)'\,dx$

$=-2\left[\dfrac{2}{3}(1-x^2)^{\frac{3}{2}}\right]_0^1=-2\cdot\left(-\dfrac{2}{3}\right)=\boldsymbol{\dfrac{4}{3}}$ 答

② $x=\sin\theta$ とおくと x と θ の対応は右のようになる。

x	$0\longrightarrow 1$
θ	$0\longrightarrow \dfrac{\pi}{2}$

また　　$dx=\cos\theta\,d\theta$

$0\leqq\theta\leqq\dfrac{\pi}{2}$ のとき，$\cos\theta\geqq 0$ であるから　　$\sqrt{1-\sin^2\theta}=\cos\theta$

よって　　$S=4\int_0^{\frac{\pi}{2}}\sin\theta\cos\theta\cos\theta\,d\theta=-4\int_0^{\frac{\pi}{2}}\cos^2\theta(\cos\theta)'\,d\theta$

$=-4\left[\dfrac{1}{3}\cos^3\theta\right]_0^{\frac{\pi}{2}}=-4\cdot\left(-\dfrac{1}{3}\right)=\boldsymbol{\dfrac{4}{3}}$ 答

教 p.188

16 曲線 $y=\dfrac{x-1}{x+1}$ と x 軸および y 軸で囲まれた部分が，x 軸の周りに 1 回転してできる回転体の体積 V を求めよ。

指針 **回転体の体積**　曲線のグラフをかいて，回転体の体積の公式

$V=\pi\int_a^b y^2\,dx$　$(a<b)$ を利用して求める。

解答 $y=\dfrac{x-1}{x+1}=\dfrac{(x+1)-2}{x+1}=1-\dfrac{2}{x+1}$

より，グラフは右の図のようになるから，求める体積 V は図の斜線部分を x 軸の周りに 1 回転してできる回転体の体積である。

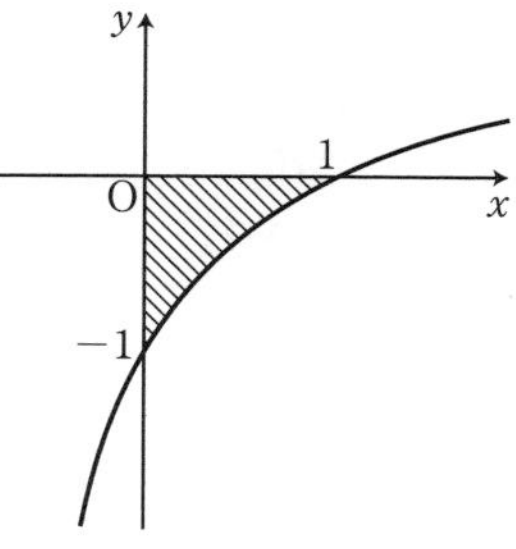

よって

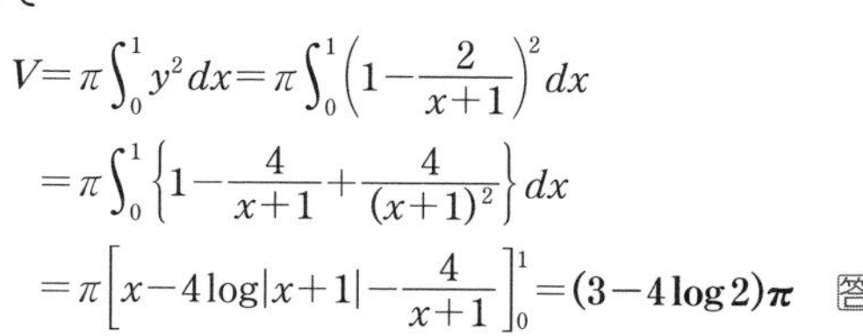

$V=\pi\int_0^1 y^2\,dx=\pi\int_0^1\left(1-\dfrac{2}{x+1}\right)^2dx$

$=\pi\int_0^1\left\{1-\dfrac{4}{x+1}+\dfrac{4}{(x+1)^2}\right\}dx$

$=\pi\left[x-4\log|x+1|-\dfrac{4}{x+1}\right]_0^1=\boldsymbol{(3-4\log 2)\pi}$ 答

教 p.188

17 曲線 $y=e^x$ と y 軸および直線 $y=e$ で囲まれた部分が，x 軸の周りに 1 回転してできる回転体の体積 V を求めよ。

指針 **回転体の体積**　曲線と直線の交点の x 座標を求めてグラフの概形をかき，回転する図形を調べる。2 つの回転体の体積の差として求める。

解答　曲線と直線の交点の x 座標は,
$e^x=e$ を解いて　　$x=1$
よって, 求める体積 V は

$$V=\pi\int_0^1 e^2\,dx-\pi\int_0^1 (e^x)^2\,dx$$
$$=\pi e^2\Big[x\Big]_0^1-\pi\left[\frac{1}{2}e^{2x}\right]_0^1$$
$$=\pi e^2-\frac{1}{2}\pi(e^2-1)=\frac{e^2+1}{2}\pi$$ 答

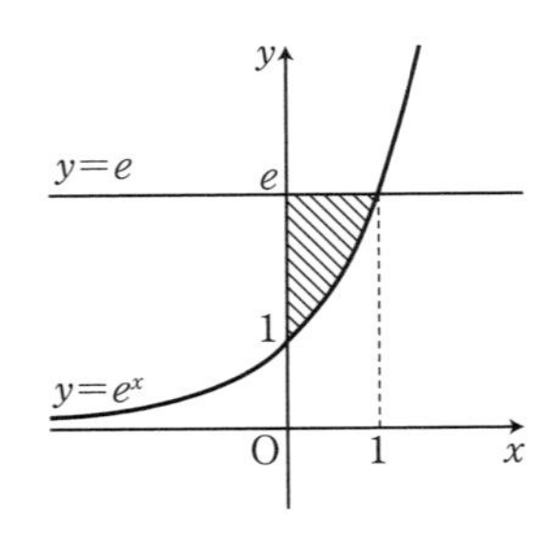

教 p.188

18 数直線上を運動する点Pがあり, 時刻 t におけるPの速度は $v=\sin t+\sin 2t$ であるという。ただし, $t=0$ のとき, Pは原点にあるとする。

(1) 時刻 t におけるPの座標を求めよ。

(2) $t=0$ から $t=\pi$ までにPが通過する道のり s を求めよ。

指針　**数直線上の運動の位置と道のり**

(1) 時刻 t の座標を $f(t)$ とすると, 速度 v との間には, $v=f'(t)$ という関係があり, $f(t)$ は v を0から t まで積分して求められる。数直線上を運動する点の座標の公式 $x=f(t_2)=f(t_1)+\int_{t_1}^{t_2}v\,dt$ において, $t_1=0$, $t_2=t$, $f(t_1)=f(0)=0$ の場合である。

(2) 道のりは, 速さ $|v|$ を積分する。$0\leqq t\leqq\pi$ の範囲で v の符号を調べて, 絶対値記号をはずしてから計算する。

解答　(1) 時刻 t におけるPの座標を x とすると

$$x=0+\int_0^t v\,dt=\int_0^t(\sin t+\sin 2t)\,dt$$
$$=\left[-\cos t-\frac{1}{2}\cos 2t\right]_0^t=-\cos t-\frac{1}{2}\cos 2t+\frac{3}{2}$$ 答

(2) $v=\sin t+\sin 2t=\sin t(1+2\cos t)$ より

$0\leqq t\leqq\frac{2}{3}\pi$ のとき $v\geqq 0$,　　$\frac{2}{3}\pi\leqq t\leqq\pi$ のとき $v\leqq 0$

よって, 求める道のり s は

$$s=\int_0^\pi|v|\,dt=\int_0^{\frac{2}{3}\pi}(\sin t+\sin 2t)\,dt+\int_{\frac{2}{3}\pi}^{\pi}\{-(\sin t+\sin 2t)\}\,dt$$
$$=\left[-\cos t-\frac{1}{2}\cos 2t\right]_0^{\frac{2}{3}\pi}+\left[\cos t+\frac{1}{2}\cos 2t\right]_{\frac{2}{3}\pi}^{\pi}$$
$$=\left\{\left(\frac{1}{2}+\frac{1}{4}\right)-\left(-1-\frac{1}{2}\right)\right\}+\left\{\left(-1+\frac{1}{2}\right)-\left(-\frac{1}{2}-\frac{1}{4}\right)\right\}=\frac{5}{2}$$ 答

教 p.188

19 次のように媒介変数表示される曲線 C がある。

$$x=\cos\theta,\ y=\cos 2\theta \quad (0\leqq\theta\leqq\pi)$$

曲線 C と x 軸で囲まれた部分の面積 S を，次の 2 通りの方法で求めよ。

① x で積分する。　　② θ で積分する。

指針 **媒介変数表示の曲線と面積**　媒介変数を消去して x と y の方程式を求め，曲線 C の概形をかく。

解答　$y=\cos 2\theta=2\cos^2\theta-1=2x^2-1$

$0\leqq\theta\leqq\pi$ であるから

$-1\leqq x\leqq 1,\quad -1\leqq y\leqq 1$

よって，求める面積 S は，右の図の斜線部分の面積である。

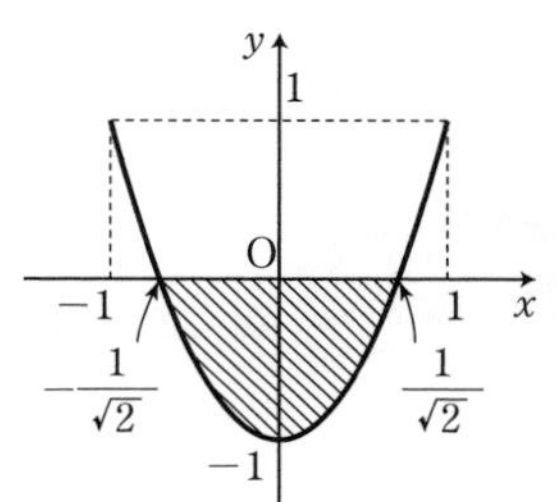

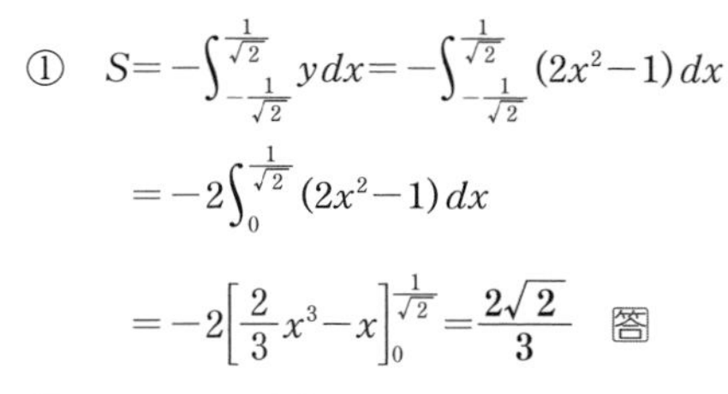

① $S=-\int_{-\frac{1}{\sqrt{2}}}^{\frac{1}{\sqrt{2}}} y\,dx=-\int_{-\frac{1}{\sqrt{2}}}^{\frac{1}{\sqrt{2}}}(2x^2-1)\,dx$

$=-2\int_0^{\frac{1}{\sqrt{2}}}(2x^2-1)\,dx$

$=-2\left[\frac{2}{3}x^3-x\right]_0^{\frac{1}{\sqrt{2}}}=\mathbf{\frac{2\sqrt{2}}{3}}$ 答

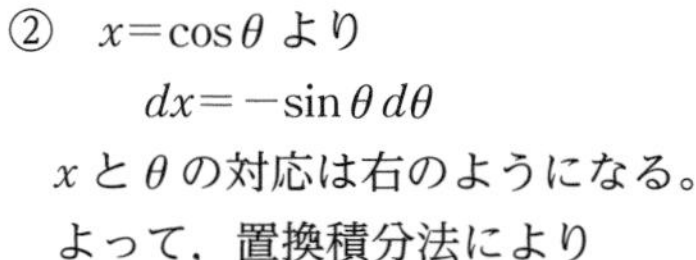

② $x=\cos\theta$ より

$dx=-\sin\theta\,d\theta$

x と θ の対応は右のようになる。

x	$-\frac{1}{\sqrt{2}} \longrightarrow \frac{1}{\sqrt{2}}$
θ	$\frac{3}{4}\pi \longrightarrow \frac{\pi}{4}$

よって，置換積分法により

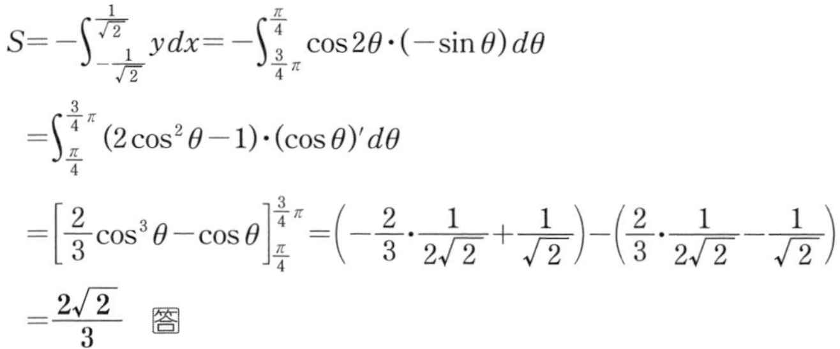

$$S=-\int_{-\frac{1}{\sqrt{2}}}^{\frac{1}{\sqrt{2}}} y\,dx=-\int_{\frac{3}{4}\pi}^{\frac{\pi}{4}}\cos 2\theta\cdot(-\sin\theta)\,d\theta$$

$$=\int_{\frac{\pi}{4}}^{\frac{3}{4}\pi}(2\cos^2\theta-1)\cdot(\cos\theta)'\,d\theta$$

$$=\left[\frac{2}{3}\cos^3\theta-\cos\theta\right]_{\frac{\pi}{4}}^{\frac{3}{4}\pi}=\left(-\frac{2}{3}\cdot\frac{1}{2\sqrt{2}}+\frac{1}{\sqrt{2}}\right)-\left(\frac{2}{3}\cdot\frac{1}{2\sqrt{2}}-\frac{1}{\sqrt{2}}\right)$$

$$=\mathbf{\frac{2\sqrt{2}}{3}}$$ 答

別解　公式 $\int_\alpha^\beta(x-\alpha)(x-\beta)\,dx=-\frac{1}{6}(\beta-\alpha)^3$ を利用する。

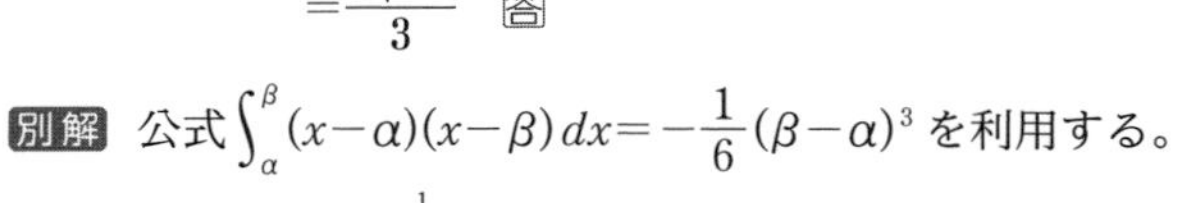

① $S=-2\int_{-\frac{1}{\sqrt{2}}}^{\frac{1}{\sqrt{2}}}\left(x+\frac{1}{\sqrt{2}}\right)\left(x-\frac{1}{\sqrt{2}}\right)dx=-2\cdot\left(-\frac{1}{6}\right)\left\{\frac{1}{\sqrt{2}}-\left(-\frac{1}{\sqrt{2}}\right)\right\}^3$

$=\mathbf{\frac{2\sqrt{2}}{3}}$ 答

第5章　章末問題A

教 p.189

1．次の関数の不定積分を求めよ。

(1) $e^x\sqrt{e^x+1}$　(2) $\dfrac{x}{(x-1)^3}$　(3) $\dfrac{x}{x^2-3x+2}$

(4) $\cos^5 x$　(5) $\dfrac{1}{e^x-e^{-x}}$　(6) $2x\log(x^2+1)$

指針　**不定積分の計算**　(3)は部分分数に分解する。その他は置換積分法を利用する。さらに，(5)は部分分数に分解し，(6)は部分積分法の考え方も使う。

解答　(1) $e^x+1=u$ とおくと　$e^x dx=du$

$$\int e^x\sqrt{e^x+1}\,dx=\int\sqrt{u}\,du$$

← 置換積分法(2)

$$=\frac{2}{3}u^{\frac{3}{2}}+C$$

$$=\boldsymbol{\frac{2}{3}(e^x+1)\sqrt{e^x+1}+C}$$ 答

(2) $x-1=t$ とおくと　$x=t+1$，$dx=dt$

← 置換積分法(1)

$$\int\frac{x}{(x-1)^3}dx=\int\frac{t+1}{t^3}dt$$

$$=\int(t^{-2}+t^{-3})\,dt=-t^{-1}-\frac{1}{2}t^{-2}+C$$

$$=-\frac{1}{x-1}-\frac{1}{2(x-1)^2}+C$$

$$=\boldsymbol{-\frac{2x-1}{2(x-1)^2}+C}$$ 答

(3) 分母を因数分解して

$$\frac{x}{(x-2)(x-1)}=\frac{a}{x-2}+\frac{b}{x-1}$$ とおく。

← 部分分数に分解する。

分母を払うと　$x=a(x-1)+b(x-2)$

すなわち　$x=(a+b)x-(a+2b)$

よって　$a+b=1$，$a+2b=0$

← 恒等式の性質

これを解いて　$a=2$，$b=-1$

したがって　$$\int\frac{x}{x^2-3x+2}dx=\int\left(\frac{2}{x-2}-\frac{1}{x-1}\right)dx$$

$$=2\log|x-2|-\log|x-1|+C$$

$$=\boldsymbol{\log\frac{(x-2)^2}{|x-1|}+C}$$ 答

(4) $\cos^5 x = \cos^4 x \cdot \cos x = (1-\sin^2 x)^2 \cos x$

$= (1-2\sin^2 x + \sin^4 x)\cos x$

$\sin x = u$ とおくと　$\cos x\,dx = du$　　← 置換積分法(2)

$$\int \cos^5 x\,dx = \int (1-2\sin^2 x+\sin^4 x)\cdot\cos x\,dx$$

$$= \int (1-2u^2+u^4)\,du = u - \frac{2}{3}u^3 + \frac{u^5}{5} + C$$

$$= \mathbf{\sin x - \frac{2}{3}\sin^3 x + \frac{1}{5}\sin^5 x + C}$$ 答

(5) $e^x = u$ とおくと　$e^x dx = du$　　← 置換積分法(2)

$$\int \frac{dx}{e^x - e^{-x}} = \int \frac{e^x}{e^{2x}-1}dx = \int \frac{1}{(e^x)^2-1}\cdot e^x dx$$

$$= \int \frac{du}{u^2-1} = \int \frac{du}{(u+1)(u-1)}$$

$$= \frac{1}{2}\int\left(\frac{1}{u-1} - \frac{1}{u+1}\right)du$$

← 部分分数に分解する。

$$= \frac{1}{2}(\log|u-1| - \log|u+1|) + C$$

$$= \frac{1}{2}\log\left|\frac{u-1}{u+1}\right| + C = \frac{1}{2}\log\left|\frac{e^x-1}{e^x+1}\right| + C$$

$$= \mathbf{\frac{1}{2}\log\frac{|e^x-1|}{e^x+1} + C}$$ 答

(6) $x^2+1 = u$ とおくと　$2x\,dx = du$　　← 置換積分法(2)

$$\int 2x\log(x^2+1)\,dx = \int \log u\,du$$

$$= \int (\log u)\cdot(u)'\,du$$

← 部分積分法

$$= (\log u)\cdot u - \int \frac{1}{u}\cdot u\,du$$

← $(\log u)' = \frac{1}{u}$

$$= u\log u - u + C_1$$

$$= (x^2+1)\log(x^2+1) - (x^2+1) + C_1$$

$$= \mathbf{(x^2+1)\log(x^2+1) - x^2 + C}$$ 答

← 定数部分は1つの積分定数 C で表す。

別解 (6) $\displaystyle\int 2x\log(x^2+1)\,dx$

$$= \int (x^2+1)'\cdot\log(x^2+1)\,dx$$

$$= (x^2+1)\log(x^2+1) - \int (x^2+1)\cdot\frac{2x}{x^2+1}dx$$

$$= \mathbf{(x^2+1)\log(x^2+1) - x^2 + C}$$ 答

教 p.189

2. 次の定積分を求めよ。

(1) $\int_0^{\frac{\pi}{2}}\sin^5 x\cos x\,dx$　　(2) $\int_0^1\frac{e^x}{e^x+1}dx$

(3) $\int_1^e x^2\log x\,dx$　　(4) $\int_0^4|(x-4)(x-1)^3|dx$

(5) $\int_{-\frac{1}{\sqrt{2}}}^{\frac{1}{\sqrt{2}}}\frac{x^2}{\sqrt{1-x^2}}dx$　　(6) $\int_0^{\sqrt{3}}\frac{t^2}{(1+t^2)^2}dt$

指針　定積分の計算

(1), (2)　それぞれ，$(\sin x)'=\cos x$，$(e^x+1)'=e^x$ に着目して積分する。

(3)　部分積分法を利用する。x^2 の方を微分された関数とみる。

(4)　区間を分けて絶対値記号をはずす。$(x-4)(x-1)^3$ については部分積分法を利用するとよい。

(5), (6)　三角関数で置換する。それぞれ $x=\sin\theta$，$t=\tan\theta$ とおく。下端，上端の対応に注意する。

解答 (1)　$\sin x=t$ とおくと　$\cos x\,dx=dt$

x と t の対応は右のようになる。

x	$0\longrightarrow\frac{\pi}{2}$
t	$0\longrightarrow 1$

よって

$$\int_0^{\frac{\pi}{2}}\sin^5 x\cos x\,dx=\int_0^1 t^5\,dt$$

$$=\left[\frac{t^6}{6}\right]_0^1=\mathbf{\frac{1}{6}}\quad \text{答}$$

(2) $$\int_0^1\frac{e^x}{e^x+1}dx=\int_0^1\frac{(e^x+1)'}{e^x+1}dx=\Big[\log(e^x+1)\Big]_0^1$$

← $\frac{g'(x)}{g(x)}$ の積分

$$=\log(e+1)-\log 2=\mathbf{\log\frac{e+1}{2}}\quad \text{答}$$

(3) $$\int_1^e x^2\log x\,dx=\int_1^e\left(\frac{x^3}{3}\right)'\log x\,dx$$

$$=\left[\frac{x^3}{3}\log x\right]_1^e-\frac{1}{3}\int_1^e x^3\cdot\frac{1}{x}dx$$

← 部分積分法

$$=\frac{e^3}{3}-\frac{1}{3}\left[\frac{x^3}{3}\right]_1^e=\frac{e^3}{3}-\frac{e^3-1}{9}=\mathbf{\frac{2e^3+1}{9}}\quad \text{答}$$

(4)　$0\leqq x\leqq 1$ のとき　　$(x-4)(x-1)^3\geqq 0$

$1\leqq x\leqq 4$ のとき　　$(x-4)(x-1)^3\leqq 0$

また，$(x-4)(x-1)^3=(x-4)\left\{\frac{(x-1)^4}{4}\right\}'$ であるから

$$\int_0^4|(x-4)(x-1)^3|dx$$

$=\int_0^1 (x-4)(x-1)^3 dx+\int_1^4 \{-(x-4)(x-1)^3\} dx$

$=\left[(x-4)\cdot\frac{(x-1)^4}{4}\right]_0^1-\int_0^1 \frac{(x-1)^4}{4} dx$ ← 部分積分法

$\quad -\left[(x-4)\cdot\frac{(x-1)^4}{4}\right]_1^4+\int_1^4 \frac{(x-1)^4}{4} dx$

$=1-\frac{1}{4}\left[\frac{(x-1)^5}{5}\right]_0^1+\frac{1}{4}\left[\frac{(x-1)^5}{5}\right]_1^4$

$=1-\frac{1}{20}+\frac{243}{20}=\mathbf{\frac{131}{10}}$ 答

(5) $\frac{x^2}{\sqrt{1-x^2}}$ は偶関数であるから

$$\int_{-\frac{1}{\sqrt{2}}}^{\frac{1}{\sqrt{2}}} \frac{x^2}{\sqrt{1-x^2}} dx=2\int_0^{\frac{1}{\sqrt{2}}} \frac{x^2}{\sqrt{1-x^2}} dx$$

ここで，$x=\sin\theta$ とおくと　$dx=\cos\theta\, d\theta$

x と θ の対応は右のようになる。

x	$0 \longrightarrow \frac{1}{\sqrt{2}}$
θ	$0 \longrightarrow \frac{\pi}{4}$

また，この範囲では，$\cos\theta>0$ であるから

$$\frac{x^2}{\sqrt{1-x^2}}=\frac{\sin^2\theta}{\sqrt{1-\sin^2\theta}}=\frac{\sin^2\theta}{\cos\theta}$$

よって

$$\int_{-\frac{1}{\sqrt{2}}}^{\frac{1}{\sqrt{2}}} \frac{x^2}{\sqrt{1-x^2}} dx=2\int_0^{\frac{\pi}{4}} \frac{\sin^2\theta}{\cos\theta}\cdot\cos\theta\, d\theta=2\int_0^{\frac{\pi}{4}} \sin^2\theta\, d\theta$$

$$=\int_0^{\frac{\pi}{4}} (1-\cos 2\theta)\, d\theta=\left[\theta-\frac{1}{2}\sin 2\theta\right]_0^{\frac{\pi}{4}}$$

$=\boldsymbol{\frac{\pi}{4}-\frac{1}{2}}$ 答

(6) $t=\tan\theta$ とおくと　$dt=\frac{1}{\cos^2\theta} d\theta$

t と θ の対応は右のようになる。

t	$0 \longrightarrow \sqrt{3}$
θ	$0 \longrightarrow \frac{\pi}{3}$

また　$\frac{t^2}{(1+t^2)^2}=\frac{\tan^2\theta}{(1+\tan^2\theta)^2}$ ← $\tan^2\theta+1=\frac{1}{\cos^2\theta}$

$$=\frac{\sin^2\theta}{\cos^2\theta}\cdot\frac{1}{\frac{1}{\cos^4\theta}}=\sin^2\theta\cos^2\theta$$

であるから

$$\int_0^{\sqrt{3}} \frac{t^2}{(1+t^2)^2} dt=\int_0^{\frac{\pi}{3}} \sin^2\theta\cos^2\theta\cdot\frac{1}{\cos^2\theta} d\theta=\int_0^{\frac{\pi}{3}} \sin^2\theta\, d\theta$$

$$=\int_0^{\frac{\pi}{3}} \frac{1-\cos 2\theta}{2} d\theta$$

$=\frac{1}{2}\left[\theta-\frac{1}{2}\sin 2\theta\right]_0^{\frac{\pi}{3}}=\boldsymbol{\frac{\pi}{6}-\frac{\sqrt{3}}{8}}$ 答

教 p.189

3. m, n は自然数とする。定積分 $\int_0^{2\pi} \sin mt \sin nt\,dt$ を，$m \neq n$，$m=n$ の場合に分けて求めよ。

指針 **三角関数に関する定積分**　三角関数の積を和や差の形に直す等式のうち，次の公式を利用する。

$$\sin\alpha\sin\beta = -\frac{1}{2}\{\cos(\alpha+\beta)-\cos(\alpha-\beta)\}$$

解答 $\sin mt \sin nt = -\frac{1}{2}\{\cos(m+n)t - \cos(m-n)t\}$ と変形できる。

$m \neq n$ のとき

$$\int_0^{2\pi} \sin mt \sin nt\,dt = -\frac{1}{2}\left[\frac{1}{m+n}\sin(m+n)t - \frac{1}{m-n}\sin(m-n)t\right]_0^{2\pi}$$
$$=0$$

$m=n$ のとき，$\cos(m-n)t=1$ となるから

$$\int_0^{2\pi} \sin mt \sin nt\,dt = -\frac{1}{2}\left[\frac{1}{2m}\sin 2mt - t\right]_0^{2\pi} = \pi$$

答　**$m \neq n$ のとき 0，$m=n$ のとき π**

教 p.189

4. 次の極限値を求めよ。

$$S=\lim_{n\to\infty}\frac{1}{\sqrt{n}}\left(\frac{1}{\sqrt{n+1}}+\frac{1}{\sqrt{n+2}}+\frac{1}{\sqrt{n+3}}+\cdots\cdots+\frac{1}{\sqrt{2n}}\right)$$

指針 **区分求積法と定積分**　$\frac{1}{n}\sum_{k=1}^{n} f\left(\frac{k}{n}\right)$ の形を作るために，各項から $\frac{1}{\sqrt{n}}$ をくくり出し，第 k 項を $\frac{k}{n}$ を使って表す。$\frac{k}{n}$ を x でおき換えた関数 $f(x)$ を作り，0 から 1 まで積分する。

解答

$$S=\lim_{n\to\infty}\frac{1}{\sqrt{n}}\left(\frac{1}{\sqrt{n+1}}+\frac{1}{\sqrt{n+2}}+\frac{1}{\sqrt{n+3}}+\cdots\cdots+\frac{1}{\sqrt{n+n}}\right)$$
$$=\lim_{n\to\infty}\frac{1}{\sqrt{n}}\cdot\frac{1}{\sqrt{n}}\left(\frac{1}{\sqrt{1+\frac{1}{n}}}+\frac{1}{\sqrt{1+\frac{2}{n}}}+\frac{1}{\sqrt{1+\frac{3}{n}}}+\cdots\cdots+\frac{1}{\sqrt{1+\frac{n}{n}}}\right)$$
$$=\lim_{n\to\infty}\frac{1}{n}\left(\frac{1}{\sqrt{1+\frac{1}{n}}}+\frac{1}{\sqrt{1+\frac{2}{n}}}+\frac{1}{\sqrt{1+\frac{3}{n}}}+\cdots\cdots+\frac{1}{\sqrt{1+\frac{n}{n}}}\right)$$
$$=\lim_{n\to\infty}\frac{1}{n}\sum_{k=1}^{n}\frac{1}{\sqrt{1+\frac{k}{n}}}$$

ここで，$f(x)=\frac{1}{\sqrt{1+x}}$ とすると

$$S=\lim_{n\to\infty}\frac{1}{n}\sum_{k=1}^{n}f\left(\frac{k}{n}\right)=\int_0^1 f(x)\,dx=\int_0^1\frac{dx}{\sqrt{1+x}}$$

$$=\left[2\sqrt{1+x}\right]_0^1=\mathbf{2(\sqrt{2}-1)}$$ 答

教 p.189

5. 原点から曲線 $y=\log 2x$ に引いた接線とこの曲線および x 軸で囲まれた部分の面積 S を求めよ。

指針 **接線と面積**　まず, 接線の方程式を求める。接点の座標を $(a, \log 2a)$ とおいて, 接線の方程式を a を使って表し, これが原点を通ることから a の値を求める。次に, グラフの概形をかいて, 面積を求める部分を調べ, 接線と曲線の上下関係に注意して定積分を計算する。

解答 接点の座標を $(a,\ \log 2a)$ とする。

$y=\log 2x$ を微分すると　$y'=\frac{1}{2x}\cdot(2x)'=\frac{1}{x}$

であるから, この接点における接線の方程式は

$$y-\log 2a=\frac{1}{a}(x-a)$$

これが原点 $(0,\ 0)$ を通るから　$-\log 2a=-1$

すなわち　$a=\frac{e}{2}$

よって, 接点の座標は $\left(\frac{e}{2},\ 1\right)$, 接線の方程式は

$$y=\frac{2}{e}x$$

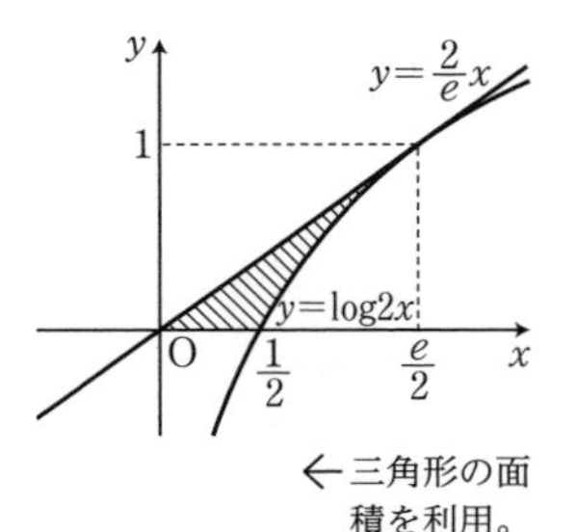

ゆえに, 図の斜線部分の面積を求めればよい。

したがって, 求める面積 S は

$$S=\frac{1}{2}\cdot\frac{e}{2}\cdot 1-\int_{\frac{1}{2}}^{\frac{e}{2}}\log 2x\,dx$$ ← 三角形の面積を利用。

$$=\frac{e}{4}-\left(\left[x\log 2x\right]_{\frac{1}{2}}^{\frac{e}{2}}-\int_{\frac{1}{2}}^{\frac{e}{2}}x\cdot\frac{2}{2x}dx\right)$$ ← 部分積分法

$$=\frac{e}{4}-\left(\frac{e}{2}-\left[x\right]_{\frac{1}{2}}^{\frac{e}{2}}\right)=\frac{e}{4}-\frac{e}{2}+\left(\frac{e}{2}-\frac{1}{2}\right)$$

$$=\mathbf{\frac{e}{4}-\frac{1}{2}}$$ 答

教 p.189

6. 曲線 $y=e^x$ とこの曲線上の点 $(1,\ e)$ における接線および y 軸で囲まれた部分の面積 S を求めよ。また，この部分が x 軸の周りに1回転してできる回転体の体積 V を求めよ。

指針 **接線と面積，回転体の体積**　接線の方程式を求めてグラフの概形をかき，題意の図形を調べる。面積 S は2つの図形の面積の差，体積 V は2つの回転体の体積の差として求められる。

解答 $y=e^x$ を微分すると　$y'=e^x$

よって，点 $(1,\ e)$ における接線の方程式は

$y-e=e(x-1)$　すなわち　$y=ex$

図のように，$0 \leqq x \leqq 1$ のとき $e^x \geqq ex$ であるから

$$\boldsymbol{S}=\int_0^1 e^x dx-\frac{1}{2}\cdot 1\cdot e=\Big[e^x\Big]_0^1-\frac{e}{2}$$

$$=(e-1)-\frac{e}{2}=\boldsymbol{\frac{e}{2}-1}$$ 答

$$\boldsymbol{V}=\pi\int_0^1 (e^x)^2 dx-\pi\int_0^1 (ex)^2 dx=\pi\left[\frac{1}{2}e^{2x}\right]_0^1-\pi e^2\left[\frac{x^3}{3}\right]_0^1$$

$$=\frac{1}{2}\pi(e^2-1)-\frac{1}{3}\pi e^2=\boldsymbol{\frac{e^2-3}{6}\pi}$$ 答

教 p.189

7. 座標平面上を運動する点Pの時刻 t における座標 $(x,\ y)$ が

$$x=\log t,\quad y=\frac{1}{2}\left(t+\frac{1}{t}\right)$$

で表されるとき，$t=1$ から $t=3$ までにPが通過する道のり s を求めよ。

指針 **座標平面上の運動と道のり**　$t=\alpha$ から $t=\beta$ までにPが通過する道のり s は $\displaystyle\int_\alpha^\beta \sqrt{\left(\frac{dx}{dt}\right)^2+\left(\frac{dy}{dt}\right)^2}\,dt$ である。これは，曲線の長さに等しいことになる。

解答 $\dfrac{dx}{dt}=\dfrac{1}{t}$，$\dfrac{dy}{dt}=\dfrac{1}{2}\left(1-\dfrac{1}{t^2}\right)$ であるから，求める道のり s は

$$s=\int_1^3 \sqrt{\left(\frac{dx}{dt}\right)^2+\left(\frac{dy}{dt}\right)^2}\,dt=\int_1^3 \sqrt{\left(\frac{1}{t}\right)^2+\left\{\frac{1}{2}\left(1-\frac{1}{t^2}\right)\right\}^2}\,dt$$

$$=\int_1^3 \sqrt{\frac{1}{t^2}+\frac{1}{4}\left(1-\frac{2}{t^2}+\frac{1}{t^4}\right)}\,dt=\int_1^3 \sqrt{\frac{1}{4}\left(1+\frac{2}{t^2}+\frac{1}{t^4}\right)}\,dt$$

$$=\int_1^3 \sqrt{\left\{\frac{1}{2}\left(1+\frac{1}{t^2}\right)\right\}^2}\,dt=\int_1^3 \frac{1}{2}\left(1+\frac{1}{t^2}\right)dt$$

$$=\frac{1}{2}\left[t-\frac{1}{t}\right]_1^3=\boldsymbol{\frac{4}{3}}$$ 答

第5章　章末問題B

教 p.190

8．次の不定積分を求めよ。

(1) $\displaystyle\int\frac{dx}{x^2(x+3)}$　　(2) $\displaystyle\int\frac{dx}{\cos x}$

指針　**不定積分の計算**

(1) $\dfrac{1}{x^2(x+3)}=\dfrac{a}{x}+\dfrac{b}{x^2}+\dfrac{c}{x+3}$ の形に分解する。分母を払い，恒等式の性質を使って a，b，c の値を定める。

(2) $\dfrac{1}{\cos x}=\dfrac{\cos x}{\cos^2 x}=\dfrac{\cos x}{1-\sin^2 x}$ と変形し，$(\sin x)'=\cos x$ を利用する。

解答 (1) $\dfrac{1}{x^2(x+3)}=\dfrac{a}{x}+\dfrac{b}{x^2}+\dfrac{c}{x+3}$ とおく。　← 部分分数に分解する。

分母を払って　$1=ax(x+3)+b(x+3)+cx^2$

整理すると　$1=(a+c)x^2+(3a+b)x+3b$

よって　$a+c=0$，$3a+b=0$，$3b=1$　← 恒等式の性質

これを解くと　$a=-\dfrac{1}{9}$，$b=\dfrac{1}{3}$，$c=\dfrac{1}{9}$

したがって

$$\int\frac{dx}{x^2(x+3)}=\int\left\{-\frac{1}{9x}+\frac{1}{3x^2}+\frac{1}{9(x+3)}\right\}dx$$

$$=-\frac{1}{9}\log|x|-\frac{1}{3x}+\frac{1}{9}\log|x+3|+C$$

$$=\boldsymbol{\frac{1}{9}\log\left|\frac{x+3}{x}\right|-\frac{1}{3x}+C}$$ 答

(2) $\dfrac{1}{\cos x}=\dfrac{\cos x}{\cos^2 x}=\dfrac{\cos x}{1-\sin^2 x}$ と変形できる。

$\sin x=t$ とおくと　$\cos x\,dx=dt$

よって　$\displaystyle\int\frac{dx}{\cos x}=\int\frac{\cos x}{1-\sin^2 x}dx=\int\frac{dt}{1-t^2}$

$$=\int\left\{-\frac{1}{(t+1)(t-1)}\right\}dt$$ 　← 部分分数に分解する。

$$=\frac{1}{2}\int\left(\frac{1}{t+1}-\frac{1}{t-1}\right)dt$$

$$=\frac{1}{2}(\log|t+1|-\log|t-1|)+C$$

$$=\frac{1}{2}\log\left|\frac{t+1}{t-1}\right|+C=\frac{1}{2}\log\left|\frac{\sin x+1}{\sin x-1}\right|+C$$

$$=\frac{1}{2}\log\left|\frac{1+\sin x}{1-\sin x}\right|+C$$

$$=\frac{1}{2}\log\frac{1+\sin x}{1-\sin x}+C \quad \text{答}$$

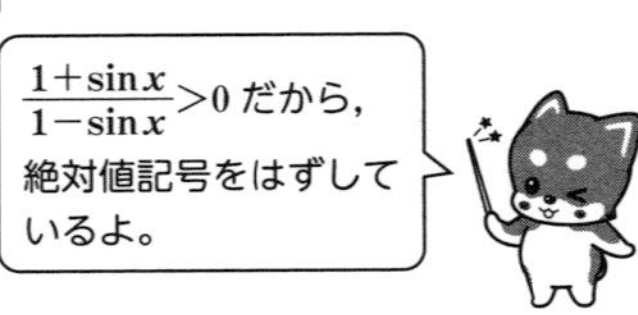

$\frac{1+\sin x}{1-\sin x}>0$ だから，
絶対値記号をはずして
いるよ。

教 p.190

9. a は定数とする。定積分 $I=\int_0^1 (e^x-ax)^2\,dx$ を最小にする a の値と，I の最小値を求めよ。

指針 **定積分の最小値**　定積分を求める。部分積分法も利用する。
I は a の 2 次関数になるから，平方完成してその最小値を求める。

解答
$$I=\int_0^1 (e^x-ax)^2\,dx=\int_0^1 (e^{2x}-2axe^x+a^2x^2)\,dx$$
$$=\int_0^1 e^{2x}\,dx-2a\int_0^1 xe^x\,dx+a^2\int_0^1 x^2\,dx$$

ここで，$\int_0^1 e^{2x}\,dx=\left[\frac{1}{2}e^{2x}\right]_0^1=\frac{1}{2}(e^2-1)$

$$\int_0^1 xe^x\,dx=\int_0^1 x(e^x)'\,dx=\left[xe^x\right]_0^1-\int_0^1 e^x\,dx$$
$$=e-\left[e^x\right]_0^1=e-(e-1)=1$$
$$\int_0^1 x^2\,dx=\left[\frac{x^3}{3}\right]_0^1=\frac{1}{3}$$

であるから

$$I=\frac{1}{2}(e^2-1)-2a\cdot 1+a^2\cdot\frac{1}{3}=\frac{1}{3}a^2-2a+\frac{1}{2}(e^2-1)$$
$$=\frac{1}{3}(a-3)^2+\frac{1}{2}(e^2-7)$$

よって，I は $\boldsymbol{a=3}$ **で最小値** $\boldsymbol{\frac{1}{2}(e^2-7)}$ をとる。　答

教 p.190

10. 連続な関数 $f(x)$ について，$\int_0^{\frac{\pi}{2}} f(\sin x)\,dx=\int_0^{\frac{\pi}{2}} f(\cos x)\,dx$ を証明せよ。

指針 **定積分の等式の証明**　$\sin x=\cos\left(\frac{\pi}{2}-x\right)$ と変形できる。$\frac{\pi}{2}-x=t$ とおいて置換積分法を利用し，左辺から右辺を導く。

解答 左辺$=\int_0^{\frac{\pi}{2}} f(\sin x)\,dx=\int_0^{\frac{\pi}{2}} f\left(\cos\left(\frac{\pi}{2}-x\right)\right)dx$

$\frac{\pi}{2}-x=t$ とおくと　$x=\frac{\pi}{2}-t$，$dx=(-1)\,dt$

x と t の対応は右のようになるから

x	$0 \longrightarrow \frac{\pi}{2}$
t	$\frac{\pi}{2} \longrightarrow 0$

$$\int_0^{\frac{\pi}{2}} f\left(\cos\left(\frac{\pi}{2}-x\right)\right)dx=\int_{\frac{\pi}{2}}^0 f(\cos t)\cdot(-1)\,dt$$
$$=\int_0^{\frac{\pi}{2}} f(\cos t)\,dt=\int_0^{\frac{\pi}{2}} f(\cos x)\,dx$$

よって　$\int_0^{\frac{\pi}{2}} f(\sin x)\,dx=\int_0^{\frac{\pi}{2}} f(\cos x)\,dx$　終

教 p.190

11. a は正の定数とする。$x>0$ で定義された関数 $f(x)$ が等式
$\int_a^{x^2} f(t)\,dt=\log x$ を満たすように，$f(x)$ と a の値を定めよ。

指針 **定積分と導関数**　a が定数のとき，$\frac{d}{dx}\int_a^x f(t)\,dt=f(x)$ である。これを導いた考え方を利用して，等式の両辺をそれぞれ x で微分する。上端が x^2 であることに注意する。

解答 $F'(t)=f(t)$ とすると

$$\int_a^{x^2} f(t)\,dt=\Big[F(t)\Big]_a^{x^2}=F(x^2)-F(a)$$

したがって，与えられた等式から　$F(x^2)-F(a)=\log x$

この両辺を x で微分すると　$2xf(x^2)=\frac{1}{x}$

よって　$f(x^2)=\frac{1}{2x^2}$　　ゆえに　$\boldsymbol{f(x)=\frac{1}{2x}}$　$\boldsymbol{(x>0)}$　答

また，与えられた等式において，$x=\sqrt{a}$ を代入すると

$$\int_a^a f(t)\,dt=\log\sqrt{a}$$

すなわち　$0=\frac{1}{2}\log a$　　したがって　$\boldsymbol{a=1}$　答

5章 積分法とその応用

教 p.190

12. 曲線 $y=e^x$ 上の点 A(0, 1), 点 B(1, e) における接線と, この曲線で囲まれた部分の面積 S を求めよ。

指針 **曲線と接線で囲まれた部分の面積** まず, 点 A, B における接線の方程式を求める。曲線と 2 つの接線の上下関係に注意して定積分を計算する。

解答 $y'=e^x$ であるから, 点 A(0, 1) における接線の方程式は

$$y-1=e^0(x-0)$$

すなわち　$y=x+1$

点 B(1, e) における接線の方程式は

$$y-e=e(x-1)$$

すなわち　$y=ex$

2 つの接線の交点の x 座標は

$$x+1=ex \text{ より} \qquad x=\frac{1}{e-1}$$

図より, 求める面積 S は

$$S=\int_0^{\frac{1}{e-1}}\{e^x-(x+1)\}dx+\int_{\frac{1}{e-1}}^1(e^x-ex)\,dx$$

$$=\left[e^x-\frac{x^2}{2}-x\right]_0^{\frac{1}{e-1}}+\left[e^x-\frac{e}{2}x^2\right]_{\frac{1}{e-1}}^1$$

$$=\left\{e^{\frac{1}{e-1}}-\frac{1}{2(e-1)^2}-\frac{1}{e-1}-1\right\}+e-\frac{e}{2}-\left\{e^{\frac{1}{e-1}}-\frac{e}{2(e-1)^2}\right\}$$

$$=\frac{e-1}{2(e-1)^2}-\frac{1}{e-1}+\frac{e}{2}-1$$

$$=\frac{e-2}{2}-\frac{1}{2(e-1)}$$

$$=\boldsymbol{\frac{e^2-3e+1}{2(e-1)}}$$ 答

教 p.190

13. 水を満たした半径 $2a$ cm の半球形の容器がある。これを静かに 30° 傾けるとき, こぼれる水の量はどれだけか。

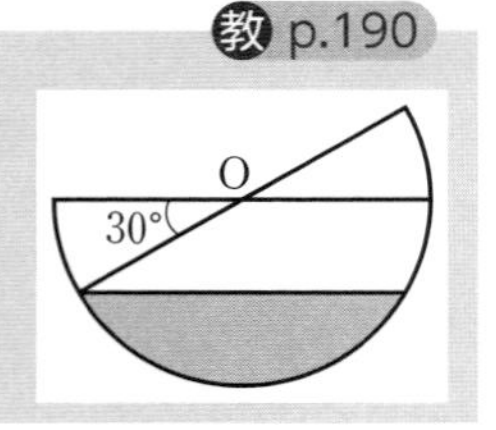

指針 **容器とこぼれる水の量** 次の図のように x 軸, y 軸をとるとき, $0 \leqq x \leqq a$ の範囲において, 半円 $y=\sqrt{(2a)^2-x^2}$ と x 軸および 2 直線 $x=0$, $x=a$ で囲まれた部分が x 軸の周りに 1 回転してできる回転体の体積として, こぼれる水の

量を求める。

解答　図のように x 軸，y 軸をとり，
半円 $x^2+y^2=4a^2$ $(x\geqq 0)$ を考える。
こぼれる水の量は，右の図の斜線部分，つまり，半円と x 軸および2直線 $x=0$，$x=a$ が囲む部分が，x 軸の周りに1回転してできる立体の体積として求めることができる。

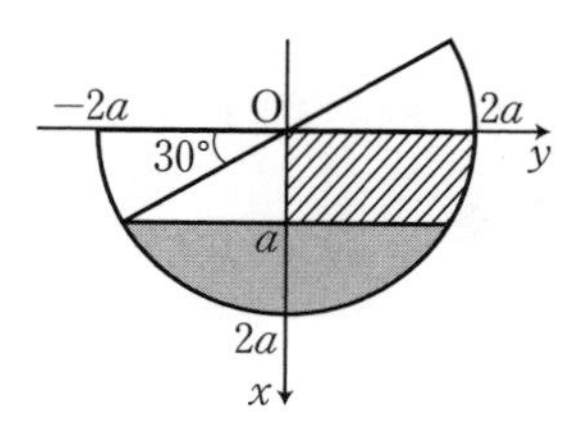

よって

$$\pi\int_0^a y^2\,dx=\pi\int_0^a (4a^2-x^2)\,dx$$

$$=\pi\left[4a^2x-\frac{x^3}{3}\right]_0^a=\frac{11}{3}\pi a^3(\mathrm{cm}^3)$$ 答

発展　微分方程式

まとめ

1　微分方程式

$\dfrac{dx}{dt}=a$ や $\dfrac{d^2y}{dt^2}=-g$ (a，g は定数) のように，未知の関数の導関数を含む等式を **微分方程式** という。

2　微分方程式の解き方

微分方程式を満たす関数を，その微分方程式の **解** といい，すべての解を求めることを，その微分方程式を **解く** という。

一般に　$f(y)\dfrac{dy}{dx}=g(x)$

の形に変形できる微分方程式の解は，次の等式から求めることができる。

$$\int f(y)\,dy=\int g(x)\,dx$$

注意　微分方程式を解くと，いくつかの任意の定数を含んだ解が得られる。その定数に特定の値を与えれば，解の1つが定まる。

練習 1　教 p.192

y を x の関数とする。微分方程式 $\dfrac{dy}{dx}=2xy$ を解け。

指針　**微分方程式**　方程式を $f(y)\dfrac{dy}{dx}=g(x)$ の形に変形し，両辺を x で積分する。左辺は置換積分法の考え方により，$\int f(y)\,dy$ とすることができ，これは，

$\int f(y)\frac{dy}{dx}dx$ を形式的に約分して $\int f(y)\,dy$ になったとみると理解しやすい。
解に含まれる任意の定数は，整理してすっきりした形にしておく。

解答 $$\frac{dy}{dx}=2xy$$

[1] 定数関数 $y=0$ は明らかに解である。 ←$y=0$ の場合。

[2] $y\neq 0$ のとき，方程式を変形すると

$$\frac{1}{y}\cdot\frac{dy}{dx}=2x$$

←$f(y)\frac{dy}{dx}=g(x)$ の形を作る。

よって $\int\frac{1}{y}\cdot\frac{dy}{dx}dx=\int 2x\,dx$ ←x で積分する。

左辺に置換積分法の公式を適用すると

$$\int\frac{1}{y}dy=\int 2x\,dx$$

←形式的に dx で約分する。

ゆえに $\log|y|=x^2+C$，C は任意の定数 ←積分を実行する。

$$|y|=e^Ce^{x^2}$$

←$|y|=e^{x^2+C}$

すなわち $y=\pm e^Ce^{x^2}$

ここで，$\pm e^C=A$ とおくと，A は 0 以外の任意の値をとる。 ←定数を整理する。

[1] における $y=0$ は，$y=Ae^{x^2}$ において，$A=0$ とおくと得られる。

したがって，求める解は

$y=Ae^{x^2}$，A は任意の定数 答

練習 2 教 p.193

A を 0 でない任意の定数として，方程式 $xy=A$ の表す直角双曲線全体を考える。これらの直角双曲線のどれとも直交するような曲線の方程式を求めよ。ただし，2 つの曲線が直交するとは，2 つの曲線の交点におけるそれぞれの接線が垂直に交わることである。

指針 **微分方程式と曲線の決定** 曲線 $xy=A$ と求める曲線の交点 P の座標を $(x,\ y)$ とし，P におけるそれぞれの曲線の接線の傾きを x，y で表す。2 つの曲線が直交する条件，すなわち接線の直交条件 (傾きの積が -1) から，微分方程式を作る。

解答 $$xy=A \quad\cdots\cdots ①$$

曲線 ① と求める曲線 ② の交点を $\mathrm{P}(x,\ y)$ とする。

曲線 ① の P における接線の傾きは

① の両辺を x で微分して $y+xy'=0$ ←積 xy の微分

$xy \neq 0$ であるから　　$y' = -\dfrac{y}{x}$

一方，曲線 ② の P における接線の傾きを $\dfrac{dy}{dx}$ とすれば，2 つの曲線 ①，② が直交するとき

$$-\frac{y}{x} \cdot \frac{dy}{dx} = -1$$

← 傾きの積が -1

すなわち　　$y\dfrac{dy}{dx} = x$

← $f(y)\dfrac{dy}{dx} = g(x)$ の形を作る。

よって　　$\displaystyle\int y\frac{dy}{dx}dx = \int x\,dx$

← x で積分する。

左辺に置換積分法の公式を適用すると

$$\int y\,dy = \int x\,dx$$

← 形式的に dx で約分する。

ゆえに　　$\dfrac{1}{2}y^2 = \dfrac{1}{2}x^2 + C_1$，$C_1$ は任意の定数

← 積分を実行する。

すなわち　　$x^2 - y^2 = -2C_1$

$-2C_1 = C$ とおいて，求める曲線の方程式は

← 定数を整理する。

$x^2 - y^2 = C$，C は任意の定数 答

補足　ベクトル

本書の第4章「微分法の応用」の「平面上の点の運動」(157〜159ページ)を学習するのに必要な数学Cの「ベクトル」の内容を補足として掲載した。

まとめ

1　有向線分とベクトル

向きをつけた線分を **有向線分**（ゆうこうせんぶん）という。有向線分ABでは，Aをその **始点**，Bをその **終点** といい，その **向き** はAからBへ向かっているとする。また，線分ABの長さを，有向線分ABの **大きさ** または長さという。有向線分の向きと大きさだけに着目したものを **ベクトル** という。ベクトルは，向きと大きさをもつ量である。

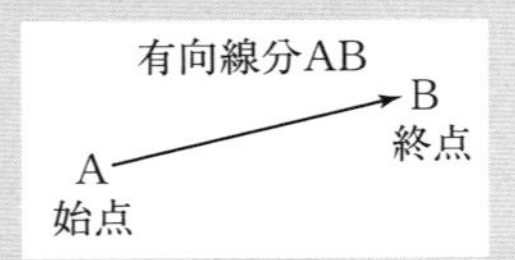

2　ベクトルの表記

1 **ベクトル**　有向線分ABが表すベクトルを $\overrightarrow{\mathbf{AB}}$ で表す。また，ベクトルを $\vec{a}$，$\vec{b}$ などで表すこともある。

2 **ベクトルの大きさ**　ベクトル $\overrightarrow{AB}$，$\vec{a}$ の大きさは，それぞれ $|\overrightarrow{\mathbf{AB}}|$，$|\vec{a}|$ で表し，$|\overrightarrow{AB}|$ は有向線分ABの長さに等しい。

3 **等しいベクトル**　向きが同じで大きさも等しい2つのベクトル $\vec{a}$，$\vec{b}$ は **等しい** といい，$\vec{a}=\vec{b}$ と書く。$\overrightarrow{AB}=\overrightarrow{CD}$ のとき，有向線分ABを平行移動して有向線分CDに重ね合わせることができる。

4 **零ベクトル**　大きさが0のベクトルを **零ベクトル**（れいベクトル）またはゼロベクトルといい，$\vec{0}$ で表す。零ベクトルの向きは考えない。

3　ベクトルの和

ベクトル $\vec{a}=\overrightarrow{AB}$ とベクトル $\vec{b}$ に対して，$\overrightarrow{BC}=\vec{b}$ となるように点Cをとる。このようにして定まるベクトル $\overrightarrow{AC}$ を，$\vec{a}$ と $\vec{b}$ の **和** といい，$\vec{a}+\vec{b}$ と書く。

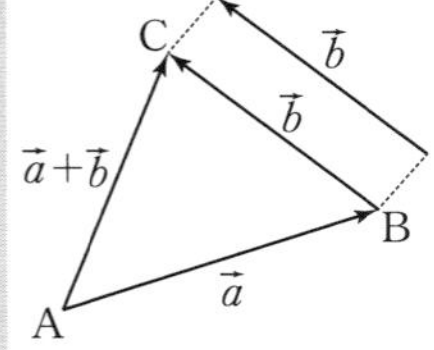

4　ベクトルの実数倍

実数 k とベクトル $\vec{a}$ に対して，$\vec{a}$ の k 倍のベクトル $k\vec{a}$ を次のように定める。

$\vec{a}\neq\vec{0}$ のとき

[1]　$k>0$ ならば，$\vec{a}$ と向きが同じで，大きさが k 倍のベクトル。とくに　$1\vec{a}=\vec{a}$

[2]　$k<0$ ならば，$\vec{a}$ と向きが反対で，大きさが $|k|$ 倍のベクトル。とくに　$(-1)\vec{a}=-\vec{a}$

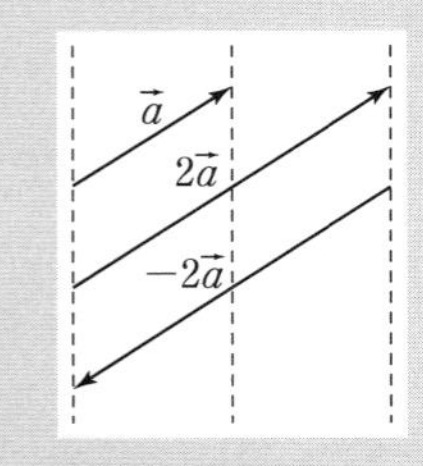

[3] $k=0$ ならば，$\vec{0}$ とする。すなわち　$0\vec{a}=\vec{0}$
$\vec{a}=\vec{0}$ のとき　どんな k に対しても $k\vec{0}=\vec{0}$ とする。

注意 $(-2)\vec{a}=-(2\vec{a})$ が成り立つので，これらを単に $-2\vec{a}$ と書く。

5　ベクトルの平行

$\vec{0}$ でない2つのベクトル $\vec{a}$，$\vec{b}$ は，向きが同じか反対のとき，**平行** であるといい，$\vec{a} /\!/ \vec{b}$ と書く。このとき，次のことが成り立つ。

$\vec{a}\neq\vec{0}$，$\vec{b}\neq\vec{0}$ のとき，　$\vec{a} /\!/ \vec{b} \iff \vec{b}=k\vec{a}$ **となる実数 k がある**

6　ベクトルの成分表示

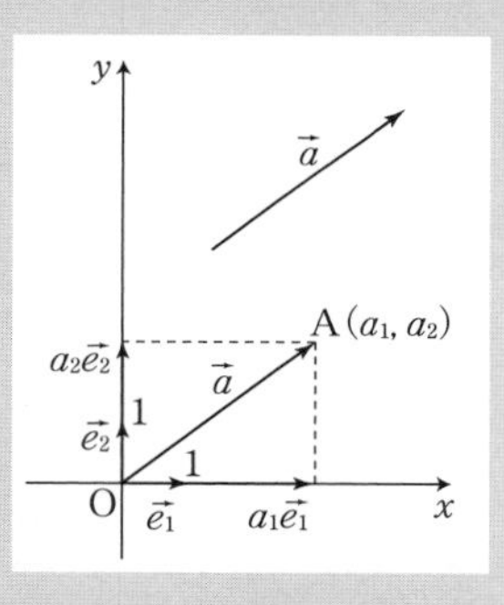

O を原点とする座標平面上において，x 軸，y 軸の正の向きと同じ向きで大きさが1のベクトルを **基本ベクトル** といい，それぞれ $\vec{e_1}$，$\vec{e_2}$ で表す。

座標平面上のベクトル $\vec{a}$ に対し，$\vec{a}=\overrightarrow{\mathrm{OA}}$ である点 A の座標が $(a_1,\ a_2)$ のとき，$\vec{a}$ は
$\vec{a}=a_1\vec{e_1}+a_2\vec{e_2}$ と表される。この $\vec{a}$ を
$\vec{a}=(a_1,\ a_2)$ ……①とも書く。

①における a_1，a_2 をそれぞれ $\vec{a}$ の **x 成分**，**y 成分** といい，まとめて $\vec{a}$ の **成分** という。

また，①を $\vec{a}$ の **成分表示** という。

なお，$\vec{a}=(a_1,\ a_2)$ のとき　$|\vec{a}|=\sqrt{a_1{}^2+a_2{}^2}$

7　ベクトルの内積

$\vec{0}$ でない2つのベクトル $\vec{a}$，$\vec{b}$ について，1点 O を定め，$\vec{a}=\overrightarrow{\mathrm{OA}}$，$\vec{b}=\overrightarrow{\mathrm{OB}}$ となる点 A，B をとる。このようにして定まる∠AOB の大きさ θ を，$\vec{a}$ と $\vec{b}$ の **なす角** という。ただし，$0^\circ\leqq\theta\leqq180^\circ$ である。

$\vec{0}$ でない2つのベクトル $\vec{a}$，$\vec{b}$ のなす角を θ とするとき，$|\vec{a}||\vec{b}|\cos\theta$ を $\vec{a}$ と $\vec{b}$ の **内積** といい，$\vec{a}\cdot\vec{b}$ で表す。

$\vec{a}\cdot\vec{b}=|\vec{a}||\vec{b}|\cos\theta$　　ただし，θ は $\vec{a}$ と $\vec{b}$ のなす角

$\vec{a}=\vec{0}$ または $\vec{b}=\vec{0}$ のときは，$\vec{a}$ と $\vec{b}$ の内積を $\vec{a}\cdot\vec{b}=0$ と定める。また，$\theta=90^\circ$ のとき，$\vec{a}$ と $\vec{b}$ は **垂直** であるといい，$\vec{a}\perp\vec{b}$ と書く。

ベクトルの内積は，その成分を用いて次のように表される。

$\vec{a}=(a_1,\ a_2)$，$\vec{b}=(b_1,\ b_2)$ のとき　$\vec{a}\cdot\vec{b}=a_1b_1+a_2b_2$

また，ベクトルの垂直条件は次のようになる。

$\vec{0}$ でない2つのベクトル $\vec{a}=(a_1,\ a_2)$，$\vec{b}=(b_1,\ b_2)$ について

$\vec{a}\perp\vec{b} \iff a_1b_1+a_2b_2=0$

教科書 p.194

総合問題

1　※問題文は，教科書 194 ページを参照。

指針　**逆関数ともとの関数の関係**

(2)　直線 $y=x$ に垂直な直線は，直線 $y=x$ に関して対称である。

(3)　$\Longrightarrow$ と $\Longleftarrow$ のそれぞれについて反例がないか調べる。反例が考えられないとき，(＊) は正しいと予想できる。

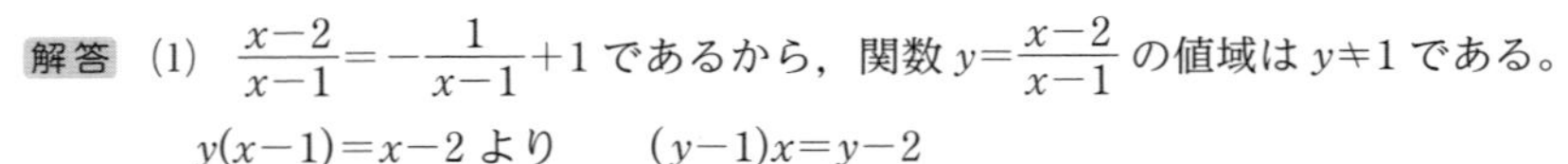

解答　(1)　$\dfrac{x-2}{x-1}=-\dfrac{1}{x-1}+1$ であるから，関数 $y=\dfrac{x-2}{x-1}$ の値域は $y\neq1$ である。

$y(x-1)=x-2$ より　　$(y-1)x=y-2$

ここで，$y\neq1$ であるから

$$x=\frac{y-2}{y-1}$$

よって，求める逆関数は

$$\boldsymbol{y=\frac{x-2}{x-1}}$$ 答

また，$y=\dfrac{x-2}{x-1}$ のグラフは右の図のようになる。

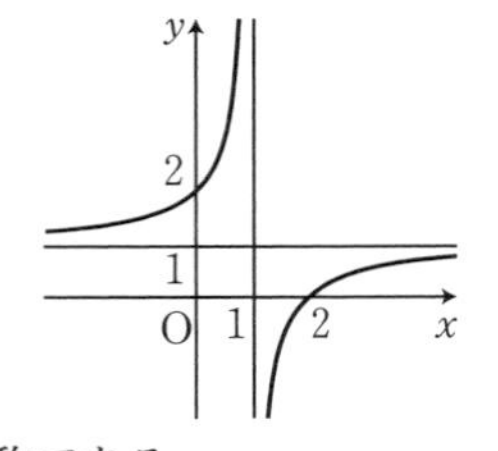

(2)　直線 $y=x$ に垂直な直線は，直線 $y=x$ に関して対称である。

よって，たとえば，1 次関数を $y=-x$ とすると，関数 $y=-x$ のグラフは直線 $y=x$ に関して対称である。また，関数 $y=-x$ の逆関数は

$\boldsymbol{y=-x}$ 答

(3)　**正しい。** 答

($\Longrightarrow$)　関数 $f(x)$ と $f^{-1}(x)$ が一致するとする。

点 $(a,\ b)$ を関数 $y=f(x)$ のグラフ上の点であるとすると

$$b=f(a)$$

このとき，関数 $y=f(x)$ の逆関数 $f^{-1}(x)$ について

$$a=f^{-1}(b)$$

ここで，関数 $f(x)$ と $f^{-1}(x)$ が一致することから

$$f^{-1}(b)=f(b)\qquad ゆえに\quad a=f(b)$$

よって，点 $(a,\ b)$ が関数 $y=f(x)$ のグラフ上の点であるとき，点 $(b,\ a)$ も関数 $y=f(x)$ のグラフ上の点である。

点 $(a,\ b)$ と点 $(b,\ a)$ は直線 $y=x$ に関して対称であるから，関数 $y=f(x)$ のグラフは直線 $y=x$ に関して対称である。

($\Longleftarrow$)　関数 $y=f(x)$ のグラフは直線 $y=x$ に関して対称であるとする。

このとき，点 $(a,\ b)$ が関数 $y=f(x)$ のグラフ上の点であるとすると，

点 $(b,\ a)$ も関数 $y=f(x)$ のグラフ上の点である。

よって，$b=f(a)$ ならば $a=f(b)$ が成り立つ。

ここで，関数 $f(x)$ の定義域の任意の値 a に対して，$b=f(a)$ を満たす b が値域に存在する。

このとき，$a=f(b)$ が成り立つことから，a は値域の値でもある。

また，関数 $f(x)$ の値域の任意の値 b に対して，$b=f(a)$ を満たす a が定義域に存在する。

このとき，$a=f(b)$ が成り立つことから，b は定義域の値でもある。

よって，関数 $y=f(x)$ の定義域と値域は値の範囲として一致する。

したがって，関数 $f(x)$ と $f^{-1}(x)$ の定義域は一致する。

また，定義域の任意の値 a について

$$b=f(a),\ a=f(b)$$

$a=f(b)$ より，関数 $y=f(x)$ の逆関数 $f^{-1}(x)$ について

$$b=f^{-1}(a)$$

$b=f(a)$，$b=f^{-1}(a)$ から，定義域の任意の値 a について

$$f(a)=f^{-1}(a)$$

以上より，関数 $f(x)$ と $f^{-1}(x)$ の定義域が一致し，その定義域のすべての値 a に対して

$$f(a)=f^{-1}(a)$$

が成り立つから関数 $f(x)$ と $f^{-1}(x)$ は一致する。

以上より，(＊) は成り立つ。 終

2 ※問題文は，教科書 195 ページを参照。

指針 **分数関数の極限** 分母が 0 に近づく場合，正の値をとりながら 0 に近づくのか，負の値をとりながら 0 に近づくのかに注意する。

解答 **方針 B の解答が誤りである。** 答

(理由) $x>1$ において，$\frac{1}{x^2}<\frac{1}{x}$ より $\frac{1}{x^2}-\frac{1}{x}<0$ である。

よって，$x \longrightarrow \infty$ のとき $\frac{1}{x^2}-\frac{1}{x} \longrightarrow -0$ であるから

$$\lim_{x\to\infty}\frac{x^2}{1-x}=\lim_{x\to\infty}\frac{1}{\frac{1}{x^2}-\frac{1}{x}}=-\infty$$ 終

総合問題

3 ※問題文は，教科書 196 ページを参照。

指針 **e^e に最も近い整数**

(1) 平均値の定理を利用する。

(2) y 座標が $\dfrac{f(a)+f(b)}{2}$ となる点が Q である。

(3) 近似値から，$2.708<2.718<2.773$

すなわち，$\log 15<e<\log 16$

(4) 区間 $[15,\ 16]$ で不等式 ① を用いる。

解答 (1) (i) $a<c<b$ であり，$f(x)$ は定義域内のすべての x で第 2 次導関数をもつので，区間 $[a,\ b]$ で連続で，区間 $(a,\ b)$ で微分可能であるから，平均値の定理により

$$\frac{f(c)-f(a)}{c-a}=f'(x_1),\quad a<x_1<c$$

$$\frac{f(b)-f(c)}{b-c}=f'(x_2),\quad c<x_2<b$$

をそれぞれ満たす実数 x_1，x_2 が存在する。

ここで，区間 $[a,\ b]$ で $f''(x)<0$ であるから，$f'(x)$ は区間 $[a,\ b]$ で減少する。

$x_1<x_2$ であるから　$f'(x_1)>f'(x_2)$

したがって　$\dfrac{f(c)-f(a)}{c-a}>\dfrac{f(b)-f(c)}{b-c}$ 終

(ii) $c-a=\dfrac{a+b}{2}-a=\dfrac{b-a}{2}$

$b-c=b-\dfrac{a+b}{2}=\dfrac{b-a}{2}$

よって，(i)より

$$\frac{f\left(\dfrac{a+b}{2}\right)-f(a)}{\dfrac{b-a}{2}}>\frac{f(b)-f\left(\dfrac{a+b}{2}\right)}{\dfrac{b-a}{2}}$$

$\dfrac{b-a}{2}>0$ であるから

$$f\left(\frac{a+b}{2}\right)-f(a)>f(b)-f\left(\frac{a+b}{2}\right)$$

したがって　$f\left(\dfrac{a+b}{2}\right)>\dfrac{f(a)+f(b)}{2}$ …… ① 終

(2) 点 P は直線 $x=\dfrac{a+b}{2}$ 上の点であり，点 Q も直線 $x=\dfrac{a+b}{2}$ 上の点であるから，その座標は

$$\left(\frac{a+b}{2},\ \frac{f(a)+f(b)}{2}\right)$$

したがって，A$(a,\ f(a))$，B$(b,\ f(b))$ とすると，点 Q は，線分 AB の中点である。 答

(3) 与えられた近似値から

$$\log 15 < e < \log 16$$

よって，$\log 15 < \log e^e < \log 16$ より

$$15 < e^e < 16$$

したがって，e^e の整数部分は **15** 答

(4) $f(x)=\log x$ について

$$f'(x)=\frac{1}{x},\ f''(x)=-\frac{1}{x^2}$$

したがって，常に $f''(x)<0$ である。

区間 $[15,\ 16]$ でも $f''(x)<0$ であるから，① より

$$f\left(\frac{15+16}{2}\right)>\frac{f(15)+f(16)}{2}$$

$$=\frac{2.708+2.773}{2}=2.7405$$

$\frac{15+16}{2}=15.5$ より，$\log 15.5>2.7405$ であるから

$$\log 15 < e < \log 15.5$$

よって，$15<e^e<15.5$ より，e^e に最も近い整数は **15** 答

4 ※問題文は，教科書 197 ページを参照。

指針 **定積分とはさみうちの原理を利用した無限級数の和**

(1) (iv) $0 \leqq x \leqq 1$ において，$y=\frac{1}{1+x}$ は減少関数であることに着目して不等式をつくる。

(2) (1) の (ii) と同様に考えると，(C) を用いればよいことがわかる。

解答 (1) (i) S_n は初項 1，公比 $-x$，項数 n の等比数列の和である。

$x \geqq 0$ より，$-x \neq 1$ であるから

$$S_n=\frac{1-(-x)^n}{1-(-x)} \qquad \text{すなわち} \qquad \boldsymbol{S_n=\frac{1-(-x)^n}{1+x}}$$ 答

(ii) $T_n=1-\frac{1}{2}+\frac{1}{3}-\frac{1}{4}+\cdots\cdots+\frac{(-1)^{n-1}}{n}$

また

$$\int_0^1 S_n\,dx$$

$$=\int_0^1 \{1-x+x^2-x^3+\cdots\cdots+(-1)^{n-1}x^{n-1}\}\,dx$$

$$=\left[x-\frac{1}{2}x^2+\frac{1}{3}x^3-\frac{1}{4}x^4+\cdots\cdots+\frac{(-1)^{n-1}x^n}{n}\right]_0^1$$

$$=1-\frac{1}{2}+\frac{1}{3}-\frac{1}{4}+\cdots\cdots+\frac{(-1)^{n-1}}{n}$$

したがって　$T_n=\int_0^1 S_n dx$ 終

(iii) $\int_0^1 \frac{dx}{1+x}=\Big[\log(1+x)\Big]_0^1=\mathbf{\log 2}$ 答

(iv) $y=\frac{1}{1+x}$ は $0\leqq x\leqq 1$ において，減少関数であるから

$$\frac{1}{1+1}\leqq\frac{1}{1+x}\leqq\frac{1}{1+0}$$

すなわち　$\frac{1}{2}\leqq\frac{1}{1+x}\leqq 1$

$0\leqq x\leqq 1$ において，$x^n\geqq 0$ であるから

$$\frac{x^n}{2}\leqq\frac{x^n}{1+x}\leqq x^n$$

よって　$\int_0^1 \frac{x^n}{2}dx\leqq\int_0^1 \frac{x^n}{1+x}dx\leqq\int_0^1 x^n dx$

ここで　$\int_0^1 \frac{x^n}{2}dx=\left[\frac{x^{n+1}}{2(n+1)}\right]_0^1=\frac{1}{2(n+1)}$

$$\int_0^1 x^n dx=\left[\frac{x^{n+1}}{n+1}\right]_0^1=\frac{1}{n+1}$$

であるから

$$\frac{1}{2(n+1)}\leqq\int_0^1 \frac{x^n}{1+x}dx\leqq\frac{1}{n+1}$$ 終

(v) (iv)より　$\frac{1}{2(n+1)}\leqq\int_0^1 \frac{x^n}{1+x}dx\leqq\frac{1}{n+1}$

ここで　$\lim_{n\to\infty}\frac{1}{2(n+1)}=0$，$\lim_{n\to\infty}\frac{1}{n+1}=0$ であるから

$$\lim_{n\to\infty}\int_0^1 \frac{x^n}{1+x}dx=0$$

よって

$$\lim_{n\to\infty}T_n=\lim_{n\to\infty}\int_0^1 S_n dx=\lim_{n\to\infty}\int_0^1 \frac{1-(-x)^n}{1+x}dx$$
$$=\lim_{n\to\infty}\left\{\int_0^1 \frac{dx}{1+x}-(-1)^n\int_0^1 \frac{x^n}{1+x}dx\right\}$$
$$=\log 2+0=\log 2$$

したがって　$1-\frac{1}{2}+\frac{1}{3}-\frac{1}{4}+\cdots\cdots=\mathbf{\log 2}$ 答

(2) (C)は初項1，公比 $-x^2$，項数 n の等比数列の和である。
$x\geqq 0$ とすると，$-x^2\neq 1$ であるから，その和を U_n とおくと

$$U_n=1-x^2+x^4-x^6+\cdots\cdots+(-1)^{n-1}x^{2n-2}$$

$$=\frac{1-(-x^2)^n}{1-(-x^2)}=\frac{1}{1+x^2}-\frac{(-1)^n x^{2n}}{1+x^2} \quad \cdots\cdots ③$$

無限級数 ② の部分和を V_n とおけば

$$\int_0^1 U_n dx=\int_0^1\{1-x^2+x^4-x^6+\cdots\cdots+(-1)^{n-1}x^{2n-2}\}dx$$

$$=\left[x-\frac{1}{3}x^3+\frac{1}{5}x^5-\frac{1}{7}x^7+\cdots\cdots+\frac{(-1)^{n-1}x^{2n-1}}{2n-1}\right]_0^1$$

$$=1-\frac{1}{3}+\frac{1}{5}-\frac{1}{7}+\cdots\cdots+\frac{(-1)^{n-1}}{2n-1}$$

$$=V_n \quad \cdots\cdots ④$$

③，④ より　$V_n=\int_0^1\frac{dx}{1+x^2}-(-1)^n\int_0^1\frac{x^{2n}}{1+x^2}dx \quad \cdots\cdots ⑤$

ここで，定積分 $\int_0^1\frac{dx}{1+x^2}$ について，$x=\tan\theta$ とおくと

$$dx=\frac{1}{\cos^2\theta}d\theta$$

x と θ の対応は右のようになる。

x	$0 \longrightarrow 1$
θ	$0 \longrightarrow \frac{\pi}{4}$

$$\int_0^1\frac{dx}{1+x^2}=\int_0^{\frac{\pi}{4}}\frac{1}{1+\tan^2\theta}\cdot\frac{1}{\cos^2\theta}d\theta$$

$$=\int_0^{\frac{\pi}{4}}d\theta=\Big[\theta\Big]_0^{\frac{\pi}{4}}=\frac{\pi}{4}$$

また，$y=\frac{1}{1+x^2}$ は $0\leqq x\leqq 1$ において，減少関数であるから

$$\frac{1}{1+1^2}\leqq\frac{1}{1+x^2}\leqq\frac{1}{1+0^2}$$

すなわち　$\frac{1}{2}\leqq\frac{1}{1+x^2}\leqq 1$

$0\leqq x\leqq 1$ において，$x^{2n}\geqq 0$ であるから

$$\frac{x^{2n}}{2}\leqq\frac{x^{2n}}{1+x^2}\leqq x^{2n}$$

よって　$\int_0^1\frac{x^{2n}}{2}dx\leqq\int_0^1\frac{x^{2n}}{1+x^2}dx\leqq\int_0^1 x^{2n}dx$

ここで　$\int_0^1\frac{x^{2n}}{2}dx=\left[\frac{x^{2n+1}}{2(2n+1)}\right]_0^1=\frac{1}{2(2n+1)}$

$$\int_0^1 x^{2n}dx=\left[\frac{x^{2n+1}}{2n+1}\right]_0^1=\frac{1}{2n+1}$$

であるから

$$\frac{1}{2(2n+1)}\leqq\int_0^1\frac{x^{2n}}{1+x^2}dx\leqq\frac{1}{2n+1}$$

$\lim_{n\to\infty}\frac{1}{2(2n+1)}=0$，$\lim_{n\to\infty}\frac{1}{2n+1}=0$ であるから

$$\lim_{n\to\infty}\int_0^1 \frac{x^{2n}}{1+x^2}dx=0$$

したがって，⑤ より

$$\lim_{n\to\infty} V_n=\lim_{n\to\infty}\left\{\int_0^1 \frac{dx}{1+x^2}-(-1)^n\int_0^1 \frac{x^{2n}}{1+x^2}dx\right\}$$

$$=\frac{\pi}{4}+0=\frac{\pi}{4}$$

すなわち　$1-\frac{1}{3}+\frac{1}{5}-\frac{1}{7}+\cdots\cdots=\boldsymbol{\frac{\pi}{4}}$　答

第1章　関数

1　分数関数

1　次の関数のグラフをかけ。

(1)　$y=\dfrac{6}{x}$　　(2)　$y=-\dfrac{2}{x}$

≫教 p.8　練習 1

2　次の関数のグラフをかけ。また，その定義域，値域を求めよ。

(1)　$y=\dfrac{1}{x+2}+3$　　(2)　$y=\dfrac{2}{x}-1$　　(3)　$y=-\dfrac{1}{x+2}+3$

≫教 p.9　練習 2

3　次の関数のグラフをかけ。また，その定義域，値域を求めよ。

(1)　$y=\dfrac{x-2}{x-3}$　　(2)　$y=\dfrac{3x+5}{x+2}$　　(3)　$y=\dfrac{6x+3}{2x-1}$

≫教 p.10　練習 3

4　次の 2 つの関数について，グラフの共有点の座標を求めよ。

(1)　$y=\dfrac{3}{x-1}$，$y=x+1$　　(2)　$y=\dfrac{2}{x+2}$，$y=x$

(3)　$y=\dfrac{2x-1}{x+1}$，$y=-1$

≫教 p.11　練習 4

5　次の方程式，不等式を解け。

(1)　$\dfrac{x}{x+3}=x-2$　　(2)　$x-3\geqq\dfrac{2x}{x-2}$

≫教 p.11　練習 5

2　無理関数

6　次の関数のグラフをかけ。また，その定義域，値域を求めよ。

(1)　$y=\sqrt{3x}$　　(2)　$y=-\sqrt{3x}$　　(3)　$y=\sqrt{-3x}$

≫教 p.13　練習 6

7　次の関数のグラフをかけ。また，その定義域，値域を求めよ。

(1)　$y=\sqrt{2x-1}$　　(2)　$y=-\sqrt{x-1}$

≫教 p.14　練習 7

8 次の 2 つの関数について，グラフの共有点の座標を求めよ。

(1) $y=\sqrt{x+1}$，$y=x-1$　　(2) $y=\sqrt{x-2}$，$y=-2x+7$

≫教 p.15 練習 8

9 次の方程式，不等式を解け。

(1) $-\sqrt{x+3}=x-3$　　(2) $\sqrt{x+4}\leqq x-2$

≫教 p.15 練習 9

3 逆関数と合成関数

10 次の関数の逆関数を求めよ。

(1) $y=\dfrac{1}{3}x+2$　$(-6\leqq x\leqq 0)$　　(2) $y=\sqrt{2-x}$

(3) $y=5^x$　　(4) $y=\log_{\frac{1}{3}} x$

≫教 p.17 練習10

11 次の関数の逆関数を求めよ。

(1) $y=\dfrac{x+1}{x-1}$　　(2) $y=\dfrac{4x-2}{2x-3}$

≫教 p.18 練習11

12 次の関数の逆関数を求めよ。

(1) $y=x^2-1$　$(x\leqq 0)$　　(2) $y=-x^2+3$　$(x\leqq 0)$

≫教 p.18 練習12

13 $a\neq 0$ とする。関数 $f(x)=ax+b$ とその逆関数 $f^{-1}(x)$ について，$f(-2)=-1$，$f^{-1}(0)=3$ であるとき，定数 a，b の値を求めよ。

≫教 p.19 練習13

14 次の関数のグラフおよびその逆関数のグラフを同じ図中にかけ。

(1) $y=\left(\dfrac{1}{3}\right)^x$　　(2) $y=\dfrac{1}{3}x-2$

≫教 p.19 練習14

15 $f(x)=x+3$，$g(x)=x^2$，$h(x)=\sqrt{x+1}$ について，次の合成関数を求めよ。

(1) $(g\circ f)(x)$　　(2) $(g\circ h)(x)$　　(3) $(h\circ g)(x)$

≫教 p.20 練習15

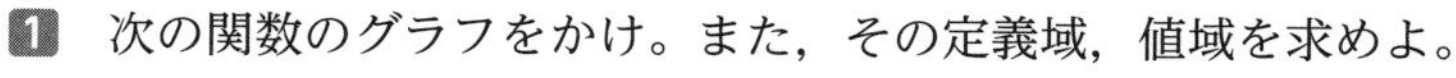

定期考査対策問題　第1章

1 次の関数のグラフをかけ。また，その定義域，値域を求めよ。

(1) $y=\dfrac{2x}{x-1}$　　(2) $y=\dfrac{6x+2}{3x-2}$

2 次の関数のグラフをかけ。また，その定義域，値域を求めよ。

(1) $y=\sqrt{3-x}$　　(2) $y=-\sqrt{2x+2}$

3 次の方程式，不等式を解け。

(1) $\dfrac{x-3}{x-1}=-x+1$　　(2) $x\geqq\dfrac{1+x}{x}$

(3) $2x-1=\sqrt{x}$　　(4) $\sqrt{x+3}>x+1$

4 (1) 関数 $y=\dfrac{2x+a}{x-a}$ のグラフ上に点 $(-2,\ a)$ があるように，定数 a の値を定めよ。

(2) 関数 $y=\sqrt{a+x}$ のグラフ上に点 $(6,\ -a)$ があるように，定数 a の値を定めよ。

5 次の関数の逆関数を求めよ。

(1) $y=\dfrac{2x-1}{x+1}$ $(x\geqq0)$　　(2) $y=-\sqrt{x+1}$

6 関数 $f(x)=2^x$，$g(x)=\log_4 x$ について，次の合成関数を求めよ。

(1) $(g\circ f)(x)$　　(2) $(f\circ g)(x)$

7 関数 $y=\dfrac{3x+14}{x+5}$ のグラフは，関数 $y=\dfrac{2x-5}{x-2}$ のグラフを，どのように平行移動したものか。

8 関数 $y=\dfrac{2x+3}{x+a}$ がその逆関数と一致するとき，定数 a の値を求めよ。

第2章　極限

1　数列の極限

16　次の数列の極限値をいえ。

(1)　$\dfrac{1}{1},\ \dfrac{3}{2},\ \dfrac{5}{3},\ \cdots\cdots,\ \dfrac{2n-1}{n},\ \cdots\cdots$

(2)　$1,\ -\dfrac{1}{4},\ \dfrac{1}{9},\ \cdots\cdots,\ \dfrac{(-1)^{n-1}}{n^2},\ \cdots\cdots$

(3)　$\sin\pi,\ \sin 2\pi,\ \sin 3\pi,\ \cdots\cdots,\ \sin n\pi,\ \cdots\cdots$

≫教 p.25 練習 1

17　第 n 項が次の式で表される数列の極限を調べよ。

(1)　$4-3n$　　(2)　$\dfrac{1}{\sqrt{n}}$　　(3)　n^3+1　　(4)　$\dfrac{n}{(-1)^n}$

≫教 p.26 練習 2

18　$\lim\limits_{n\to\infty} a_n=2$, $\lim\limits_{n\to\infty} b_n=5$ のとき，次の極限を求めよ。

(1)　$\lim\limits_{n\to\infty}(4a_n-b_n)$　　(2)　$\lim\limits_{n\to\infty} a_n b_n$　　(3)　$\lim\limits_{n\to\infty}\dfrac{a_n-b_n}{2a_n+b_n}$

≫教 p.27 練習 3

19　次の極限を求めよ。

(1)　$\lim\limits_{n\to\infty}(3n^2-2n)$　　(2)　$\lim\limits_{n\to\infty}(n^2-n+1)$　　(3)　$\lim\limits_{n\to\infty}(-2n^3+5n)$

(4)　$\lim\limits_{n\to\infty}\dfrac{2n-3}{n+1}$　　(5)　$\lim\limits_{n\to\infty}\dfrac{n^2+2n}{n+1}$　　(6)　$\lim\limits_{n\to\infty}\dfrac{3n-4}{n^2+1}$

≫教 p.28 練習 4

20　次の極限を求めよ。

(1)　$\lim\limits_{n\to\infty}(\sqrt{n}-\sqrt{n+1})$　　(2)　$\lim\limits_{n\to\infty}(\sqrt{n^2+4n}-n)$

≫教 p.29 練習 5

21　次の極限を求めよ。

$$\lim_{n\to\infty}\frac{1}{2^n}\sin\frac{n\pi}{2}$$

≫教 p.30 練習 6

2 無限等比数列

22 第 n 項が次の式で表される数列の極限を調べよ。

(1) $(-3)^n$　　(2) $\left(\dfrac{1}{3}\right)^n$　　(3) $\left(-\dfrac{3}{4}\right)^n$　　(4) $\left(\dfrac{1}{1-\sqrt{2}}\right)^n$

≫教 p.32 練習 7

23 数列 $\{(2x-1)^n\}$ が収束するような x の値の範囲を求めよ。また，そのときの極限値を求めよ。

≫教 p.32 練習 8

24 次の極限を求めよ。

(1) $\displaystyle\lim_{n\to\infty}\frac{3\cdot 2^n-5}{2^n+3}$　　(2) $\displaystyle\lim_{n\to\infty}\frac{5^n-3^n}{4^n}$　　(3) $\displaystyle\lim_{n\to\infty}\frac{(-2)^n+1}{(-4)^n-3^{n+1}}$

≫教 p.33 練習 9

25 r は定数とする。次の数列の極限を調べよ。

(1) $r>0$ のとき $\left\{\dfrac{1}{3+r^n}\right\}$　　(2) $r\fallingdotseq\pm1$ のとき $\left\{\dfrac{1}{r^n-1}\right\}$

≫教 p.33 練習10

26 次の条件によって定められる数列 $\{a_n\}$ の極限を求めよ。

$$a_1=1,\ a_{n+1}=\frac{1}{2}a_n+2\quad(n=1,\ 2,\ 3,\ \cdots\cdots)$$

≫教 p.34 練習11

3 無限級数

27 次の無限級数の収束，発散を調べ，収束するときはその和を求めよ。

(1) $\dfrac{1}{1\cdot4}+\dfrac{1}{4\cdot7}+\dfrac{1}{7\cdot10}+\cdots\cdots+\dfrac{1}{(3n-2)(3n+1)}+\cdots\cdots$

(2) $\dfrac{\sqrt{2}-1}{\sqrt{1\cdot2}}+\dfrac{\sqrt{3}-\sqrt{2}}{\sqrt{2\cdot3}}+\dfrac{\sqrt{4}-\sqrt{3}}{\sqrt{3\cdot4}}+\cdots\cdots+\dfrac{\sqrt{n+1}-\sqrt{n}}{\sqrt{n(n+1)}}+\cdots\cdots$

≫教 p.36 練習12

28 次のような無限等比級数の収束，発散を調べ，収束するときはその和を求めよ。

(1) 初項 1，公比 $\dfrac{1}{4}$　　(2) 初項 2，公比 $\dfrac{1}{\sqrt{2}}$

(3) $3-\dfrac{3}{2}+\dfrac{3}{2^2}-\dfrac{3}{2^3}+\cdots\cdots$　　(4) $12+6\sqrt{2}+6+\cdots\cdots$

≫教 p.38 練習13

29 次の無限等比級数が収束するような x の値の範囲を求めよ。

(1) $1+2x+4x^2+8x^3+\cdots\cdots$　　(2) $(3-x)+x(3-x)+x^2(3-x)+\cdots\cdots$

≫教 p.38 練習14

30 数直線上で，点 P が原点 O から正の向きに 1 だけ進み，次に負の向きに $\dfrac{1}{5}$ だけ進み，さらに正の向きに $\dfrac{1}{5^2}$ だけ進む。以下，このような運動を限りなく続けるとき，点 P が動く距離の総和と点 P が近づいていく点の座標を求めよ。

≫教 p.39 練習15

31 次の循環小数を分数で表せ。

(1) $0.6\dot{7}$　　(2) $0.\dot{3}1\dot{2}$　　(3) $0.1\dot{2}3\dot{4}$

≫教 p.40 練習16

32 次の無限級数の和を求めよ。

(1) $\displaystyle\sum_{n=1}^{\infty}\left(\frac{1}{6^n}+\frac{3}{5^n}\right)$　　(2) $\displaystyle\sum_{n=1}^{\infty}\frac{2^n-5}{4^n}$

≫教 p.41 練習17

33 無限級数 $\displaystyle\sum_{n=1}^{\infty}\frac{n+1}{n+2}$ は発散することを示せ。

≫教 p.42 練習18

4 関数の極限(1)

34 次の極限を求めよ。

(1) $\displaystyle\lim_{x\to 2}(2x^2-x-6)$　　(2) $\displaystyle\lim_{x\to 0}(x+1)(2x-3)$

(3) $\displaystyle\lim_{x\to 1}\frac{3x-4}{x+5}$　　(4) $\displaystyle\lim_{x\to 1}\sqrt{7-4x}$

≫教 p.46 練習19

35 次の極限を求めよ。

(1) $\displaystyle\lim_{x\to2}\frac{x^2-4}{x^2-2x}$　(2) $\displaystyle\lim_{x\to\frac{1}{2}}\frac{2x^2-5x+2}{2x-1}$　(3) $\displaystyle\lim_{x\to0}\frac{1}{x}\left(\frac{4}{x+2}-2\right)$

≫教 p.47 練習20

36 次の極限を求めよ。

(1) $\displaystyle\lim_{x\to1}\frac{x-\sqrt{4x-3}}{x-1}$　(2) $\displaystyle\lim_{x\to2}\frac{x-2}{\sqrt{x+2}-2}$

≫教 p.47 練習21

37 次の等式が成り立つように，定数 a，b の値を定めよ。

(1) $\displaystyle\lim_{x\to1}\frac{(a+1)x+b}{\sqrt{x}-1}=4$　(2) $\displaystyle\lim_{x\to1}\frac{ax^3+bx+2}{(x-1)^2}=3$

≫教 p.48 練習22

38 次の極限を求めよ。

(1) $\displaystyle\lim_{x\to4}\frac{1}{(x-4)^2}$　(2) $\displaystyle\lim_{x\to-2}\left\{-\frac{1}{(x+2)^2}\right\}$

≫教 p.49 練習23

39 次の極限を求めよ。

(1) $\displaystyle\lim_{x\to+0}\frac{x^2-5x}{|x|}$　(2) $\displaystyle\lim_{x\to-0}\frac{x^2}{|x|}$

≫教 p.51 練習24

40 次の極限を求めよ。

(1) $\displaystyle\lim_{x\to2-0}\frac{1}{x-2}$　(2) $\displaystyle\lim_{x\to3+0}\frac{1}{x-3}$

≫教 p.51 練習25

5 関数の極限(2)

41 次の極限を求めよ。

(1) $\displaystyle\lim_{x\to\infty}\frac{1}{3+x^2}$　(2) $\displaystyle\lim_{x\to-\infty}\frac{2}{x^3-5}$

(3) $\displaystyle\lim_{x\to\infty}(2-x^2)$　(4) $\displaystyle\lim_{x\to-\infty}(3x-x^3)$

≫教 p.53 練習26

42 次の極限を求めよ。

(1) $\displaystyle\lim_{x\to\infty}\frac{4x+5}{2x-1}$　(2) $\displaystyle\lim_{x\to-\infty}\frac{3x^2-5x-2}{x^2-3x+2}$

(3) $\displaystyle\lim_{x\to-\infty}\frac{4x}{x^2+2}$　(4) $\displaystyle\lim_{x\to-\infty}\frac{-2x^3+3x+1}{x^2+2x-1}$

≫教 p.53 練習27

43 次の極限を求めよ。

(1) $\lim_{x\to\infty}(x+1-\sqrt{x^2+x})$　　(2) $\lim_{x\to-\infty}(\sqrt{x^2-3x+1}+x)$

≫教 p.54 練習28

44 次の極限を求めよ。

(1) $\lim_{x\to-\infty}3^{-x}$　　(2) $\lim_{x\to\infty}\left(\frac{1}{4}\right)^x$　　(3) $\lim_{x\to\infty}\log_{\frac{1}{4}}x$　　(4) $\lim_{x\to+0}\log_3 x$

≫教 p.55 練習29

45 次の極限を求めよ。

(1) $\lim_{x\to\infty}3^{-2x}$　　(2) $\lim_{x\to-\infty}4^{-3x}$　　(3) $\lim_{x\to\infty}\log_3\frac{x-2}{3x+1}$

≫教 p.55 練習30

6 三角関数と極限

46 次の極限を求めよ。

(1) $\lim_{x\to\infty}\sin\frac{1}{x^2}$　　(2) $\lim_{x\to-\infty}\cos\frac{1}{x^3}$　　(3) $\lim_{x\to-\frac{\pi}{2}+0}\tan x$

≫教 p.56 練習31

47 次の極限を求めよ。

(1) $\lim_{x\to\infty}\frac{1}{x^2}\sin x$　　(2) $\lim_{x\to-\infty}\frac{\sin x}{x}$　　(3) $\lim_{x\to 0}x^2\cos\frac{1}{x}$

≫教 p.57 練習32

48 次の極限を求めよ。

(1) $\lim_{x\to 0}\frac{\sin 4x}{x}$　　(2) $\lim_{x\to 0}\frac{\sin 6x}{\sin 2x}$　　(3) $\lim_{x\to 0}\frac{\tan 3x}{\sin 2x}$

≫教 p.59 練習33

49 次の極限を求めよ。

(1) $\lim_{x\to 0}\frac{x^2}{1-\cos x}$　　(2) $\lim_{x\to 0}\frac{2x\sin x}{1-\cos x}$

≫教 p.59 練習34

50 半径 r の円Oの周上に定点Aと動点Pがある。右の図のように，Aにおける接線にPから下ろした垂線をPHとし，$\angle \mathrm{POA}=\theta$ とする。

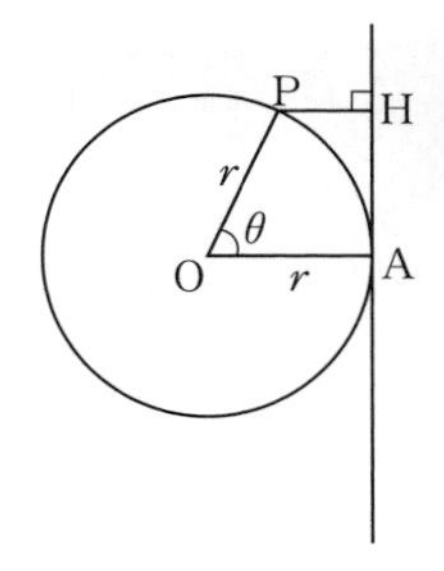

(1) $0<\theta<\dfrac{\pi}{2}$ とし，中心角 θ に対する弧APの長さを $\overparen{\mathrm{AP}}$ で表すとき，AH，PH，$\overparen{\mathrm{AP}}$ を，θ を用いてそれぞれ表せ。

(2) $\displaystyle\lim_{\theta\to+0}\frac{\mathrm{AH}^2}{\mathrm{PH}}$，$\displaystyle\lim_{\theta\to+0}\frac{\overparen{\mathrm{AP}}^2}{\mathrm{PH}}$ を求めよ。

≫教 p.60 練習35

7 関数の連続性

51 次の関数 $f(x)$ について，与えられた x の値で連続であるか不連続であるかを調べよ。

(1) $f(x)=\dfrac{|x|}{x}$ $(x=-1)$

(2) $f(x)=x-[x]$ $(x=4)$

(3) $f(x)=[\cos x]$ $\left(x=\dfrac{\pi}{2}\right)$

≫教 p.63 練習36

52 次の関数が連続である区間を求めよ。

(1) $f(x)=\sqrt{x^2-x-6}$

(2) $f(x)=\dfrac{x+6}{x^2+5x-6}$

≫教 p.64 練習37

53 区間 $[0,\ 1]$ における関数 $f(x)=|3x-2|$ の最大値，最小値について調べよ。

≫教 p.64 練習38

54 方程式 $\log_2(x+3)-x=0$ は，$1<x<5$ の範囲に少なくとも1つの実数解をもつことを示せ。

≫教 p.65 練習39

定期考査対策問題　第2章

1 次の極限を求めよ。

(1) $\displaystyle\lim_{n\to\infty}(\sqrt{n^2+2}-\sqrt{n^2-2})$　　(2) $\displaystyle\lim_{n\to\infty}\frac{1}{\sqrt{2n^2+5}-\sqrt{2}\,n}$

(3) $\displaystyle\lim_{n\to\infty}\frac{2^{2n}-1}{3^n+5}$　　(4) $\displaystyle\lim_{n\to\infty}\frac{2^n-(-3)^{n+1}}{(-3)^n+2^n}$

2 数列$\left\{\dfrac{1+r-r^n}{2+r^n}\right\}$の極限を，$|r|<1$，$r=1$，$|r|>1$ の各場合について求めよ。

3 次の条件によって定義される数列$\{a_n\}$の極限を求めよ。

$$a_1=0,\ a_{n+1}=1-\frac{1}{2}a_n\quad(n=1,\ 2,\ 3,\ \cdots\cdots)$$

4 次の無限等比級数が収束するような x の値の範囲を求めよ。また，そのときの和を求めよ。

$$3+3^2(x+2)+3^3(x+2)^2+\cdots\cdots$$

5 $\angle A_1=90°$，$A_1B=4$，$BC=5$，$CA_1=3$ の直角三角形 A_1BC がある。A_1 から対辺 BC に下ろした垂線を A_1A_2，A_2 から A_1B に下ろした垂線を A_2A_3 とし，以下これを無限に続け，点 A_2，A_3，……，A_n，……をとるとき，$\triangle A_1BA_2$，$\triangle A_2BA_3$，$\triangle A_3BA_4$，……，$\triangle A_nBA_{n+1}$，……の面積の総和 S を求めよ。

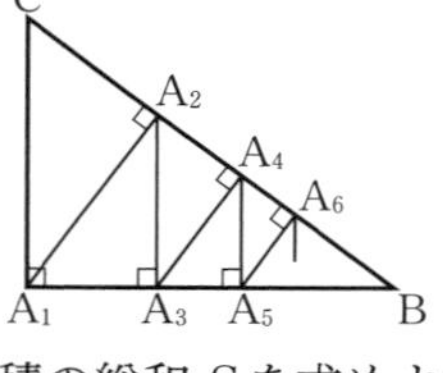

6 次の極限を求めよ。

(1) $\displaystyle\lim_{x\to-1}\frac{x+1}{x^3-x^2-x+1}$　　(2) $\displaystyle\lim_{x\to0}\frac{\sqrt{1+x}-\sqrt{1-x}}{x}$

7 関数$f(x)=\dfrac{\sqrt{ax+3}-1}{x-2}$が $x\longrightarrow2$ のとき収束するように，定数 a の値を定めよ。また，そのときの極限値を求めよ。

8 次の極限を求めよ。

(1) $\displaystyle\lim_{x\to\infty}(\sqrt{x^2+2x}-\sqrt{x^2+1})$　　(2) $\displaystyle\lim_{x\to-\infty}(\sqrt{x^2+4x}+x)$

第3章　微分法

1　微分係数と導関数

55　関数 $f(x)=-\sqrt{x}$ について，$x=2$ における微分係数を定義に従って求めよ。

教 p.70 練習 1

56　関数 $f(x)=|x|(x+1)$ は $x=0$ で微分可能でないことを示せ。

教 p.72 練習 2

57　導関数の定義に従って，次の関数の導関数を求めよ。

(1)　$f(x)=\dfrac{1}{x-2}$　　(2)　$f(x)=\sqrt{3x-2}$

教 p.73 練習 3

2　導関数の計算

58　次の関数を微分せよ。

(1)　$y=x^6+x^5$　　(2)　$y=\dfrac{1}{5}x^5-\dfrac{2}{3}x^3+\dfrac{1}{4}x^2+2x-5$

(3)　$y=(2x-3)(x^2+1)$　　(4)　$y=(x^2+1)(x^2-x-3)$

教 p.75 練習 5

59　次の関数を微分せよ。

(1)　$y=\dfrac{1}{x^2-2}$　　(2)　$y=\dfrac{3x}{x-2}$　　(3)　$y=\dfrac{x-2}{x^2+x+1}$

教 p.77 練習 7

60　次の関数を微分せよ。

(1)　$y=\dfrac{1}{x^5}$　　(2)　$y=-\dfrac{3}{x^5}$　　(3)　$y=-\dfrac{1}{x^3}+\dfrac{3}{x^2}$

教 p.77 練習 8

61　合成関数の微分法を用いて，関数 $y=(3x-1)^3$ を微分せよ。

教 p.79 練習 9

62 次の関数を微分せよ。

(1) $y=3(2x+1)^4$　(2) $y=(x^2+2x+5)^2$　(3) $y=\dfrac{3}{(2x^2-1)^3}$

≫教 p.79 練習11

63 逆関数の微分法を用いて，関数 $y=\sqrt[10]{x}$ を微分せよ。

≫教 p.81 練習12

64 次の関数を微分せよ。

(1) $y=\sqrt[5]{x^3}$　(2) $y=x\sqrt[6]{x}$　(3) $y=\dfrac{1}{x\sqrt[4]{x}}$

≫教 p.82 練習13

65 次の関数を微分せよ。

(1) $y=\dfrac{1}{\sqrt[3]{2x-1}}$　(2) $y=\sqrt{x^2+4}$

≫教 p.82 練習14

3 いろいろな関数の導関数

66 次の関数を微分せよ。

(1) $y=\tan 3x$　(2) $y=\sqrt{3}\cos\left(2x-\dfrac{\pi}{6}\right)$

(3) $y=2\sin^3 x$　(4) $y=\tan x^2$

(5) $y=\dfrac{1}{\cos x}$　(6) $y=\cos^2 4x$

≫教 p.85 練習16

67 次の関数を微分せよ。

(1) $y=\cos x-x\sin x$　(2) $y=\sin x\cos x$

≫教 p.85 練習17

68 次の関数を微分せよ。

(1) $y=\log_4(3x^2+x)$　(2) $y=\log(x^2+2)$　(3) $y=x^2\log x-\dfrac{1}{2}x^2$

≫教 p.87 練習18

69 次の関数を微分せよ。

(1) $y=\log|x^2-4|$　(2) $y=\log|\tan x|$　(3) $y=\log_3|2x-5|$

≫教 p.88 練習20

70 $\log|y|$ の導関数を利用して，次の関数を微分せよ。

(1) $y=\dfrac{(x+1)^2}{(x+2)^3(x+3)^4}$　　(2) $y=\sqrt[4]{(x+1)(x^2+2)}$

教 p.89 練習21

71 次の関数を微分せよ。ただし，(6) の a は 1 でない正の定数とする。

(1) $y=e^{-3x+2}$　　(2) $y=e^{-x^2+1}$　　(3) $y=4^x$

(4) $y=3^{2x}$　　(5) $y=xe^{-3x}$　　(6) $y=a^{2x^2}$

教 p.90 練習23

4 第 n 次導関数

72 次の関数について，第 3 次までの導関数を求めよ。

(1) $y=x^3-4x^2$　　(2) $y=\dfrac{1}{x+3}$　　(3) $y=\sin^2 x$

(4) $y=\log(x+1)$　　(5) $y=e^x+e^{-x}$　　(6) $y=e^x\cos x$

教 p.92 練習24

73 次の関数の第 n 次導関数を求めよ。

(1) $y=e^{-3x}$　　(2) $y=x^{n+1}$

教 p.92 練習25

5 曲線の方程式と導関数

74 放物線 $y^2=-2x$ について，次の問いに答えよ。

(1) 方程式を y について解け。

(2) $\dfrac{dy}{dx}=-\dfrac{1}{y}$ であることを示せ。

教 p.93 練習26

75 次の方程式で定められる x の関数 y について，$\dfrac{dy}{dx}$ を求めよ。

(1) $x^2+9y^2=9$　　(2) $\dfrac{x^2}{4}-\dfrac{y^2}{16}=1$

教 p.94 練習27

76 x の関数 y が，t を媒介変数として，次の式で表されるとき，$\dfrac{dy}{dx}$ を t の関数として表せ。

(1) $x=t^3-1$，$y=2t^2$　　(2) $x=2\cos t$，$y=5\sin t$

教 p.96 練習28

定期考査対策問題　第3章

1 導関数の定義に従って，関数 $y=\sqrt{2x+1}$ の導関数を求めよ。

2 次の関数を微分せよ。

(1) $y=(x^2+1)(2x^2-3)$　(2) $y=(x^2+x)(x^3-2)$

3 次の関数を微分せよ。

(1) $y=\dfrac{1}{x^3-5}$　(2) $y=\dfrac{x^2-3x+3}{x-1}$

4 次の関数を微分せよ。

(1) $y=\left(x+\dfrac{1}{x}\right)^3$　(2) $y=\left(2+\dfrac{1}{x}\right)^4$

(3) $y=(x-2)^2(x-3)^3$　(4) $y=\dfrac{x}{(2x-3)^2}$

5 次の関数を微分せよ。

(1) $y=\sqrt[3]{x^2+2x+3}$　(2) $y=\dfrac{1}{\sqrt{x^2+3}}$

6 次の関数を微分せよ。ただし，(6) の a は 1 でない正の定数とする。

(1) $y=\dfrac{1-\sin x}{1+\cos x}$　(2) $y=\cos^5 x\sin 5x$　(3) $y=(\log x)^3$

(4) $y=\log\left|\dfrac{2x-1}{2x+1}\right|$　(5) $y=e^{x^2+2x}$　(6) $y=a^{-3x}$

7 次の関数を微分せよ。

(1) $y=\dfrac{(1+x)^3(1-2x)}{(1-x)(1+2x)^3}$

(2) $y=\sqrt[3]{(x-2)(x^2-2)}$

8 関数 $y=x\sqrt{1+x^2}$ について，次の等式が成り立つことを示せ。

$$(1+x^2)y''+xy'=4y$$

9 次の方程式で定められる x の関数 y について，$\dfrac{dy}{dx}$ を求めよ。

$$x^2+2x+y^2=1$$

10 x の関数 y が，t を媒介変数として，次の式で表されるとき，$\dfrac{dy}{dx}$ を t の関数として表せ。

(1)　$x=2t^2-t+1$，$y=t^3-2t-1$　　(2)　$x=2(t-\sin t)$，$y=2(1-\cos t)$

11 導関数の定義に従って，関数 $y=\sqrt[3]{x^2}$ の導関数を求めよ。

12 次の関数を微分せよ。

(1)　$y=\dfrac{2x^2+x-1}{\sqrt{x}}$　　(2)　$y=\sqrt{1+4\cos^2 x}$

(3)　$y=\dfrac{1-\cos x}{1+2\sin x}$　　(4)　$y=3^{-x^2}$

13 次の関数の第 3 次導関数を求めよ。

(1)　$y=\dfrac{1}{x^2+x}$　　(2)　$y=e^{-x}\log x$

14 関数 $f(x)=\log x$ について，次のことを数学的帰納法を用いて証明せよ。

$$f^{(n)}(x)=(-1)^{n-1}\frac{(n-1)!}{x^n}$$

15 関数 $f(x)$ が $x=a$ で微分可能であるとき，次の極限値を $f'(a)$ で表せ。

$$\lim_{h\to 0}\frac{f(a+2h)-f(a-3h)}{h}$$

16 次の極限を求めよ。ただし，(1) の a は定数とする。

(1)　$\displaystyle\lim_{x\to a}\frac{\sin^2 x-\sin^2 a}{x-a}$　　(2)　$\displaystyle\lim_{x\to 1}\frac{e^x-e}{x-1}$

第4章　微分法の応用

1　接線の方程式

77　次の曲線上の点Aにおける接線の方程式を求めよ。

(1)　$y=\frac{1}{x^2}$，A(1，1)　　(2)　$y=2^x$，A(0，1)

教 p.102 練習1

78　次の曲線上の点Aにおける法線の方程式を求めよ。

(1)　$y=\frac{4}{x^2}$，A(−2，1)　　(2)　$y=\sqrt{25-x^2}$，A(−3，4)

教 p.103 練習2

79　曲線 $y=\sqrt{x-1}$ について，次のような接線の方程式を求めよ。

(1)　傾きが $\frac{1}{4}$ である　　(2)　原点を通る

教 p.104 練習3

80　次の曲線上の点Aにおける接線の方程式を求めよ。

(1)　$x^2+3y^2=6$，A($\sqrt{3}$，−1)

(2)　$\frac{x^2}{3}-\frac{y^2}{2}=1$，A(3，2)

教 p.105 練習4

2　平均値の定理

81　次の平均値の定理が成り立つ。

関数 $f(x)$ が区間 $[a,\ b]$ で連続で，区間 $(a,\ b)$ で微分可能ならば，

$\frac{f(b)-f(a)}{b-a}=f'(c)$，$a<c<b$ を満たす実数 c が存在する。

$f(x)=x^3+2$，$a=0$，$b=3$ の場合に，上の平均値の定理における c の値を求めよ。

教 p.107 練習5

82　平均値の定理を用いて，次のことを証明せよ。

$1<a<b$ のとき　$\frac{1}{2\sqrt{b}}<\frac{\sqrt{b}-\sqrt{a}}{b-a}<\frac{1}{2\sqrt{a}}$

教 p.107 練習6

3 関数の値の変化

83 次の関数の増減を調べよ。

(1) $f(x)=2\sqrt{x+1}-\dfrac{3}{4}x$　(2) $f(x)=-\dfrac{\log x}{x}$

(3) $y=\cos x-2x$

教 p.109 練習 9

84 次の関数の極値を求めよ。

(1) $y=(x+2)e^x$　(2) $f(x)=x^2\log x$　(3) $f(x)=x-1+\dfrac{1}{x-6}$

教 p.111 練習10

85 次の関数の極値を求めよ。

(1) $f(x)=x^2-4|x|+5$　(2) $y=|x|\sqrt{3-x}$

教 p.112 練習11

86 関数 $f(x)=x+\dfrac{a}{x-1}$ が $x=-2$ で極値をとるように，定数 a の値を定めよ。また，このとき，関数 $f(x)$ の極値を求めよ。

教 p.113 練習12

87 次の関数の最大値，最小値を求めよ。

(1) $f(x)=(1-x)\cos x+\sin x$　$(0\leqq x\leqq\pi)$

(2) $y=\dfrac{x-1}{x^2+3}$　$(-3\leqq x\leqq 3)$

教 p.114 練習13

4 関数のグラフ

88 次の曲線の凹凸を調べよ。また，変曲点があればその座標を求めよ。

(1) $y=x^4-6x^2+8x+10$　(2) $y=(x^2-1)e^{-x}$

(3) $y=x-3\cos x$　$(0<x<2\pi)$　(4) $y=\log(x^2+1)$

教 p.117 練習14

89 関数 $y=e^{-\frac{x^2}{3}}$ の増減，グラフの凹凸，漸近線を調べて，グラフの概形をかけ。

教 p.118 練習15

90 関数 $y=\dfrac{x^2+2x+2}{x+1}$ のグラフの概形をかけ。

教 p.119 練習16

91 次の関数の極値を，第2次導関数を利用して求めよ。

(1) $f(x)=x^4-2x^2+3$　　(2) $f(x)=2\sin x-\sqrt{3}x$　$(0\leqq x\leqq 2\pi)$

≫教 p.123 練習17

5 方程式，不等式への応用

92 $x>0$ のとき，次の不等式を証明せよ。

(1) $\sqrt{1+x}<1+\frac{1}{2}x$　　(2) $e^x<1+x+\frac{1}{2}x^2e^x$

≫教 p.125 練習18

93 a は定数とする。次の方程式の異なる実数解の個数を求めよ。

(1) $x^2-\frac{2}{x}=a$　　(2) $2\sqrt{x}-x+a=0$

≫教 p.126 練習19

6 速度と加速度

94 時刻 t における点Pの座標 $(x,\ y)$ が次の式で与えられるとき，時刻 t におけるPの速さ，加速度の大きさを求めよ。

(1) $x=4t,\ y=5e^t$　　(2) $x=\cos t+2,\ y=\sin t+1$

≫教 p.130 練習21

7 近似式

95 $h\fallingdotseq 0$ のとき，次の関数の値について，1次の近似式を作れ。

(1) $\sqrt[3]{a+h}$　　(2) $\log(3+h)$

≫教 p.132 練習22

96 $x\fallingdotseq 0$ のとき，次の関数について，1次の近似式を作れ。

(1) $\frac{1}{(1+x)^3}$　　(2) $\log(1+2x)$　　(3) $\tan\left(\frac{\pi}{4}+x\right)$

≫教 p.132 練習23

97 1次の近似式を用いて，次の数の近似値を求めよ。

(1) $\frac{1}{0.997^2}$　　(2) $\sqrt{100.2}$　　(3) $\log 0.997$

≫教 p.132 練習24

定期考査対策問題　第4章

1 曲線 $y=\log x$ 上の点 $(e,\ 1)$ における接線と法線の方程式を求めよ。

2 2つの曲線 $y=ax^3$ と $y=3\log x$ が共有点をもち，その点において共通の接線をもつとき，定数 a の値を求めよ。また，その共有点における接線の方程式を求めよ。

3 次の関数の極値を求めよ。

(1) $y=\dfrac{\log x}{x^3}$　　(2) $y=|x|e^{-x}$

4 次の関数の最大値，最小値を求めよ。

(1) $y=\log(x^2+1)-\log x\quad \left(\dfrac{1}{2}\leqq x\leqq 3\right)$

(2) $y=x-2\sin x\quad (0\leqq x\leqq 2\pi)$

5 曲線 $y=(x^2+2x+a)e^x$ が変曲点をもつように，定数 a の値の範囲を定めよ。

6 関数 $y=\dfrac{x^2-3}{x-2}$ のグラフの概形をかけ。

7 $x\geqq 1$ のとき，次の不等式を証明せよ。

$$x>\log 2x$$

8 a は定数とする。方程式 $x\log x-a=0$ の異なる実数解の個数を調べよ。ただし，$\displaystyle\lim_{x\to+0} x\log x=0$ とする。

9 座標平面上を運動する点Pの座標 $(x,\ y)$ が，時刻 t の関数として，次の式で表されるとき，時刻 t におけるPの速さと加速度の大きさを求めよ。

$$x=a\cos t+b,\ y=a\sin t+c\quad (a,\ b,\ c \text{は定数で，} a>0)$$

10 $\log 100.001$ の近似値を，1次の近似式を用いて，小数第5位まで求めよ。ただし，$\log 100=4.60517$ とする。

11 次の曲線上の，与えられた点における接線と法線の方程式を求めよ。

(1) $y=\dfrac{x}{x+1}$，点 $(0,\ 0)$　　(2) $y=\cos x$，点 $\left(\dfrac{\pi}{4},\ \dfrac{1}{\sqrt{2}}\right)$

12 平均値の定理を用いて，次のことを証明せよ。

$0<\alpha<\beta<\dfrac{\pi}{2}$ のとき　$\sin\beta-\sin\alpha<\beta-\alpha$

13 次の関数の増減を調べ，極値を求めよ。

(1) $y=\dfrac{x}{\log x}$　　(2) $y=\sqrt{|x^2-1|}$

14 次の関数のグラフの概形をかけ。

(1) $y=\dfrac{x^3}{x^2-3}$　　(2) $y=4\cos x+\cos 2x$　$(0\leqq x\leqq 2\pi)$

15 AB を直径とする半円周上の動点 P から AB に平行な弦 PQ を引き，台形 PABQ を作る。P から AB に垂線 PH を下ろす。また，円の中心を O とし，$AB=2a$，$\angle AOP=\theta$　$\left(0<\theta<\dfrac{\pi}{2}\right)$ とする。

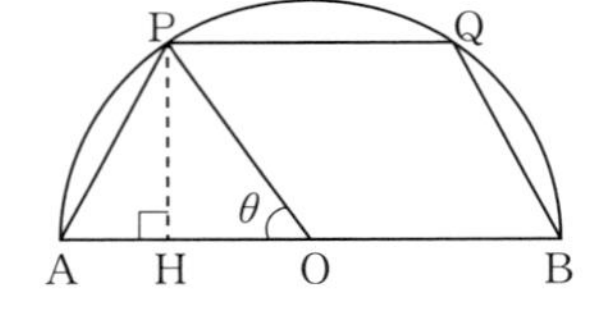

(1) PH，OH の長さを a，θ で表せ。

(2) 台形 PABQ の面積 S の最大値を求めよ。

16 曲線 $y=(ax^2+1)e^{-2x}$ が変曲点をもつように，定数 a の値の範囲を定めよ。

17 次の不等式が成り立つことを証明せよ。

(1) $x>2$ のとき　$\log\dfrac{x}{2}<\dfrac{x^2-4}{4x}$

(2) $x>1$ のとき　$x-1-\dfrac{(x-1)^2}{2}<\log x$

18 曲線 $xy=k$ $(k\neq 0)$ 上の任意の点 P における接線が，x 軸，y 軸と交わる点を，それぞれ Q，R とするとき，△OQR の面積は一定であることを示せ。ただし，O は原点とする。

第5章 積分法とその応用

1 不定積分とその基本性質

98 次の不定積分を求めよ。

(1) $\int x^{-5}dx$ (2) $\int \frac{dx}{\sqrt[6]{x}}$ (3) $\int \frac{dx}{x\sqrt{x}}$ (4) $\int \frac{1}{x\sqrt[5]{x^2}}dx$

教 p.139 練習1

99 次の不定積分を求めよ。

(1) $\int \frac{(x+1)(x+2)}{x}dx$ (2) $\int \left(\frac{\sqrt{t}+1}{\sqrt{t}}\right)^2 dt$

(3) $\int \frac{(t+3)^2}{\sqrt{t}}dt$ (4) $\int \left(x^2+\frac{1}{x}\right)^2 dx$

教 p.140 練習2

100 次の不定積分を求めよ。

(1) $\int (5\sin x+4\cos x)\,dx$ (2) $\int \frac{1-\sin^2 x}{\cos^4 x}dx$

(3) $\int (2-\tan^2 x)\,dx$ (4) $\int \left(2^x-\frac{1}{x}\right)dx$

(5) $\int (2e^x-5^x)\,dx$

教 p.141 練習3

2 置換積分法と部分積分法

101 次の不定積分を求めよ。

(1) $\int (2x+3)^3 dx$ (2) $\int \frac{dx}{(6x+5)^4}$ (3) $\int \sqrt[3]{5x+1}\,dx$

(4) $\int \frac{2}{1-3x}dx$ (5) $\int \cos(1-2x)\,dx$ (6) $\int e^{2x+3}dx$

教 p.142 練習4

102 次の不定積分を求めよ。

(1) $\int x\sqrt{x+2}\,dx$ (2) $\int \frac{x}{\sqrt{1-2x}}dx$

教 p.144 練習5

103 次の不定積分を求めよ。

(1) $\int x^2\sqrt{1-x^3}\,dx$　(2) $\int \cos^3 x\sin x\,dx$　(3) $\int \frac{dx}{x\log x}$

教 p.145 練習 6

104 次の不定積分を求めよ。

(1) $\int \frac{x^2+2x}{x^3+3x^2+1}dx$　(2) $\int \frac{e^x+1}{e^x+x}dx$　(3) $\int \frac{\cos x}{1-\sin x}dx$

教 p.145 練習 7

105 次の不定積分を求めよ。

(1) $\int (x+1)\sin x\,dx$　(2) $\int xe^{-2x}dx$

教 p.146 練習 8

106 次の不定積分を求めよ。

(1) $\int \log(x-1)\,dx$　(2) $\int x^3\log x\,dx$　(3) $\int x\log(x^2+2)\,dx$

教 p.147 練習 9

107 不定積分 $\int x^2(\log x)^2dx$ を求めよ。

教 p.147 練習10

3 いろいろな関数の不定積分

108 不定積分 $\int \frac{2x+1}{(x-2)(x+3)}dx$ を求めよ。

教 p.148 練習11

109 次の不定積分を求めよ。

(1) $\int \frac{x^2+1}{x-1}dx$　(2) $\int \frac{3x^2+4x-2}{3x+1}dx$　(3) $\int \frac{4x}{x^2-2x-3}dx$

教 p.148 練習12

110 次の不定積分を求めよ。

(1) $\int \sin^2 4x\,dx$　(2) $\int \cos^2 4x\,dx$　(3) $\int \sin 2x \cos 2x\,dx$

(4) $\int \sin x \cos 3x\,dx$　(5) $\int \cos 3x \cos 5x\,dx$

≫教 p.149 練習13

4 定積分とその基本性質

111 次の定積分を求めよ。

(1) $\int_1^5 \frac{dx}{x^3}$　(2) $\int_0^{\pi} \sin x\,dx$　(3) $\int_e^{e^2} \frac{dx}{x}$　(4) $\int_0^4 3^x\,dx$

≫教 p.151 練習14

112 次の定積分を求めよ。

(1) $\int_1^4 \frac{x+1}{\sqrt{x}}\,dx$　(2) $\int_1^3 \frac{dx}{(3x-1)^2}$　(3) $\int_0^1 (4^x+e^x)\,dx$

(4) $\int_0^{\frac{\pi}{2}} (\sin 2x+\cos 3x)\,dx$　(5) $\int_0^{\pi} \cos^2 3x\,dx$　(6) $\int_{\frac{\pi}{6}}^{\frac{5}{6}\pi} \cos 3x \cos x\,dx$

≫教 p.152 練習15

113 次の定積分を求めよ。

(1) $\int_0^{\frac{3}{2}\pi} |\cos x|\,dx$　(2) $\int_0^5 \sqrt{|x-1|}\,dx$

≫教 p.153 練習16

5 置換積分法と部分積分法

114 次の定積分を求めよ。

(1) $\int_0^2 x(2-x)^3\,dx$　(2) $\int_{-1}^0 x\sqrt{x+1}\,dx$

≫教 p.155 練習17

115 次の定積分を求めよ。

(1) $\int_0^3 \sqrt{9-x^2}\,dx$　(2) $\int_{-4}^4 \sqrt{16-x^2}\,dx$　(3) $\int_2^{2\sqrt{3}} \frac{dx}{\sqrt{16-x^2}}$

≫教 p.155 練習18

116 次の定積分を求めよ。

(1) $\displaystyle\int_{-\sqrt{3}}^{3}\frac{dx}{9+x^2}$　　(2) $\displaystyle\int_{\sqrt{2}}^{\sqrt{6}}\frac{dx}{3x^2+6}$

≫教 p.156 練習19

117 次の関数の中から，偶関数，奇関数を選べ。

① $4x$　② $-x^2$　③ $\sin 2x$　④ $-\cos 3x$

≫教 p.156 練習20

118 次の定積分を求めよ。

(1) $\displaystyle\int_{-1}^{1}x^3(x^2+1)^2dx$　　(2) $\displaystyle\int_{-e}^{e}x^3e^{x^2}dx$

(3) $\displaystyle\int_{-\frac{\pi}{2}}^{\frac{\pi}{2}}\sin^3 x\,dx$　　(4) $\displaystyle\int_{-\frac{\pi}{2}}^{\frac{\pi}{2}}\cos^2 x\,dx$

≫教 p.157 練習21

119 次の定積分を求めよ。

(1) $\displaystyle\int_{0}^{\frac{\pi}{2}}(x+2)\cos x\,dx$　(2) $\displaystyle\int_{0}^{1}xe^{-2x}dx$　(3) $\displaystyle\int_{-4}^{-3}\log(x+5)\,dx$

≫教 p.158 練習22

120 部分積分法によって，定積分 $\displaystyle\int_{-1}^{2}(x+1)(x-2)^3\,dx$ を求めよ。

≫教 p.158 練習23

121 部分積分法を 2 回利用して，定積分 $\displaystyle\int_{-\frac{\pi}{2}}^{\frac{\pi}{2}}x^2\cos x\,dx$ を求めよ。

≫教 p.158 練習24

122 定積分 $\displaystyle\int_{0}^{\frac{\pi}{2}}e^{-x}\sin x\,dx$ を求めよ。

≫教 p.159 研究 練習 1

6 定積分のいろいろな問題

123 次の関数を x で微分せよ。ただし，(2) では $x>0$ とする。

(1) $\displaystyle\int_{0}^{x}\sin^2 t\,dt$　　(2) $\displaystyle\int_{2}^{x}(t+1)\log t\,dt$

≫教 p.161 練習25

124 関数 $G(x)=\int_1^x (t-x)\log t\,dt$ について，$G'(x)$ を求めよ。ただし，$x>0$ とする。

≫教 p.161 練習26

125 関数 $\int_{-x}^{2x} t\cos t\,dt$ を x で微分せよ。

≫教 p.162 練習27

126 等式 $f(x)=\cos x-\int_0^{\frac{\pi}{2}} f(t)\sin t\,dt$ を満たす関数 $f(x)$ を求めよ。

≫教 p.162 練習28

127 極限値 $S=\lim_{n\to\infty}\frac{1}{n^3}\{(n+1)^2+(n+2)^2+\cdots\cdots+(2n)^2\}$ を求めよ。

≫教 p.165 練習30

128 次のことを示せ。

(1) $0\leqq x\leqq\frac{1}{2}$ のとき　$1\leqq\frac{1}{\sqrt{1-x^4}}\leqq\frac{1}{\sqrt{1-x}}$

(2) $\frac{1}{2}<\int_0^{\frac{1}{2}}\frac{dx}{\sqrt{1-x^4}}<2-\sqrt{2}$

≫教 p.166 練習31

129 関数 $f(x)=\frac{1}{x^2}$ の定積分を利用して，次の不等式を証明せよ。

$$1-\frac{1}{n}>\frac{1}{2^2}+\frac{1}{3^2}+\cdots\cdots+\frac{1}{n^2}$$ ただし，n は 2 以上の自然数

≫教 p.167 練習32

7 面積

130 次の曲線と 2 直線，および x 軸で囲まれた部分の面積 S を求めよ。

(1) $y=\frac{3}{x}$，$x=1$，$x=4e$　　(2) $y=\sqrt[3]{x}$，$x=1$，$x=2$

≫教 p.169 練習33

131 曲線 $y=e^x-1$ と x 軸および 2 直線 $x=-1$，$x=2$ で囲まれた 2 つの部分の面積の和 S を求めよ。

≫教 p.169 練習34

132 次の曲線や直線で囲まれた部分の面積 S を求めよ。

(1) $y=\sqrt{x+1}$, $y=x+1$　　(2) $xy=2$, $x+y=3$

≫教 p.170 練習35

133 次の曲線と直線で囲まれた部分の面積 S を求めよ。

(1) $y^2=x$, $y=1$, $y=4$, y 軸　　(2) $x=y^2-3$, $x=2y$

≫教 p.171 練習36

134 曲線 $3x^2+4y^2=1$ で囲まれた図形の面積 S を求めよ。

≫教 p.172 練習37

135 次の曲線と x 軸で囲まれた部分の面積 S を求めよ。

$$x=\sin\theta,\ y=\sin 2\theta \quad \left(\frac{\pi}{2}\leqq\theta\leqq\pi\right)$$

≫教 p.173 練習38

8 体積

136 右の図のような高さが PH＝10cm の立体がある。底面に平行で頂点 P から $x$cm の距離にある平面でこの立体を切断すると，切り口は1辺 $\sqrt{x}$ cm の正方形になる。この立体の体積を求めよ。

≫教 p.175 練習39

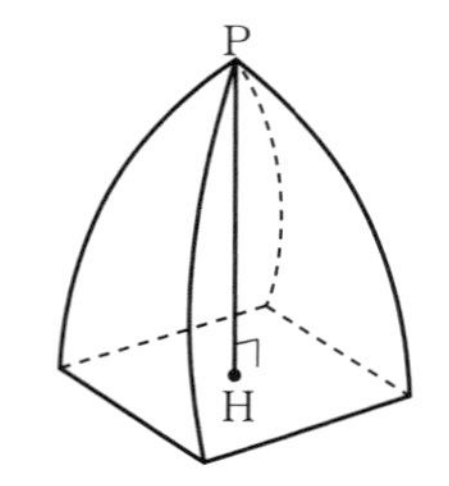

137 半径3の円 O がある。この直径 AB 上の点 P を通り，直線 AB に垂直な弦 QR を底辺とする正三角形を，円 O の面に対して垂直に作る。円の中心 O を原点に，直線 AB を x 軸にとり，P の座標を x とする。P が A から B まで動くとき，この三角形が通過してできる立体の体積 V を求めよ。

≫教 p.176 練習40

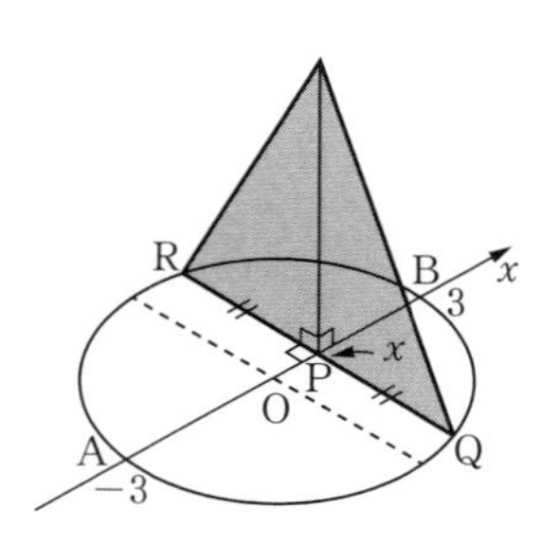

138 次の曲線と x 軸で囲まれた部分が，x 軸の周りに1回転してできる回転体の体積 V を求めよ。

(1) $y=x^2-3$　　(2) $y=\sin 2x$ $\left(0\leqq x\leqq \dfrac{\pi}{2}\right)$

≫教 p.177 練習41

139 曲線 $9x^2+4y^2=36$ で囲まれた部分が x 軸の周りに1回転してできる回転体の体積 V を求めよ。

≫教 p.178 練習42

140 次の曲線と直線で囲まれた部分が，y 軸の周りに1回転してできる回転体の体積 V を求めよ。

(1) $x=4-y^2$，y 軸　　(2) $y=\sqrt{2x}$，$y=2$，y 軸

≫教 p.178 練習43

141 2つの曲線 $y=-x^2-3x+1$，$y=x^2+x+1$ で囲まれた部分が，x 軸の周りに1回転してできる回転体の体積 V を求めよ。

≫教 p.179 練習44

142 次の曲線と x 軸で囲まれた部分が，x 軸の周りに1回転してできる回転体の体積 V を求めよ。

$$x=\cos^3\theta,\ y=\cos^2\theta\sin\theta\ \left(0\leqq\theta\leqq\frac{\pi}{2}\right)$$

≫教 p.180 練習45

9 道のり

143 数直線上を運動する点Pの速度が，時刻 t の関数として $v=10-3t$ で与えられている。$t=2$ におけるPの座標が5であるとき，$t=6$ のときのPの座標を求めよ。

≫教 p.181 練習46

144 数直線上を運動する点Pがあり，時刻 t におけるPの速度は $v=6t^2-18t$ であるとする。$t=0$ から $t=5$ までにPが通過する道のり s を求めよ。

≫教 p.183 練習47

145 座標平面上を運動する点Pの時刻 t における座標 $(x,\ y)$ が $x=\dfrac{t}{4}$，$y=\dfrac{t\sqrt{t}}{9}$ で表されるとき，$t=0$ から $t=4$ までにPが通過する道のり s を求めよ。

≫教 p.184 練習48

10 曲線の長さ

146 次の曲線の長さ L を求めよ。ただし，a は定数とする。

$$x=a(\cos\theta+\theta\sin\theta),\quad y=a(\sin\theta-\theta\cos\theta)\quad (0\leqq\theta\leqq\pi,\ a>0)$$

≫教 p.186 練習49

147 曲線 $y=\log(1-x^2)$ $\left(-\dfrac{1}{2}\leqq x\leqq\dfrac{1}{2}\right)$ の長さ L を求めよ。

≫教 p.187 練習50

発展　微分方程式

148 y を x の関数とする。微分方程式 $(x-1)\dfrac{dy}{dx}+(y-2)=0$ を解け。

≫教 p.192 発展 練習1

149 曲線 $y=f(x)$ は，その上の点 $\mathrm{P}(x,\ y)$ における接線の傾きが常に直線OP(Oは原点)の傾きの2倍であり，点 $(1,\ 2)$ を通る。この曲線の方程式を求めよ。ただし，この曲線は原点を通るものとする。

≫教 p.193 発展 練習2

定期考査対策問題　第5章

1 次の不定積分を求めよ。

(1) $\int x^2\sqrt{x}\,dx$　(2) $\int \frac{x(x+1)(x+2)}{x^3}dx$　(3) $\int \frac{x^2-1}{\sqrt{x}}dx$

(4) $\int \frac{x-\cos^2 x}{x\cos^2 x}dx$　(5) $\int 3^{x+2}dx$

2 次の2つの条件をともに満たす関数 $F(x)$ を求めよ。

[1]　$F'(x)=e^x-1$　　[2]　$F(1)=2$

3 次の不定積分を求めよ。

(1) $\int \frac{4}{2x+3}dx$　(2) $\int \sqrt[3]{6x+7}\,dx$　(3) $\int \sin(3t+2)\,dt$

(4) $\int \sin x\cos^4 x\,dx$　(5) $\int \frac{3x-1}{\sqrt{x+1}}dx$　(6) $\int x^2 e^{-x^3}dx$

(7) $\int \frac{dx}{\cos^2 x\tan x}$　(8) $\int \frac{x}{\cos^2 x}dx$　(9) $\int (2x-1)e^{2x}dx$

4 不定積分 $\int \frac{\sin 2x}{1+\sin x}dx$ を求めよ。

5 次の不定積分を求めよ。

(1) $\int \frac{x}{(x-1)(2x-1)}dx$　(2) $\int \frac{e^x}{e^{2x}-1}dx$　(3) $\int \frac{\log x}{x(\log x+1)^2}dx$

(4) $\int 6\cos 5x\cos 2x\,dx$　(5) $\int \sin^4 x\,dx$

6 次の定積分を求めよ。

(1) $\int_1^2 \frac{x-1}{\sqrt[3]{x}}dx$　(2) $\int_\pi^{3\pi}\cos\left(\frac{x}{4}-\frac{\pi}{4}\right)dx$　(3) $\int_0^{\frac{\pi}{8}}\sin^2 2x\,dx$

(4) $\int_0^{\frac{1}{2}}\frac{4x}{\sqrt{1-x^2}}dx$　(5) $\int_0^{\frac{\pi}{2}}(1-\cos^2 x)\sin x\,dx$　(6) $\int_1^2 x^2\log x\,dx$

7 次の定積分を求めよ。

(1) $\int_1^{\sqrt{3}}\frac{dx}{(x^2+1)^2}$　(2) $\int_0^1\sqrt{2x-x^2}\,dx$

8 関数$f(x)=\int_1^x (t-2)\log t\,dt \quad (x>0)$ について

(1) $f'(x)$ を求めよ。　　(2) $f(x)$ が極値をとる x の値を求めよ。

9 次の関数を x で微分せよ。

(1) $\int_x^{2x} \cos^2 t\,dt$　　(2) $\int_x^{x^2} e^t \sin t\,dt$

10 等式$f(x)=\dfrac{1}{x}+\int_1^3 tf(t)\,dt$ を満たす関数$f(x)$ を求めよ。

11 次の極限値を求めよ。

$$S=\lim_{n\to\infty}\frac{1}{n}\left\{\frac{1}{\left(1+\frac{1}{n}\right)^2}+\frac{1}{\left(1+\frac{2}{n}\right)^2}+\frac{1}{\left(1+\frac{3}{n}\right)^2}+\cdots\cdots+\frac{1}{\left(1+\frac{n}{n}\right)^2}\right\}$$

12 $0\leqq x\leqq 2\pi$ の範囲において，2 つの曲線 $y=\cos x$，$y=\cos 2x$ で囲まれた 2 つの部分の面積の和 S を求めよ。

13 次の曲線で囲まれた部分の面積 S を求めよ。

$y^2=x^2(1-x)$

14 曲線 $y=\tan x$ と x 軸および直線 $x=\dfrac{\pi}{4}$ で囲まれた部分が，x 軸の周りに 1 回転してできる回転体の体積 V を求めよ。

15 曲線 $y=\dfrac{1}{\sqrt{1+x^2}}$ と直線 $y=\dfrac{1}{\sqrt{2}}$ で囲まれた部分が，x 軸の周りに 1 回転してできる回転体の体積 V を求めよ。

16 数直線上を運動する点 P があり，時刻 t における P の速度は $v=t^2-2\sqrt{t}$ であるという。$t=0$ から $t=4$ までに，P の位置はどれだけ変化するか。また，道のり s を求めよ。

演習編の答と略解

注意 演習編の答の数値，図を示し，適宜略解と証明問題には略証を［ ］に入れて示した。

1 (1) 〔図〕 (2) 〔図〕

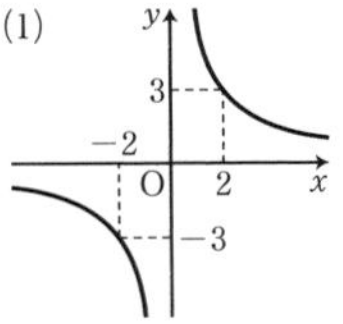

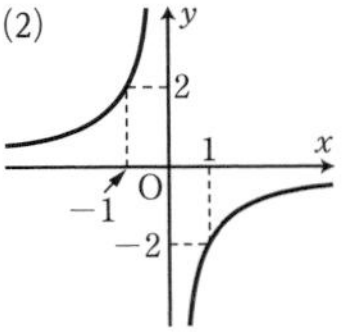

2 (1) 〔図〕，定義域 $x \neq -2$，値域 $y \neq 3$

(2) 〔図〕，定義域 $x \neq 0$，値域 $y \neq -1$

(3) 〔図〕，定義域 $x \neq -2$，値域 $y \neq 3$

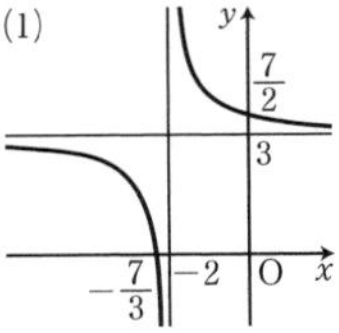

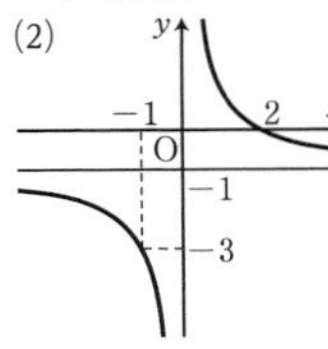

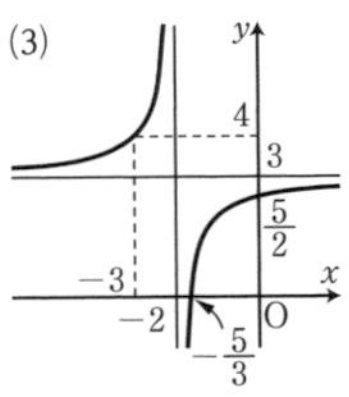

3 (1) 〔図〕，定義域 $x \neq 3$，値域 $y \neq 1$

(2) 〔図〕，定義域 $x \neq -2$，値域 $y \neq 3$

(3) 〔図〕，定義域 $x \neq \frac{1}{2}$，値域 $y \neq 3$

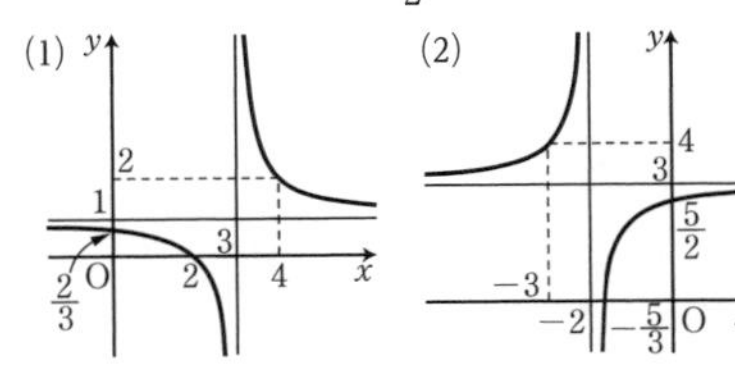

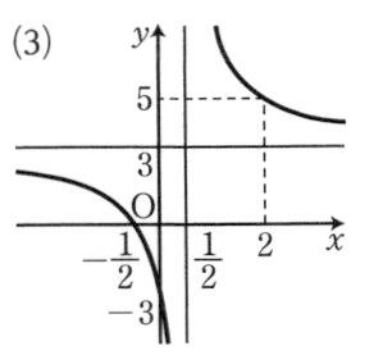

4 (1) $(-2,\ -1)$，$(2,\ 3)$

(2) $(-1+\sqrt{3},\ -1+\sqrt{3})$，$(-1-\sqrt{3},\ -1-\sqrt{3})$

(3) $(0,\ -1)$

5 (1) $x=\pm\sqrt{6}$ (2) $1 \leqq x < 2$，$6 \leqq x$

6 (1) 〔図〕，定義域 $x \geqq 0$，値域 $y \geqq 0$

(2) 〔図〕，定義域 $x \geqq 0$，値域 $y \leqq 0$

(3) 〔図〕，定義域 $x \leqq 0$，値域 $y \geqq 0$

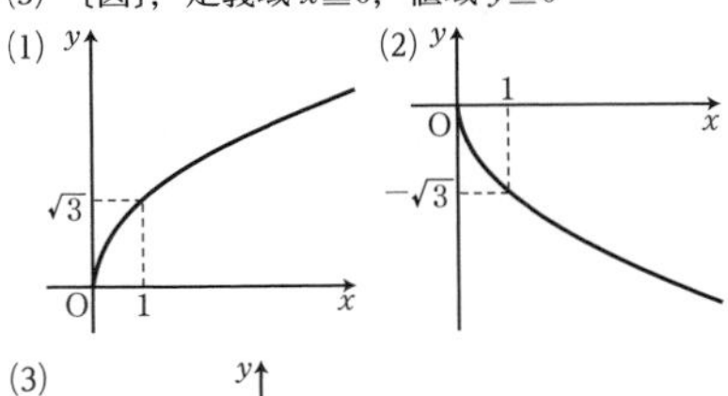

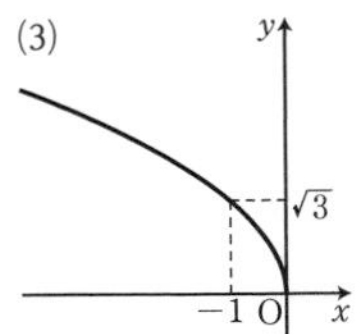

7 (1) 〔図〕，定義域 $x \geqq \frac{1}{2}$，値域 $y \geqq 0$

(2) 〔図〕，定義域 $x \geqq 1$，値域 $y \leqq 0$

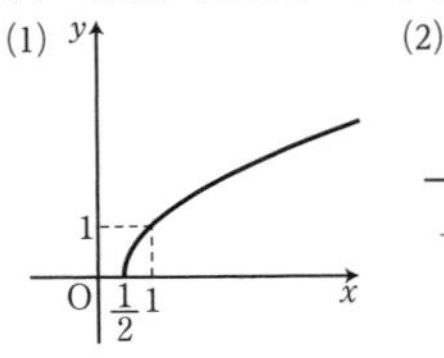

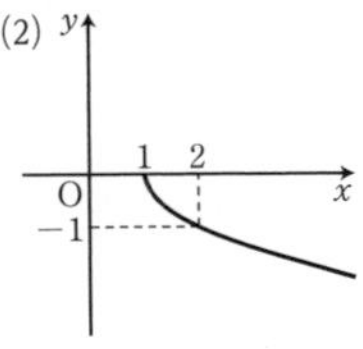

8 (1) (3, 2)　(2) (3, 1)

9 (1) $x=1$　(2) $x\geqq 5$

10 (1) $y=3x-6$ $(0\leqq x\leqq 2)$

(2) $y=-x^2+2$ $(x\geqq 0)$　(3) $y=\log_5 x$

(4) $y=\left(\dfrac{1}{3}\right)^x$

11 (1) $y=\dfrac{x+1}{x-1}$　(2) $y=\dfrac{3x-2}{2x-4}$

12 (1) $y=-\sqrt{x+1}$　(2) $y=-\sqrt{-x+3}$

13 $a=\dfrac{1}{5}$, $b=-\dfrac{3}{5}$

14 (1) ［図］　(2) ［図］

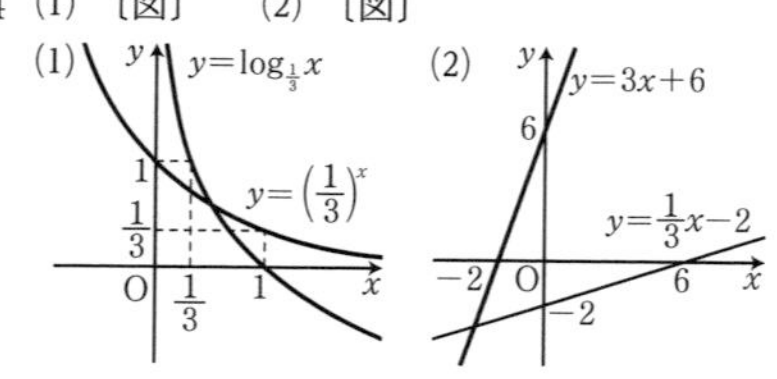

15 (1) $(g\circ f)(x)=(x+3)^2$

(2) $(g\circ h)(x)=x+1$ $(x\geqq -1)$

(3) $(h\circ g)(x)=\sqrt{x^2+1}$

16 (1) 2　(2) 0　(3) 0

17 (1) $-\infty$　(2) 0　(3) $+\infty$

(4) 極限はない

18 (1) 3　(2) 10　(3) $-\dfrac{1}{3}$

19 (1) ∞　(2) ∞　(3) $-\infty$

(4) 2　(5) ∞　(6) 0

20 (1) 0　(2) 2

21 0

22 (1) 極限はない(振動する)　(2) 0

(3) 0　(4) 極限はない

23 $0<x\leqq 1$；極限値は　$0<x<1$ のとき 0, $x=1$ のとき 1

24 (1) 3　(2) ∞　(3) 0

25 (1) $0<r<1$ のとき $\dfrac{1}{3}$ に収束,

$r=1$ のとき $\dfrac{1}{4}$ に収束,

$r>1$ のとき 0 に収束

(2) $r<-1$, $1<r$ のとき 0 に収束,

$-1<r<1$ のとき -1 に収束

26 4

27 (1) 収束, 和は $\dfrac{1}{3}$　(2) 収束, 和は 1

28 (1) 収束, 和は $\dfrac{4}{3}$

(2) 収束, 和は $4+2\sqrt{2}$

(3) 収束, 和は 2

(4) 収束, 和は $12(2+\sqrt{2})$

29 (1) $-\dfrac{1}{2}<x<\dfrac{1}{2}$　(2) $x=3$, $-1<x<1$

30 距離の総和 $\dfrac{5}{4}$, 点の座標 $\dfrac{5}{6}$

31 (1) $\dfrac{61}{90}$　(2) $\dfrac{104}{333}$　(3) $\dfrac{137}{1110}$

32 (1) $\dfrac{19}{20}$　(2) $-\dfrac{2}{3}$

33 ［無限級数の第 n 項を a_n とすると, 数列 $\{a_n\}$ が 0 に収束しないから, この無限級数は発散する］

34 (1) 0　(2) -3　(3) $-\dfrac{1}{6}$　(4) $\sqrt{3}$

35 (1) 2　(2) $-\dfrac{3}{2}$　(3) -1

36 (1) -1　(2) 4

37 (1) $a=1$, $b=-2$　(2) $a=1$, $b=-3$

38 (1) ∞　(2) $-\infty$

39 (1) -5　(2) 0

40 (1) $-\infty$　(2) ∞

41 (1) 0　(2) 0　(3) $-\infty$　(4) ∞

42 (1) 2　(2) 3　(3) 0　(4) ∞

43 (1) $\dfrac{1}{2}$　(2) $\dfrac{3}{2}$

44 (1) ∞　(2) 0　(3) $-\infty$　(4) $-\infty$

45 (1) 0　(2) ∞　(3) -1

46 (1) 0　(2) 1　(3) $-\infty$

47 (1) 0　(2) 0　(3) 0

48 (1) 4　(2) 3　(3) $\dfrac{3}{2}$

49 (1) 2　(2) 4

50 (1) $\mathrm{AH}=r\sin\theta$, $\mathrm{PH}=r(1-\cos\theta)$, $\widehat{\mathrm{AP}}=r\theta$

(2) $\displaystyle\lim_{\theta\to+0}\frac{\mathrm{AH}^2}{\mathrm{PH}}=2r$, $\displaystyle\lim_{\theta\to+0}\frac{\widehat{\mathrm{AP}}^2}{\mathrm{PH}}=2r$

51 (1) 連続　(2) 不連続　(3) 不連続

52 (1) $(-\infty,\ -2]$, $[3,\ \infty)$

(2) $(-\infty,\ -6)$, $(-6,\ 1)$, $(1,\ \infty)$

53 $x=0$ で最大値 2, $x=\dfrac{2}{3}$ で最小値 0

54 ［$f(x)=\log_2(x+3)-x$ とおくと, $f(x)$ は閉区間 $[1,\ 5]$ で連続である。$f(1)>0$, $f(5)<0$ であるから, $f(x)$ は $1<x<5$ の範囲に少なくとも 1

つの実数解をもつ]

55 $-\dfrac{1}{2\sqrt{2}}$

56 $\left[\dfrac{f(0+h)-f(0)}{h}=\dfrac{|h|(h+1)}{h}\right.$ であるから

$\displaystyle\lim_{h\to+0}\frac{f(0+h)-f(0)}{h}=1,$

$\displaystyle\lim_{h\to-0}\frac{f(0+h)-f(0)}{h}=-1$

ゆえに，$f'(0)$ は存在しない。よって，$f(x)$ は $x=0$ で微分可能でない]

57 (1) $f'(x)=-\dfrac{1}{(x-2)^2}$

(2) $f'(x)=\dfrac{3}{2\sqrt{3x-2}}$

58 (1) $y'=6x^5+5x^4$

(2) $y'=x^4-2x^2+\dfrac{1}{2}x+2$

(3) $y'=6x^2-6x+2$

(4) $y'=4x^3-3x^2-4x-1$

59 (1) $y'=-\dfrac{2x}{(x^2-2)^2}$ (2) $y'=-\dfrac{6}{(x-2)^2}$

(3) $y'=\dfrac{-x^2+4x+3}{(x^2+x+1)^2}$

60 (1) $y'=-\dfrac{5}{x^6}$ (2) $y'=\dfrac{15}{x^6}$

(3) $y'=\dfrac{3}{x^4}-\dfrac{6}{x^3}$

61 $\dfrac{dy}{dx}=9(3x-1)^2$

62 (1) $y'=24(2x+1)^3$

(2) $y'=4(x+1)(x^2+2x+5)$

(3) $y'=-\dfrac{36x}{(2x^2-1)^4}$

63 $y'=\dfrac{1}{10\sqrt[10]{x^9}}$

64 (1) $y'=\dfrac{3}{5\sqrt[5]{x^2}}$ (2) $y'=\dfrac{7\sqrt[6]{x}}{6}$

(3) $y'=-\dfrac{5}{4x^2\sqrt[4]{x}}$

65 (1) $y'=-\dfrac{2}{3(2x-1)\sqrt[3]{2x-1}}$

(2) $y'=\dfrac{x}{\sqrt{x^2+4}}$

66 (1) $y'=\dfrac{3}{\cos^2 3x}$

(2) $y'=-2\sqrt{3}\sin\left(2x-\dfrac{\pi}{6}\right)$

(3) $y'=6\sin^2 x\cos x$

(4) $y'=\dfrac{2x}{\cos^2 x^2}$ (5) $y'=\dfrac{\sin x}{\cos^2 x}$

(6) $y'=-4\sin 8x$

67 (1) $y'=-2\sin x-x\cos x$ (2) $y'=\cos 2x$

68 (1) $y'=\dfrac{6x+1}{(3x^2+x)\log 4}$ (2) $y'=\dfrac{2x}{x^2+2}$

(3) $y'=2x\log x$

69 (1) $y'=\dfrac{2x}{x^2-4}$ (2) $y'=\dfrac{1}{\sin x\cos x}$

(3) $y'=\dfrac{2}{(2x-5)\log 3}$

70 (1) $y'=-\dfrac{(x+1)(5x^2+14x+5)}{(x+2)^4(x+3)^5}$

(2) $y'=\dfrac{3x^2+2x+2}{4\sqrt[4]{(x+1)^3(x^2+2)^3}}$

71 (1) $y'=-3e^{-3x+2}$ (2) $y'=-2xe^{-x^2+1}$

(3) $y'=4^x\log 4$ (4) $y'=2\cdot 3^{2x}\log 3$

(5) $y'=(1-3x)e^{-3x}$

(6) $y'=4xa^{2x^2}\log a$

72 (1) $y'=3x^2-8x$，$y''=6x-8$，$y'''=6$

(2) $y'=-(x+3)^{-2}$，$y''=\dfrac{2}{(x+3)^3}$，

$y'''=-\dfrac{6}{(x+3)^4}$

(3) $y'=\sin 2x$，$y''=2\cos 2x$，

$y'''=-4\sin 2x$

(4) $y'=(x+1)^{-1}$，$y''=-\dfrac{1}{(x+1)^2}$，

$y'''=\dfrac{2}{(x+1)^3}$

(5) $y'=e^x-e^{-x}$，$y''=e^x+e^{-x}$，$y'''=e^x-e^{-x}$

(6) $y'=e^x(\cos x-\sin x)$，$y''=-2e^x\sin x$，

$y'''=-2e^x(\sin x+\cos x)$

73 (1) $y^{(n)}=(-3)^n e^{-3x}$ (2) $y^{(n)}=(n+1)!x$

74 (1) $y=\pm\sqrt{-2x}$

[(2) $y=\sqrt{-2x}$ を x で微分すると

$\dfrac{dy}{dx}=-\dfrac{1}{y}$

$y=-\sqrt{-2x}$ を x で微分すると

$\dfrac{dy}{dx}=-\dfrac{1}{y}$

よって $\dfrac{dy}{dx}=-\dfrac{1}{y}$]

75 (1) $\dfrac{dy}{dx}=-\dfrac{x}{9y}$ (2) $\dfrac{dy}{dx}=\dfrac{4x}{y}$

76 (1) $\dfrac{dy}{dx}=\dfrac{4}{3t}$ (2) $\dfrac{dy}{dx}=-\dfrac{5\cos t}{2\sin t}$

77 (1) $y=-2x+3$ (2) $y=x\log 2+1$

78 (1) $y=-x-1$ (2) $y=-\dfrac{4}{3}x$

79 (1) $y=\dfrac{1}{4}x+\dfrac{3}{4}$ (2) $y=\dfrac{1}{2}x$

80 (1) $y=\dfrac{\sqrt{3}}{3}x-2$ (2) $y=x-1$

81 $c=\sqrt{3}$

82 [関数 $f(x)=\sqrt{x}$ は，$x>0$ で微分可能で

$f'(x)=\dfrac{1}{2\sqrt{x}}$

区間 $[a,\ b]$ において，平均値の定理を用いると

$\dfrac{\sqrt{b}-\sqrt{a}}{b-a}=\dfrac{1}{2\sqrt{c}}$ ……①

$a<c<b$ ……②

を満たす実数 c が存在する。

$f'(x)=\dfrac{1}{2\sqrt{x}}$ は $a<x<b$ で減少するから，

② より $\dfrac{1}{2\sqrt{a}}>\dfrac{1}{2\sqrt{c}}>\dfrac{1}{2\sqrt{b}}$

よって，① より $\dfrac{1}{2\sqrt{b}}<\dfrac{\sqrt{b}-\sqrt{a}}{b-a}<\dfrac{1}{2\sqrt{a}}$]

83 (1) $-1\leqq x\leqq\dfrac{7}{9}$ で増加，$\dfrac{7}{9}\leqq x$ で減少

(2) $0<x\leqq e$ で減少，$e\leqq x$ で増加

(3) 常に減少

84 (1) $x=-3$ で極小値 $-\dfrac{1}{e^3}$

(2) $x=\dfrac{1}{\sqrt{e}}$ で極小値 $-\dfrac{1}{2e}$

(3) $x=5$ で極大値 3，$x=7$ で極小値 7

85 (1) $x=-2,\ 2$ で極小値 1，$x=0$ で極大値 5

(2) $x=2$ で極大値 2，$x=0$ で極小値 0

86 $a=9$；

$x=-2$ で極大値 -5，$x=4$ で極小値 7

87 (1) $x=\pi$ で最大値 $\pi-1$，

$x=1$ で最小値 $\sin 1$

(2) $x=3$ で最大値 $\dfrac{1}{6}$，

$x=-1$ で最小値 $-\dfrac{1}{2}$

88 (1)

x	…	-1	…	1	…
y''	$+$	0	$-$	0	$+$
y	下に凸	-3	上に凸	13	下に凸

変曲点 $(-1,\ -3)$，$(1,\ 13)$

(2)

x	…	$2-\sqrt{3}$	…	$2+\sqrt{3}$	…
y''	$+$	0	$-$	0	$+$
y	下に凸	変曲点	上に凸	変曲点	下に凸

変曲点 $(2-\sqrt{3},\ (6-4\sqrt{3})e^{-2+\sqrt{3}})$，

$(2+\sqrt{3},\ (6+4\sqrt{3})e^{-2-\sqrt{3}})$

(3)

x	0	…	$\dfrac{\pi}{2}$	…	$\dfrac{3}{2}\pi$	…	2π
y''		$+$	0	$-$	0	$+$	
y		下に凸	$\dfrac{\pi}{2}$	上に凸	$\dfrac{3}{2}\pi$	下に凸	

変曲点 $\left(\dfrac{\pi}{2},\ \dfrac{\pi}{2}\right)$，$\left(\dfrac{3}{2}\pi,\ \dfrac{3}{2}\pi\right)$

(4)

x	…	-1	…	1	…
y''	$-$	0	$+$	0	$-$
y	上に凸	$\log 2$	下に凸	$\log 2$	上に凸

変曲点 $(-1,\ \log 2)$，$(1,\ \log 2)$

89

x	…	$-\dfrac{\sqrt{6}}{2}$	…	0	…	$\dfrac{\sqrt{6}}{2}$	…
y'	$+$	$+$	$+$	0	$-$	$-$	$-$
y''	$+$	0	$-$	$-$	$-$	0	$+$
y	↗	$\dfrac{1}{\sqrt{e}}$	↗	1	↘	$\dfrac{1}{\sqrt{e}}$	↘

変曲点 $\left(-\dfrac{\sqrt{6}}{2},\ \dfrac{1}{\sqrt{e}}\right)$，$\left(\dfrac{\sqrt{6}}{2},\ \dfrac{1}{\sqrt{e}}\right)$；

漸近線は x 軸；〔図〕

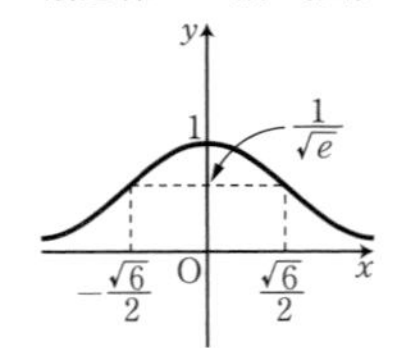

90 〔図〕

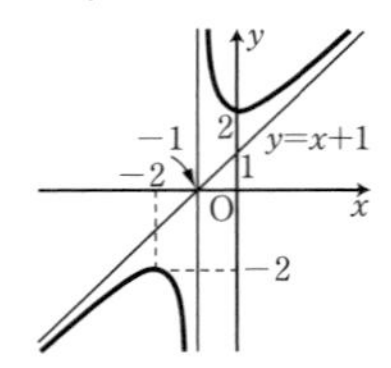

91 (1) $x=0$ で極大値 3，$x=-1,\ 1$ で極小値 2

(2) $x=\dfrac{\pi}{6}$ で極大値 $1-\dfrac{\sqrt{3}}{6}\pi$，

$x=\dfrac{11}{6}\pi$ で極小値 $-1-\dfrac{11\sqrt{3}}{6}\pi$

92 [(1) $f(x)=\left(1+\frac{1}{2}x\right)-\sqrt{1+x}$ とすると

$f'(x)=\frac{\sqrt{1+x}-1}{2\sqrt{1+x}}$

$x>0$ のとき，$\sqrt{1+x}>1$ であるから $f'(x)>0$

よって，$f(x)$ は区間 $x\geqq 0$ で増加する。

ゆえに，$x>0$ のとき $f(x)>f(0)$

$f(0)=0$ であるから，$x>0$ のとき

$\left(1+\frac{1}{2}x\right)-\sqrt{1+x}>0$

(2) $f(x)=1+x+\frac{1}{2}x^2e^x-e^x$ とすると

$f'(x)=1+xe^x+\frac{1}{2}x^2e^x-e^x$,

$f''(x)=\frac{1}{2}x(x+4)e^x$

$x>0$ のとき $f''(x)>0$

よって，$f'(x)$ は $x\geqq 0$ で増加する。

ゆえに，$x>0$ のとき $f'(x)>f'(0)=0$

よって，$f(x)$ は $x\geqq 0$ で増加する。

ゆえに，$x>0$ のとき $f(x)>f(0)=0$

したがって，$x>0$ のとき $e^x<1+x+\frac{1}{2}x^2e^x$]

93 (1) $a<3$ のとき 1 個，$a=3$ のとき 2 個，$3<a$ のとき 3 個

(2) $-1<a\leqq 0$ のとき 2 個，$a=-1$，$a>0$ のとき 1 個，$a<-1$ のとき 0 個

94 (1) 速さ $\sqrt{16+25e^{2t}}$，加速度の大きさ $5e^t$

(2) 速さ 1，加速度の大きさ 1

95 (1) $\sqrt[3]{a}+\frac{h}{3\sqrt[3]{a^2}}$ (2) $\log 3+\frac{1}{3}h$

96 (1) $1-3x$ (2) $2x$ (3) $1+2x$

97 (1) 1.006 (2) 10.01 (3) -0.003

注意 以後，C は積分定数とする。

98 (1) $-\frac{1}{4x^4}+C$ (2) $\frac{6}{5}\sqrt[6]{x^5}+C$

(3) $-\frac{2}{\sqrt{x}}+C$ (4) $-\frac{5}{2\sqrt[5]{x^2}}+C$

99 (1) $\frac{1}{2}x^2+3x+2\log|x|+C$

(2) $t+4\sqrt{t}+\log|t|+C$

(3) $\frac{2}{5}t^2\sqrt{t}+4t\sqrt{t}+18\sqrt{t}+C$

(4) $\frac{1}{5}x^5+x^2-\frac{1}{x}+C$

100 (1) $-5\cos x+4\sin x+C$

(2) $\tan x+C$ (3) $3x-\tan x+C$

(4) $\frac{2^x}{\log 2}-\log|x|+C$

(5) $2e^x-\frac{5^x}{\log 5}+C$

101 (1) $\frac{1}{8}(2x+3)^4+C$

(2) $-\frac{1}{18(6x+5)^3}+C$

(3) $\frac{3}{20}(5x+1)\sqrt[3]{5x+1}+C$

(4) $-\frac{2}{3}\log|1-3x|+C$

(5) $-\frac{1}{2}\sin(1-2x)+C$

(6) $\frac{1}{2}e^{2x+3}+C$

102 (1) $\frac{2}{15}(3x-4)(x+2)\sqrt{x+2}+C$

(2) $-\frac{(x+1)\sqrt{1-2x}}{3}+C$

103 (1) $-\frac{2}{9}(1-x^3)\sqrt{1-x^3}+C$

(2) $-\frac{1}{4}\cos^4 x+C$

(3) $\log|\log x|+C$

104 (1) $\frac{1}{3}\log|x^3+3x^2+1|+C$

(2) $\log|e^x+x|+C$

(3) $-\log(1-\sin x)+C$

105 (1) $-(x+1)\cos x+\sin x+C$

(2) $-\frac{1}{4}(2x+1)e^{-2x}+C$

106 (1) $(x-1)\log(x-1)-x+C$

(2) $\frac{1}{16}x^4(4\log x-1)+C$

(3) $\frac{x^2+2}{2}\log(x^2+2)-\frac{x^2}{2}+C$

107 $\frac{x^3}{3}(\log x)^2-\frac{2}{9}x^3\log x+\frac{2}{27}x^3+C$

108 $\log|(x-2)(x+3)|+C$

109 (1) $\frac{1}{2}x^2+x+2\log|x-1|+C$

(2) $\frac{1}{2}x^2+x-\log|3x+1|+C$

(3) $\log|(x-3)^3(x+1)|+C$

110 (1) $\frac{1}{2}x-\frac{1}{16}\sin 8x+C$

(2) $\frac{x}{2}+\frac{\sin 8x}{16}+C$

(3) $-\frac{1}{8}\cos 4x+C$

(4) $-\frac{\cos 4x}{8}+\frac{\cos 2x}{4}+C$

(5) $\frac{1}{16}\sin 8x+\frac{1}{4}\sin 2x+C$

111 (1) $\frac{12}{25}$ (2) 2 (3) 1 (4) $\frac{80}{\log 3}$

112 (1) $\frac{20}{3}$ (2) $\frac{1}{8}$ (3) $\frac{3}{\log 4}+e-1$

(4) $\frac{2}{3}$ (5) $\frac{\pi}{2}$ (6) $-\frac{3\sqrt{3}}{8}$

113 (1) 3 (2) 6

114 (1) $\frac{8}{5}$ (2) $-\frac{4}{15}$

115 (1) $\frac{9}{4}\pi$ (2) 8π (3) $\frac{\pi}{6}$

116 (1) $\frac{5}{36}\pi$ (2) $\frac{\sqrt{2}}{72}\pi$

117 偶関数：②，④；奇関数：①，③

118 (1) 0 (2) 0 (3) 0 (4) $\frac{\pi}{2}$

119 (1) $\frac{\pi}{2}+1$ (2) $-\frac{3}{4}e^{-2}+\frac{1}{4}$

(3) $2\log 2-1$

120 $-\frac{243}{20}$

121 $\frac{\pi^2}{2}-4$

122 $\frac{1}{2}\left(1-e^{-\frac{\pi}{2}}\right)$

123 (1) $\sin^2 x$ (2) $(x+1)\log x$

124 $G'(x)=-x\log x+x-1$

125 $4x\cos 2x-x\cos x$

126 $f(x)=\cos x-\frac{1}{4}$

127 $\frac{7}{3}$

128 [(1) $0\leqq x\leqq\frac{1}{2}$ であるから $0\leqq x^4\leqq x$

(2) (1)の不等式について，等号は常には成り立たないから

$$\int_0^{\frac{1}{2}}dx<\int_0^{\frac{1}{2}}\frac{dx}{\sqrt{1-x^4}}<\int_0^{\frac{1}{2}}\frac{dx}{\sqrt{1-x}}$$]

129 [自然数 k に対して，$k\leqq x\leqq k+1$ では

$\frac{1}{x^2}\geqq\frac{1}{(k+1)^2}$

常には $\frac{1}{x^2}=\frac{1}{(k+1)^2}$ でないから

$$\int_k^{k+1}\frac{dx}{x^2}>\int_k^{k+1}\frac{dx}{(k+1)^2}$$

すなわち $\int_k^{k+1}\frac{dx}{x^2}>\frac{1}{(k+1)^2}$

$k=1,\ 2,\ 3,\ \cdots\cdots,\ n-1$ として，辺々を加える]

130 (1) $3+6\log 2$ (2) $\frac{3}{4}(2\sqrt[3]{2}-1)$

131 $\frac{1}{e}+e^2-3$

132 (1) $\frac{1}{6}$ (2) $\frac{3}{2}-2\log 2$

133 (1) 21 (2) $\frac{32}{3}$

134 $\frac{\sqrt{3}}{6}\pi$

135 $\frac{2}{3}$

136 $50\,\mathrm{cm}^3$

137 $36\sqrt{3}$

138 (1) $\frac{48\sqrt{3}}{5}\pi$ (2) $\frac{\pi^2}{4}$

139 24π

140 (1) $\frac{512}{15}\pi$ (2) $\frac{8}{5}\pi$

141 $\frac{32}{3}\pi$

142 $\frac{2}{21}\pi$

143 -3

144 79

145 $\frac{49}{36}$

146 $\frac{\pi^2 a}{2}$

147 $2\log 3-1$

148 $y=\frac{A}{x-1}+2$，A は任意の定数

149 $y=2x^2$

定期考査対策問題の答と略解

第１章

1 (1) 〔図〕，定義域 $x \neq 1$，値域 $y \neq 2$

(2) 〔図〕，定義域 $x \neq \frac{2}{3}$，値域 $y \neq 2$

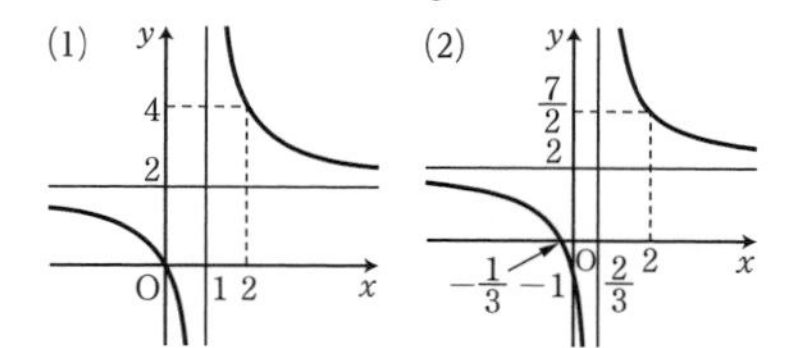

2 (1) 〔図〕，定義域 $x \leqq 3$，値域 $y \geqq 0$

(2) 〔図〕，定義域 $x \geqq -1$，値域 $y \leqq 0$

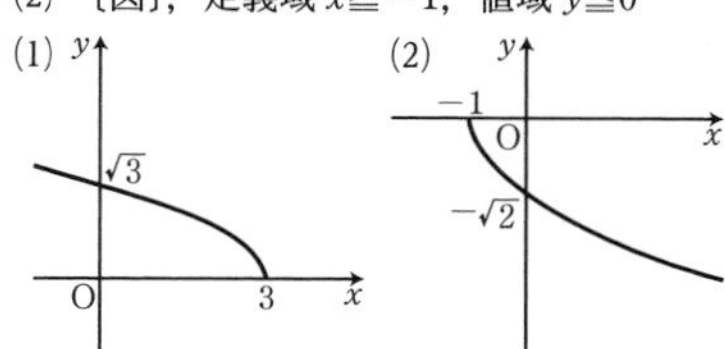

3 (1) $x=-1,\ 2$

(2) $\frac{1-\sqrt{5}}{2} \leqq x < 0,\ \frac{1+\sqrt{5}}{2} \leqq x$

(3) $x=1$　(4) $-3 \leqq x < 1$

4 (1) $a=-4,\ 1$　(2) $a=-2$

5 (1) $y=-\frac{x+1}{x-2}$ $(-1 \leqq x < 2)$

(2) $y=x^2-1$ $(x \leqq 0)$

6 (1) $(g \circ f)(x)=\frac{x}{2}$　(2) $(f \circ g)(x)=\sqrt{x}$

7 x 軸方向に -7，y 軸方向に 1 だけ平行移動したもの

8 $a=-2$

第２章

1 (1) 0　(2) ∞　(3) ∞　(4) 3

2 $|r|<1$ のとき $\frac{1+r}{2}$，$r=1$ のとき $\frac{1}{3}$，$|r|>1$ のとき -1

3 $\frac{2}{3}$

4 $-\frac{7}{3} < x < -\frac{5}{3}$；和は $-\frac{3}{3x+5}$

5 $\frac{32}{3}$

6 (1) $\frac{1}{4}$　(2) 1

7 $a=-1$，極限値 $-\frac{1}{2}$

8 (1) 1　(2) -2

第３章

1 $y'=\frac{1}{2\sqrt{x+1}}$

2 (1) $y'=8x^3-2x$

(2) $y'=5x^4+4x^3-4x-2$

3 (1) $y'=-\frac{3x^2}{(x^3-5)^2}$　(2) $y'=\frac{x^2-2x}{(x-1)^2}$

4 (1) $y'=3\left(x+\frac{1}{x}\right)^2\left(1-\frac{1}{x^2}\right)$

(2) $y'=-\frac{4}{x^2}\left(2+\frac{1}{x}\right)^3$

(3) $y'=(x-2)(x-3)^2(5x-12)$

(4) $y'=-\frac{2x+3}{(2x-3)^3}$

5 (1) $y'=\frac{2x+2}{3\sqrt[3]{(x^2+2x+3)^2}}$

(2) $y'=-\frac{x}{\sqrt{(x^2+3)^3}}$

6 (1) $y'=\frac{\sin x-\cos x-1}{(1+\cos x)^2}$

(2) $y'=5\cos^4 x\cos 6x$

(3) $y'=\frac{3(\log x)^2}{x}$

(4) $y'=\frac{4}{4x^2-1}$　(5) $y'=2(x+1)e^{x^2+2x}$

(6) $y'=-3a^{-3x}\log a$

7 (1) $-\frac{2(1+x)^2(4x^2-3x+2)}{(1-x)^2(1+2x)^4}$

(2) $\frac{3x^2-4x-2}{3\sqrt[3]{(x-2)^2(x^2-2)^2}}$

8 $\left[y'=\frac{2x^2+1}{\sqrt{1+x^2}},\ y''=\frac{2x^3+3x}{\sqrt{(1+x^2)^3}}\right.$ から $\left.(1+x^2)y''+xy=4y'\right]$

9 $-\frac{x+1}{y}$

10 (1) $\frac{dy}{dx}=\frac{3t^2-2}{4t-1}$　(2) $\frac{dy}{dx}=\frac{\sin t}{1-\cos t}$

11 $\frac{2}{3\sqrt[3]{x}}$

12 (1) $y'=\frac{6x^2+x+1}{2x\sqrt{x}}$

(2) $y'=-\dfrac{2\sin 2x}{\sqrt{1+4\cos^2 x}}$

(3) $y'=\dfrac{\sin x-2\cos x+2}{(1+2\sin x)^2}$

(4) $y'=-2x\cdot 3^{-x^2}\log 3$

13 (1) $y'''=-\dfrac{6(2x+1)(2x^2+2x+1)}{x^4(x+1)^4}$

(2) $y'''=e^{-x}\left(\dfrac{3x^2+3x+2}{x^3}-\log x\right)$

14 $\Big[f^{(n)}(x)=(-1)^{n-1}\dfrac{(n-1)!}{x^n}$ ……① とする。

$n=1$ のとき，① が成り立つ。$n=k$ のとき ① が成り立つと仮定する。このとき

$$f^{(k+1)}(x)=\frac{d}{dx}\left\{(-1)^{k-1}\frac{(k-1)!}{x^k}\right\}$$
$$=(-1)^k\frac{k!}{x^{k+1}}$$

よって，$n=k+1$ のときも ① が成り立つ$\Big]$

15 $5f'(a)$

16 (1) $\sin 2a$　(2) e

第4章

1 接線 $y=\dfrac{1}{e}x$，法線 $y=-ex+e^2+1$

2 $a=\dfrac{1}{e}$，$y=\dfrac{3}{\sqrt[3]{e}}x-2$

3 (1) $x=\sqrt[3]{e}$ で極大値 $\dfrac{1}{3e}$

(2) $x=0$ で極小値 0，$x=1$ で極大値 $\dfrac{1}{e}$

4 (1) $x=3$ で最大値 $\log\dfrac{10}{3}$，

$x=1$ で最小値 $\log 2$

(2) $x=\dfrac{5}{3}\pi$ で最大値 $\dfrac{5}{3}\pi+\sqrt{3}$，

$x=\dfrac{\pi}{3}$ で最小値 $\dfrac{\pi}{3}-\sqrt{3}$

5 $a<3$

6 〔図〕

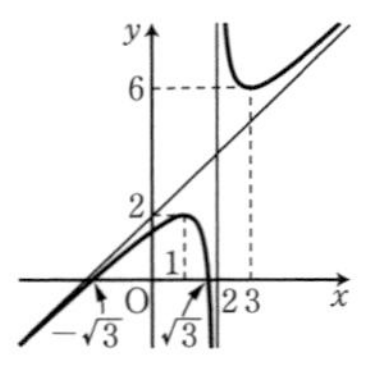

7 $\Big[f(x)=x-\log 2x$ とすると $f'(x)=\dfrac{x-1}{x}$

$x>1$ のとき $f'(x)>0$

よって，$f(x)$ は $x\geqq 1$ で増加する。

ゆえに，$x\geqq 1$ のとき $f(x)\geqq f(1)=0$

したがって，$x\geqq 1$ のとき $x>\log 2x\Big]$

8 $a<-\dfrac{1}{e}$ のとき 0 個，

$a=-\dfrac{1}{e}$，$a\geqq 0$ のとき 1 個，

$-\dfrac{1}{e}<a<0$ のとき 2 個

9 速さ a，加速度の大きさ a

10 4.60518

11 (1) 接線 $y=x$，法線 $y=-x$

(2) 接線 $y=-\dfrac{1}{\sqrt{2}}x+\dfrac{1}{\sqrt{2}}+\dfrac{\pi}{4\sqrt{2}}$，

法線 $y=\sqrt{2}x+\dfrac{1}{\sqrt{2}}-\dfrac{\sqrt{2}}{4}\pi$

12 [関数 $f(x)=\sin x$ は，すべての実数について微分可能で $f'(x)=\cos x$

$0<\alpha<\beta<\dfrac{\pi}{2}$ のとき，区間 $[\alpha,\ \beta]$ において，平均値の定理を用いると

$$\frac{\sin\beta-\sin\alpha}{\beta-\alpha}=\cos c,\ \alpha<c<\beta$$

を満たす実数 c が存在する。ここで，

$0<\alpha<\beta<\dfrac{\pi}{2}$ より $0<c<\dfrac{\pi}{2}$ であるから

$0<\cos c<1$

よって $\dfrac{\sin\beta-\sin\alpha}{\beta-\alpha}<1$]

13 (1) $x=e$ で極小値 e

(2) $x=\pm 1$ で極小値 0，$x=0$ で極大値 1

14 (1) 〔図〕　(2) 〔図〕

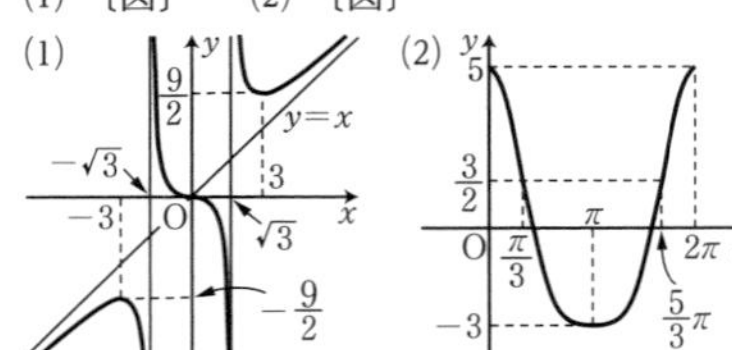

15 (1) $\mathrm{PH}=a\sin\theta$，$\mathrm{OH}=a\cos\theta$

(2) $\theta=\dfrac{\pi}{3}$ で最大値 $\dfrac{3\sqrt{3}}{4}a^2$

16 $a<0$，$2<a$

17 $\Big[$(1) $f(x)=\dfrac{x^2-4}{4x}-\log\dfrac{x}{2}$ とおくと

$f'(x)=\dfrac{(x-2)^2}{4x^2}$

$x>2$ のとき $f'(x)>0$ であるから，$f(x)$ は $x\geqq 2$ で単調に増加する。

よって，$x>2$ のとき $f(x)>f(2)=0$

したがって $\log\frac{x}{2}<\frac{x^2-4}{4x}$

(2) $f(x)=\log x-\left\{x-1-\frac{(x-1)^2}{2}\right\}$ とすると

$f'(x)=\frac{(x-1)^2}{x}$

$x>1$ のとき $f'(x)>0$

よって，$f(x)$ は $x\geqq 1$ で増加する。

ゆえに，$x>1$ のとき $f(x)>f(1)=0$

したがって，$x>1$ のとき

$x-1-\frac{(x-1)^2}{2}<\log x$]

18 [$xy=k$ の両辺を x について微分すると

$y+x\frac{dy}{dx}=0$

ゆえに $\frac{dy}{dx}=-\frac{y}{x}$

点Pの座標を $(x_1,\ y_1)$ とすると，点Pにおける接線の方程式は

$y-y_1=-\frac{y_1}{x_1}(x-x_1)$

よって，点Qの座標は $(2x_1,\ 0)$，点Rの座標は $(0,\ 2y_1)$ であるから

$\triangle OQR=\frac{1}{2}|2x_1||2y_1|=2|x_1y_1|=2|k|$]

第5章

1 (1) $\frac{2}{7}x^3\sqrt{x}+C$

(2) $x+3\log|x|-\frac{2}{x}+C$

(3) $\frac{2}{5}x^2\sqrt{x}-2\sqrt{x}+C$

(4) $\tan x-\log|x|+C$

(5) $\frac{3^{x+2}}{\log 3}+C$

2 $F(x)=e^x-x-e+3$

3 (1) $2\log|2x+3|+C$

(2) $\frac{1}{8}(6x+7)\sqrt[3]{6x+7}+C$

(3) $-\frac{1}{3}\cos(3t+2)+C$

(4) $-\frac{1}{5}\cos^5 x+C$

(5) $2(x-3)\sqrt{x+1}+C$

(6) $-\frac{e^{-x^3}}{3}+C$　(7) $\log|\tan x|+C$

(8) $x\tan x+\log|\cos x|+C$

(9) $(x-1)e^{2x}+C$

4 $2\sin x-2\log(1+\sin x)+C$

5 (1) $\frac{1}{2}\log\frac{(x-1)^2}{|2x-1|}+C$

(2) $\frac{1}{2}\log\frac{|e^x-1|}{e^x+1}+C$

(3) $\log|\log x+1|+\frac{1}{\log x+1}+C$

(4) $\frac{3}{7}\sin 7x+\sin 3x+C$

(5) $\frac{1}{32}\sin 4x-\frac{1}{4}\sin 2x+\frac{3}{8}x+C$

6 (1) $\frac{3}{10}(3-\sqrt[3]{4})$　(2) 4　(3) $\frac{\pi}{16}-\frac{1}{8}$

(4) $4-2\sqrt{3}$　(5) $\frac{2}{3}$

(6) $\frac{8}{3}\log 2-\frac{7}{9}$

7 (1) $\frac{\pi}{24}+\frac{\sqrt{3}}{8}-\frac{1}{4}$　(2) $\frac{\pi}{4}$

8 (1) $f'(x)=(x-2)\log x$

(2) $x=1$ で極大値，$x=2$ で極小値をとる

9 (1) $2\cos^2 2x-\cos^2 x$

(2) $2xe^{x^2}\sin x^2-e^x\sin x$

10 $f(x)=\frac{1}{x}-\frac{2}{3}$

11 $\frac{1}{2}$

12 $3\sqrt{3}$

13 $\frac{8}{15}$

14 $\pi\left(1-\frac{\pi}{4}\right)$

15 $\frac{\pi^2}{2}-\pi$

16 順に $\frac{32}{3}$，$\frac{40}{3}$

● 表紙デザイン
株式会社リーブルテック

初版
第１刷　2023年５月１日　発行
第２刷　2024年３月１日　発行

ISBN978-4-87740-103-0

教科書ガイド
数研出版 版
高等学校　数学Ⅲ

制　作　株式会社チャート研究所
発行所　数研図書株式会社
〒604-0861　京都市中京区烏丸通竹屋町上る
大倉町205番地
〔電話〕 075(254)3001

240102